Optik

Lichtstrahlen – Wellen – Photonen

von
Wolfgang Zinth und
Ursula Zinth

2., verbesserte Auflage

Oldenbourg Verlag München

Wolfgang Zinth lehrt seit 1991 als Professor an der Fakultät für Physik der Ludwig-Maximilians-Universität München (LMU) und hält dort regelmäßig Vorlesungen über Optik, Atomphysik sowie Laserphysik. Seine wissenschaftlichen Arbeiten behandeln die Erzeugung extrem kurzer Lichtimpulse, die Weiterentwicklung der Ultrakurzzeitspektroskopie und deren Anwendungen auf aktuelle Fragestellungen in Chemie und Biologie. Zu seinen wichtigsten wissenschaftlichen Arbeiten gehört die Aufklärung der ersten Reaktionsschritte in der Photosynthese. Aktuell untersucht er die Optimierung der photosynthetischen Energiewandlung, die Faltung von Proteinen und die UV-Schädigung der DNA.

Ursula Zinth studierte Physik an der Ludwig-Maximilians-Universität München (LMU). Ihre Erfahrungen aus dem Studium beeinflussten ganz wesentlich die Konzeption des vorliegenden Lehrbuches. Zur Zeit arbeitet sie in der Fakultät für Chemie der Technischen Universität München auf dem Gebiet der Biophysikalischen Chemie und setzt hier optische Methoden zur Untersuchung von Biomolekülen ein.

Bibliografische Information der Deutschen Nationalbibliothek

Die Deutsche Nationalbibliothek verzeichnet diese Publikation in der Deutschen Nationalbibliografie; detaillierte bibliografische Daten sind im Internet über <http://dnb.d-nb.de> abrufbar.

© 2009 Oldenbourg Wissenschaftsverlag GmbH
Rosenheimer Straße 145, D-81671 München
Telefon: (089) 45051-0
oldenbourg.de

Das Werk einschließlich aller Abbildungen ist urheberrechtlich geschützt. Jede Verwertung außerhalb der Grenzen des Urheberrechtsgesetzes ist ohne Zustimmung des Verlages unzulässig und strafbar. Das gilt insbesondere für Vervielfältigungen, Übersetzungen, Mikroverfilmungen und die Einspeicherung und Bearbeitung in elektronischen Systemen.

Lektorat: Kathrin Mönch
Herstellung: Dr. Rolf Jäger
Coverentwurf: Kochan & Partner, München
Gedruckt auf säure- und chlorfreiem Papier
Druck: Grafik + Druck, München
Bindung: Thomas Buchbinderei GmbH, Augsburg

ISBN 978-3-486-58801-9

Vorwort

Das vorliegende Lehrbuch „Optik. Lichtstrahlen, Wellen, Photonen" richtet sich an Studierende der Natur- und Ingenieurwissenschaften. Es ist von Umfang und Anspruch her gut für eine einsemestrige Einführung der Optik im Rahmen der Bachelorausbildung geeignet. Das Buch kann aber auch immer dann eingesetzt werden, wenn Naturwissenschaftler oder Ingenieure dieses wichtige Gebiet vertiefen wollen.

In der Physikausbildung ist die Optik unverzichtbarer Bestandteil eines grundlegenden Experimentalphysikkurses. Die moderne Optik vermittelt den Übergang zwischen der klassischen Elektrodynamik und der Atomphysik und stellt ein Gebiet vor, das die heutige Physik nachdrücklich geprägt hat und das aus der modernen Technik nicht mehr wegzudenken ist. In diesen Teil des Studiums fällt eine ganz wesentliche Erweiterung der naturwissenschaftlichen Denkweise: Während man in der klassischen Physik noch von einer vollständigen Beschreibbarkeit eines physikalischen Systems ausgehen konnte, die für sehr einfache Systeme eine deterministische Vorhersagbarkeit von Vorgängen ermöglicht, werden in der Quantenphysik Wahrscheinlichkeiten wichtig, die keine eindeutigen Vorhersagen mehr erlauben. Diese Erweiterung der Denkweise kann auf natürliche Weise im Zusammenhang mit der Optik erreicht werden, da gerade von der Optik die wesentlichen Anstöße für die Entwicklung der Quantenphysik gegeben wurden. Im vorliegenden Buch wird deshalb neben der rein klassischen Behandlung der Optik gerade auch dieser Übergang zur Quantenphysik des Lichtes vorgestellt.

Die verschiedenen Beschreibungsformen der Natur des Lichtes kommen im Buch zum Einsatz. Wir werden zunächst in Kapitel 2 – in Anlehnung an die Elektrodynamik – Licht als elektromagnetische Welle behandeln und hier für die Beschreibung im Wesentlichen den Vektor $\vec{E}$ des elektrischen Feldes verwenden. Daneben werden die Lichtintensität I und der Wellenvektor $\vec{k}$ des Lichtes eine wichtige Rolle spielen. In diesem Zusammenhang werden die wichtigsten Gesetzmäßigkeiten der Optik aus den Maxwell-Gleichungen abgeleitet. Direkte Anwendungen werden die Beschreibung der Farbe von Gegenständen oder die Lichtausbreitung in Glasfasern sein. In Kapitel 3 wird auf die stark vereinfachende Behandlung des Lichtes im Rahmen der geometrischen Optik eingegangen. Hier werden wir mit dem Begriff des Lichtstrahls einfache Abbildungen und verschiedene klassische optische Instrumente behandeln. In Kapitel 4 folgen dann spezielle Probleme der Wellenoptik: Interferenz, Beugung und Polarisation. Begriffe wie Bildentstehung, Auflösungsvermögen, Holographie und Fourier-Optik werden hier zu aktuellen modernen Anwendungen führen. In Kapitel 5 werden, beginnend mit dem Photoeffekt diejenigen

Phänomene vorgestellt, bei denen die Quantennatur des Lichtes eine wichtige Rolle spielt. In diesem Zusammenhang werden wir auf die Erzeugung und Detektion von Licht eingehen und dabei einen kurzen Überblick über den Laser als einer der wichtigsten modernen Lichtquellen geben.

Einige Kapitel des Buches wurden mit Symbolen gekennzeichnet, damit das erste Einarbeiten in die Optik beschleunigt werden kann. Mit * haben wir Themen mit starkem Anwendungsbezug bezeichnet. Abschnitte, in denen umfangreiche theoretisch mathematische Ableitungen präsentiert werden und die beim ersten Lesen übergangen werden können, sind mit ** markiert.

Im Bereich der Optik haben sich in der Vergangenheit eine Reihe von verschiedenen Bezeichnungsweisen und Vorzeichenkonventionen eingebürgert. Von Seiten der Physik-Lehre verwendet man dabei oft intuitive Symbole und Vorzeichenkonventionen, die historisch gewachsen sind. Diese werden im Allgemeinen auch in der englischsprachigen Literatur eingesetzt. Auf der anderen Seite haben sich im Rahmen der umfangreichen technischen Anwendungen systematische Bezeichnungsregeln und Vorzeichenkonventionen entwickelt, die beim täglichen Umgang mit der Optik Missverständnisse und Fehler vermeiden lassen. Diese sind z.B. in DIN 1335 formuliert und werden in vielen Büchern der technischen Optik eingesetzt. Für das vorliegende Lehrbuch haben wir uns jedoch nach längerer Diskussion dazu entschieden, die Bezeichnungen der physikalischen Lehrbücher einzusetzen. Wir gehen davon aus, dass das intuitive Erfassen der physikalischen Grundlagen damit erleichtert wird. Auch kann man erwarten, dass der Übergang zu den Bezeichnungsregeln der technischen Optik ohne Probleme möglich ist.

In der jetzt vorliegenden zweiten Auflage wurden Fehler korrigiert und einige Erweiterungen vorgenommen. Insbesondere wurden Ableitungen einiger wichtiger Formeln ergänzt und zusätzliche moderne Anwendungen der Optik neu aufgenommen.

Im Internet gibt es zu diesem Lehrbuch eine Homepage, über die alle wesentlichen Graphiken des Buches in Farbe zugänglich sind. Weiterhin werden dort zu verschiedenen Themen des Buches Zusatzinformationen angeboten. Die Homepage ist über die Internetseite des Verlags (http://www.oldenbourg.de/) zugänglich.

Abschließend danken wir den Kollegen von der Vorlesungsvorbereitung der Fakultät für Physik der LMU, insbesondere Herrn Norbert Will, für die kompetente Unterstützung bei vielen Optik-Vorlesungen und bei der Erstellung von Beugungsbildern für dieses Buch.

München

Wolfgang Zinth
Ursula Zinth

Inhaltsverzeichnis

Vorwort   V

1   **Einführung und historischer Überblick**   1

2   **Licht als elektromagnetische Welle**   5

2.1   Die Wellengleichung und ihre Lösungen 5
2.1.1   Energie und Impuls von Licht.............................. 10
2.1.2   Wellenpakete 12
2.1.3   Phasen- und Gruppengeschwindigkeit 16

2.2   Dispersion von Licht 19
2.2.1   Die Frequenzabhängigkeit der Dielektrizitätskonstante 19
2.2.2   Der Brechungsindex 21
2.2.3   Die Absorption von Licht................................. 22
2.2.4   Die Dispersion von dichten Medien 25
2.2.5   Brechungsindex und Absorption von Metallen 27

2.3   Elektromagnetische Wellen an Grenzflächen.................. 29
2.3.1   Reflexions- und Brechungsgesetz 31
2.3.2   Die Fresnelschen Formeln für den Reflexionsgrad
einer Grenzfläche 33
2.3.3   Totalreflexion und evaneszente Wellen 42

2.4   Lichtwellenleiter 44
2.4.1   Lichtleitung durch Totalreflexion 45
2.4.2   Moden in einem optischen Wellenleiter** 50
2.4.3   Lichtausbreitung in einem Hohlleiter** 54
2.4.4   Moden in einem dielektrischen Wellenleiter** 56
2.4.5   Lichtleitfasern 60
2.4.6   Herstellung von Glasfasern 60

2.5   Absorbierende und streuende Medien 64
2.5.1   Das Reflexionsvermögen absorbierender Medien 64
2.5.2   Die Farbe von Gegenständen 65
2.5.3   Streuung von elektromagnetischen Wellen 66

3	**Die Geometrische Optik**	69
3.1	Das Fermatsche Prinzip	70
3.1.1	Das Reflexionsgesetz	72
3.1.2	Das Fermatsche Prinzip und das Brechungsgesetz	74
3.2	Strahlenablenkung durch ein Prisma	77
3.2.1	Der Regenbogen	79
3.3	Die optische Abbildung	85
3.3.1	Reelle und virtuelle Abbildungen	86
3.3.2	Abbildung an einem Kugelspiegel	87
3.3.3	Abbildung durch brechende Kugelflächen	90
3.3.4	Abbildungsgleichung für dünne Linsen	92
3.3.5	Dicke Linsen und Linsensysteme	96
3.3.6	Berechnung der Ausbreitung paraxialer Strahlen mit dem Matrizen-Verfahren	97
3.3.7	Anwendungen der Matrizenmethode	103
3.3.8	Linsenfehler	105
3.3.9	Begrenzungen in optischen Systemen	111
3.3.10	Design und Herstellung von Objektiven	114
3.4	Instrumente der geometrischen Optik	115
3.4.1	Der Projektionsapparat	115
3.4.2	Die photographische Kamera	117
3.4.3	Das Auge	121
3.4.4	Vergrößernde optische Instrumente	123
4	**Welleneigenschaften von Licht**	135
4.1	Qualitative Behandlung der Beugung	136
4.1.1	Das Huygenssche Prinzip	136
4.1.2	Die Fresnelsche Beugung	138
4.2	Mathematische Behandlung der Beugung	142
4.2.1	Die Fresnel-Kirchhoffsche Beugungstheorie**	142
4.2.2	Fresnelsche und Fraunhofersche Beugung	144
4.2.3	Fraunhofersche Beugung	146
4.2.4	Das Babinetsche Prinzip	147
4.3	Spezielle Fälle der Fraunhoferschen Beugung	147
4.3.1	Beugung an einem langen Spalt	147
4.3.2	Beugung an einer Rechteckblende	152
4.3.3	Beugung an einer kreisförmigen Öffnung	153
4.3.4	Beugung am Doppelspalt	154
4.3.5	Beugung am Gitter	159
4.3.6	Gitterspektrometer	164
4.3.7	Beugung an mehrdimensionalen Gittern	166

4.4	Interferenz	170
4.4.1	Die Kohärenz von Lichtquellen	172
4.4.2	Spezielle Interferometeranordnungen	175
4.4.3	Interferenzen dünner Schichten	180
4.4.4	Vielfachinterferenzen am Beispiel des Fabry-Perot-Interferometers	189
4.5	Anwendungen von Beugung und Interferenz	197
4.5.1	Das Auflösungsvermögen optischer Geräte	197
4.5.2	Die Abbesche Theorie der Bildentstehung und Fourieroptik	203
4.5.3	Holographie	207
4.5.4	Laser-Strahlen – Die Optik Gaußscher Bündel*	211
4.5.5	Gaußsche Bündel und abbildende Elemente**	218
4.6	Die Polarisation von Licht	222
4.6.1	Polarisationszustände von Licht	222
4.6.2	Polarisatoren	225
4.6.3	Doppelbrechung	230
4.6.4	Anwendungen der Doppelbrechung	238
4.6.5	Induzierte Doppelbrechung	241
4.6.6	Optische Aktivität und Faraday-Effekt	246
4.7	Nichtlineare Optik	251
4.7.1	Mit der nichtlinearen Suszeptibilität zweiter Ordnung verknüpfte Phänomene*	252
4.7.2	Mit der nichtlinearen Suszeptibilität dritter Ordnung verknüpfte Phänomene*	255
5	**Quantenphänomene: Licht als Welle und Teilchen**	**259**
5.1	Der Photoeffekt	259
5.1.1	Eigenschaften von Photonen	265
5.1.2	Licht ist Welle und Teilchenstrom	268
5.1.3	Doppelspalt als Instrument zur Unterscheidung von Welle und Teilchen	269
5.1.4	Photoeffekt in der Anwendung: Nachweis von Licht*	272
5.2	Strahlungsgesetze und Lichtquellen	283
5.2.1	Strahlungsphysikalische Größen	283
5.2.2	Lichttechnische Größen*	288
5.2.3	Das Kirchhoffsche Strahlungsgesetz	290
5.2.4	Das Emissionsverhalten eines schwarzen Strahlers	292
5.2.5	Strahlungsgesetze	294
5.2.6	Die Plancksche Strahlungsformel	296
5.2.7	Lichtquellen für Beleuchtungszwecke*	300
5.2.8	Der Laser	303

A	**Anhang: Fouriertransformation**	**311**
A.1	Fourierreihen	311
A.2	Fourierintegrale: Transformationen nichtperiodischer Funktionen	315
A.3	Eigenschaften der Fouriertransformation	318
A.4	Rechenregeln für Fouriertransformationen	320
A.5	Eigenschaften der Deltafunktion	321

Vertiefende Literatur — **323**

Sachverzeichnis — **325**

1 Einführung und historischer Überblick

Das wichtigste Wahrnehmungsorgan des Menschen ist das Auge. Es erlaubt ihm, die Umgebung *zu sehen*. Dieser Sehvorgang und die Eigenschaften des beteiligten Lichtes haben seit dem Altertum die Neugierde der Menschen erregt. Die Optik, die Lehre vom Licht, wurde aus dieser Neugierde heraus entwickelt. Von unserer Kenntnis der Elektrodynamik wissen wir heute, dass Licht eine elektromagnetische Welle ist. Dabei besitzt das für den Menschen sichtbare Licht Frequenzen in einem schmalen Spektralbereich, der gerade eine Oktave umfasst: Das für das Auge sichtbare Licht erstreckt sich vom tief Dunkelroten bei einer Frequenz ν von etwa 385 THz über das Rote, Gelbe, Grüne, Blaue bis hin zum Violetten bei $\nu = 770$ THz (siehe Bild 1.1). In der Praxis ist jedoch die Optik nicht auf den Bereich des sichtbaren Lichtes eingeschränkt. Die Gesetzmäßigkeiten der Optik sind bei höheren Frequenzen bis weit in den Röntgenbereich anwendbar ($\nu \approx 10^{19}$ Hz), solange man die Quanten- oder Korpuskeleigenschaften des Lichtes vernachlässigen kann. Bei niedrigen Frequenzen erstreckt sich eine sinnvolle Anwendung bis in den Radiofrequenzbereich.

Sichtbares Licht:
$\lambda \approx 390\,nm - 780\,nm$

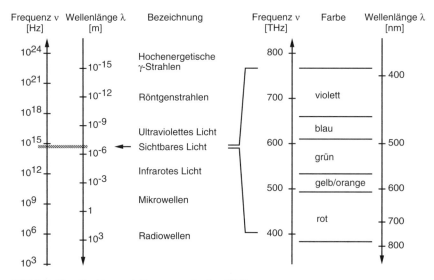

Bild 1.1: *Das Spektrum elektromagnetischer Wellen*

In der Geschichte der Naturwissenschaften spielte die Lehre vom Licht eine zweifache Rolle: Die Optik war zum einen eine Wegbereiterin neuer Vorstellungen, die auf dem Gebiet der Optik erarbeitet wurden; zum anderen stellte sie wichtige Hilfsmittel für die Entwicklungen anderer Gebiete der Naturwissenschaften zur Verfügung. Bereits sehr früh wurden in der Antike einfache optische Geräte wie Brennglas, Lupe und Hohlspiegel eingesetzt. Wichtige Gesetze der geometrischen Optik wie die geradlinige Ausbreitung von Licht in homogenen Medien und das Reflexionsgesetz waren bekannt. Ebenso wurden Messungen zur Brechung durchgeführt. Im 1. Jahrhundert v. Chr. stellte Heron von Alexandria für die Lichtausbreitung ein *Prinzip des kürzesten Weges* auf. Im Mittelalter wurde die Optik hauptsächlich in der arabischen Welt weiterentwickelt. Um das Jahr 1000 präsentierte Alhazen wichtige Erkenntnisse zur Reflexion und über die Abbildung im Auge. Ab dem 13. Jahrhundert wurden dann Linsen zur Korrektur von Sehfehlern auch im Abendland eingesetzt.

Prinzip des kürzesten Weges

Die wichtigsten Prinzipien und Instrumente der geometrischen Optik und die darauf basierenden Instrumente wurden im 17. Jahrhundert entwickelt und führten zu einer Revolution des damaligen Weltbildes: 1608 wurde von H. Lippershey (1587–1619) das erste Fernrohr zum Patent angemeldet, das dann von G. Galilei (1564–1642) und J. Kepler (1571–1630) weiterentwickelt und zur Beobachtung der Sterne eingesetzt wurde. Zur selben Zeit erfand Z. Janssen (1588–1632) das erste Mikroskop. Kepler entdeckte die Totalreflexion und die Näherung des Brechungsgesetzes für kleine Einfallswinkel. 1621 fand W. Snell (1591–1626) das Snelliussche Brechungsgesetz, das dann von R. Descartes (1596–1650) in der heute gebräuchlichen Form formuliert wurde. Die Beugung von Licht wurde von F.M. Grimaldi (1618–1663), erste Interferenzerscheinungen von R. Boyle (1626–1691) und R. Hooke (1635–1703) beobachtet. Die spektrale Zerlegung des weißen Lichtes entdeckte I. Newton (1642–1727); O. Römer (1644–1710) führte die erste erfolgreiche Bestimmung der Lichtgeschwindigkeit durch und C. Huygens (1629–1695) entdeckte bei der Erklärung der Doppelbrechung die Polarisation des Lichtes. Die Natur des Lichtes wurde zu dieser Zeit durch zwei sich offensichtlich ausschließende Theorien beschrieben: Von Huygens wurde die Undulationstheorie entwickelt, bei der Licht als eine sich wellenförmig ausbreitende Erregung aufgefasst wurde. Die Emissionstheorie, bei der Licht als ein Strom von Korpuskeln beschrieben wird, wurde von Newton ausgebaut und aufgrund der Autorität Newtons allgemein akzeptiert.

17. Jahrhundert: alle wesentlichen Gesetze der klassischen Optik werden bekannt

Erst zu Beginn des 19. Jahrhunderts setzte sich die Wellentheorie der klassischen Optik endgültig durch. Entscheidend dafür waren die Beobachtung der polarisationsabhängigen Reflektivität durch E.L. Malus (1775–1812), die Entdeckung des Interferenzprinzips und der Transversalität des Lichtes durch T. Young (1773–1829) sowie die zusammenfassende Behandlung von Lichtpropagation, Interferenz und Beugung durch A.J. Fresnel (1788–1827). Die endgültige Bestätigung der Wellentheorie erreichte J.C. Maxwell (1831–1879) als er Licht mit den Wellenlösungen der Maxwell-Gleichungen identifizierte. Der erste experimentelle Nachweis dieser elektromagnetischen Wellen gelang dann H. Hertz (1857–1894). Am Ende des 19. Jahrhunderts wa-

19. Jahrhundert: Licht ist ein Wellenphänomen

1 Einführung und historischer Überblick

ren sämtliche Probleme der Propagation von Licht geklärt. Gleichzeitig traten jedoch die Grenzen der elektromagnetischen Beschreibung des Lichtes bei der Erzeugung und Absorption von Licht in den Vordergrund: Zur Erklärung der Emission eines schwarzen Strahlers musste M. Planck (1858–1947) einführen, dass die Energieabgabe eines schwingenden Systems an das Lichtfeld diskontinuierlich in Form von Quanten erfolgt. Bei der Erklärung des Photoeffektes nahm dann A. Einstein (1879–1955) an, dass diese Lichtquanten oder Photonen real existieren. Paradoxerweise verhält sich also Licht bei der Propagation wie eine Welle, bei der Emission oder Absorption jedoch wie ein Strom von Korpuskeln. Eine einheitliche Beschreibung von Licht war somit durch eine klassische Modellvorstellung – Licht als Welle oder Licht als Teilchen – nicht möglich. Es dauerte noch Jahrzehnte bis diese Erkenntnis voll in das Bewusstsein der Physiker drang. Der offensichtliche Widerspruch, dass die klassischen Anschauungen, die in der makroskopischen täglichen Umgebung gewonnen worden waren, nicht auf die Physik der mikroskopischen Welt anwendbar waren, schien nicht auflösbar. Erst mit der Entwicklung der Quantenphysik durch N. Bohr (1858–1947), A. Sommerfeld (1868–1951), W. Heisenberg (1901–1976), E. Schrödinger (1887–1961) und M. Born (1882–1970) und der allgemeinen Akzeptanz dieser unkonventionellen Naturbeschreibung kann die gleichzeitige Anwendung von Wellen- und Teilchenbild nicht mehr als Paradoxon verstanden werden. Dies war erst dann möglich geworden, als man akzeptierte, dass Quantenteilchen (Photonen, Elektronen, Atome ...) weder als klassische Teilchen noch als klassische Wellen beschreibbar sind, sondern beide Eigenschaften in sich vereinen.

Das neue Weltbild der Physik

In den letzten 50 Jahren, initiiert durch die Erfindung des Lasers im Jahr 1960, haben optische Messmethoden in den verschiedensten Gebieten der Physik große Bedeutung erlangt. Mit Hilfe von Lasern als intensive, maßgeschneiderte Lichtquellen sind konventionelle optische Verfahren entscheidend verbessert und neue Messprinzipien entwickelt worden. So ist z.B. optische Spektroskopie mit höchster Frequenzauflösung von besser als 1 Hz ebenso möglich geworden wie die direkte Beobachtung schnellster molekularer Vorgänge auf der Zeitskala von 10^{-15} s. Laserspektroskopie erlaubt es, das Eindringen von einzelnen Viren in Zellen zu filmen oder den Weg eines Moleküls in einer Nanomaschine zu verfolgen. Ebenso können modernste optische Hilfsmittel nicht mehr aus dem täglichen Leben weggedacht werden. Dazu gehört die Informationsspeicherung auf CD und DVD oder die Übertragung gigantischer Informationsmengen über kontinentale Entfernungen mit Hilfe der Glasfasertechnik.

1960: Laser

Alltägliche Optik: CD, DVD und Glasfaserkommunikation

2 Licht als elektromagnetische Welle

Dieses Kapitel behandelt die Eigenschaften von Licht als elektromagnetische Welle. Es wiederholt und vertieft dabei einen Teil der Elektrodynamik und schafft die Grundlagen für die Behandlung von Licht im Rahmen der elektromagnetischen Theorie. Wir gehen dabei von den Maxwellgleichungen im Medium aus, leiten daraus die Wellengleichung ab und betrachten die Ausbreitung von Licht in einem dispersiven Medium. Mit Hilfe der Randbedingungen beim Durchgang von Licht durch Grenzflächen werden wir abschließend die Gesetze für Reflexion und Brechung erhalten.

2.1 Die Wellengleichung und ihre Lösungen

In praktisch allen Anwendungsgebieten der Optik beschäftigt man sich mit der Lichtausbreitung in nichtmagnetischen Medien, in denen wir für die relative Permeabilität den Wert $\mu = 1$ verwenden können. Für den Fall nichtleitender Materialien verschwinden Ladungsdichte ϱ und Stromdichte $\vec{j}$.

$$\mu = 1 \quad \varrho = 0 \quad \vec{j} = 0 \tag{2.1}$$

Das Medium wird durch die Verwendung der dielektrischen Verschiebung $\vec{D}$ anstelle des elektrischen Feldes $\vec{E}$ berücksichtigt. Für $\vec{D}$ nimmt man im hier behandelten Fall der linearen Optik eine Proportionalität zum elektrischen Feld $\vec{E}$ an:

$$\vec{D} = \varepsilon_0 \varepsilon \vec{E} \tag{2.2}$$

$\varepsilon_0 = 8.854 \cdot 10^{-12}$ C^{2}m^{-2}N^{-1} ist die elektrische Feldkonstante, ε ist die relative Dielektrizitätskonstante des Mediums. In optisch isotropen Medien (Gase, Flüssigkeiten, kubische Kristalle) ist die Lichtausbreitung unabhängig von der Richtung und die Dielektrizitätskonstante ε ist ein Skalar. Für optisch anisotrope Medien erfordert die spezielle Symmetrie des Mediums, dass ε durch den Tensor $\overleftrightarrow{\varepsilon}_{jk}$ zu ersetzen ist (siehe Abschnitt 4.6.3). Elektrische und magnetische Felder sind über die Maxwellgleichungen verknüpft, die für ein isolierendes, nicht magnetisches Medium, unter Verwendung des Nablaoperators $\vec{\nabla}$, die folgende Form annehmen:

$$\vec{\nabla} \cdot \vec{D} = 0 \tag{2.3}$$

$$\vec{\nabla} \cdot \vec{B} = 0 \tag{2.4}$$

$$\vec{\nabla} \times \vec{E} = -\frac{\partial \vec{B}}{\partial t} \quad \text{\textbf{Maxwellgleichungen}} \tag{2.5}$$

$$\vec{\nabla} \times \vec{B} = \mu_0 \frac{\partial \vec{D}}{\partial t} \tag{2.6}$$

Dabei ist $\mu_0 = 1.2566 \cdot 10^{-6}$ NA^{-2} die magnetische Feldkonstante. Man bildet die Rotation ($\vec{\nabla}\times$) von Gl. (2.5) und verwendet die Identität $\vec{\nabla} \times \vec{\nabla} \times \vec{E} = \vec{\nabla} \cdot (\vec{\nabla} \cdot \vec{E}) - (\vec{\nabla} \cdot \vec{\nabla})\vec{E}$. Mit $\vec{\nabla} \cdot \vec{E} = 0$ (Gl. (2.3) für isotrope Medien) und $\vec{\nabla} \cdot \vec{\nabla} = \Delta = \partial^2/\partial x^2 + \partial^2/\partial y^2 + \partial^2/\partial z^2$ ergibt sich aus Gl. (2.6) für das elektrische Feld $\vec{E}$:

$$\boxed{\Delta \vec{E} - \varepsilon \varepsilon_0 \mu_0 \frac{\partial^2 \vec{E}}{\partial t^2} = 0} \tag{2.7}$$

Wellengleichung für elektromagnetische Wellen

$$\Delta \vec{B} - \varepsilon \varepsilon_0 \mu_0 \frac{\partial^2 \vec{B}}{\partial t^2} = 0 \tag{2.8}$$

Wellengleichungen

Die entsprechende Gleichung (2.8) für das magnetische Feld $\vec{B}$ [1] kann in gleicher Weise unter Vertauschung von Gl. (2.5) und (2.6) abgeleitet werden. Eine Gleichung, die (wie Gl. (2.7)) die 2. Ableitung einer Größe nach dem Ort (Δ) mit der 2. Ableitung nach der Zeit verknüpft, wird im Allgemeinen als Wellengleichung bezeichnet, da ihre Lösungen Wellencharakter besitzen. In einer Wellengleichung steht anstelle des Faktors $\varepsilon\varepsilon_0\mu_0$ normalerweise $1/v_{\text{ph}}^2$, wobei v_{ph} die Ausbreitungsgeschwindigkeit, auch Phasengeschwindigkeit, der Welle ist. Wir können also

$$v_{\text{ph}} = \frac{1}{\sqrt{\varepsilon\varepsilon_0\mu_0}} = \frac{1}{\sqrt{\varepsilon}} c \tag{2.9}$$

Lichtgeschwindigkeit im Vakuum

setzen. Dabei verwenden wir für die Lichtgeschwindigkeit im Vakuum die allgemein übliche Bezeichnung $c = 1/\sqrt{\varepsilon_0\mu_0} = 2.9979 \cdot 10^8$ m/s. In der historischen Entwicklung gab die Identität der experimentell bestimmten Lichtgeschwindigkeit c mit dem Ausdruck $1/\sqrt{\varepsilon_0\mu_0}$, in dem ε_0 und μ_0 aus rein elektrischen bzw. magnetischen Messungen bestimmt worden waren, den Anstoß dafür, Licht als elektromagnetische Welle zu betrachten. Der Einfluss

---

[1] In diesem Buch wird die Größe B als Magnetfeld bezeichnet. Andere Lehrbüchern bezeichnen häufig $H = B/(\mu_0\mu)$ als magnetische Feldstärke, die Größe B hingegen als magnetische Flussdichte oder magnetische Induktion. Da wir in der Optik immer $\mu = 1$ setzen können, ist B zu H parallel und alle Richtungsaussagen gelten ebenso für B wie für H.

2.1 Die Wellengleichung und ihre Lösungen

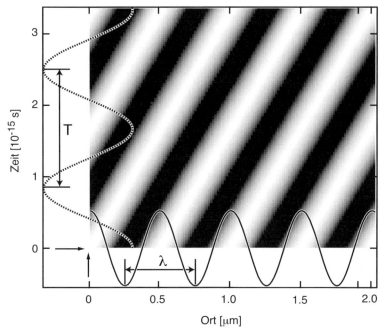

Bild 2.1: *Orts- und Zeitabhängigkeit einer Welle. Die Wellenberge sind weiß dargestellt, die Wellentäler schwarz.*

des Mediums wird durch den Faktor $1/\sqrt{\varepsilon} = 1/n$ beschrieben. Für $n = \sqrt{\varepsilon}$ führt man den Begriff Brechungsindex des Mediums ein.

Brechungsindex n

Als einfachste Lösung der Wellengleichung erhalten wir eine ebene Welle, die sich in der Richtung des Wellenvektors $\vec{k}$ ausbreitet:

$$\vec{E}(\vec{r},t) = \vec{E}_0 \cos(\omega t - \vec{k}\vec{r} + \varphi) \tag{2.10}$$

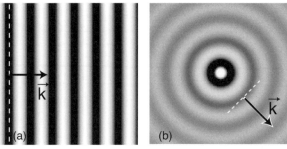

Bild 2.2: *Verschiedene Lösungen der Wellengleichung. a) zeigt eine ebene Welle, die sich in Richtung des Vektors $\vec{k}$ ausbreitet. b) zeigt eine Kugelwelle, der Vektor $\vec{k}$ steht an jedem Ort senkrecht auf der Tangente an die Wellenfront, die Amplitude nimmt nach außen hin ab.*

Hier ist eine konstante Amplitude $\vec{E}_0$ der Feldstärke angenommen worden. Der konstante Phasenterm φ dient dazu, den Nulldurchgang der Oszillation festzulegen.

Setzt man Gl. (2.10) in die Wellengleichung (2.7) ein, so erhält man den folgenden Zusammenhang zwischen $\vec{k}$ und ω:

$$\boxed{\vec{k}^2 = k_x^2 + k_y^2 + k_z^2 = n^2\omega^2/c^2} \quad \textbf{Dispersionsrelation für Licht} \quad (2.11)$$

Eine Beziehung der Art von Gl. (2.11), die den Betrag des Wellenvektors mit der Kreisfrequenz der Welle verknüpft, bezeichnet man als Dispersionsrelation.

Wellenzahl und Wellenvektor

Die Wellenlänge λ der Welle (siehe Bild 2.1 und 2.3) ist mit der Wellenzahl k, d.h. mit dem Betrag des Wellenvektors $\vec{k}$ verknüpft über:

$$k = \frac{2\pi n}{\lambda}; \quad \lambda = \frac{2\pi n}{k} = \frac{2\pi c}{\omega} = \frac{c}{\nu} \quad (2.12)$$

Als Wellenlänge λ bezeichnete man dabei die Wellenlänge im Vakuum. Ist jedoch im Spezialfall die Wellenlänge im Medium $\lambda_m = \lambda/n$ gemeint, so wird dies i.A. explizit angegeben. Neben der Kreisfrequenz ω verwendet man auch den Begriff der Frequenz $\nu = \omega/2\pi$ oder in der älteren Literatur auch die „Wellenzahl" als $\tilde{\nu} = \nu/c = 1/\lambda$ in Einheiten von cm^{-1}. Im Allgemeinen

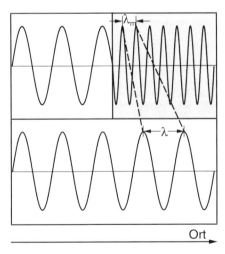

Bild 2.3: *Ausbreitung von Licht. Momentaufnahme des elektrischen Feldes als Funktion des Ortes. Im Vakuum ist die Wellenlänge $\lambda = c/\nu$, im Medium (oberer Bildteil rechts) wird die Wellenlänge auf $\lambda_m = c/(n\nu)$ verkürzt.*

2.1 Die Wellengleichung und ihre Lösungen

gelten die folgenden Beziehungen (T bezeichnet die Periodendauer):

$$\boxed{\begin{aligned} \omega &= 2\pi\nu = \frac{2\pi}{T} \\ c &= \lambda\nu = \frac{\lambda\omega}{2\pi} \end{aligned}} \qquad (2.13)\\(2.14)$$

Anstelle der in Gl. (2.10) benützten Schreibweise der Wellenamplitude mit trigonometrischen Funktionen wendet man häufig auch die komplexe Exponentialschreibweise an:

$$\vec{E}_c(\vec{r},t) = \vec{E}_{0c}\exp[i(\omega t - \vec{k}\vec{r} + \varphi)] \qquad (2.15)$$

Diese Schreibweise führt zu einer erheblichen Rechenvereinfachung. Da jedoch das elektrische Feld als physikalische Messgröße nur reelle Werte annehmen kann, ist am Ende der Rechnung der Realteil von $\vec{E}_c(\vec{r},t)$ zu bilden: d.h., die physikalisch messbaren Felder $\vec{E}(\vec{r},t)$ entsprechen dem Realteil der komplexen „Felder" $\vec{E}_c(\vec{r},t)$:

Die komplexe Schreibweise für Wellen vereinfacht häufig das Rechnen

$$\vec{E}(\vec{r},t) = \mathrm{Re}[\vec{E}_c(\vec{r},t)] = \frac{1}{2}\left(\vec{E}_c(\vec{r},t) + \vec{E}_c^*(\vec{r},t)\right) \qquad (2.16)$$

Dabei bezeichnen wir mit * das konjugiert Komplexe. Man kann anstelle der Schreibweise von Gl. (2.15) für das elektrische Feld auch die dazu konjugiert komplexe Funktion mit der Exponentialfunktion $\exp[-i(\omega t - \vec{k}\vec{r} + \varphi)]$ verwenden. Wir werden jedoch in diesem Buch (mit Ausnahme des Kapitels über die Beugung) die Schreibweise von Gl. (2.15) verwenden, da diese, bei der Anwendung der Fouriertransformation in den Frequenzraum, direkt zu den aus Mathematik-Formelsammlungen bekannten Beziehungen führt.

> **Übungsfrage:**
> a) Zeigen Sie, dass es bei der Summation zweier komplexer Wellen $E_c^{(1)}$ und $E_c^{(2)}$ egal ist, ob der Realteil vor oder nach der Summation gebildet wird.
> b) Zeigen Sie, dass man bei einer Produktbildung unterschiedliche Ergebnisse erhalten kann, je nachdem, ob man das Produkt der Realteile oder den Realteil des Produkts berechnet.

Mit Hilfe der Maxwellgleichungen lassen sich Beziehungen zwischen $\vec{E}, \vec{D}, \vec{B}$ und $\vec{k}$ aufstellen. Dabei verwenden wir, dass für ebene Wellen $\vec{A}$ (bei Verwendung der Schreibweise von Gl.(2.15)) gilt: $\vec{\nabla}\cdot\vec{A} \propto \vec{k}\cdot\vec{A}$ und $\vec{\nabla}\times\vec{A} \propto \vec{k}\times\vec{A}$.

$$\begin{aligned} \vec{k}\perp\vec{D},\ \vec{k}\perp\vec{B} &\qquad \text{aus Gl. (2.3) und (2.4)} \\ \vec{E}\perp\vec{B},\ \vec{D}\perp\vec{B} &\qquad \text{aus Gl. (2.5) und (2.6)} \\ |\vec{E}| = \frac{c}{n}|\vec{B}| = \frac{1}{\sqrt{\varepsilon\varepsilon_0\mu_0}}|\vec{B}| &\qquad \text{aus Gl. (2.6)} \end{aligned} \qquad (2.17)$$

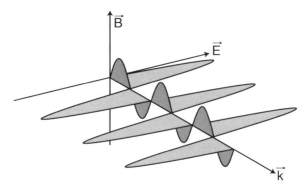

Bild 2.4: *Elektrisches und magnetisches Feld einer Welle, die sich in einem optisch isotropen Medium in $\vec{k}$-Richtung ausbreitet*

Transversalität von elektromagnetischen Wellen

Für optisch isotrope Medien gilt zusätzlich $\vec{E} \perp \vec{k}$. Diese Beziehungen zeigen, dass elektromagnetische Wellen transversale Wellen sind, bei denen die Auslenkungen von $\vec{B}$ bzw. $\vec{D}$ (oder $\vec{E}$) in einer Ebene senkrecht zur Ausbreitungsrichtung stehen. Die relativen Orientierungen von $\vec{k}$, $\vec{D}$ und $\vec{B}$ bilden dabei ein rechtshändiges System. Durch diese Bedingungen erhält man für einen vorgegebenen Wellenvektor $\vec{k}$ zwei Möglichkeiten der Wahl von $\vec{D}$ (oder $\vec{E}$), die man als die beiden möglichen Polarisationen des Lichtes bezeichnet (Näheres siehe Kapitel 4). Da die Wechselwirkung zwischen Licht und Materie im Allgemeinen über die elektrische Feldstärke $\vec{E}$ geschieht und die magnetische Feldstärke B gemäß Gl. (2.17) direkt proportional zu E ist, werden wir uns bei der weiteren Behandlung häufig auf das elektrische Feld $\vec{E}$ beschränken.

2.1.1 Energie und Impuls von Licht

Eine wichtige Eigenschaft von Licht ist seine Fähigkeit, Energie zu transportieren. Nur aufgrund dieses Energietransportes von der Sonne zur Erde konnte sich das heutige Leben auf der Erde entwickeln. In der Elektrodynamik wurde gezeigt, dass die Energiestromdichte einer elektromagnetischen Welle durch den Poynting-Vektor $\vec{S}$ beschrieben wird.

$$\boxed{\vec{S}(\vec{r}, t) = \frac{1}{\mu_0}(\vec{E} \times \vec{B}) = \varepsilon_0 c^2 (\vec{E} \times \vec{B})} \quad \textbf{Poynting-Vektor} \quad (2.18)$$

Lichtintensität oder Strahlungsflussdichte

Durch zeitliche Mittelung von $\vec{S}$ über eine Schwingungsperiode des Feldes erhält man die Strahlungsflussdichte oder Lichtintensität I. Die Strahlungsflussdichte ist also die mittlere Lichtenergie pro Zeit und pro (senkrecht zur Ausbreitungsrichtung stehender) Fläche. Unter Verwendung von Gl. (2.17)

2.1 Die Wellengleichung und ihre Lösungen

kann man die Lichtintensität I für ein optisch isotropes Medium schreiben als:

$$\boxed{I = \langle |\vec{S}| \rangle = \varepsilon_0 n c \langle |\vec{E}|^2 \rangle} \quad \textbf{Lichtintensität} \tag{2.19}$$

Wir verwenden hierbei die spitzen Klammern $\langle A \rangle$ als Zeichen dafür, dass das zeitliche Mittel einer Größe A über eine Schwingungsperiode T zu bilden ist. Für den Fall eines Wellenpaketes erhält man so eine zeitabhängige Lichtintensität $I(t)$, die experimentell z.B. über Calorimetrie gemessen werden kann. Bei der Berechnung des Mittelwertes $\langle |\vec{E}|^2 \rangle$ ist die Polarisation des Lichtes zu berücksichtigen. Für ein reales physikalisches Feld $E(r,t)$ nach Gl. (2.10) berechnen wir bei linearer Polarisation die Lichtintensität (Strahlungsflussdichte) zu:

$$\langle |\vec{E}| \rangle = \frac{1}{T} \int_0^T |E_0|^2 \cos^2(\omega t - \vec{k}\vec{r} + \varphi) \, \mathrm{d}t = \frac{1}{2}|E_0|$$

$$I = \frac{1}{2} \varepsilon_0 n c |E_0|^2 \tag{2.20}$$

Die bisherigen Gleichungen in diesem Abschnitt beziehen sich auf die physikalische Messgröße $\vec{E}$. Bei einer direkten Verwendung der komplexen Schreibweise der Felder $E_c(r,t)$ nach Gl. (2.15) fällt jedoch bereits bei der Betragsbildung der schnell oszillierende Term heraus (Vergleiche auch Übungsfrage auf Seite 9). Hier ist der durch die Mittelung in Gl. (2.20) zustandekommende Term „1/2" explizit einzufügen:

$$I = \frac{1}{2} \varepsilon_0 n c |E_{\mathrm{oc}}|^2 \quad \text{da}$$
$$\langle |\vec{E}_c(\vec{r},t)|^2 \rangle = E_{\mathrm{oc}} E_{\mathrm{oc}}^* \exp[\mathrm{i}(\omega t - \vec{k}\vec{r} + \varphi)] \exp[-\mathrm{i}(\omega t - \vec{k}\vec{r} + \varphi)]$$
$$= |E_{\mathrm{oc}}|^2 = 2\langle |\mathrm{Re}(\vec{E}_c(\vec{r},t))|^2 \rangle$$

Neben der Energiestromdichte besitzt Licht auch eine Impulsdichte, die bei der Absorption oder der Reflexion von Licht wichtig werden kann. Das Zustandekommen dieses „Strahlungsdruckes" lässt sich einfach anhand der Wechselwirkung eines elektromagnetischen Feldes mit einer zunächst ruhenden freien Ladung q erklären (siehe Bild 2.5). Aufgrund der Coulomb-Kraft erfährt die Ladung eine Beschleunigung parallel zum E-Feld, die zu einer Geschwindigkeit v_q der Ladung führt. Dabei wird aus dem Lichtfeld die Leistung $L = q \cdot E \cdot v_q$ aufgenommen. Die Bewegung des Elektrons im magnetischen Feld B des Lichtes, das senkrecht zu E und k steht, führt nun zu einer Lorentzkraft $\vec{F}_L$, die in Richtung des Wellenvektors $\vec{k}$ zeigt:

Impuls des Lichts

$$|F_L| = q|v_q||B| = q|v_q|\frac{E}{c} = \frac{L}{c} \tag{2.21}$$

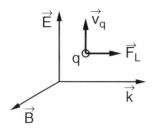

Bild 2.5: Schema zur Verdeutlichung des Strahlungsdrucks: Durch das elektrische Feld $\vec{E}$ der Welle erfährt die Ladung q eine Beschleunigung, die zu einer Geschwindigkeit $\vec{v}_q$ führt. Über das magnetische Feld $\vec{B}$ der Welle wirkt so die Lorentzkraft auf die bewegte Ladung, die in Richtung des Wellenvektors $\vec{k}$ der Welle zeigt.

Strahlungsdruck

Verbunden mit der Absorption der Strahlungsleistung L aus dem Lichtfeld wird also eine Kraft in Ausbreitungsrichtung auf die Ladung ausgeübt. Bezieht man diese Kraft auf die bestrahlte Fläche, so erhält man den Strahlungsdruck P_S, der bei der Absorption von Licht der Intensität I auf den Absorber ausgeübt wird:

$$\boxed{P_S = \frac{I}{c}} \qquad \textbf{Strahlungsdruck des Lichtes} \qquad (2.22)$$

Bei einer vollständigen Reflexion von Licht an einem Spiegel tritt aufgrund der Impulserhaltung ein doppelt so großer Strahlungsdruck auf.

Als Beispiel soll kurz der Strahlungsdruck, der vom Sonnenlicht am Ort der Erdumlaufbahn verursacht wird, bestimmt werden. Bei einer Bestrahlungsstärke durch Sonnenlicht von $I_S = 1.500$ W/m^2, $c = 3 \cdot 10^8$ m/s errechnen wir einen Strahlungsdruck $P_S = I_S/c = 5 \cdot 10^{-6}$ N/m$^2 = 5 \cdot 10^{-6}$ Pa. Dieser Druck ist sehr klein und somit für das tägliche Leben vernachlässigbar. Trotzdem ist dieser Strahlungsdruck für eine Reihe von Phänomenen im sonnennahen Bereich verantwortlich: z.B. bewirkt er die Ausrichtung der Kometenschweife und beeinflusst erheblich die Verteilung der geladenen Teilchen in der Ionosphäre der Erde. Andererseits kann der Strahlungsdruck von Licht auch riesige Werte annehmen: Bei den höchsten Lichtintensitäten von ca. $3 \cdot 10^{22}$ W/m^2, die mit Kurzpulslasern (Pulsdauer $< 10^{-12}$ s) zurzeit hergestellt werden können, berechnet man nach Gl. (2.22) einen Strahlungsdruck von $P_S = 3 \cdot 10^{22}$ W/m^2/$3 \cdot 10^8$ m/s $= 10^{14}$ Pa. Dieser Druck, 10^{14} Pa oder 1 Gbar, übersteigt alle technisch herstellbaren stationären Drucke und reicht bis auf den Faktor 1000 an typischerweise im Zentrum von Sternen wirkende Drucke heran.

2.1.2 Wellenpakete

Eine wichtige Eigenschaft der Wellengleichung (2.7) ist, dass gemäß dem Superpositionsprinzip neben zwei Lösungen $\vec{E}_2$ und $\vec{E}_1$ der Wellengleichung auch deren Summe $\vec{E}_s = \vec{E}_1 + \vec{E}_2$ eine Lösung ist. Dadurch wird es möglich, durch Kombination von ebenen Wellen geeigneter Amplitude und Frequenz Wellenpakete mit definiertem zeitlichen und räumlichen Verlauf zu konstruieren. Der dabei verwendete mathematische Formalismus ist der der

Wellenpakete

2.1 Die Wellengleichung und ihre Lösungen

Fouriertransformation (Herleitung sowie nützliche Formeln hierzu befinden sich im Anhang): Addiert man eine Vielzahl von ebenen Wellen mit den Frequenzen $\omega_j = j\omega_0$ und den Amplituden E_{0j}, so lässt sich dadurch jeder beliebige (zeitlich oder räumlich) periodische Feldverlauf $E(\vec{r}, t)$ darstellen[2]. Speziell für den Ursprung $\vec{r} = 0$ erhalten wir den Zeitverlauf:

$$\vec{E}(t) = \sum_{j=-\infty}^{\infty} \vec{E}_{0j} \exp(i\,\omega_j t) \qquad (2.23)$$

Verwendet man kontinuierlich verteilte Frequenzkomponenten, so wird aus der Fourierreihe (2.23) ein Fourierintegral, das auch die Darstellung von nichtperiodischen Zeitverläufen gestattet:

$$\vec{E}(t) = \frac{1}{2\pi} \int_{-\infty}^{+\infty} \vec{E}_0(\omega) \exp(i\,\omega t)\,\mathrm{d}\omega \qquad (2.24)$$

Da $E(t)$ eine reelle Größe ist, kann man die Feldstärke für negative Frequenzen wie folgt angeben: $E_0(\omega) = E_0^*(-\omega)$. Durch Umkehrung der Fouriertransformation lassen sich die Fourierkomponenten $\vec{E}_0(\omega)$ aus einem vorgegebenen Zeitverlauf des Feldes berechnen:

$$\vec{E}_0(\omega) = \int_{-\infty}^{+\infty} \vec{E}(t) \exp(-i\,\omega t)\,\mathrm{d}t \qquad (2.25)$$

Die Darstellung des elektrischen Feldes durch seinen Zeitverlauf $\vec{E}(t)$ oder durch seinen Frequenzverlauf $\vec{E}_0(\omega)$ ist also äquivalent. Beide Darstellungen sind in der Physik in gleicher Weise verwendbar. In Analogie kann man auch bei festgehaltener Zeit die entsprechende Komplementarität zwischen Ortsdarstellung und Impuls- (Wellenvektor-)Darstellung des Feldverlaufes zeigen.

Zeit- und Frequenzraum, äquivalente Darstellungen des Feldes

Wir wollen einen Frequenzverlauf des Feldes gemäß der Gaußschen Glockenkurve mit einer Zentralfrequenz ω_0 annehmen (siehe Bild 2.6a). Wellenpakete dieser Form werden z.B. von modernen Pulslasern erzeugt.

$$E(\omega) = A \exp\left[-\left(\frac{\omega - \omega_0}{\delta\omega}\right)^2\right] + A \exp\left[-\left(\frac{-\omega - \omega_0}{\delta\omega}\right)^2\right] \qquad (2.26)$$

---

[2] In analoger Weise kann man auch die Fouriertransformation vom Ortsraum in den „Impulsraum" durchführen. Dadurch erhält man den Übergang von einer räumlichen Verteilung in eine Richtungs- oder Impulsverteilung. Man spricht dabei auch von Raumfrequenzen. Dies wird im Zusammenhang mit der Beugung in Abschnitt 4.1 vertieft.

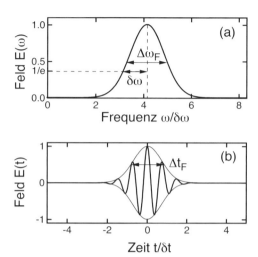

Bild 2.6: *Frequenzverlauf (a) und Zeitverlauf (b) des elektrischen Feldes eines gaußförmigen Wellenpaketes. Für die Halbwertsbreiten $\Delta\omega_F$ und Δt_F gilt die Unschärfebeziehung $\Delta\omega_F \cdot \Delta t_F = 5.55$ (siehe Gl. (2.28)). Die Darstellung im Bild benützt normierte Zeiten und Frequenzen. Dabei wurden die Größen $\delta\omega = 2/\delta t$ aus Gl. (2.26) bzw. (2.27) verwendet.*

Den zweiten Teil auf der rechten Seite von Gl. (2.26) benötigen wir, um wie im letzten Absatz erwähnt eine reelle Feldstärke $E(t)$ zu erhalten. Setzen wir Gl. (2.26) in Gl. (2.24) ein, so ergibt sich der Zeitverlauf des Feldes zu:

$$\begin{aligned}
E(t) &= \int_{-\infty}^{+\infty} E(\omega)\exp(\mathrm{i}\,\omega t)\frac{\mathrm{d}\omega}{2\pi} \\
&= \frac{A}{\sqrt{\pi}}\frac{\delta\omega}{2}\exp\left[-\left(\frac{\delta\omega}{2}\right)^2 t^2\right]\left(\exp(\mathrm{i}\,\omega_0 t)+\exp(-\mathrm{i}\,\omega_0 t)\right) \\
&= \frac{A\,\delta\omega}{\sqrt{\pi}}\exp\left[-\left(\frac{\delta\omega}{2}\right)^2 t^2\right]\cdot\cos(\omega_0 t) \quad (2.27)
\end{aligned}$$

Wir erhalten also ein Wellenpaket mit einer Schwingungsfrequenz ω_0 und einer zeitlich modulierten Amplitude mit gaußförmigem Verlauf (siehe Bild 2.6 b). Die Breite des Zeitverlaufs δt korreliert dabei mit der Breite $\delta\omega$ des Frequenzverlaufs; es gilt $\delta\omega \cdot \delta t = 2$. Unter Benützung der vollen Halbwertsbreiten (der Feldverläufe) Δt_F und $\Delta\omega_F$ ergibt sich:

$$\Delta\omega_F \Delta t_F = 8\ln(2) \approx 5.55 \quad (2.28)$$

2.1 Die Wellengleichung und ihre Lösungen

Ein zeitlich gaußförmiger Lichtimpuls ist also mit einer bestimmten Frequenzbreite verknüpft, die mit fallender Dauer des Impulses zunimmt. Betrachtet man im Experiment anstelle der Feldverläufe die entsprechenden Intensitätsverläufe (siehe Abschnitt 2.1.1), so ist dies bei der Berechnung zu berücksichtigen. Bei den hier beobachteten gaußförmigen Impulsen ist das mit den vollen Halbwertsbreiten des Intensitätsverlaufs berechnete Bandbreitenprodukt halb so groß wie das für die Feldverläufe:

Bandbreitenprodukt für glockenförmige Lichtimpulse:
$\Delta\nu_F \Delta t_F \approx 1$

$$\Delta\omega_F \Delta t_F = 2(\Delta\omega_I \Delta t_I)$$
$$\Delta\omega_I \Delta t_I = 4 \ln 2$$
$$\Delta\nu_I \Delta t_I = \frac{2}{\pi} \ln 2 \approx 0.442$$

Verwendet man andere Lichtimpulsformen, so hängt im Detail das Bandbreitenprodukt $\Delta\omega \Delta t$ von der speziellen Impulsform ab. Für die Feldstärken glockenförmiger Lichtimpulse gilt dabei als Abschätzung:

$$\Delta\omega_F \Delta t_F \cong 2\pi \quad \text{oder} \quad \Delta\nu_F \cdot \Delta t_F \cong 1 \tag{2.29}$$

Die Beziehung Gl. (2.28) oder (2.29) ist eine für Wellen charakteristische Eigenschaft, die wie folgt verstanden werden kann: Beobachtet man ein Wellenpaket, so kann man seinen Eintreffzeitpunkt nur mit einer Genauigkeit in der Größenordnung seiner zeitlichen Breite Δt bestimmen (siehe Bild 2.6). Will man nun seine spektrale Position festlegen, so muss man dazu möglichst viele Maxima des Wellenzuges abzählen. Dies ist aber nur während der Dauer Δt des Wellenpaketes möglich, so dass dadurch eine Frequenzunschärfe von $\Delta\nu \approx 1/\Delta t$ auftritt. Die Unmöglichkeit einer gleichzeitigen Frequenz- und Zeitbestimmung ist für ein Wellenphänomen offensichtlich und einsehbar. Die Erweiterung dieser Unschärfebeziehung auf die Physik von Teilchen in der Heisenbergschen Unschärferelation ist in der Betrachtungsweise der klassischen Physik unverständlich und eng mit der Entwicklung der Quantenmechanik verknüpft.

Unschärfebeziehung

Wir wollen nun noch ein Zahlenbeispiel zur Unschärfebeziehung am Beispiel kurzer Lichtimpulse angeben: Technisch können mit sichtbarem Licht bei $\lambda_0 = 600\,\text{nm}$, $\omega_0 = 3.14 \cdot 10^{15}\,\text{Hz}$ Lichtimpulse mit einer Dauer Δt_F von etwa $5\,\text{fs} = 5 \cdot 10^{-15}\,\text{s}$ erzeugt werden. Diese Lichtimpulse bestehen also aus wenigen Schwingungsperioden (Der Zeitverlauf in Bild 2.6 b entspricht diesen Bedingungen). Ihre Frequenzbreite $\Delta\omega_F$ lässt sich nach Gl. (2.28) für einen gaußförmigen Zeitverlauf zu $\Delta\omega_F = 1.1 \cdot 10^{15}\,\text{Hz}$, bzw. $\Delta\lambda = 212\,\text{nm}$ bestimmen. Das heißt, diese „roten" Lichtimpulse (die Zentralwellenlänge war $\lambda_0 = 600\,\text{nm}$) besitzen spektrale Komponenten, die sich bis weit in den grünen Spektralbereich erstrecken.

2.1.3 Phasen- und Gruppengeschwindigkeit

Wir wollen uns nun der Ausbreitung von Licht, speziell von Lichtimpulsen, zuwenden. Dabei werden wir feststellen, dass sich ein Lichtimpuls nicht mit der Phasengeschwindigkeit v_{ph} (siehe Gl. (2.9)) ausbreitet und dass sich seine Form bei der Ausbreitung verändern kann. Dazu schreiben wir im Ansatz für das Wellenpaket von Gl. (2.24) explizit die Ortsabhängigkeit der Phase. Für ein in x-Richtung polarisiertes elektrisches Feld, das sich längs der z-Achse ausbreitet, ergibt sich damit:

$$E_x(z,t) = \int_{-\infty}^{+\infty} E_x(\omega) \exp[i\,\omega t - i\,k(\omega)z] \frac{d\omega}{2\pi} \tag{2.30}$$

$k(\omega)$ kann über die Dispersionsrelation Gl. (2.11) bestimmt werden. Dabei ist eine mögliche Frequenzabhängigkeit des Brechungsindex $n(\omega)$ (siehe Abschnitt 2.2) explizit zu berücksichtigen. Betrachtet man ein Wellenpaket mit einem Spektrum $E_x(\omega)$, das nur in unmittelbarer Umgebung einer Resonanzfrequenz ω_0 von null verschieden ist, so kann man $k(\omega)$ in der Nähe von ω_0 ($\omega = \omega_0 + \Omega$ mit $|\Omega| \ll \omega_0$) in eine Potenzreihe entwickeln. Wir berechnen damit näherungsweise das elektrische Feld:

$$k(\omega) = k(\omega_0) + \Omega \left(\frac{dk}{d\omega}\right)_{\omega_0} + \frac{1}{2}\Omega^2 \left(\frac{d^2k}{d\omega^2}\right)_{\omega_0} + \ldots \tag{2.31}$$

$$= k_0 + \Omega k'(\omega_0) + \frac{1}{2}\Omega^2 k''(\omega_0) + \ldots$$

$$E_x(z,t) = \frac{1}{2\pi} \exp[i\,\omega_0 t - i\,k_0 z] \cdot \tag{2.32}$$

$$\int E_x(\omega_0 + \Omega) \exp[i\,\Omega(t - z(k'(\omega_0) + \Omega k''(\omega_0)/2) + \ldots)]\,d\Omega$$

$$= \frac{1}{2\pi} \exp[i\,\omega_0 t - i\,k_0 z]\, A(z,t) = \frac{1}{2\pi} \exp[i\,\Phi(z,t)] A(z,t)$$

Ausbreitungsgeschwindigkeiten von Licht

Wir haben dabei das Wellenpaket in einen mit der Frequenz ω_0 schnell oszillierenden Anteil und in eine zeit- und ortsabhängige Amplitudenfunktion $A(z,t)$, die sich aufgrund der Bedingung $\Omega \ll \omega_0$ nur langsam ändert, aufgespalten. Die Ausbreitung der Oszillation erfolgt mit der Phasengeschwindigkeit v_{ph}. Formal lässt sich die Phasengeschwindigkeit über die Bedingung $\Phi(z,t) = \Phi_0$ berechnen (siehe auch Bild 2.7). Dabei ist $z(t)$ der Ort, an dem zu einem Zeitpunkt t die Phase gerade Φ_0 ist.

$$\Phi(z,t) = \omega_0 t - k_0 z(t) = \Phi_0 \quad \text{oder}$$

$$z(t) = \frac{\omega_0 t}{k_0} - \frac{\Phi_0}{k_0} \quad \text{damit}$$

2.1 Die Wellengleichung und ihre Lösungen

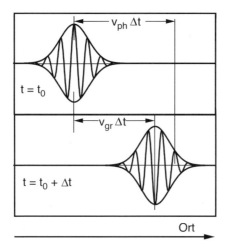

Bild 2.7: *Phasen- und Gruppengeschwindigkeit: Momentaufnahmen eines Wellenpaketes zu Zeiten t_0 (oben) und $t_0 + \Delta t$ (unten). Ein Maximum der Amplitude des Feldes breitet sich mit der Phasengeschwindigkeit v_{ph} aus. Das Maximum der Impulseinhüllenden läuft mit der langsameren Gruppengeschwindigkeit v_{gr}.*

$$\boxed{v_{\text{ph}} = \frac{\mathrm{d}z(t)}{\mathrm{d}t} = \frac{\omega_0}{k_0} = \frac{c}{n}} \quad \textbf{Phasengeschwindigkeit} \quad (2.33)$$

Für die Bestimmung der Ausbreitung der Amplitude des Wellenpakets verwenden wir wieder Gl. (2.32). Dabei vernachlässigen wir zunächst zweite und höhere Ableitungen des Wellenvektors. In diesem Fall ergibt das Integral in Gl. (2.32) eine Amplitudenfunktion $A(\xi)$ mit dem Argument $\xi = t - zk'(\omega_0) = t - z\left(\frac{\mathrm{d}k}{\mathrm{d}\omega}\right)_{\omega_0}$. Diese Amplitudenfunktion $A(\xi)$, d.h. die Einhüllende des Wellenpakets, breitet sich in z-Richtung mit der Gruppengeschwindigkeit v_{gr} aus. Da die Bewegung eines festen Punktes auf der Einhüllenden durch die Beziehung $\xi = \xi_0 = $ const. gegeben ist, berechnet man v_{gr} zu:

Phasengeschwindigkeit, Gruppengeschwindigkeit

$$t - z(t)\left(\frac{\mathrm{d}k}{\mathrm{d}\omega}\right)_{\omega_0} = \xi_0$$

$$v_{\text{gr}} = \left(\frac{\mathrm{d}z(t)}{\mathrm{d}t}\right)_{\xi_0} = 1 / \left(\frac{\mathrm{d}k}{\mathrm{d}\omega}\right)_{\omega_0} = \left(\frac{\mathrm{d}\omega}{\mathrm{d}k}\right)_{\omega_0} \quad (2.34)$$

Will man mit Licht Informationen übertragen, so kann man dazu die Amplitude des Feldes modulieren. Dieses, der Amplitude aufgeprägte Signal, wird sich dann gemäß Gl. (2.34) gerade mit der Gruppengeschwindigkeit ausbreiten. Die Signalgeschwindigkeit der Relativitätstheorie ist also in der Regel mit der Gruppengeschwindigkeit und nicht mit der Phasengeschwindigkeit zu

Signalausbreitung erfolgt mit Gruppengeschwindigkeit

identifizieren. Unter Benutzung der Dispersionsrelation (2.11) erhält man verschiedene Schreibweisen für die Gruppengeschwindigkeit:

$$\boxed{\begin{aligned} v_{\text{gr}} &= \left(\frac{d\omega}{dk}\right)_{\omega_0} = \frac{c}{n} - \frac{k \cdot c}{n^2}\frac{dn}{dk} \\ \frac{1}{v_{\text{gr}}} &= \frac{1}{v_{\text{ph}}}\left(1 - \frac{\lambda}{n}\frac{dn}{d\lambda}\right) \end{aligned}} \qquad \textbf{Gruppengeschwindigkeit} \qquad (2.35)$$

Die bisher vernachlässigten höheren Entwicklungsglieder in Gl. (2.32) bewirken, dass sich die Form der Amplitudenfunktion bei der Ausbreitung verändert. Dieses Phänomen kann man qualitativ darauf zurückführen, dass für verschiedene Frequenzkomponenten des Lichtimpulses unterschiedliche Werte der Gruppengeschwindigkeit existieren; die verschiedenen Frequenzkomponenten eines Lichtimpulses breiten sich unterschiedlich schnell aus und verlängern so den Lichtimpuls. Diese „Dispersion der Gruppengeschwindigkeit" führt in der Regel zu einer Verbreiterung der Lichtimpulse bei der Ausbreitung durch ein dispersives ($dn/d\lambda \neq 0$) Medium. Für den Spezialfall von gaußförmigen Lichtimpulsen (ohne Phasenmodulation), die am Ort $z = 0$ den Feldverlauf $E_{0x}(t) = \exp(-(t/\delta t_0)^2)$ besitzen, erhält man nach Propagation durch ein dispersives Medium ($k'' \neq 0$) der Schichttiefe D eine Vergrößerung der Impulsdauer auf:

Verbreiterung von Lichtimpulsen durch Gruppengeschwindigkeitsdispersion

$$\delta t(D) = \delta t_0 \sqrt{1 + 4(Dk'')^2/(\delta t_0)^4} \qquad (2.36)$$

Diese Verlängerungen der Impulsdauer sind bei langen Lichtimpulsen mit einer Dauer von über einer Mikrosekunde praktisch immer zu vernachlässigen. Verkürzt man jedoch die Dauer der Lichtimpulse auf unter eine Nanosekunde, so werden bei den in der Datenübertragung mit Glasfasern relevanten Entfernungen (einige 10 km) die Verlängerungen der Impulse messbar und können die übertragbare Informationsbandbreite (die proportional zu $1/\delta t(D)$ ist) begrenzen. Aus diesem Grund verwendet man in der modernen Datenübertragung spezielle Glasfasern und Übertragungswellenlängen λ_0, bei denen besonders kleine Werte der Dispersion $k'' = d^2k/d\omega^2$ auftreten. Eine andere Anwendung betrifft die Erzeugung von sehr langsamen Licht. Verwendet man Materialien hoher Dispersion, d. h. mit einer starken Änderung des Brechungsindex mit der Wellenlänge, so kann die Gruppengeschwindigkeit in einem schmalen Spektralbereich extrem herabgesetzt werden. Mit speziellen Anordnungen wurden dabei Ausbreitungsgeschwindigkeiten von Licht im Bereich m/s erhalten. Bei einer Lichtausbreitung durch ein Vakuum treten keine Dispersionseffekte auf. Hier gilt $n = 1$ und nach Gl. (2.11) $k = \omega/c$. Außerdem sind im Vakuum Gruppengeschwindigkeit und Phasengeschwindigkeit gleich groß: $v_{\text{gr}} = v_{\text{ph}} = c$.

2.2 Dispersion von Licht

Die Ausbreitung von Licht wird entscheidend vom Brechungsindex $n(\omega)$ des durchleuchteten Mediums bestimmt: $n(\omega)$ beeinflusst die Geschwindigkeit des Lichtes, das Auseinanderfließen von Lichtimpulsen, aber auch Ablenkung und Reflexion von Licht beim Übergang von einem Material in ein anderes. Die physikalischen Grundlagen des Brechungsindex und seine speziellen Eigenschaften werden in diesem Kapitel behandelt. Wir werden dazu zunächst das Modell der Polarisierbarkeit eines Isolators, wie es in der Elektrodynamik vorgestellt wurde, erweitern und beschreiben damit die wesentlichen Phänomene der Dispersion von elektromagnetischen Wellen.

Dispersion: Abhängigkeit der Ausbreitungsgeschwindigkeit einer Welle von deren Frequenz

2.2.1 Die Frequenzabhängigkeit der Dielektrizitätskonstante

In vielen Experimenten der Elektrodynamik behandelt man die Dielektrizitätskonstante ε eines Mediums als eine konstante Größe. Dies ist dann gerechtfertigt, wenn nur Frequenzen aus einem schmalen Bereich weit von Resonanzfrequenzen entfernt benutzt werden. Als Beispiel für die praktisch auftretende Frequenzabhängigkeit der Dielektrizitätskonstante oder des Brechungsindex vergleichen wir die Werte des Brechungsindex n (589 nm), der im sichtbaren Spektralbereich bei $\lambda = 589$ nm gemessen wird, mit der Wurzel aus der statischen Dielektrizitätskonstante $n_0 = \sqrt{\varepsilon(\omega = 0)}$. Dabei treten häufig markante Unterschiede auf, die auf eine ausgeprägte Frequenzabhängigkeit hindeuten. In Tabelle 2.1 sind entsprechende Zahlenwerte für einige Flüssigkeiten angeführt.

Die Frequenzabhängigkeit des Brechungsindex kann durch verschiedene mikroskopische Phänomene hervorgerufen werden: In allen Atomen oder Molekülen wird durch ein äußeres elektrisches Feld eine Auslenkung der Elektronen gegenüber den Atomkernen erzeugt. Die damit verknüpfte Dispersion werden wir im Folgenden ausführlicher behandeln. Häufig kann eine starke Frequenzabhängigkeit des Brechungsindex in Medien beobachtet werden, in denen die Moleküle ein permanentes Dipolmoment besitzen, das durch ein äußeres Feld ausgerichtet werden kann (z.B. in Wasser, H_2O). Der damit verbundene Ori-

Tabelle 2.1: *Vergleich der statischen Dielektrizitätskonstante $\varepsilon(\omega = 0)$ mit dem optischen Brechungsindex n (589 nm)*

	$\sqrt{\varepsilon(\omega = 0)}$	n (589 nm)
Tetrachlorkohlenstoff	4.63	1.46
Schwefelkohlenstoff	5.04	1.628
Ethylalkohol	5.08	1.361
Wasser	8.96	1.333
Benzol	1.51	1.501

Berechnung von Dielektrizitätskonstante und Brechungsindex

entierungsbeitrag zum Brechungsindex bzw. zur Dielektrizitätskonstante, wird im Rahmen der Festkörperphysik näher behandelt.

Wir wollen uns nun mit der durch die Auslenkung der Elektronen verursachten Polarisation beschäftigen, die für die Dispersion vieler optischer Materialien im sichtbaren Spektralbereich verantwortlich ist. Hierzu verwenden wir ein Atommodell, bei dem ein negativ geladenes Elektron mit der Masse $m_\mathrm{e} = 9.11 \cdot 10^{-31}$ kg und der Ladung $q = -e = -1.60 \cdot 10^{-19}$ C durch harmonische Kräfte an einen ruhenden (unendlich schweren) positiv geladenen Kern gebunden ist. Wir stellen dazu die Bewegungsgleichung auf und berechnen das mit der Auslenkung in einem äußeren Feld verbundene Dipolmoment. Aus der entsprechenden makroskopischen Polarisation

$$\vec{P} = (\varepsilon - 1)\varepsilon_0 \vec{E} \tag{2.37}$$

kann dann die Dielektrizitätskonstante bestimmt werden. Die treibende Kraft $\vec{F}(t)$ auf das Elektron wird durch das elektrische Feld $\vec{E}(t)$ hervorgerufen:

$$\vec{F}(t) = -e\vec{E}(t) = -e\vec{E}_0 \exp[\mathrm{i}\,\omega t] \tag{2.38}$$

Wir haben dabei die komplexe Schreibweise des elektrischen Feldes gewählt. Das Feld zeige parallel zur x-Koordinate. $\vec{E}_0$ ist eine reelle Größe. Die Bewegung des Elektrons folge der Gleichung eines eindimensionalen harmonischen Oszillators mit Resonanzfrequenz ω_0 und einer schwachen Dämpfungskonstante $\gamma \ll \omega_0$. Beide Werte ω_0 und γ hängen dabei vom speziellen Typ der betrachteten Atome oder Moleküle ab. Für die Auslenkung $x(t)$ des Elektrons aus der Ruhelage verwenden wir den Lösungsansatz $x(t) = x_0 \exp(\mathrm{i}\,\omega t)$ und erhalten damit:

$$\ddot{x} + \gamma \dot{x} + \omega_0^2 x = \frac{1}{m}F(t) = \frac{-e}{m}E_0 \exp[\mathrm{i}\,\omega t] \tag{2.39}$$

$$x(t) = \frac{-e}{m}\frac{1}{(\omega_0^2 - \omega^2) + \mathrm{i}\,\gamma\omega}E(t) \tag{2.40}$$

Bei einer Teilchendichte N ergibt sich für die Polarisation $P(t)$, d.h. für das Dipolmoment pro Volumeneinheit und für die Dielektrizitätskonstante:

$$P(t) = -ex(t)N = \frac{e^2 N}{m}\frac{1}{\omega_0^2 - \omega^2 + \mathrm{i}\,\gamma\omega}E(t) = (\varepsilon(\omega)-1)\varepsilon_0 E(t) \tag{2.41}$$

$$\boxed{\varepsilon(\omega) = 1 + \frac{e^2 N}{\varepsilon_0 m}\frac{1}{\omega_0^2 - \omega^2 + \mathrm{i}\,\gamma\omega}} \quad \textbf{Frequenzabhängigkeit der Dielektrizitätskonstante} \tag{2.42}$$

Wir haben in dieser Ableitung eine komplexe Schreibweise für das elektrische Feld und die Auslenkung des Elektrons gewählt. Damit vermeiden wir die

2.2 Dispersion von Licht

Einführung eines Phasenfaktors φ, der bei einer reellen Rechnung erforderlich wäre.

Besitzt das betrachtete System Atome verschiedener Typen, so können deren Einzelbeträge zur Dielektrizitätskonstanten aufsummiert werden. Für N_j Atome des Typs „j" pro Volumeneinheit, die eine Resonanzfrequenz ω_{0j} und Dämpfung γ_j aufweisen, kann man dann schreiben:

$$\varepsilon(\omega) = 1 + \frac{e^2}{\varepsilon_0 m} \sum_j \frac{N_j}{\omega_{0j}^2 - \omega^2 + i\gamma_j \omega} \qquad (2.43)$$

Übungsfrage:
Ein Atom soll hier durch eine homogene, kugelförmige Elektronenwolke mit Radius a_0 und Gesamtladung $-e$ sowie einen unendlich schweren, positiv geladenen Kern beschrieben werden. Durch eine anfängliche Auslenkung x_0 wird die kugelförmige Elektronenwolke zu Schwingungen um den Kern angeregt. Die rücktreibende Kraft ist die Coulombkraft. Berechnen Sie die Frequenz ω_0 dieser Schwingung für dieses „Wasserstoffatom" mit $a_0 = 0.53 \cdot 10^{-10}$ m.

2.2.2 Der Brechungsindex

Für verdünnte Medien (z.B. Gase) kann man im nichtresonanten Fall davon ausgehen, dass $\varepsilon(\omega)$ sehr nahe bei eins liegt: $\varepsilon(\omega) = 1 + \Delta\varepsilon$ mit $|\Delta\varepsilon| \ll 1$. In diesem Fall lässt sich der Brechungsindex $n(\omega) = \sqrt{\varepsilon(\omega)}$ aus Gl. (2.42) einfach berechnen. Man verwendet dabei, dass auch n nahe bei eins liegt und erhält:

$$(\varepsilon - 1) = (n^2 - 1) = (n+1)(n-1) \cong 2(n-1)$$

$$(n-1) \cong \frac{1}{2}[\varepsilon(\omega) - 1] = \frac{e^2 N}{2\varepsilon_0 m} \frac{1}{\omega_0^2 - \omega^2 + i\gamma\omega} \qquad (2.44)$$

$$n_R = 1 + \frac{e^2 N}{2\varepsilon_0 m} \frac{\omega_0^2 - \omega^2}{(\omega_0^2 - \omega^2)^2 + \gamma^2 \omega^2} \qquad (2.45)$$

$$n_I = \frac{e^2 N}{2\varepsilon_0 m} \frac{-\gamma\omega}{(\omega_0^2 - \omega^2)^2 + \gamma^2 \omega^2} \qquad (2.46)$$

Der Brechungsindex ist nun ebenfalls eine komplexe Größe mit Realteil n_R und Imaginärteil n_I. Sein Frequenzverlauf ist in Bild 2.8 dargestellt: Der Realteil n_R des Brechungsindex startet bei kleinen Frequenzen $\omega \to 0$ bei $n_0 = 1 + e^2 N / 2\varepsilon_0 m\omega_0^2$ und steigt dann kontinuierlich an. Nur in der unmittelbaren Nähe der Resonanzfrequenz ω_0 nimmt n_R ab. Bei hohen Frequenzen $\omega \gg \omega_0$ nähert sich n_R von kleinen Werten her dem Wert $n = 1$ (siehe Bild 2.8a). Für den hier betrachteten Fall ist der Imaginärteil n_I immer negativ[3]. Im

Für große Frequenzen ($\omega \to \infty$) gilt immer: $n(\omega) = 1$

---
[3] In der Literatur wird für den komplexen Brechungsindex auch die Schreibweise $n = n_R(1 - i\kappa)$ verwendet. In diesem Fall ist κ im Allgemeinen eine positive Größe, $\kappa = -n_I / n_R$.

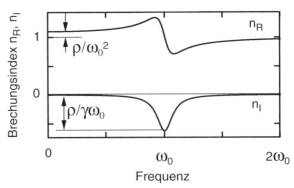

Bild 2.8: *Frequenzabhängigkeit des Brechungsindex: Gezeigt ist der Frequenzverlauf für den Realteil n_R und den Imaginärteil n_I des Brechungsindex. In der Darstellung wurde die Abkürzung $\varrho = e^2 N/(2\varepsilon_0 m)$ verwendet.*

Allgemeinen ist n_I sehr klein und nur in der Nähe der Resonanzfrequenz merklich von null verschieden. Sein Frequenzverlauf ist der einer Lorentz-Kurve (siehe Bild 2.8b).

2.2.3 Die Absorption von Licht

Die Auswirkungen eines komplexen Brechungsindex kann man am besten erkennen, wenn man die Ausbreitung einer ebenen Welle $E(t, z)$ in z-Richtung durch ein Medium mit Brechungsindex $n = n_R + i n_I$ berechnet. Wir verwenden dabei die Größe des Wellenvektors k gemäß Gl. (2.11), $k = n\omega/c$, und setzen ihn in den Ansatz ebener Wellen ein:

$$
\begin{aligned}
E(z,t) &= E_0 \exp[i\,\omega t - i\,k z] \\
&= E_0 \exp[i\,\omega t - i\,\frac{\omega n_R}{c} z + \frac{\omega n_I}{c} z] \\
&= E_0 \underline{\exp\left[\frac{\omega n_I}{c} z\right]} \exp\left[i\,\omega t - i\,\frac{\omega n_R}{c} z\right]
\end{aligned}
\tag{2.47}
$$

$n_I < 0$ ergibt Absorption von Licht, $n_I > 0$ ergibt Verstärkung von Licht

Das elektrische Feld $E(z,t)$ besitzt dann einen schnell oszillierenden Anteil, dessen Wellenlänge im Medium durch den Realteil n_R des Brechungsindex bestimmt ist. Die Amplitude der Welle (unterstrichen) erhält jedoch über den Imaginärteil des Brechungsindex eine z-Abhängigkeit: Für den im Allgemeinen realisierten Fall $n_I < 0$ (siehe Gl. (2.46)) nimmt die Feldstärke mit zunehmender Schichttiefe des Mediums exponentiell ab, d.h., der Imaginärteil des Brechungsindex bewirkt eine Absorption des Lichtes. Für die Ortsabhängigkeit der Lichtintensität berechnet man:

$$
\begin{aligned}
I(z) &= I(0) \exp\left[\frac{2\omega n_I z}{c}\right] \\
&= I(0) \exp[-az]
\end{aligned}
\tag{2.48}
$$

2.2 Dispersion von Licht

Wir haben hier den Extinktionskoeffizienten a eingeführt, für den nach Gl. (2.46) gilt:

$$\boxed{a = \frac{e^2 N}{\varepsilon_0 m c} \frac{\gamma \omega^2}{(\omega_0^2 - \omega^2)^2 + \gamma^2 \omega^2}} \qquad \textbf{Extinktionskoeffizient} \qquad (2.49)$$

Im betrachteten Modellsystem und in allen Systemen, die sich im thermischen Gleichgewicht befinden, ist n_I stets negativ. Man erhält dann immer eine Abnahme der Lichtintensität mit zunehmender Schichttiefe. Unter speziellen Nichtgleichgewichtsbedingungen, wie sie z.B. im aktiven Medium eines Lasers realisierbar sind, kann n_I auch positiv werden. In diesem Fall erhält man ein Anwachsen der Lichtintensität mit zunehmender Schichttiefe, d.h., das Licht wird im Medium verstärkt.

Wie müsste ein Modellsystem gestaltet sein, damit Lichtverstärkung anstelle von Absorption auftritt?

In der praktischen Anwendung werden im Zusammenhang mit der Absorption von Licht unterschiedliche Begriffe verwendet: Die *Durchlässigkeit* oder die *Transmission* T einer Probe ist:

$$T = I(z)/I(0) = \exp[-az] \qquad (2.50)$$

Um die Eigenschaften einzelner Atome aus denen einer makroskopischen Probe herauszuheben, zieht man die Teilchendichte N im Ausdruck für den Extinktionskoeffizienten heraus und fasst den Rest als Absorptionsquerschnitt σ zusammen:

$$I(z) = I(0) \exp[-\sigma N z] \qquad (2.51)$$

Für Anwendungen in der Chemie verwendet man häufig die Konzentration C der Probe in Einheiten von Mol/Liter. Dabei werden die Begriffe „molarer (dekadischer) Absorptionskoeffizient" oder häufiger „molarer (dekadischer) Extinktionskoeffizient ε" verwendet. Auch benützen Chemiker für ε vereinfachend oft nur die Kurzform „Extinktionskoeffizient".

$$I(z) = I(0) \cdot 10^{-\varepsilon C z} \qquad (2.52)$$

Für das Produkt $\varepsilon C z$ ist auch der Ausdruck „optische Dichte" gebräuchlich. In der Lichtübertragung durch Glasfasern wird zudem der Begriff der Dämpfung β in Einheiten von dB/km verwendet. Hier ist z in Einheiten von 10 km einzusetzen:

$$I(z) = I(0) \cdot 10^{-\beta z} \qquad (2.53)$$

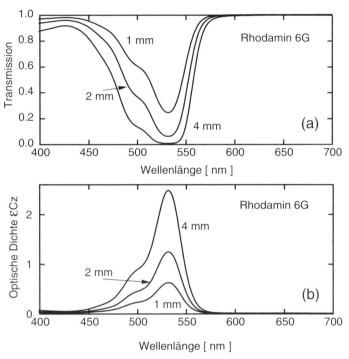

Bild 2.9: *Transmissionsspektrum und optische Dichte von Farbstofflösungen (Rhodamin 6G) für drei verschiedene Schichtdicken.*

Übungsfrage:
Stellen Sie den Zusammenhang her zwischen den Größen Absorptionsquerschnitt σ in Einheiten von cm^2 und Extinktionskoeffizient ε (Einheiten l/(mol cm)).
Benützen Sie die Angaben zur Dämpfung vom Glasfasern aus Tabelle 2.3 und berechnen Sie damit die Transmission durch eine Glasfaser der Länge 100 km bei den Wellenlängen 1310 nm, 1550 nm und 1625 nm.

Farbstoffe: Moleküle, bei denen die Resonanzfrequenz ω_0 im Sichtbaren liegt

Als Beispiel für die Absorption von Licht ist in Bild 2.9 die Wellenabhängigkeit der Transmission eines absorbierenden Farbstoffes (Rhodamin 6 G in Äthanol) für verschiedene Schichttiefen dargestellt. Da die Absorption, d.h. n_I, stark wellenlängenabhängig ist, erhält man eine unterschiedlich schnelle Abnahme der Lichtintensität mit der Schichttiefe. Für $\lambda = 650$ nm tritt praktisch keine Absorption auf. Im Bereich von 530 nm ist die Transmission für die größeren Schichtdicken sehr klein. Aufgrund des exponentiellen Zusammenhangs zwischen Transmission und dem Produkt az aus Extinktionskoeffizient und Schichttiefe ändert der Transmissionsverlauf mit zunehmender Schichttiefe seine Form (siehe Bild 2.9a). Trägt man jedoch den Logarithmus der Transmission auf, so erhält man die schichttiefenunabhängige Form des Verlaufs von a (Bild 2.9b). Bei der Wellenlänge von 530 nm ist die Absorption maxi-

2.2 Dispersion von Licht

mal. Hier kann man die Extinktion a zu $a_{\max} = 1.5 \cdot 10^3 \, \text{m}^{-1}$ bestimmen. Daraus lässt sich der Imaginärteil des Brechungsindex berechnen: Wir erhalten $n_{\text{I,max}} = -\dfrac{a_{\max}\lambda}{4\pi} = -6.2 \cdot 10^{-5}$, d.h., der Absolutwert des Imaginärteils des Brechungsindex ist sehr klein, obwohl die Farbstofflösung bereits eine sehr intensive Farbe besitzt.

Die hier verwendete Behandlung der Dispersion zeigt, dass Imaginärteil und Realteil des Brechungsindex nicht unabhängig voneinander sind. Dieser Zusammenhang gilt nicht nur für das vorgestellte Modell. Es lässt sich vielmehr in Rahmen der theoretischen Elektrodynamik zeigen, dass als Folge der Kausalität Realteil und Imaginärteil des Brechungsindex immer zueinander in Verbindung stehen müssen. Dies ist Inhalt der Kramers-Kronig-Dispersionsrelation, die besagt, dass der Brechungsindex bei einer bestimmten Frequenz ω durch geeignete Integration (in der unten stehenden Gleichung ist der Hauptwert des Integrals zu nehmen) des Extinktionskoeffizienten über alle Frequenzen ausgedrückt werden kann.

$$(\operatorname{Re} n(\omega))^2 - 1 = \frac{2c}{\pi} \int_0^\infty \frac{a(\omega')}{\omega'^2 - \omega^2} \, \mathrm{d}\omega' \qquad (2.54)$$

2.2.4 Die Dispersion von dichten Medien

Bisher hatten wir angenommen, dass der Brechungsindex bzw. die Dielektrizitätskonstante einen Wert nahe bei eins besitzt. Für diesen Fall hatten wir den Frequenzverlauf der Dielektrizitätskonstante gemäß Gl. (2.43) errechnet. Für dichte Medien ist jedoch die einfache Beziehung für die Polarisation P (Gl. (2.41)) nicht mehr gültig. Stattdessen muss die Polarisation P mit Hilfe der Clausius-Mosotti-Beziehung (Elektrodynamik) berechnet werden. Nach geeigneten Umformungen kann man jedoch denselben funktionellen Verlauf von $\varepsilon(\omega)$ bzw. $n^2(\omega)$ wie in Gl. (2.43) erhalten. Für Frequenzen weitab der Resonanzen, für die man die Auswirkungen der Dämpfung vernachlässigen kann, ergibt sich:

$$n^2(\omega) = 1 + \sum_j \frac{\varrho_j}{\tilde{\omega}_{0j}^2 - \omega^2} \qquad (2.55)$$

Der wesentliche Unterschied zu Gl. (2.43) besteht dabei darin, dass anstelle der echten Resonanzfrequenzen ω_{0j} verschobene Frequenzen $\tilde{\omega}_{0j}$ treten. Zur Vereinfachung der Schreibweise wurden die weiteren Materialparameter im Term ϱ_j zusammengefasst. Mit Hilfe der Beziehung (2.55) lassen sich verschiedene Inter- und Extrapolationsformeln für den Brechungsindex aufstellen, die sich darin unterscheiden, wie im Detail Gl. (2.55) umgeformt wurde und wie die verschiedenen Glieder zusammengefasst wurden. Häufig wird dabei der Ansatz nach Sellmeier verwendet, bei dem man oft bereits mit dem ersten Glied der Summe ausreichend gute Näherungswerte erhält.

$$\boxed{n^2(\lambda) = A + \sum_{j=1}^{N} \frac{B_j}{\lambda^2 - C_j^2}}$$ **Sellmeier-Beziehung** (2.56)

Normale und anomale Dispersion

Die freien Konstanten A, B_j und C_j werden dabei mit Hilfe von Messwerten $n(\lambda)$ berechnet. Für nichtabsorbierende Materialien im sichtbaren Spektralbereich reicht es dabei häufig aus, nur ein Glied der Summe von Gl. (2.56) zu berücksichtigen. In Bild 2.10 ist der Frequenzverlauf des Realteils des Brechungsindex für den Fall verschiedener Resonanzfrequenzen ω_i schematisch wiedergegeben: Man findet gemäß Gl. (2.56), dass über weite Frequenzbereiche der Brechungsindex mit der Frequenz zunimmt. Diese Bereiche mit $\frac{dn}{d\omega} > 0$ oder $\frac{dn}{d\lambda} < 0$ bezeichnet man als Bereiche normaler Dispersion. Nur nahe an den Resonanzfrequenzen, wenn der Imaginärteil des Brechungsindex von null verschieden ist, gilt $\frac{dn}{d\lambda} > 0$. In diesen Bereichen „anomaler Dispersion" werden die elektromagnetischen Wellen absorbiert (siehe Bild 2.8b). Für transparente Medien gilt, dass die Dispersion im sichtbaren Spektralbereich ganz wesentlich von einer elektronischen Resonanz im ultravioletten Spektralbereich bestimmt ist. Dies bewirkt, dass die Dispersion verschiedener transparenter Medien im Sichtbaren einen qualitativ sehr ähnlichen Wellenlängenverlauf besitzt. In Bild 2.11 ist als Beispiel die Wellenlängenabhängigkeit des Brechungsindex für verschiedene optische Gläser dargestellt. Der Brechungsindex ist immer größer als eins. Außerdem nimmt n mit steigender Wellenlänge ab (normale Dispersion). Für viele Anwendungen werden Glasarten mit unterschiedlichen Brechungsindizes und Dispersion benötigt

Diskutieren Sie Phasen- und Gruppengeschwindigkeit im Falle anomaler Dispersion

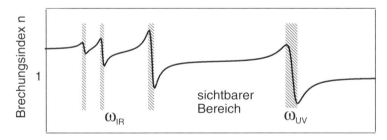

Bild 2.10: *Schematische Darstellung des Frequenzverlaufs des Brechungsindex: Die Resonanzen im Infrarot-Bereich sind durch Schwingungen der Moleküle, die im Ultraviolettbereich durch elektronische Bewegungen bestimmt. Nur in Nähe der Resonanzfrequenzen im schraffierten Bereich findet man anomale Dispersion, $dn/d\nu < 0$. In diesen Bereichen tritt gleichzeitig Absorption auf.*

2.2 Dispersion von Licht

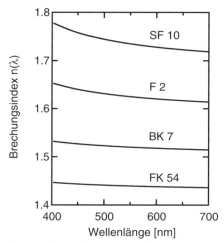

Bild 2.11: *Wellenlängenabhängigkeit des Brechungsindex für verschiedene optische Gläser. Im Sichtbaren findet man immer normale Dispersion* $dn/d\lambda < 0$.

Tabelle 2.2: *Spezielle Spektrallinien und ihre Symbole*

Symbol	Wellenlänge λ [nm]	Element
C	656	H
D	589	Na
d	587.6	He
F	486	H

(siehe Kap. 3). Die Kunst der „Glasmacher" besteht nun darin, die Zusammensetzung der Gläser so zu variieren, dass transparente Gläser mit den gewünschten Brechungsindizes und speziellen Dispersionseigenschaften entstehen.

Es soll noch kurz auf den praktischen Aspekt der Tabellierung von $n(\lambda)$ für die einzelnen Glassorten eingegangen werden. In der Regel bestimmt man n nur bei bestimmten Wellenlängen, an denen geeignete Spektrallinien zur Verfügung stehen. Die Brechungsindexwerte dazwischen kann man dann durch Interpolationsformeln, z.B. Gl. (2.56), berechnen. Die in der Praxis verwendeten Spektrallinien sind mit Buchstaben gekennzeichnet. So nimmt man $n_C = n(\lambda_C)$ für $\lambda = \lambda_C = 656$ nm. Weitere häufig verwendete Zuordnungen sind in Tab. 2.2 angegeben.

2.2.5 Brechungsindex und Absorption von Metallen

Metalle sind durch eine sehr hohe elektrische Leitfähigkeit charakterisiert. In Metallen sind die Atome in einem Gitter angeordnet, in dem die äußeren Elektronen der Atome nicht fest an die Atomrümpfe gebunden sind. Die Elektronen können sich als freies Elektronengas über das gesamte Metall verteilen. Diese freien Elektronen sind für die elektrische Leitfähigkeit des Metalls verantwortlich. Im idealen Fall bewegen sich die Elektronen während einer Periode des

Plasmafrequenz ist wichtig für die Lichtausbreitung in Metallen

eingestrahlten elektromagnetischen Feldes praktisch ungestört. Das heißt, Stöße mit den Atomrümpfen sind selten, die zugehörige Stoßzeit τ_S ist lang, $\omega \gg 1/\tau_S$. Die Dielektrizitätskonstante eines Metalls kann geschrieben werden als:

$$\varepsilon(\omega) = 1 - \omega_p^2/\omega^2 \qquad (2.57)$$

Dabei ist die Plasmafrequenz ω_p definiert durch

$$\omega_p^2 = e^2 N/\varepsilon_0 m \qquad (2.58)$$

mit der Leitungselektronendichte N, der Elektronenmasse m und der Elementarladung e. Ein Vergleich mit Gl. (2.42) zeigt, dass man Gl. (2.57) erhalten kann, wenn man in Gl. (2.42) die Resonanzfrequenz ω_0 gegen null gehen lässt und die Dämpfung vernachlässigt! (Leitungselektronen im Metall sind nicht an einen Kern gebunden, sondern im Metall frei beweglich. Es gibt somit keine Rückstellkraft, und die Resonanzfrequenz geht gegen null.) Der Frequenzverlauf von $\varepsilon(\omega)$ gemäß Gl. (2.57) zeigt, dass für große Frequenzen $\omega > \omega_p$ die Dielektrizitätskonstante positiv ist und damit der Brechungsindex reell wird. Hier tritt also keine Absorption auf. Für sehr hohe Frequenzen geht n gegen eins. Im Falle kleiner Frequenzen $\omega < \omega_p$ ist die Dielektrizitätskonstante $\varepsilon(\omega)$ negativ. Hier ist der Brechungsindex rein imaginär und das Metall absorbiert sehr stark. Die Größe dieser Absorption soll kurz anhand von Silber diskutiert werden: Hier gilt $N_{Ag} = 6 \cdot 10^{22}\,\text{cm}^{-3}$. Man erhält damit die Plasmafrequenz $\omega_p = \sqrt{e^2 N/\varepsilon_0 m} = 1.38 \cdot 10^{16}\,\text{s}^{-1}$. Für grünes Licht mit $\lambda = 500\,\text{nm}$ oder $\omega = 3.76 \cdot 10^{15}\,\text{s}^{-1}$ berechnet man:

Metalle: Langwellige Absorption, kurzwellige Transmission

$$n_I = -\sqrt{\omega_p^2/\omega^2 - 1} = -3.53$$

Damit ergibt sich eine Eindringtiefe $1/a$ von $1/a = \dfrac{-\lambda}{4\pi n_I} = 11.3\,\text{nm}$. Für kleine Frequenzen ω wird die Eindringtiefe konstant: $1/a = \dfrac{c}{2\omega_p}$. Sichtbares Licht wird also innerhalb weniger Nanometer Schichttiefe von Silber absorbiert. Obwohl Silber also extrem stark absorbiert, ist mit dieser hohen Absorption nur ein kleiner Wert für den Imaginärteil des Brechungsindex von $n_I = 3.53$ verknüpft.

Für eine genauere Beschreibung der optischen Eigenschaften von Metallen muss die Dämpfung γ der Elektronenbewegung berücksichtigt werden. Bei der Behandlung des Ohmschen Gesetzes (in der Elektrizitätslehre) nach dem Drude-Modell wird angenommen, dass die Bewegung der Leitungselektronen im Metall durch Stöße (Stoßzeit τ_S) gehindert wird. Es ergibt sich der folgende Zusammenhang zwischen Leitfähigkeit σ_L und Stoßzeit τ_S bzw. Dämpfungskonstante $\gamma = 1/\tau_S$.

In realen Metallen ist die Stoßzeit zu berücksichtigen

$$\sigma_L = \frac{e^2 N}{m}\tau_S = \varepsilon_0 \omega_p^2 \tau_S = \frac{\varepsilon_0 \omega_p^2}{\gamma} \qquad (2.59)$$

2.3 Elektromagnetische Wellen an Grenzflächen

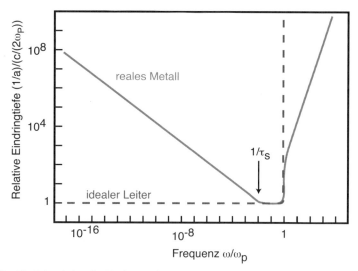

Bild 2.12: *Eindringtiefe als Funktion der Frequenz ω des Lichtes für ein ideales (gestrichelt) und für ein reales Metall mit $1/\tau_S = 10^{-2}\omega_p$ (durchgezogen).*

Eingesetzt in Gl. (2.42) ergibt dies:

$$\varepsilon(\omega) = 1 + \frac{e^2 N}{\varepsilon_0 m} \frac{1}{-\omega^2 + i\gamma\omega} = 1 - \frac{\omega_p^2}{\omega^2 - i\gamma\omega} \qquad (2.60)$$

Aus dieser Beziehung lässt sich nun der Imaginärteil des Brechungsindex und damit der Absorptionskoeffizient a und die Eindringtiefe $1/a$ im Metall berechnen. Für $1/\tau_S = 10^{-2}\omega_p$ ist der Frequenzverlauf der Eindringtiefe in doppellogarithmischer Darstellung in Abb. 2.12 gezeichnet (durchgezogene Kurve). Die gestrichelte Kurve gibt das Verhalten eines idealen Metalls ($\tau_S \to \infty$) wieder. Für endliche Stoßzeiten τ_S und kleine Frequenzen $\omega \ll 1/\tau_S$ fällt die Eindringtiefe mit zunehmender Frequenz proportional zu $1/\sqrt{\omega}$ ab. Elektromagnetische Felder werden hier praktisch nur noch an der Oberfläche geführt (Skin-Effekt). Für $1/\tau_S < \omega < \omega_p$ ist die Eindringtiefe nahezu konstant bei $1/a = \dfrac{c}{2\omega_p}$ (anomaler Skin-Effekt), bevor oberhalb von ω_p die Eindringtiefe extrem anwächst und das Medium transparent wird.

2.3 Elektromagnetische Wellen an Grenzflächen

Die Wellengleichungen erlauben es, auf einfache Weise die Ausbreitung von Licht in homogenen Medien zu beschreiben. Die mathematische Behandlung wird jedoch anspruchsvoller, wenn inhomogene Medien oder verschiedene homogene Medien mit unterschiedlichen dielektrischen Eigenschaften von

Stetigkeitsbedingungen für die Felder bestimmen Reflexion, Transmission und Brechung

den Wellen durchlaufen werden. Hierbei müssen die elektromagnetischen Felder bei jedem Übergang von einem Medium in ein anderes speziellen Randbedingungen gehorchen. Nur so wird sichergestellt, dass die Maxwellgleichungen überall erfüllt werden. Diese Randbedingungen können direkt aus den Maxwellgleichungen Gl. (2.3) – (2.6) abgeleitet werden. Für Grenzflächen von isotropen, isolierenden und nicht magnetischen Medien ($\mu = 1$) muss gelten:

$$\text{Die Tangentialkomponenten von } \vec{E} \text{ und } \vec{H} = \frac{1}{\mu_0 \mu} \vec{B} \text{ sind stetig.} \quad (2.61\text{a})$$

$$\text{Die Normalkomponenten von } \vec{D} = \varepsilon \varepsilon_0 \vec{E} \text{ und } \vec{B} \text{ sind stetig.} \quad (2.61\text{b})$$

Randbedingungen für elektrische und magnetische Felder

Wir wollen in diesem Kapitel den einfachsten Fall behandeln (siehe Bild 2.13), bei dem zwei homogene Medien, die durch die Brechungsindizes n_e und n_t charakterisiert seien, durch eine ebene Grenzfläche voneinander getrennt werden. Ohne Beschränkung der Allgemeinheit können wir diese Grenzfläche durch $y = 0$ charakterisieren, d.h., die Grenzfläche ist die x-z-Ebene. Auf diese Grenzfläche falle Licht als ebene Welle $\vec{E}_e$ aus dem Medium M_e ein. Deren Wellenvektor $\vec{k}_e$ schließe mit der Normalen $\vec{u}_n$ der Grenzfläche den Einfallswinkel θ_e ein. Weiterhin nehmen wir an, dass eine reflektierte Welle $\vec{E}_r$ im Medium M_e und eine transmittierte Welle $\vec{E}_t$ im Medium M_t vorhanden sind. Wir gehen von einer fest vorgegebenen einfallenden Welle aus und bestimmen die Eigenschaften von reflektierter und transmittierter Welle aus den Randbedingungen. Dabei verwenden wir die folgende reelle Schreibweise

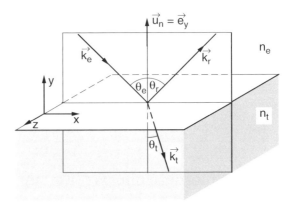

Bild 2.13: *Durchgang von Licht durch eine Grenzfläche, die einen Bereich mit Brechungsindex n_e (aus dem das Licht einfällt) von einem Bereich mit Brechungsindex n_t trennt. Dabei treten die Winkel θ_i zwischen den Wellenvektoren $\vec{k}_i$ der Strahlen und der Normalen $\vec{u}_n$ auf die Grenzfläche auf.*

2.3 Elektromagnetische Wellen an Grenzflächen

für die elektrischen Felder:

$$\vec{E}_e = \vec{E}_{e0} \cos\left(\omega_e t - \vec{k}_e \vec{r}\right) = \vec{E}_{e0} \cos(\phi_e(\vec{r}, t)) \qquad (2.62)$$

$$\vec{E}_r = \vec{E}_{r0} \cos\left(\omega_r t - \vec{k}_r \vec{r} + \varphi_r\right) = \vec{E}_{r0} \cos(\phi_r(\vec{r}, t)) \qquad (2.63)$$

$$\vec{E}_t = \vec{E}_{t0} \cos\left(\omega_t t - \vec{k}_t \vec{r} + \varphi_t\right) = \vec{E}_{t0} \cos(\phi_t(\vec{r}, t)) \qquad (2.64)$$

In diesem Ansatz müssen die Wellenvektoren $\vec{k}_e$, $\vec{k}_r$ und $\vec{k}_t$ die Dispersionsrelationen in dem jeweiligen Medium erfüllen. Die Phasenfaktoren φ_r und φ_t bestimmen die Phasenlage relativ zur einfallenden Welle. Entsprechende Ansätze verwenden wir auch für die magnetischen Felder.

2.3.1 Reflexions- und Brechungsgesetz

Wir wollen zunächst die Stetigkeit der Tangentialkomponente des elektrischen Feldes berücksichtigen. Dabei müssen wir oberhalb der Grenzfläche sowohl einfallendes als auch reflektiertes Feld berücksichtigen: In der verwendeten Geometrie erfordert die Stetigkeit der Tangentialkomponente (Randbedingung (2.61a)), dass die x- und z-Komponenten von $\vec{E}$ und $\vec{B}$ unmittelbar oberhalb und unterhalb der Grenzfläche gleich sein müssen:

$$E_{0ex} \cos(\phi_e(\vec{r}, t)) + E_{0rx} \cos(\phi_r(\vec{r}, t)) = E_{0tx} \cos(\phi_t(\vec{r}, t)) \qquad (2.65a)$$

$$E_{0ez} \cos(\phi_e(\vec{r}, t)) + E_{0rz} \cos(\phi_r(\vec{r}, t)) = E_{0tz} \cos(\phi_t(\vec{r}, t)) \qquad (2.65b)$$

Nach einer Zwischenrechnung, unter Verwendung der Additionstheoreme für den Cosinus, findet man als eine notwendige Bedingung zur Erfüllung von Gl. (2.65a), dass die cos-Funktionen im gleichen Takt schwingen. Es muss also für alle Zeiten und beliebige Orte auf der Grenzfläche gelten:

$$\omega_e t - \vec{k}_e \vec{r} = \omega_r t - \vec{k}_r \vec{r} = \omega_t t - \vec{k}_t \vec{r} \qquad (2.66)$$

für alle $\vec{r}$ mit $y = 0$ und für alle t.

Diese Beziehung lässt sich nur erfüllen, wenn die Frequenzen ω_e, ω_r und ω_t identisch sind. Wir setzen dann $\omega_e = \omega_r = \omega_t = \omega$. Wie nicht anders zu erwarten wird die Frequenz der Welle beim Übergang von einem Medium in ein anderes nicht geändert. Weiterhin muss auf der Grenzfläche $y = 0$ gelten:

Konstanz der Frequenz der Welle

$$\vec{k}_e \vec{r} = \vec{k}_r \vec{r}; \quad \left(\vec{k}_e - \vec{k}_r\right)\vec{r} = 0 \qquad (2.67)$$

$$\vec{k}_e \vec{r} = \vec{k}_t \vec{r}; \quad \left(\vec{k}_e - \vec{k}_t\right)\vec{r} = 0 \qquad (2.68)$$

Diese beiden Gleichungen besitzen die Form von Ebenengleichungen. Bei den Ebenen handelt es sich jeweils um die Grenzflächen, die durch $y = 0$

festgelegt sind. Die Vektoren in den Klammern müssen dann senkrecht auf dieser Ebene stehen. Somit müssen die Komponenten von $\vec{k}_\mathrm{e}$ und $\vec{k}_\mathrm{r}$, die parallel zur Grenzfläche liegen, gleich sein:

$$\vec{k}_\mathrm{eG} = \vec{k}_\mathrm{rG} \tag{2.69}$$

Wir beachten nun die Dispersionsrelation (Gl. 2.11) und erhalten aus $\omega_\mathrm{e} = \omega_\mathrm{r} = \omega$ eine entsprechende Beziehung für die Beträge der Wellenvektoren $k_\mathrm{e} = k_\mathrm{r} = \omega n_\mathrm{e}/c$. Unter Verwendung von Einfallswinkel θ_e und Ausfalls-(Reflexions-)winkel θ_r ergibt sich dann:

$$k_\mathrm{eG} = \frac{\omega n_\mathrm{e}}{c} \sin\theta_\mathrm{e} = k_\mathrm{rG} = \frac{\omega n_\mathrm{e}}{c} \sin\theta_\mathrm{r} \tag{2.70}$$

oder $\quad \sin\theta_\mathrm{e} = \sin\theta_\mathrm{r}$

Für die reflektierte Welle muss also gelten, dass sie unter dem Ausfallswinkel $\theta_\mathrm{r} = \theta_\mathrm{e}$ abgestrahlt wird. Die Normale der Grenzfläche, $\vec{e}_\mathrm{y}$, und der Wellenvektor $\vec{k}_\mathrm{e}$ des einfallenden Lichtes spannen die Einfallsebene auf. Gemäß Gl. (2.67) muss auch der Wellenvektor des reflektierten Lichtes in der Einfallsebene liegen. Diese Forderungen lassen sich im Reflexionsgesetz zusammenfassen:

> Der Wellenvektor des reflektierten Lichtes liegt in der Einfallsebene. Weiterhin gilt:
>
> Ausfallswinkel θ_r = Einfallswinkel θ_e

Reflexionsgesetz

In analoger Weise verwenden wir Gl. (2.68), um Informationen über den transmittierten Strahl zu erhalten. Forderung (2.68) ergibt: $\vec{k}_\mathrm{eG} = \vec{k}_\mathrm{tG}$ (siehe Bild 2.14). Mit Hilfe der Dispersionsrelation folgt daraus:

$$k_\mathrm{eG} = \frac{\omega n_\mathrm{e}}{c} \sin\theta_\mathrm{e} = k_\mathrm{tG} = \frac{\omega n_\mathrm{t}}{c} \sin\theta_\mathrm{t} \tag{2.71}$$

Gl. (2.71) liefert direkt das Snelliussche Brechungsgesetz:

$$\boxed{n_\mathrm{e} \sin\theta_\mathrm{e} = n_\mathrm{t} \sin\theta_\mathrm{t}} \quad \textbf{Snelliusches Brechungsgesetz} \tag{2.72}$$

Auch für das transmittierte Licht gilt, dass sein Wellenvektor in der Einfallsebene liegen muss. Ist der Brechungsindex n_t größer als n_e, das Medium M_t also optisch dichter als das Medium M_e, so wird der Wellenvektor zum Lot hin abgelenkt (gebrochen). In Bild (2.14) ist die Änderung der Lichtausbreitung durch Brechung für die beiden Fälle $n_\mathrm{e} = 1$, $n_\mathrm{t} = 1.5$ bzw. $n_\mathrm{e} = 1.5$, $n_\mathrm{t} = 1$ wiedergegeben. Man sieht deutlich, dass k_eG und k_tG gleich sind und wie sich die Brechung die Ausbreitungsrichtung des Lichtes ändert. Häufig ist es bequem, anstelle von n_e und n_t den relativen Brechungsindex $n_\mathrm{et} = n_\mathrm{e}/n_\mathrm{t}$ bei

2.3 Elektromagnetische Wellen an Grenzflächen

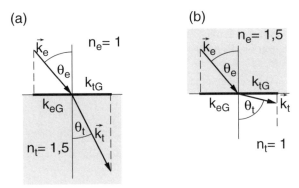

Bild 2.14: Änderung der Lichtausbreitung durch Brechung: (a) Bei Einfall vom optisch dünneren Medium her wird der Strahl zum Lot hin gebrochen, während beim Einfall vom optisch dichteren Medium (b) der Strahl vom Lot weggebrochen wird. Hier gilt $\theta_t > \theta_e$. Die Größen k_{eG} und k_{tG} geben die Projektionen der Wellenvektoren $\vec{k}_e$ bzw. $\vec{k}_t$ auf die Grenzfläche an. Aufgrund der Randbedingungen muss gelten $k_{eG} = k_{tG}$.

der Berechnung der Brechung an der Grenzfläche von Medium e und Medium t zu verwenden. In diesem Fall gilt:

$$\sin \theta_t = n_{et} \sin \theta_e \tag{2.73}$$

Wir haben in diesem Abschnitt die Änderungen der Wellenvektoren bei Reflexion und Brechung bestimmt. In der geometrischen Optik (Kap. 3), in deren Rahmen wir Brechungs- und Reflexionsgesetz überwiegend einsetzen werden, verwendet man jedoch häufig den Begriff Lichtstrahl, der die Richtung des Energieflusses des Lichtes beschreibt. In der Sprechweise der elektromagnetischen Theorie ist also Lichtstrahl mit der Richtung des Poynting-Vektors $\vec{S}$ (siehe Gl. (2.18)) zu identifizieren. Da für optisch isotrope Medien, und für diese wurde die obige Ableitung durchgeführt, der Poynting-Vektor $\vec{S}$ und der Wellenvektor $\vec{k}$ die gleiche Richtung besitzen, können wir im Reflexions- und im Brechungsgesetz Strahlrichtung und Wellenvektorrichtung gleichsetzen und erhalten damit die Formulierungen der geometrischen Optik.

2.3.2 Die Fresnelschen Formeln für den Reflexionsgrad einer Grenzfläche

Bisher haben wir von den zu erfüllenden Randbedingungen nur die Stetigkeit der Tangentialkomponente des elektrischen Feldes und hiervon nur die Phasenfaktoren berücksichtigt. Wollen wir über die Ausfallswinkel hinaus auch die Stärke des reflektierten bzw. transmittierten Lichtes bestimmen, so müssen wir z.B. von Gl. (2.65a) auch den Amplitudenanteil und die entsprechende Beziehung für das magnetische Feld berücksichtigen.

Senkrechter Lichteinfall. Wir wollen zunächst den mathematisch einfach zu behandelnden Fall des senkrechten Einfalls einer ebenen Welle bearbeiten. In diesem Fall lauten die Randbedingungen für das elektrische und magnetische Feld:

$$\vec{E}_{0e} + \vec{E}_{0r} = \vec{E}_{0t} \tag{2.74}$$

$$\vec{B}_{0e} + \vec{B}_{0r} = \vec{B}_{0t} \tag{2.75}$$

Wir verwenden nun die Maxwellgleichung Gl. (2.5), die für ebene Wellen die Form $\vec{B}_0 = \dfrac{1}{\omega}(\vec{k} \times \vec{E}_0)$ annimmt und ersetzen damit in Gl. (2.75) $\vec{B}_0$ durch $\vec{E}_0$. Unter Verwendung von $\vec{k}_r = -\vec{k}_e$ und $\vec{k}_t = n_t/n_e \vec{k}_e$ ergibt sich so eine zweite Beziehung für die elektrischen Felder:

$$n_e \vec{E}_{0e} - n_e \vec{E}_{0r} = n_t \vec{E}_{0t} \tag{2.76}$$

Nach dem Eliminieren von $\vec{E}_{0t}$ ergibt sich für die reflektierte Feldstärke:

$$\vec{E}_{0r} = \frac{n_e - n_t}{n_e + n_t}\vec{E}_{0e} = r\vec{E}_{0e}; \quad r = \frac{n_e - n_t}{n_e + n_t} \tag{2.77a}$$

$$\vec{E}_{0t} = t\vec{E}_{0e}; \quad t = \frac{2n_e}{n_e + n_t} \tag{2.77b}$$

Gl. (2.77) definiert den Reflexionskoeffizienten r bzw. den Transmissionskoeffizienten t für das elektrische Feld. Fällt das Licht aus dem optisch dichteren Medium auf die Grenzschicht, so ist $r > 0$. $\vec{E}_r$ und $\vec{E}_e$ zeigen in die gleiche Richtung; d.h. beide Wellen sind an der Grenzschicht in Phase. Tritt das Licht jedoch vom optisch dünneren Medium $n_e < n_t$ her auf die Grenzschicht, so sind die elektrischen Felder antiparallel. In diesem Fall schwingen beide Felder gegenphasig. Es tritt eine Phasenverschiebung von $\varphi_r = \pi$ auf. Ist man nur an der reflektierten Intensität interessiert, so ist der Phasenfaktor irrelevant. Für den Reflexionsgrad R der Intensitäten ergibt sich bei senkrechtem Einfall:

Phasensprung π bei Reflexion am optisch dichteren Medium

$$R = \frac{I_r}{I_e} = \left(\frac{n_e - n_t}{n_e + n_t}\right)^2 = \left(\frac{n_{et} - 1}{n_{et} + 1}\right)^2 = \left(\frac{1 - n_{te}}{1 + n_{te}}\right)^2 \tag{2.78}$$

Bei der Behandlung der reflektierten Intensität ist es unwichtig, von welcher Seite her das Licht auf die Grenzfläche fällt. Der Reflexionsgrad ist für beide Fälle identisch. Der Reflexionsgrad hängt nach Gl. (2.78) nur von der Änderung des relativen Brechungsindex n_{et} ab. Beim Durchgang durch eine Luft-Glas-Grenzschicht mit $n_{Glas} = 1.5$ werden 4 % der einfallenden Lichtintensität reflektiert. Mit wachsendem Brechungsindexunterschied nimmt die Reflexion zu: z.B. werden an einer Diamantoberfläche ($n_{Diamant} = 2.41$) bereits 17 % des Lichtes reflektiert. Falls die betrachteten Medien eine nicht zu vernachlässigende Absorption besitzen, wird der Reflexionskoeffizient r komplex. Man muss anstelle von Gl. (2.62)–(2.64) die entsprechende komplexe Schreibweise für die Felder verwenden. Der Reflexionsgrad

Eine senkrecht stehende Glasoberfläche ($n = 1.5$) reflektiert $\approx 4\,\%$ der Lichtintensität

2.3 Elektromagnetische Wellen an Grenzflächen

R wird in diesem Fall gleich dem Quadrat des Betrages von r werden: $R = |r|^2 = rr^*$.

Beliebiger Einfallswinkel. Zur Behandlung des allgemeinen Falles eines beliebigen Einfallswinkels θ_e muss man die elektrischen und magnetischen Felder in ihre Komponenten parallel und senkrecht zur Einfallsebene aufspalten und wieder die Stetigkeitsbedingungen verwenden. Dazu betrachten wir zuerst den Fall, bei dem das elektrische Feld des einfallenden Lichtes in der Einfallsebene polarisiert ist. Dieser Fall wird mit den Indizes p bzw. ∥ bezeichnet. In Bild 2.15 sind die Feldrichtungen für diesen Fall gezeichnet. Wir verwenden nun die Stetigkeitsbedingungen für die Tangential- (Index T) und Normal- (Index N) Komponenten die Felder $\vec{E}$ und $\vec{D} = \varepsilon \vec{E} = n^2 \vec{E}$ bezüglich der Grenzfläche. Dazu drücken wir die Normal- und Tangentialkomponenten von einfallendem, reflektiertem und transmittiertem E-Feld durch die Feldstärken E_i und Winkel θ_i mit i = e, r und t aus (siehe dazu Bild 2.15, rechte Seite).

$$E_{eT} = E_e \cos \theta_e; \quad E_{tT} = E_t \cos \theta_t; \quad E_{rT} = -E_r \cos \theta_r \tag{2.79}$$

$$E_{eN} = E_e \sin \theta_e; \quad E_{tN} = E_t \sin \theta_t; \quad E_{rN} = E_r \sin \theta_r \tag{2.80}$$

Die oben erwähnten Stetigkeitsbedingungen führen, zusammen mit $\theta_e = \theta_r$ (Reflexionsgesetz), zu folgenden Gleichungen:

$$E_{eT} + E_{rT} = E_{tT} \qquad \textbf{Stetigkeit für } \mathbf{E_T} \tag{2.81}$$

$$\cos \theta_e (E_e - E_r) = E_t \cos \theta_t \tag{2.82}$$

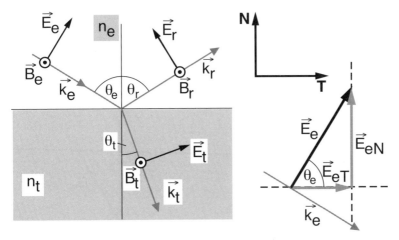

Bild 2.15: *Reflexion von p-polarisiertem Licht. Der Vektor des elektrischen Feldes, der in der Einfallsebene liegt, kann in Komponenten tangential ($\vec{E}_{iT}$) und normal ($\vec{E}_{iN}$) zur Grenzfläche aufgespalten werden.*

$$n_e^2 E_{eN} + n_e^2 E_{rN} = n_t^2 E_{tT} \quad \textbf{Stetigkeit für } \mathbf{D_N} \quad (2.83)$$

$$n_e^2 \sin\theta_e (E_e + E_r) = n_t^2 E_t \sin\theta_t \quad (2.84)$$

Durch Verwenden des Brechungsgesetzes lassen sich $\sin\theta_e$ und $\sin\theta_t$ aus Gl. (2.84) eliminieren und man erhält:

$$\frac{n_e}{n_t}(E_e + E_r) = E_t \quad (2.85)$$

Setzt man nun E_t aus Gl. (2.85) in Gl. (2.82) ein, multipliziert die so erhaltene Gleichung mit $\dfrac{n_t}{E_e \cos\theta_e}$ und löst dann nach $\dfrac{E_r}{E_e} = r_\parallel$ auf, so ergibt sich für den Reflexionskoeffizienten $r_\parallel$ für p-polarisiertes Licht:

$$r_\parallel = \frac{n_t \cos\theta_e - n_e \cos\theta_t}{n_t \cos\theta_e + n_e \cos\theta_t} \quad (2.86)$$

Auf ähnliche Weise kann man den Reflexionskoeffizienten für s-polarisiertes Licht ($\vec{E} \perp$ Einfallsebene) behandeln. Die Geometrie dafür ist in Bild 2.16 gezeigt. $\vec{E}$ liegt nun tangential zur Grenzfläche, d. h. senkrecht zur Einfallsebene (Zeichenebene). $\vec{B}$ liegt in der Einfallsebene und kann, wie auf der rechten Seite von Bild 2.16 gezeigt, in Tangential- und Normalkomponenten aufgespalten werden.

$$B_{eT} = -B_e \cos\theta_e; \quad B_{tT} = -B_t \cos\theta_t; \quad B_{rT} = B_r \cos\theta_e \quad (2.87)$$

$$B_{eN} = -B_e \sin\theta_e; \quad B_{tN} = -B_t \sin\theta_t; \quad B_{rN} = -B_r \sin\theta_e \quad (2.88)$$

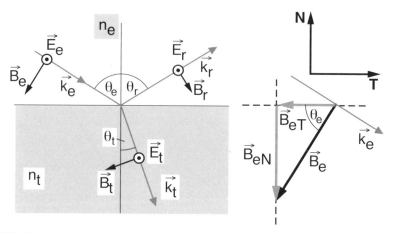

Bild 2.16: *Reflexion von s-polarisiertem Licht. Der Vektor des magnetischen Feldes, der hier in der Einfallsebene liegt, kann in Komponenten tangential ($\vec{B}_{iT}$) und normal ($\vec{B}_{iN}$) zur Grenzfläche aufgespalten werden.*

2.3 Elektromagnetische Wellen an Grenzflächen

Da wir für die magnetische Permeabilität $\mu = 1$ gesetzt haben, gelten sowohl für die Tangential- wie für die Normalkomponenten des Magnetfeldes Stetigkeitsbedingungen. Es ergibt sich so:

$$\cos\theta_e(B_r - B_e) = -B_t \cos\theta_t \tag{2.89}$$

$$\sin\theta_e(B_e + B_r) = B_t \sin\theta_t \tag{2.90}$$

Löst man Gl. (2.90) nach B_t auf, eliminiert mit Hilfe des Brechungsgesetzes $\sin\theta_t$ und $\sin\theta_e$, setzt dies in Gl. (2.89) ein so kann man eine Beziehung für $\dfrac{B_r}{B_e}$ erhalten.

$$\frac{B_r}{B_e} = \frac{n_e \cos\theta_e - n_t \cos\theta_t}{n_e \cos\theta_e + n_t \cos\theta_t} \tag{2.91}$$

Da innerhalb eines Mediums elektrisches und magnetisches Feld des Lichtes zueinander proportional sind, beschreibt Gl. (2.91) direkt den Reflexionskoeffizienten für s-Polarisation: $r_\perp = r_s$.

$$\frac{B_r}{B_e} = \frac{E_r}{E_e} = r_\perp = r_s \tag{2.92}$$

Damit wurden die so genannten Fresnelschen Formeln abgeleitet, die in unterschiedlichen Formen angewendet werden. Hier werden zwei Schreibweisen angegeben, die unter Verwendung der Randbedingungen bzw. des Brechungsgesetzes ineinander umgeformt werden können.

$$\boldsymbol{r}_\perp = \frac{E_{r\perp}}{E_{e\perp}} = \frac{n_e \cos\theta_e - n_t \cos\theta_t}{n_e \cos\theta_e + n_t \cos\theta_t} = -\frac{\sin(\theta_e - \theta_t)}{\sin(\theta_e + \theta_t)} \tag{2.93}$$

$$\boldsymbol{r}_\parallel = \frac{E_{r\parallel}}{E_{e\parallel}} = \frac{n_t \cos\theta_e - n_e \cos\theta_t}{n_t \cos\theta_e + n_e \cos\theta_t} = \frac{\tan(\theta_e - \theta_t)}{\tan(\theta_e + \theta_t)} \tag{2.94}$$

Fresnelsche Formeln

Die Amplituden der transmittierten Felder können analog berechnet werden wie wir es oben für die der reflektierten Felder durchgeführt haben. Ist man nur an der transmittierten Leistung W_t (d.h. am Transmissionsgrad T^w) der Oberfläche interessiert, so kann man diese durch Anwenden des Energieerhaltungssatzes bestimmen: Für die auf die Grenzfläche einfallende (W_e), reflektierte (W_r) und transmittierte Leistung (W_t) muss gelten: $W_e = W_r + W_t$. Mit $T^w = W_t/W_e$ erhält man dann:

$$T^w_\parallel = 1 - |\boldsymbol{r}_\parallel|^2 \quad T^w_\perp = 1 - |\boldsymbol{r}_\perp|^2 \tag{2.95}$$

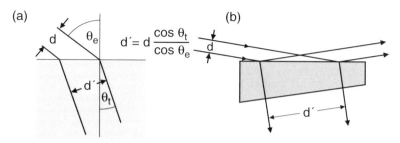

Bild 2.17: *Änderung des Bündelquerschnitts bei Brechung (a) und die Möglichkeit, diesen Effekt zur Aufweitung des Bündelquerschnitts zu verwenden (b).*

Änderung des Bündelquerschnitts bei Brechung

Bei der Berechnung der transmittierten Intensität $I_t = T^I I_e$ ist zu beachten, dass sich für endliche Einfallswinkel, $\theta_e \neq 0$, die Ausdehnung d des Lichtbündels in der Einfallsebene und damit die durchstrahlte Fläche $A \propto d$ aufgrund der Brechung zu $A' \propto d'$ ändert. Nach Bild 2.17a gilt dabei:

$$T^w = \frac{W_t}{W_e} = \frac{I_t A'}{I_e A} = \frac{I_t \cos\theta_t}{I_e \cos\theta_e} = \frac{n_t |t|^2 \cos\theta_t}{n_e \cos\theta_e} \quad \text{oder} \quad (2.96)$$

$$T^I = \frac{I_t}{I_e} = T^w \frac{\cos\theta_e}{\cos\theta_t} = |t|^2 \frac{n_t}{n_e}$$

In Bild 2.17b ist gezeigt, dass dieser Effekt z.B. zur Aufweitung eines begrenzten Lichtbündels verwendet werden kann.

Der Reflexionsgrad bei Einfall aus dem optisch dünneren Medium. Wir wollen nun die Winkelabhängigkeit des Reflexionsgrades $R = |r|^2$ für den Spezialfall behandeln, dass das Licht aus dem optisch dünneren Medium auf die Grenzfläche einfällt und beide Medien nicht absorbieren. Es gelte also $n_e < n_t$. Wir verwenden wieder die Indizes $\parallel$ und $\perp$ für Licht, dessen $\vec{E}$-Vektor parallel bzw. senkrecht zur Einfallsebene schwingt. Der Verlauf von $R_\parallel$ und $R_\perp$, wie man ihn aus Gl. (2.93) und (2.94) berechnet, ist in Bild 2.18 für $n_t/n_e = 1.5$ (M_t ist z.B. ein Kronglas) gezeigt. Für Licht, das senkrecht zur Einfallsebene polarisiert ist, steigt die Reflexion ($R_\perp$) vom Wert $R_\perp(0°) = 0.04$ stetig an bis für $\theta_e = 90°$ ein Wert von $R_\perp = 1$ erreicht wird. Ist das Licht parallel zur Einfallsebene polarisiert, so beobachtet man zunächst eine Abnahme der Reflexion; $R_\parallel$ verschwindet bei einem bestimmten Einfallswinkel, dem Brewsterwinkel θ_B. Danach steigt $R_\parallel$ stetig bis zum Wert 1, der bei $\theta_e = 90°$ liegt, an. Der Wert $R_\parallel = 0$ wird genau dann erreicht, wenn der Nenner von Gl. (2.94) divergiert, d.h. wenn für den Einfallswinkel gilt: $\tan(\theta_B + \theta_t) = \infty$ oder $\theta_B + \theta_t = 90°$. In diesem Fall (siehe Bild 2.19a)

Streifender Einfall ergibt immer hohe Reflektivität

2.3 Elektromagnetische Wellen an Grenzflächen

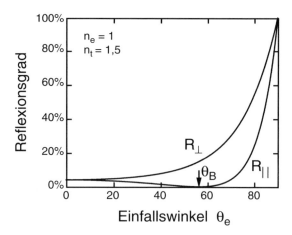

Bild 2.18: *Abhängigkeit des Reflexionsgrades R vom Einfallswinkel θ_e für Licht, das parallel ($R_\parallel$) bzw. senkrecht ($R_\perp$) zur Einfallsebene polarisiert ist. Es ist der Fall $n_e < n_t$ angegeben. Für den Brewsterwinkel θ_B verschwindet das Reflexionsvermögen $R_\parallel$.*

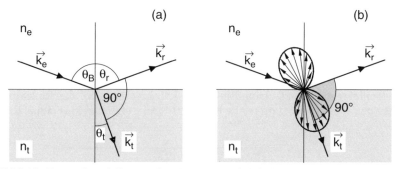

Bild 2.19: *Für Lichteinfall unter dem Brewsterwinkel findet man, dass transmittierter und reflektierter Strahl (Wellenvektor) senkrecht aufeinander stehen (a). Nimmt man an, dass der reflektierte Strahl durch oszillierende Dipole der Grenzschicht erzeugt wird, so erfolgt in Richtung $\vec{k}_r$ keine Emission, da die Abstrahlung einem $(\sin^2 \vartheta)$-Gesetz folgt (siehe Elektrizitätslehre). Das Reflexionsvermögen $R_\parallel$ wird also null (b).*

stehen der gebrochene und der reflektierteStrahl senkrecht aufeinander. Mit einem einfachen molekularen Modell (Bild 2.19b) kann der mikroskopische Hintergrund der bei θ_B verschwindenden Reflexion verdeutlicht werden: Dazu nehmen wir an, dass das reflektierte Licht durch oszillierende Dipole im Medium M_t erzeugt wird, die ein Dipolmoment $\vec{P}$ parallel zum Feld $\vec{E}_t$ besitzen. Aus der Elektrizitätslehre wissen wir, dass die abgestrahlte Leistung P eines Dipols einer Beziehung $P(\vartheta) \propto \sin^2 \vartheta$ folgt. Dabei ist ϑ der Winkel zwischen Dipolachse und Wellenvektor des abgestrahlten Lichtes. Längs der Oszillationsrichtung der Dipole, d. h. für $\vartheta = 0$ erfolgt keine Abstrahlung und somit tritt in dieser Richtung kein reflektiertes Licht auf. Mit Hilfe

Brewsterwinkel: $R_\parallel = 0$, da oszillierende Dipole keine Ausstrahlung längs der Dipolachse besitzen

des Brechungsgesetzes und der Beziehung $\theta_B + \theta_t = 90°$ lässt sich der Brewsterwinkel berechnen:

$$\tan\theta_B = \frac{n_t}{n_e} \text{ oder } \theta_B = \arctan\left(\frac{n_t}{n_e}\right) \qquad \textbf{Brewsterwinkel} \quad (2.97)$$

Brewsterplatte: Reflexionsfreies Fenster oder einfacher Polarisator

Für Licht, das aus Luft ($n \simeq 1$) auf Glas mit $n = 1.5$ auftrifft, berechnet man den Brewsterwinkel zu $\theta_B = 56.3°$. In der Praxis nützt man das Verschwinden der Reflexion am Brewsterwinkel aus, wenn polarisiertes Licht durch viele Oberflächen ohne Reflexionsverluste transmittiert werden soll (Brewsterfenster) oder wenn mit einfachen Mitteln polarisiertes Licht, d.h. Licht mit definierter Richtung des $\vec{E}$-Feld-Vektors, hergestellt werden soll.

Übungsfrage:
Berechnen Sie, wie viele Glasplatten ($n = 1.5$) einfallendes unpolarisiertes Licht unter dem Brewsterwinkel durchlaufen muss, damit im transmittierten Licht die Intensität des senkrecht zur Einfallsebene polarisierten Anteils 100-mal kleiner ist als die Intensität des in der Einfallsebene polarisierten Lichts.

Der Reflexionsgrad bei Einfall aus dem optisch dichteren Medium. Fällt Licht aus dem optisch dichteren Medium $n_e > n_t$ auf die Grenzfläche, so beobachtet man, dass ab einem Einfallswinkel $\theta_e = \theta_T < 90°$ das Reflexionsvermögen R zu 100 % wird (siehe Bild 2.20). Der Totalreflexionswinkel θ_T ist

Totalreflexion nur für $n_t < n_e$

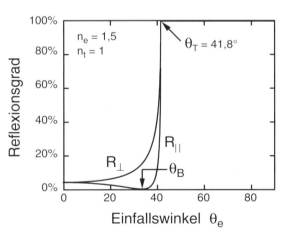

Bild 2.20: *Abhängigkeit des Reflexionsgrades vom Einfallswinkel θ_e für Einstrahlung aus dem optisch dichteren Medium, $n_e > n_t$. Wieder beobachtet man einen Brewsterwinkel θ_B, bei dem die Reflexion $R_\parallel$ verschwindet. Für Einfallswinkel, die größer als der Totalreflexionswinkel θ_T sind, wird $R_\parallel = R_\perp = 100\%$.*

2.3 Elektromagnetische Wellen an Grenzflächen

gerade der Winkel, bei dem im Snelliusschen Brechungsgesetz $\sin\theta_t = 1$ wird; d.h., hier breitet sich das gebrochene Licht parallel zur Grenzfläche aus. Damit berechnet sich θ_T zu:

$$\sin\theta_T = \frac{n_t}{n_e}$$

$$\boxed{\theta_T = \arcsin\left(\frac{n_t}{n_e}\right)} \quad \textbf{Winkel der Totalreflexion} \quad (2.98)$$

Für größere Einfallswinkel $\theta_e > \theta_T$ ist nach dem Snelliusschen Gesetz Gl. (2.72) keine Lösung für einen Brechungswinkel zu finden. Das liegt daran, dass bei der Herleitung des Snelliusschen Gestzes davon ausgegangen wurde, dass der Vektor $\vec{k}_t$ eine reelle Komponente senkrecht zur brechenden Oberfläche besitzt. Das ist hier jedoch nicht mehr der Fall, wie wir im nächsten Abschnitt (Kap. (2.3.3)) sehen werden; die Randbedingungen Gl. (2.3) bleiben trotzdem erfüllt. Man kann formal die Fresnelschen Gleichungen (2.93) und (2.94) weiter benutzen, wenn man dort $\cos\theta_t = \sqrt{1-\sin^2\theta_t}$ unter Verwendung des Brechungsgesetzes Gl. (2.73) durch $\sqrt{1-(n_e/n_t)^2\sin^2\theta_e}$ ersetzt. Dieser Ausdruck wird für $\theta_e > \theta_T$ rein imaginär. Die Intensitätsreflexionsgrade in diesem Bereich werden dann $R_\perp = R_\parallel = 1$, während gleichzeitig $r_\perp$ und $r_\parallel$ komplex werden. Dieser komplexe Amplitudenreflexionskoeffizient verursacht eine Phasenverschiebung φ_r bei der Totalreflexion, die von der Polarisation des Lichtes abhängig ist. Dieses Phänomen kann zur Änderung der Polarisationseigenschaft von Licht verwendet werden. (Stichwort: Fresnel-Rhombus). Für kleinere Einfallswinkel beobachtet man, dass bei $\theta_B = \arctan(n_t/n_e)$ der Reflexionskoeffizient für die parallel polarisierte Komponente des Lichts verschwindet. Das heißt, auch für den Übergang vom optisch dichteren Medium her gibt es einen Brewsterwinkel. Für den Fall einer planparallelen Platte, die sich in einem homogenen Medium befindet, lässt sich zeigen, dass Licht, das unter dem Brewsterwinkel auf die Platte eingestrahlt wird, auch die Austrittsseite unter dem Brewsterwinkel trifft. Für die Polarisationskomponente parallel zur Einfallsebene tritt beim Durchgang durch die Platte kein Reflexionsverlust auf.

Bei Totalreflexion tritt Phasenverschiebung auf

Da bei Totalreflexion der ideale Reflexionsgrad von 100 % vorliegt, wurde diese in der Vergangenheit immer dann eingesetzt, wenn Licht praktisch verlustfrei abgelenkt werden sollte. Dies lässt sich z.B. mit optischem Kronglas ($n = 1.50$) an einem $90°$-Prisma bewerkstelligen (siehe Bild 2.21a). Das auf die Katheten senkrecht einfallende Licht erreicht unter dem Einfallswinkel $\theta_e = 45°$ die Hypothenuse. Für das verwendete Glas $n = 1.5$ ist dieser Einfallswinkel größer als der Totalreflexionswinkel $\theta_T = 41.8°$, so dass perfekte Reflexion für einen sehr breiten Wellenlängenbereich beobachtet wird. Die Reflexionsverluste an den Ein- und Austrittsflächen des Prismas lassen sich durch dielektrische Antireflex-Schichten (siehe Abschnitt 4.5.3) praktisch vollständig eliminieren. Damit weist das Gesamtsystem eine Effizienz von

Totalreflexion: Ideale Reflexion (100 %) kann mit einfachsten technischen Mitteln realisiert werden

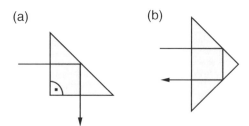

Bild 2.21: *Anwendungen der Totalreflexion: (a) Strahlablenkung um* $90°$ *durch Reflexion an der Hypothenuse eines* $90°$*-Prismas. (b) Zweifache Reflexion an den Katheten eines* $90°$*-Prismas führt zu einer Strahlablenkung um* $180°$.

wesentlich mehr als 99 % auf. In analoger Weise lässt sich die Totalreflexion auch zur Umlenkung des Strahls um $180°$ in einem $90°$-Prisma (Strahlengang Bild 2.21b) oder in einer Würfelecke nutzen.

2.3.3 Totalreflexion und evaneszente Wellen

Evaneszente Welle: „Licht" im verbotenen Bereich

Bisher hatten wir die Totalreflexion nur vom Gesichtspunkt des Energieflusses behandelt und festgestellt, dass bei der Totalreflexion perfekte Reflexion auftritt. In diesem Abschnitt wollen wir uns mit dem Verlauf des Feldes auf der Rückseite der Grenzschicht beschäftigen, auf der offensichtlich keine Lichtabstrahlung auftritt. Wir haben dazu in Bild 2.22 den Fall skizziert, bei dem eine ebene Welle (Teil einer Phasenfront als schwarze Linie gezeichnet) auf eine Grenzschicht (weiße Linie) zwischen Medien mit unterschiedlichen Brechungsindizes auftrifft und an dieser Grenzschicht total reflektiert wird. Durch Überlagerung der elektrischen Felder von einfallender und reflektierter Welle entsteht links der Grenzschicht ein Interferenzbild. Der Abstand der Knotenebenen von der Grenzschicht hängt dabei von der Wellenlänge des Lichtes, vom Einfallswinkel und der bei diesem Winkel auftretenden Phasenverschiebung ab. Auf der rechten Seite der Grenzschicht beobachtet man eine stetige (exponentielle) Abnahme der Feldstärke in y-Richtung. Für eine vereinfachende Behandlung verwenden wir auch weiterhin die in Bild 2.13 vorgestellte Geometrie. Der Wellenvektor des einfallenden Lichtes $\vec{k}_e$ habe die Komponenten $k_{ex} = k_e \sin\theta_e$ und $k_{ey} = k_e \cos\theta_e$. Für die Berechnung des Wellenvektors $\vec{k}_t$ auf der Rückseite der Grenzschicht verwenden wir die Beziehungen von Gleichung (2.68) und (2.71), die direkt aus den Randbedingungen abgeleitet wurden:

$$k_{tG} = k_{eG} = \frac{\omega n_e}{c}\sin\theta_e \tag{2.99}$$

Benutzt man nun noch die Dispersionsrelation auf der Rückseite der Grenzschicht

$$k_t = \frac{\omega n_t}{c} = \sqrt{k_{tG}^2 + k_{ty}^2}, \tag{2.100}$$

2.3 Elektromagnetische Wellen an Grenzflächen

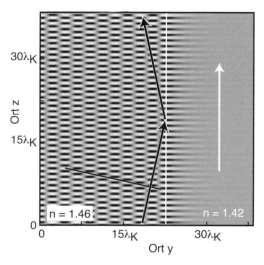

Bild 2.22: *Feldstärken bei Reflexion einer ebenen Welle (Polarisation parallel zur Grenzfläche) an einer dielektrischen Grenzfläche (weiße Linie). Durch die Überlagerung von einfallendem und reflektiertem Licht (Wellenvektoren als Pfeile symbolisiert) entsteht vor der Grenzfläche ein Interferenzmuster. Hinter der Grenzfläche beobachtet man eine Feldstärke, die exponentiell mit wachsendem Abstand von der Grenzfläche abnimmt.*

so lässt sich die Komponente $k_{t\perp} = k_{ty}$ berechnen:

$$k_{t\perp}^2 = \left(\frac{\omega n_t}{c}\right)^2 - k_{tG}^2 = \frac{\omega^2}{c^2}(n_t^2 - n_e^2 \sin^2 \theta_e) \quad (2.101)$$

Für $\theta_e > \theta_T$ gilt aufgrund des Brechungsgesetzes: $n_e \sin \theta_e > n_t$. Damit wird im Bereich der Totalreflexion $k_{t\perp}$ rein imaginär:

$$k_{t\perp} = \pm i \, k_t \sqrt{\frac{n_e^2}{n_t^2}\sin^2 \theta_e - 1} = \pm i \, \beta \quad (2.102)$$

$$\vec{E}(x,y,t) = \vec{E}_{0t}\exp(-\beta y)\exp(i\,k_{tG}x - i\,\omega t) \quad (2.103)$$

Gemäß dieser Beziehung fällt die Feldstärke an der Rückseite der Grenzschicht exponentiell ab. Eine oszillatorische Bewegung findet nur längs der Grenzschicht (hier in x-Richtung) statt. Man hat also eine an die Grenzschicht gebundene, so genannte evaneszente Welle oder Oberflächenwelle. Wichtig ist auch hier der Befund, dass die Feldstärke an der Grenzschicht nicht instantan verschwindet, sondern exponentiell mit dem Koeffizienten β gedämpft abklingt. Die Größe des Koeffizienten β soll kurz abgeschätzt werden: Für $n_e = 1.5$, $n_t = 1$, $\theta_T = 41.8°$ und $\theta_e = 45°$ erhält man bei $\lambda = 600\,\text{nm}$ einen

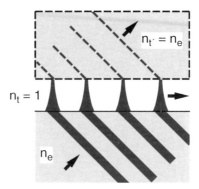

Bild 2.23: *Evaneszente Wellen: Fällt aus dem unteren Medium mit großem Brechungsindex n_e Licht auf die Grenzschicht zum Bereich mit $n_t = 1$, so bildet sich für große Einfallswinkel ($\theta_e > \theta_T$) im Bereich der Grenzschicht eine Oberflächenwelle (evaneszente Welle) aus. Nähert man von oben ein zweites Medium mit hohem Brechungsindex, so kann dadurch ein Teil des Lichtes den verbotenen Bereich mit $n_t = 1$ durchtunneln und sich weiter nach oben ausbreiten (gestrichelter Bildteil).*

Wert von $\beta = 3.7 \cdot 10^3$ mm^{-1} oder $1/\beta \approx \lambda/2$. Somit klingt die evaneszente Welle in der Tiefe sehr schnell auf der Längenskala der Wellenlänge ab (siehe Schema in Bild 2.23). Experimentell kann die evaneszente Welle dadurch sichtbar gemacht werden, dass eine zweite Glasplatte sehr nahe an die Rückseite der Grenzschicht herangeführt wird (siehe gestrichelter Teil in Bild 2.23). Hierbei wird der obige Prozess umgekehrt und aus der evaneszenten Welle wird eine in die zweite Glasplatte hineinlaufende Welle ausgekoppelt. In der Reflexion wird dabei ein entsprechender Verlust beobachtet. Man erhält also trotz Totalreflexion eine Energieübertragung durch den „verbotenen" Bereich an der Rückseite der Grenzschicht. Dieses „Tunneln" des Lichtes durch einen verbotenen Bereich wird im Zusammenhang mit dem Welle-Teilchen-Dualismus in der Quantenmechanik häufig diskutiert.

Tunneln von Licht durch den verbotenen Bereich

2.4 Lichtwellenleiter

In diesem Abschnitt sollen die Kenntnisse über Licht als elektromagnetische Welle verwendet werden, um die Grundelemente der modernen Lichtwellenleiter- oder Glasfasertechnik einzuführen. In der modernen Kommunikation müssen höchste Informationsraten über weite Entfernungen übertragen werden. Mit Hilfe der konventionellen Hochfrequenztechnik lassen sich jedoch die im interkontinentalen Verkehr benötigten Übertragungsraten von Tb/s (1 Terabit/Sekunde = 10^{12} bit pro Sekunde) nicht realisieren. Zum einen muss die Trägerfrequenz größer als die Informationsdatenrate sein, zum anderen müssen Verzerrungen und Dämpfungen der Signale so klein sein, dass die benötigten Übertragungsraten auch über große Distanzen sichergestellt sind. Einen Ausweg daraus hat die moderne Glasfaser-Übertragungstechnik ermöglicht. Wir wollen zunächst den einfachsten Fall des Lichttransportes über Glasfasern behandeln, dann auf Wellenphänomene und Moden in Wellenleitern eingehen. Zum Abschluss werden Techniken angesprochen, die die Übertragungskapazität moderner Glasfasernetze erweitern.

2.4.1 Lichtleitung durch Totalreflexion

Will man Licht über große Entfernungen übertagen, so muss man dafür Sorge tragen, dass der beleuchtete Querschnitt nicht beliebig anwächst. Dies könnte man durch eine Folge von abbildenden Linsen erreichen. Durch die Reflexion an den Linsenoberflächen und durch Fehler in der Abbildung sowie durch Absorption und Streuung im Medium zwischen den Linsen werden sich jedoch merkliche Verluste ergeben, die die Übertragungsentfernung begrenzen. Ganz zu schweigen von der Notwendigkeit, ein kilometerlanges Abbildungssystem perfekt zu justieren.

Hier hat sich nun die Führung des Lichtes in dünnen Fasern aus hochreinem Glas (oder speziellen Kunststoffen) durch die Totalreflexion als optimaler Ausweg erwiesen. Dünne Fasern können heute so geringe Verluste aufweisen (0.2 dB/km), dass noch nach Abständen von 100 km der dem Licht aufmodulierte Informationsgehalt perfekt ausgelesen werden kann. Dünne Glasfasern (Durchmesser $< 0,2$ mm) sind dabei so flexibel, dass sie gekrümmt werden können (Radien im cm-Bereich) ohne dass Beschädigungen oder optische Verluste auftreten. Wir wollen hier die wesentlichen optischen Eigenschaften dieser Glasfasern kurz andiskutieren. Man verwendet im Allgemeinen eine Faser aus Kern und Mantel (siehe Bild 2.24). Als lichtleitender Kern wird ein Glas höchster Transparenz verwendet, dessen Brechungsindex n_K höher ist als der des Mantels n_M. Damit die Eigenschaften der Totalreflexion nicht durch äußere Verschmutzungen gestört werden, benutzt man als Mantel nicht Luft, sondern ein zweites lichtdurchlässiges Medium mit passendem Brechungsindex $n_M < n_K$. Bei dünnen Fasern verwendet man als Mantelmaterial Glas. Nur bei sehr dicken Fasern wird Kunststoff als Mantelmaterial verwendet, um eine gewisse Flexibilität der Fasern zu bewahren. Wird der Brechungsindexunterschied $\Delta n = n_K - n_M$ groß genug gewählt, kann man erreichen, dass das Licht sich auch bei gekrümmten Fasern im Kern verlustfrei ausbreitet: Das Licht „läuft zwar nicht um die Ecke", kann aber um Kurven geführt werden. Bedingung dafür ist, dass der Einfallswinkel auf die Grenzschicht zwischen Mantel und Kern immer größer als der Totalreflexionswinkel θ_{gr} ist. Auch beim Übergang vom Außenraum in die Faser ist die Brechung an der Eintrittsfläche zu berücksichtigen. Damit erhält man den Akzeptanzwinkel $\Phi_{max,a}$ im äußeren Medium mit dem Brechungsindex n_0:

Verlust, Dämpfung[dB/km]= $-10\log(I_{out}/I_{in})$

$$n_0 \cdot \sin \Phi_{max,a} = n_K \cdot \sin \Phi_{max} \quad (2.104)$$

Aus den Beziehungen für die Brechung an der Eintrittsfläche und die Totalreflexion (Grenzwinkel der Totalreflexion θ_{gr}) an der Grenzschicht zwischen Kern und Mantel kann man den Akzeptanzwinkel im Außenraum mit den

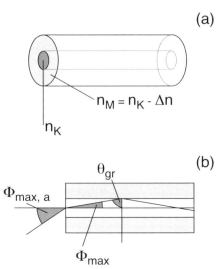

Bild 2.24: *Lichtleiter: Verwendet man ein System mit einem transparenten Kern, dessen Brechungsindex $n_K = n_M + \Delta n$ größer ist als der Brechungsindex des Mantels n_M, so breitet sich Licht praktisch verlustfrei aus, wenn es innerhalb des Totalreflexionswinkels Φ_{max} (siehe (b)) zur Strahlachse läuft bzw. innerhalb eines Einfallswinkels $\Phi_{max,a}$ zur Faserachse in den Kern der Faser eingekoppelt wird.*

Brechungsindizes in Verbindung bringen:

$$\frac{n_M}{n_K} = \sin \theta_{gr} = \cos \Phi_{max} = \sqrt{1 - \sin^2 \Phi_{max}} \quad \text{oder} \quad (2.105)$$

$$n_K \sin \Phi_{max} = \sqrt{n_K^2 - n_M^2} \quad (2.106)$$

$$NA = n_0 \sin \Phi_{max,a} = \sqrt{n_K^2 - n_M^2} \quad (2.107)$$

Numerische Apertur einer Glasfaser

Numerische Apertur

NA nennt man die numerische Apertur des Wellenleiters. Die numerische Apertur ist definiert als das Produkt aus Brechzahl des umgebenden Mediums und dem Sinus des Akzeptanzwinkels. Der Begriff numerische Apertur ist ein grundlegender Begriff der Optik zur Charakterisierung der Öffnung eines optischen Systems. Beim Austritt des Lichtes aus der Glasfaser ist wieder die Brechung zu berücksichtigen, so dass das emittierte Licht ebenfalls mit einer Divergenz austritt, die durch NA bestimmt ist. Die numerische Apertur der Faser ist beim Design der anschließenden Optik zu berücksichtigen.

Gekrümmte Faser – geringerer Akzeptanzwinkel

Während bei einer geraden (ungekrümmten) Glasfaser sich während der Strahlausbreitung der Einfallswinkel eines Lichtstrahls auf die Grenzfläche zum Mantel nicht ändert, ist dies bei einer Krümmung der Glasfaser nicht mehr der Fall (siehe Bild 2.25). Deshalb erfüllen Teile eines Lichtbündels, das die maximale Divergenz einer geraden Glasfaser besitzt, die Grenzbedingung der

2.4 Lichtwellenleiter

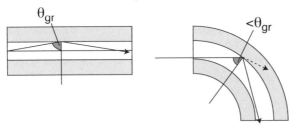

Bild 2.25: *Während bei einer ungekrümmten Glasfaser der Einfallswinkel eines Lichtstrahls auf die Grenzfläche zum Mantel im Laufe der Ausbreitung durch die Faser konstant bleibt, ist dies bei einer gekrümmten Faser (rechter Bildteil) nicht mehr der Fall. Hier können zusätziche Verluste auftreten, wenn der Totalreflexionswinkel unterschritten wird.*

Totalreflexion nicht mehr. Als Folge davon können Reflexionsverluste auftreten. Im Allgemeinen ist dieser Effekt bei technisch eingesetzten Glasfasern mit Kerndurchmessern im Bereich von 0,1 mm und Krümmungsradien im Bereich von circa 10 cm vernachlässigbar.

In der Praxis der Glasfaserdatenübertragung verwendet man Fasern mit Quarzglaskern ($n_K = 1.46$) und mit Mantelgläsern, deren Brechungsindex geringfügig kleiner ist, $\Delta n = n_K - n_M = 0.02$. Der Totalreflexionswinkel beträgt dann circa $80°$, d. h. Licht kann sich in der Faser verlustfrei ausbreiten, wenn es innerhalb eines Kegels mit halbem Öffnungswinkel $\Phi_{max} \approx 10°$ zur Faserachse läuft. Die numerische Apertur der Faser beträgt dann $NA \approx 0.24$.

Eine wichtige Anwendung von Glasfasern sind Bildleiter, bei denen die Bildinformation über ein Bündel dünner Glasfasern übertragen wird (siehe Bild 2.26). Mit Hilfe einer Optik wird das zu beobachtende Objekt auf die Eintrittsfläche des Faserbündels abgebildet. Die Helligkeitsinformation (Beleuchtungsstärke am Eintritt der Fasern) wird über die einzelnen Glasfasern zur Austrittsseite übertragen. Auf diese Weise können z. B. in der Endoskopie mit flexiblen Faserbündeln optische Bilder hoher Qualität aus dem Inneren menschlicher Organe übertragen werden.

Endoskopie: Bildübertragung über Faserbündel

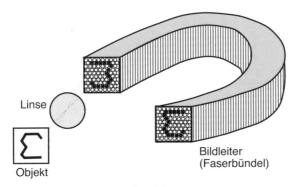

Bild 2.26: *Bildübertragung in einem Faserbündel.*

In der bisherigen Behandlung der Glasfasern läuft das Licht im Inneren der Faser auf einer Zickzackbahn. Die Zeit t_F, die das Licht zum Durchlaufen einer Faserlänge L benötigt, hängt nun davon ab, unter welchem Winkel sich das Licht zur Faserachse ausbreitet. Für eine exakt linear gelegte Glasfaser und Ausbreitung genau längs der Faserachse erhält man $t_F = n_K L/c$, während Licht, das gerade unter den Totalreflexionswinkel auf den Fasermantel auftrifft, eine längere Laufzeit t'_F aufweist (den Unterschied zwischen Phasen- und Gruppengeschwindigkeit haben wir hier vernachlässigt):

$$t'_F = \frac{n_K L}{c} \frac{1}{\cos \Phi_{\text{Max}}} \simeq \frac{n_K L}{c} \left(1 + \frac{1}{2} \sin^2 \Phi_{\text{Max}}\right) = t_F + \Delta t \quad (2.108)$$

Fasern mit dickem Kerndurchmesser: große Laufzeitunterschiede begrenzen Übertragungsbandbreite

Der Unterschied Δt der Laufzeiten, wird bei der Informationsübertragung in Glasfasern bedeutend. Bei dieser Anwendung wird zeitlich moduliertes Licht über große Entfernungen übertragen. Der dabei erfolgende Informationsverlust soll hier kurz diskutiert werden. In Bild 2.27, untere Spur, ist ein typischer Intensitätsverlauf angegeben, bei dem die Information digital als Folge von Bits (hohe Intensität, 1 bzw. niedrige Intensität, 0) kodiert ist. Die Übertragungsrate ν_{max} ist nun durch die Dauer δt eines Bits bestimmt: $\nu_{max} = 1/\delta t$ ist die Anzahl der pro Zeiteinheit übertragenen Bits. Wird nun ein Teil des Lichts um eine Zeit Δt verzögert, so führt dies bei $\Delta t \ll \delta t$ zu einem leichten Auswaschen des Signals, für $\Delta t > \delta t$ zum kompletten Informationsverlust. Betrachten wir den Zickzackverlauf des Lichtes in der Faser und vergleichen zwei Anteile des Lichtbündels, die längs der Faserachse bzw. mit einem Winkel Φ_{max} zur

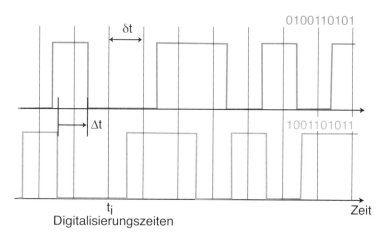

Bild 2.27: *Information kann digital als Bitfolge so dem Licht aufgeprägt werden, dass die Lichtintensitäten zu bestimmten Zeiten (Digitalisierungs bwz. Auslesezeiten) die Information enthalten. Treten nun zwischen verschiedenen Anteilen der übertragenen Lichtbündel Verzögerungen auf, (vergleiche die untere und die obere Spur) so kann dies zu einem Verwaschen oder Verfälschen der Information führen.*

2.4 Lichtwellenleiter

Faserachse laufen, dann ergibt sich aus Gl. (2.108):

$$\Delta t = \frac{n_K \cdot L}{2c} \sin^2(\Phi_{max}) \qquad (2.109)$$

Bei einer Übertragungsfrequenz von 1 GHz oder $\delta t = 1$ns wird der Fall $\Delta t \approx \delta t$ bereits ab einer Faserlänge L_c von ca. 14 Metern erreicht ($n_K = 1.46, n_M = 1.44, \sin^2 \Phi_{max} = (n_K^2 - n_M^2)/n_K^2, \Phi_{max} \approx 10°$).

$$L_c = \frac{2c\delta t}{n_K \cdot \sin^2 \Phi_{max}} \qquad (2.110)$$

Durch Verkleinern des Öffnungswinkels Φ_{max} oder durch speziell gewählte Brechungsindexprofile lässt sich die Übertragungslänge bei gleicher Datenrate erhöhen. Für die in der modernen Kommunikation benötigten hohen Übertragungsraten bleibt aber die Übertragungslänge auf weniger als 1 km beschränkt. Verkleinert man den Kerndurchmesser der Faser bis in den Bereich der Wellenlänge, so ist es nicht mehr erlaubt mit Lichtstrahlen zu rechnen. Es muss dann die transversale Geometrie der Lichtleitfaser und die Wellennatur des Lichtes explizit berücksichtigt werden. In diesem Fall gibt es nur noch spezielle Formen der Feldverteilung (Moden), die eine feste Ausbreitungsgeschwindigkeit besitzen und so optimale Übertragungsraten erlauben.

Moden: Feldverteilungen, die sich bei der Ausbreitung nicht verändern

Wellenleitermoden, qualitative Behandlung. Fällt Licht (ebene Welle) auf eine ebene Grenzschicht, die Medien mit unterschiedlichen Brechungsindizes voneinander trennt, so erfolgt Reflexion gemäß den Fresnelschen Gleichungen.

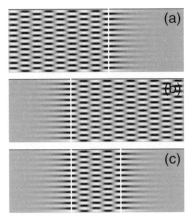

Bild 2.28: *Feldstärkenversteilung, die sich bei Reflexion einer ebenen Welle an einer dielektrischen Grenzfläche ergibt (siehe auch Bild 2.22) (a). Mit Hilfe dieser Feldverteilung lässt sich durch Spiegelung (b), Abschneiden an einer Knotenebene und Verschieben längs der y-Achse die Feldverteilung eines Schichtwellenleiters konstruieren (c).*

Durch die Überlagerung von einfallender und reflektierter Welle bildet sich dabei vor der Grenzschicht eine Feldverteilung mit ausgeprägtem Interferenzmuster aus, das wir im vorherigen Abschnitt in Bild 2.22 gesehen haben. Hier findet man Knotenebenen (verschwindende Feldstärke $E = 0$) parallel zur Grenzschicht in z-Richtung. Der Abstand der Knotenebenen hängt dabei vom Einfallswinkel des Lichtes auf die Grenzschicht und vom Brechungsindex ab. Das gesamte Feldstärkenbild bewegt sich mit der Zeit längs der Grenzschicht. In Bild 2.28 zeigen wir nun, wie man mit Hilfe dieser Feldverteilung einen Schichtwellenleiter aufbauen kann. Spiegelt man die ursprüngliche Feldverteilung an einer Ebene parallel zur Grenzfläche (Bildteil (b)), schneidet die Feldverteilungen in (a) und (b) in einer Knotenebene ab und verknüpft die beiden Feldverteilungen in (c) (nach Verschieben längs der y-Achse, damit Schnittebenen zusammenfallen), so ergibt sich die Feldverteilung für einen ebenen Wellenleiter mit der Schichtdicke D (Abstand der Grenzschichten). Diese Welle breitet sich dann wieder in z-Richtung aus, die Feldverteilung senkrecht dazu ändert sich bei der Ausbreitung nicht. Diese Feldverteilung, die den Randbedingungen an den Grenzschichten genügt, wir nennen sie eine Mode, ist nur für bestimmte Kombinationen von Schichtdicke D, Einfallswinkel θ auf die Grenzschicht und Brechungsindizes möglich. Die Berechnung dieser Moden wird im folgenden Abschnitt vorgestellt.

2.4.2 Moden in einem optischen Wellenleiter**

Wir wollen hier die wesentlichen Eigenschaften der Wellenleitung an einer ebenen Struktur vorstellen. Eine Erweiterung auf eine zylindrische Glasfaser erfordert zwar einen höheren mathematischen Aufwand, basiert jedoch auf den gleichen physikalischen Grundprinzipien. Man beschreibt dabei die Lichtausbreitung innerhalb eines Mediums mit Hilfe der Wellengleichung. An den Grenzflächen zweier Medien werden die Randbedingungen für die Felder gemäß Gl. (2.61) verwendet, um Beziehungen zwischen Feldern in unterschiedlichen Bereichen des Wellenleiters aufzustellen und damit eine Lösung für die gesamte Struktur zu erhalten.

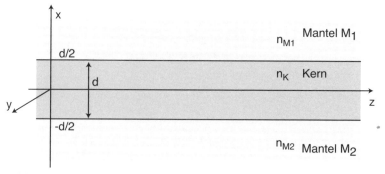

Bild 2.29: *Geometrie des behandelten Schichtwellenleiters.*

2.4 Lichtwellenleiter

Wellenleitergeometrie. Wir betrachten eine ebene dünne Wellenleiterschicht (senkrecht zur x-Koordinate gewählt) mit Brechungsindex n_K (der Index K steht immer für Kern), die durch zwei parallele Ebenen im Abstand d vom umgebenden Medium mit Brechungsindex n_M (Index M steht für Mantel) begrenzt wird. In diesem Schichtwellenleiter breitet sich nun die elektromagnetische Welle aus. Die verwendete Geometrie ist in Bild 2.29 angegeben. Das elektrische Feld $\vec{E}$ sei in y-Richtung ($\vec{E} = (0, E_y, 0)$) polarisiert, $E_y = E_y(x, z)$. Die Welle mit der gewählten Polarisationsgeometrie bezeichnet man als TE-Welle (TE: <u>T</u>ransversal <u>E</u>lektrisch, dabei steht der Vektor des elektrischen Feldes senkrecht zur Ausbreitungsrichtung).

Schichtwellenleiter

TE-Wellen

Wellengleichungen. Die Wellengleichung für die vorgestellte Geometrie lautet nun:

$$\frac{\partial^2 E_{l,y}}{\partial x^2} + \frac{\partial^2 E_{l,y}}{\partial z^2} - \frac{n_l^2}{c^2}\frac{\partial^2 E_{l,y}}{\partial t^2} = 0 \qquad (2.111)$$

Der Index l beschreibt dabei das Feld im Mantel oberhalb und unterhalb des Kerns ($l = M_1$, $l = M_2$) bzw. im Kern $l = K$. Unter Verwendung der Maxwell-Gleichung (siehe Abschnitt 2.1) lässt sich für nichtmagnetische und isotrope Medien ($\mu = 1$) das magnetische Feld B_z berechnen:

$$\vec{\nabla} \times \vec{E} = -\frac{\partial \vec{B}}{\partial t} \qquad (2.112)$$

Das magnetische Feld $\vec{B}$ des Lichtes, $\vec{B} \perp \vec{E}_y$ besitzt Komponenten in x- und z-Richtung. Für ein E-Feld in y-Richtung ergibt sich daraus:

Randbedingungen für Schichtwellenleiter

$$\frac{\partial E_{l,y}}{\partial x} = -\frac{\partial B_{l,z}}{\partial t} \qquad (2.113)$$

Für die Wellenausbreitung im Lichtleiter in z-Richtung verwenden wir nun den Ansatz ebener Wellen.

$$E_{l,y}(x, z, t) = \mathcal{E}_{l,y}(x) \cdot \exp(i(\omega t - k_z z)) \qquad (2.114)$$
$$B_{l,z}(x, z, t) = \mathcal{B}_{l,z}(x) \cdot \exp(i(\omega t - k_z z)) \qquad (2.115)$$

Das Magnetfeld $B_{l,z}$ berechnet sich damit zu:

$$\mathcal{B}_{l,z} = -\frac{1}{i\omega}\frac{\partial \mathcal{E}_{l,y}}{\partial x} \qquad (2.116)$$

Innerhalb jeder Schicht kann man Differenzialgleichungen für die Einhüllende $\mathcal{E}_{l,y}(x)$ des elektrischen Feldes aus der Wellengleichung (2.111) und dem Ansatz ebener Wellen (Gl. 2.114) bestimmen:

$$\frac{\partial^2 \mathcal{E}_{l,y}}{\partial x^2} + (k_l^2 - k_z^2)\mathcal{E}_{l,y} = 0 \quad \text{für } l = M_1, M_2, K \qquad (2.117)$$

Dabei verwenden wir die Wellenzahlen $k_l = \omega\, n_l/c$ innerhalb und außerhalb des Lichtleiters. Lösungen von Gl. (2.117) besitzen die Form:

$$\mathcal{E}_{l,y}(x) = A \cdot \exp(\pm i k_{l,x} x) \quad \text{mit} \tag{2.118}$$

$$k_{l,x} = \sqrt{k_l^2 - k_z^2} \tag{2.119}$$

Kombiniert man die beiden Ansätze aus Gl. (2.114) und (2.118), so erhalten wir einen Wellenvektor $\vec{k}_l$ für die Lichtausbreitung im Medium l, der die z-Komponente k_z und die x-Komponente $k_{l,x}$ besitzt und dessen Betrag durch $k_l = \omega\, n_l/c$ gegeben ist. Gl. (2.119) lässt sich entsprechend umformen:

$$k_l^2 = k_{l,x}^2 + k_z^2 \tag{2.120}$$

Die so gebildeten Lösungen besitzen also Wellenvektoren $\vec{k}_l = k_{l,x} \cdot \vec{e}_x + k_z \cdot \vec{e}_z$, die einen Einfallswinkel θ auf die Grenzschicht besitzen.

$$k_l^2 = k_{l,x}^2 + k_z^2 = k_l^2(\cos^2\theta + \sin^2\theta) \quad \text{oder} \tag{2.121}$$
$$k_{l,x} = k_l \cos\theta; \quad k_z = k_l \sin\theta$$

Randbedingungen. An den Grenzflächen zwischen den verschiedenen Medien bei $x = d/2$ und $x = -d/2$ müssen die Stetigkeitsbedingungen aus Gl. 2.61 erfüllt sein. Für unser Problem betrifft dies die Tangentialkomponenten von $\vec{E}$ und $\vec{B}$, d.h. $\mathcal{E}_y$ und $\mathcal{B}_z/\mu$, die beide stetig sein müssen.

$$\mathcal{E}_{M1,y}(d/2) = \mathcal{E}_{K,y}(d/2) \tag{2.122}$$
$$\mathcal{E}_{M2,y}(-d/2) = \mathcal{E}_{K,y}(-d/2) \tag{2.123}$$

Die Stetigkeit für $\mathcal{B}_{l,z}$ führt über Gl. (2.116) direkt zur Stetigkeit der Ableitung des elektrischen Feldes an der Schichtgrenze.

$$\frac{\partial \mathcal{E}_{M1,y}(d/2)}{\partial x} = \frac{\partial \mathcal{E}_{K,y}(d/2)}{\partial x} \tag{2.124}$$
$$\frac{\partial \mathcal{E}_{M2,y}(-d/2)}{\partial x} = \frac{\partial \mathcal{E}_{K,y}(-d/2)}{\partial x} \tag{2.125}$$

Lösungen für geführte Moden. Wir werden nun die Lösungen der Wellengleichung mit den Randbedingungen kombinieren um damit die Wellenzahl k_z und die Feldverteilung $E_y(x,z)$ zu bestimmen. Da die betrachtete Wellenleitergeometrie symmetrisch zur Ebene $x = 0$ ist, können wir das Problem stark vereinfachen, indem wir uns in der weiteren Diskussion auf die zu $x = 0$ symmetrischen bzw. antisymmetrischen Funktionen und die Erfüllung der Randbedingungen bei $x = d/2$ beschränken. Wir verwenden im Schichtleiter

2.4 Lichtwellenleiter

(Index K) als oszillierende Lösungen gemäß Gl. (2.118) Sinus- und Kosinus-Funktionen:

$$\mathcal{E}_{K,y} = C \sin(k_{K,x}x), \quad \mathcal{E}_{K,y} = A \cos(k_{K,x}x) \quad (2.126)$$

Damit die Lösungen von Gl. (2.118) im Kern des Schichtleiters oszillatorischen Charakter besitzen, muss die Wellenzahl $k_{K,x}$ reell sein: ($k_z < k_K$). Demgegenüber darf im Außenraum ($|x| > d/2$) das Feld kein oszillatorisches Verhalten aufweisen, da in diesem Fall die Lichtintensität dort nicht abnehmen würde. Gl. (2.118) liefert einen exponentiellen Abfall der Feldstärke, wenn $k_{M1,x}$ imaginär ist (d.h. für $k_z > k_{M1}$):

Wann wird eine Mode geführt?

$$\mathcal{E}_{M1,y} = B \exp(-\gamma_{M1}x) \text{ mit } \gamma_{M1} = ik_{M1,x} = \sqrt{k_z^2 - k_{M1}^2} \quad (2.127)$$

Nur in diesem Fall nimmt die Lichtintensität nach außen so schnell ab, dass die Wellen durch den Kern geführt werden. Mit diesem Ansatz für die Felder ergeben die Randbedingungen (Gl. (2.122)–(2.125)) die folgenden Beziehungen.

Für Kosinus-Lösungen:
$$B \exp(-\gamma_{M1}d/2) = A \cos(k_{K,x}d/2) \quad (2.128)$$
$$-\gamma_{M1}B \exp(-\gamma_{M1}d/2) = k_{K,x}A \sin(k_{K,x}d/2) \quad (2.129)$$

Für Sinus-Lösungen:
$$B \exp(-\gamma_{M1}d/2) = C \sin(k_{K,x}d/2) \quad (2.130)$$
$$-\gamma_{M1}B \exp(-\gamma_{M1}d/2) = k_{K,x}C \cos(k_{K,x}d/2) \quad (2.131)$$

Dividiert man die beiden zu den Kosinus- und Sinus-Lösungen gehörenden Randbedingungen, so werden die Amplituden A, B und C eliminiert und man erhält Gleichungen für die Berechnung der jeweiligen Wellenvektoren:

Für Kosinus-Lösungen:
$$k_{K,x} \tan(k_{K,x}d/2) = \gamma_{M1} = \sqrt{k_z^2 - k_{M1}^2} \quad (2.132)$$

Für Sinus-Lösungen:
$$k_{K,x} \cot(k_{K,x}d/2) = -\gamma_{M1} = -\sqrt{k_z^2 - k_{M1}^2} \quad (2.133)$$

Berücksichtigt man noch die Definition von $k_{K,x}$ aus Gl. (2.119), so erkennt man sofort, dass die beiden Beziehungen Gl. (2.132) und (2.133) Bestimmungsgleichungen für k_z oder für $k_{K,x}$ sind. Sie ergeben die Lösungen für die Wellenausbreitung im Lichtleiter. Dabei erlauben diese Gleichungen keine beliebigen Ausbreitungsrichtungen θ im Wellenleiter. Nur für bestimmte Werte von k_x, die man mit einem Index m numerieren kann, lassen sich die Gleichungen (2.132) bzw. (2.133) lösen. Diese Lösungen definieren

Wellenvektoren $\vec{k}_m$, die mit festen Feldverteilungen und bestimmten Ausbreitungsgeschwindigkeiten längs der z-Achse verbunden sind. Die dabei auftretenden Feldverteilungen, die sich bei der Ausbreitung nicht verändern, nennt man die Moden des Wellenleiters.

2.4.3 Lichtausbreitung in einem Hohlleiter**

Hohlleiter: Wellenausbreitung zwischen perfekt reflektierenden Wänden

Als einfachstes Beispiel soll hier zunächst der Fall behandelt werden, dass das äußere Medium perfekt leitend ist, die Grenzschicht zwischen Kern und Mantel also perfekt reflektiert und das Medium im Inneren den Brechungsindex n_K aufweist. In der Praxis kann dies näherungsweise durch metallische Schichten, die einen Hohlraum einschließen, erreicht werden. Man spricht hier von einem Hohlleiter. Durch die äußere Metallschicht erfolgt schnell die Abnahme der Lichtintensität im Außenraum, die mit $\gamma_{M1} \to \infty$ beschrieben werden kann. In diesem Fall liefern Gl. (2.132) und (2.133) als Lösungen die Polstellen von Tangens bzw. Kotangens:

$$k_x = k_{K,x} = m\frac{\pi}{d} \quad \text{mit } m = 1, 2, 3, \ldots \qquad (2.134)$$

Ungerade m-Werte sind mit den Kosinus-Lösungen, gerade mit Sinus-Lösungen verknüpft. Am Ort der Begrenzung, $x = \pm d/2$ werden die Feldstärken zu 0. Zu beachten ist weiterhin, dass die Dispersionsrelation die Größe der Wellenzahl k_x und damit den Index m beschränkt.

$$k_x \leq k_K = \frac{n_K \cdot \omega}{c} \quad \text{oder} \quad m = \frac{k_x d}{\pi} \leq \frac{n_K \cdot \omega \cdot d}{c \cdot \pi} \qquad (2.135)$$

Führt man die Wellenlänge λ_K im Wellenleiter ein, $\lambda_K = \lambda_{vakuum}/n_K$, so bedeutet Gl. (2.135), dass die Breite des Wellenleiters mindestens m Halbwellen betragen muss. Ist die Breite der Struktur kleiner als $\lambda_K/2$, so kann sich im Inneren keine Welle ausbreiten. Lichtausbreitung im Hohlleiter gibt es also nur für hohe Frequenzen oder kurze Wellenlängen.

In Bild 2.30 sind Feldverteilungen für den Fall $d = 1.3\lambda_K$ eingezeichnet. Es gibt hier 2 TE-Moden mit $m = 1$ und $m = 2$. Der Amplitudenverlauf ist gerade eine Halbwelle ($m = 1$) bzw. eine Vollwelle ($m = 2$), wobei bei $x = \pm d/2$ Nullstellen liegen.

Hohlleiter: $v_{ph} > c$

Die Ausbreitungsgeschwindigkeiten (Phasengeschwindigkeiten) der Wellen in z-Richtung kann man aus dem Ansatz von Gl. 2.114 berechnen. Man findet für $n_K = 1$ Werte, die größer als die Lichtgeschwindigkeit sind:

$$v_{ph,m} = \frac{\omega}{k_z} = \frac{c}{n_K} \cdot \frac{\sqrt{k_x^2 + k_z^2}}{k_z} \geq \frac{c}{n_K} \qquad (2.136)$$

Bestimmt man k_z aus der Beziehung $k_K = \sqrt{k_x^2 + k_z^2} = n_K \omega/c$ und verwendet dabei den Wert von k_x aus Gl. (2.134), so berechnet sich die

2.4 Lichtwellenleiter

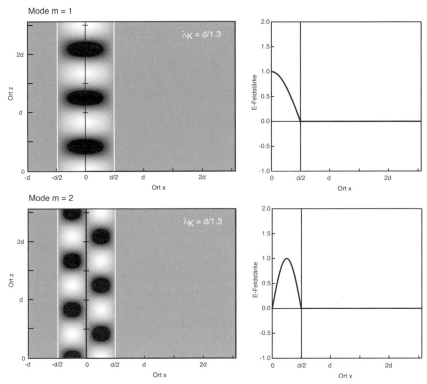

Bild 2.30: *Feldverteilung in einem Hohlleiter mit unendlich gut leitfähigen Wänden bei $x = -d/2$ und bei $x = d/2$. Außerhalb der Grenzflächen verschwindet die Feldstärke, $E = 0$. Auf der linken Seite ist der Feldverlauf in einem Graustufenplot gezeichnet (weiß $\widehat{=}$ maximale Feldstärke E_{max}, schwarz $\widehat{=} - E_{max}$, grau $\widehat{=} 0$). Man sieht eine in x-Richtung modulierte Funktion, die sich längs der z-Achse ausbreitet. Für die niedrigste Mode, $m = 1$, beobachtet man einen cosinus-förmigen Verlauf (oben), während für $m = 2$, (unten) ein sinus-förmiger Verlauf auftritt. Der rechte Bildteil zeigt den Feldverlauf für $x > 0$.*

Phasengeschwindigkeit zu:

$$v_{ph,m} = \frac{c}{n_K} \cdot \frac{1}{\sqrt{1 - \frac{\pi^2 m^2 c^2}{n_K^2 d^2 \omega^2}}} = \frac{c}{n_K} \cdot \frac{1}{\sqrt{1 - \frac{m^2 \lambda_K^2}{4d^2}}} \qquad (2.137)$$

Für $d = 1.3 \lambda_K$ und $n_K = 1$ erhält man die beiden Geschwindigkeiten $v_{ph,1} = 1.08\,c$; $v_{ph,2} = 1.57\,c$. Die zugehörigen Gruppengeschwindigkeiten sind aber wieder kleiner als c:

Hohlleiter: $v_{gr} < c$

$$v_{gr} = \frac{d\omega}{dk_z} = \frac{d\omega}{dk} \cdot \frac{dk}{dk_z} = \frac{c}{n_K} \cdot \frac{d\sqrt{k_x^2 + k_z^2}}{dk_z} \qquad (2.138)$$

$$= \frac{c}{n_K} \cdot \frac{k_z}{\sqrt{k_x^2 + k_z^2}} = \frac{c^2}{n_K^2 v_{ph}} \leq \frac{c}{n_K}$$

Besteht ein Signal aus mehreren Frequenzkomponenten, so werden diese (auch wenn sie zur selben Mode gehören) gemäß Gl. (2.137) und (2.138) unterschiedliche Ausbreitungsgeschwindigkeiten aufweisen. Diese Wellenleiterdispersion führt zur Signalverzerrung, die auch ohne Mediendispersion (d.h. für konstanten Brechungsindex n_K) auftritt. Die Wellenleiterdispersion begrenzt die sinnvolle Übertragungskapazität des Hohlleiters. Hohlleiter haben sich zum Führen von Mikrowellen im Bereich von GHz bewährt. Im Bereich von sichtbarem Licht haben sie keine Bedeutung erlangt. Dies ist zum einen darin begründet, dass im sichtbaren Bereich perfekt reflektierende und auf der Wellenlängenskala ebene Schichten für Hohlleiter nicht hergestellt werden können, zum anderen im Erfolg der Lichtleitung in dielektrischen Strukturen durch Totalreflexion, die im nächsten Abschnitt behandelt wird.

Hohlleiter: Signalverzerrung durch Wellenleiterdispersion

2.4.4 Moden in einem dielektrischen Wellenleiter**

Für einen allgemeinen Wellenleiter, z.B. mit einem Dielektrikum als Kern ohne unendlich gut leitenden Außenflächen tritt ein endlicher Wert von γ_{M1} in Gl. (2.132) und (2.133) auf. Ein offensichtlicher Unterschied zum Hohlleiter besteht nun drin, dass die Feldstärke im Außenraum von null verschieden ist und am Rand der Lichtleitschicht keine Nullstelle der Feldstärke auftritt. Die Lösung dieses Randwertproblems führt zur Bestimmung der Werte $k_x = k_{K,x}$ als Lösung von impliziten Gleichungen:

Für Kosinus-Lösungen:
$$k_{K,x} \tan(k_{K,x} d/2) = \sqrt{k_z^2 - k_{M1}^2} = \sqrt{k_K^2 - k_{K,x}^2 - k_{M1}^2} \quad (2.139)$$

Für Sinus-Lösungen:
$$-k_{K,x} \cot(k_{K,x} d/2) = \sqrt{k_z^2 - k_{M1}^2} = \sqrt{k_K^2 - k_{K,x}^2 - k_{M1}^2} \quad (2.140)$$

In einem dielektrischen Wellenleiter gibt es eine endliche Zahl von Moden

Bei der Lösung dieser Gleichungen ist zu berücksichtigen, dass die Tangens- und Kotangens-Funktionen periodisch in π sind und beide Beziehungen Gl. (2.139) und (2.140) für $k_{K,x} < k_{K,xmax}$ innerhalb jeder Periode von π genau eine Lösung liefern. Kosinus-Lösungen findet man für

$$m\pi/2 < k_{K,x} d/2 < (m+1)\pi/2 \quad \text{mit } m = 0, 2, 4, \ldots \quad (2.141)$$

während Sinus-Lösungen für dazwischen liegende Werte von m gefunden werden.

$$m\pi/2 < k_{K,x} d/2 < (m+1)\pi/2 \quad \text{mit } m = 1, 3, 5, \ldots \quad (2.142)$$

In Bild 2.31 ist dieser Sachverhalt für $d = 20\lambda_K$ (oben) und $d = 5\lambda_K$ (unten) skizziert. Dabei wurden die linken und rechten Seiten von Gl. (2.139) und (2.140) geplottet. Man findet für sehr kleine $k_{K,x}$-Werte ($k_{K,x} \ll k_{K,xmax}$)

2.4 Lichtwellenleiter

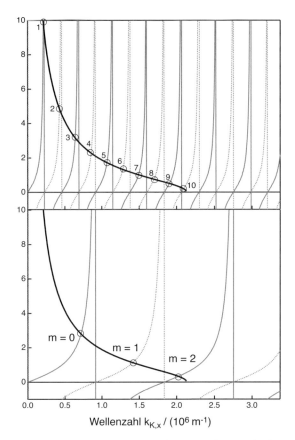

Bild 2.31: *Graphische Bestimmung der Werte $k_{K,x}$, an denen Gl. (2.139) und (2.140) erfüllt sind. Die schwarzen durchgezogenen Kurven geben die rechten Seiten der Gleichungen wieder, die grauen bzw. die gestrichelten Kurven die linken Seiten. Die Kreise bezeichnen die Lösungen der beiden Gleichungen. Oben: $d = 20\lambda_K$, unten: $d = 5\lambda_K$, $\lambda_K = 10^{-6}$m. In beiden Fällen: $n_k = 1.46, n_{M1} = 1.42$*

Lösungen nahe bei $k_{K,x} \approx (m+1)\pi/d$, während für größere $k_{K,x}$-Werte größere Abweichungen von diesen Werten auftreten. Zu beachten ist wiederum, dass $k_{K,x}$ nicht beliebig groß werden kann, da die folgende Beziehung erfüllt sein muss: $k_K^2 - k_{K,x}^2 - k_{M1}^2 > 0$. Dies entspricht der bekannten Bedingung für Totalreflexion. In Bild 2.32 ist als Beispiel der Verlauf der Feldamplitude für den Fall $d = 5\lambda_K, n_k = 1.46, n_{M1} = 1.42$, aufgezeichnet. In diesem Fall beobachtet man 3 geführte Moden, mit $m = 0, 1$ und 2. Die Feldverteilung zeigt mit zunehmender Ordnungszahl m anwachsende Feldanteile im Außenbereich.

Der wichtigste Unterschied zum Hohlleiter besteht jedoch darin, dass auch bei sehr kleinen Dicken der lichtführenden Schicht, $d \to 0$, immer noch Wellenleitung für die niedrigste Mode mit $m = 0$ vorliegt. Dies kann man leicht verdeutlichen, wenn in Gl. (2.139) die Tangensfunktion für kleine

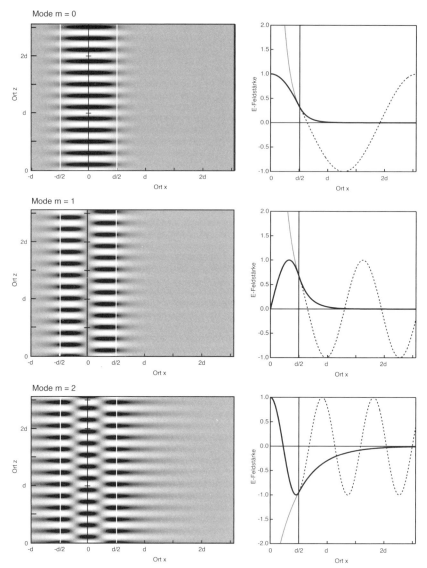

Bild 2.32: *Feldverlauf für einen symmetrischen, dielektrischen Wellenleiter (Grenzen durch die weißen Striche gekennzeichnet) mit $d = 5\lambda_K, n_k = 1.46, n_{M1} = 1.42$. Linke Seite: Feldverlauf in Graustufenplot, Skala wie bei Bild 2.30. Rechte Seite: Feldverlauf für $x > 0$ als durchgezogene schwarze Kurven. Innerhalb des Wellenleiters besitzt die Lösung Kosins- bzw. Sinus-Charakter (nach außen fortgesetzt als gestrichelte Kurven). Außerhalb des Wellenleiters liegt exponentielles Verhalten vor (graue Kurven). Je höher die Modenzahl m ist, desto langsamer ist der Abfall außerhalb des Wellenleiters. An den Grenzen des Wellenleiters ist der Verlauf des elektrischen Feldes stetig und differenzierbar.*

2.4 Lichtwellenleiter

Argumente entwickelt wird, $\tan(k_{K,x}d/2) \approx k_{K,x}d/2$, und man dies in Gl. (2.139) einsetzt. Man erhält dabei als Lösung für $k_{K,x}$ im Fall dünner Schichtdicke $d \to 0$: $k_{K,x}^2 \approx k_K^2 - k_{M1}^2$. Aus Gl. (2.132) sieht man sofort, dass diese Beziehung zu einem kleinen Wert von γ_{M1} führt, $\gamma_{M1} \approx (k_K^2 - k_{M1}^2)d/2$. Der Abfall des elektrischen Feldes im Außenraum ist somit sehr langsam. Das Licht breitet sich im Wesentlichen im Mantel aus. Die dünne Kernschicht ist jedoch zur Führung der Wellen erforderlich.

Wählt man die Schichtdicken und die Brechungsindizes von Schicht und Mantel passend, so dass nur für $m = 0$ Wellenleitung möglich ist, dann spricht man von einem Einzelmoden-Wellenleiter. Diese auch Mono-Mode-Wellenleiter bezeichneten Systeme haben große Bedeutung für die Anwendung erlangt, wenn eine definierte Feldverteilung gewünscht wird oder keine Modendispersion auftreten soll. Schichtwellenleiter werden in Bauelementen der integrierten Optik eingesetzt, wenn elektronische und optische Funktionen, (z.B. Lichtmodulation, Lichtweichen) in einem Bauelement realisiert werden sollen. Hier werden durch schichtweises Dotieren von transparenten Materialien (Gläser, LiNbO$_3$-Kristalle) lichtleitende Kanäle hergestellt. Das Führen von Licht außerhalb der zentralen Lichtleitschicht im Mantelbereich kann dabei eingesetzt werden um Licht aus einem Lichtleiter in einem benachbarten Lichtleiter

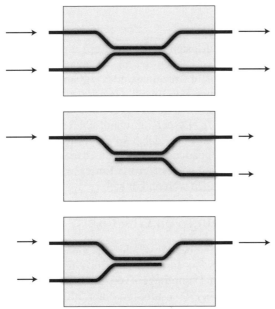

Bild 2.33: *Durch den kleinen Abstand zwischen Wellenleitern kann Feldstärke (Lichtintensität) von einem Wellenleiter in einen anderen übertragen werden. Diese Kopplung kann für verschiedenen Wellenleiterkomponenten eingesetzt werden: als Strahlteiler bzw. Koppler zur Verzweigung und Kombination von Information (oben), zur Verzweigung in zwei Kanäle (Mitte) oder zur Kombination zweier Eingänge in einen Ausgang (unten).*

zu koppeln. Damit sind Bauelemente mit Misch-, Richtkopplungs- und Verzweigungsfunktionen herstellbar (siehe Bild 2.33), die bei Verwenden optisch nichtlinearer Effekte (Siehe Kap. 4.7) auch für logische Funktionen eingesetzt werden können.

2.4.5 Lichtleitfasern

Lichtleitende Glasfasern = zylindrische Wellenleiter

Für die Übertragung von Licht über große Abstände werden zylindrische Anordnungen (Fasern) eingesetzt, bei denen ein Kern von einem Mantel mit geringerem Brechungsindex umgeben ist. Die mathematische Behandlung der Moden in diesen Fasern basiert auf den gleichen Grundprinzipien wie in Abschnitt 2.4.2, wobei die Zylindergeometrie explizit zu berücksichtigen ist. Man verwendet wieder die Ausbreitung in Längsrichtung (z-Koordinate) der Faser mit der Wellenzahl als Propagationskonstante β. Innerhalb des Kerns kann die radiale Felderteilung durch Besselfunktionen beschrieben werden, außerhalb des Kerns erfolgt exponentieller Abfall. Die Führung des Lichts wird wie beim Schichtwellenleiter durch den Kern sichergestellt. Ebenso kann man (bei gegebener Lichtwellenlänge) unterhalb eines minimalen Kerndurchmessers d Einzelmodenbetrieb realisieren.

Der Weg zur Monomode-Faser: kleine Durchmesser, große Wellenlängen

$$d \leq \frac{0.76\,\lambda}{\sqrt{n_{\mathrm{K}}^2 - n_{\mathrm{M}}^2}} \qquad (2.143)$$

Häufig ist bei dieser niedrigsten Mode im Kern ein Gauß-förmiger radialer Intensitätsverlauf zu finden. Neben den bisher angesprochenen so genannten Stufenindexfasern mit festem Brechungsindex n_K im Kern gibt es so genannte Gradientenfasern, bei denen der Brechungsindex als Funktion des Abstands vom Faserzentrum variiert. Durch das gezielte Einstellen des Brechungsindexverlaufs lassen sich die Dispersionseigenschaften der Fasern verändern: Es kann die Dispersion der Faser dabei so eingestellt werden, dass Bereiche mit verschwindender Gruppengeschwindigkeitsdispersion und minimalen Verlusten zusammenfallen und so über große Entfernungen Daten mit höchsten Informationsraten übertragen werden können.

2.4.6 Herstellung von Glasfasern

Wie stellt man eine ideal gute Glasfaser her?

In Glasfasern muss Licht über Abstände von vielen Kilometern möglichst verlustfrei übertragen werden. In modernen Einzelmodenfasern werden dabei im nahen Infrarotbereich Dämpfungen von unter 0.2 dB pro Kilometer erreicht. Dies entspricht einer Transmission einer 100 km langen Faserstrecke von ca. 1%. Man kann eine so hohe Transmission nur erreichen, wenn das Absorptionsminimum zwischen den elektronischen Resonanzen des Glases im Ultravioletten und den Schwingungsübergängen im mittleren Infraroten ausgenützt wird und man zusätzlich berücksichtigt, dass die Rayleigh-Streuung proportional zu $1/\lambda^4$ ansteigt. (Siehe Bild 2.34). Moderne Glasfasern kommen bei den in der Kommunikation häufig eingesetzten Wellenlängen von $\approx 1.5\,\mu m$

2.4 Lichtwellenleiter

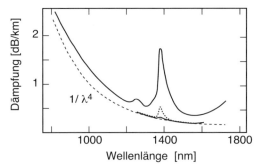

Bild 2.34: *Dämpfung einer Monomode-Glasfaser, aufgetragen als Funktion der Wellenlänge. Die lang gestrichelte Kurve deutet den Anteil der Dämpfung an, der durch Rayleigh-Streuung verursacht wird. Im Bereich von 1300 nm bis 1600 nm, der für die Telekommunikation besonders wichtig ist, findet man sehr geringe Verluste durch Streuung und Absorption. Während früher bei den besten Fasern in der Nähe von 1400 nm eine deutliche Absorption durch Schwingungsbanden von Wasser zu sehen war (durchgezogene obere Kurve), wird diese Absorption in modernen Glasfasern stark unterdrückt (kurz gestrichelte Kurve und untere, durchgezogene Kurve).*

der durch Rayleigh-Streuung bedingten Grenze bereits sehr nahe. Damit die Verluste so gering bleiben, müssen optische Materialien mit höchster Reinheit verwendet und Variationen der Geometrie der Fasern vermieden werden. In der Regel benutzt man Quarzgläser (SiO_2), die zur Variation des Brechungsindex (z.B. mit Germanium) dotiert werden. Die Anforderungen an die Reinheit der Grundmaterialien ist dabei ähnlich hoch wie bei der Halbleiterherstellung.

Bei der Produktion der Fasern stellt man einen Glasstab (Präform) her, mit einer Länge im Bereich von circa 1 m und einem Durchmesser im Zentimeterbereich. Der Glasstab sollte den gewünschten radialen Brechungsindexverlauf

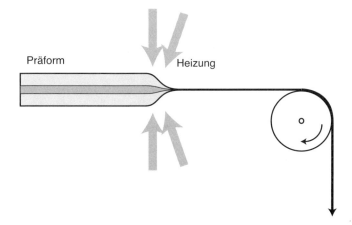

Bild 2.35: *Schematische Anordnung zum Ziehen einer Glasfaser aus einer Präform.*

Ziehen einer Glasfaser aus der Präform

besitzen. Dieser Glasstab wird nun an einem Ende bis knapp unter die Schmelztemperatur erhitzt. Aus der dann teigigen Glassubstanz wird die Faser gezogen. Dabei wird der Brechungsindexverlauf der Präform auf die Faser übertragen. Durch Anpassung von Präform-Temperatur und Ziehgeschwindigkeit kann der Faserdurchmesser eingestellt werden. Die Herstellung der Präform erfolgt mit Methoden der „chemical vapor deposition". Dabei werden reaktive Gasmischungen, die die benötigten atomaren Bestandteile enthalten, (O_2 mit SiF_4 oder $GeCl_4$) an den schon vorhandenen Teil der Präform herangeführt. Lokale Erhitzung löst eine Reaktion zwischen den eingesetzten Gasen und das Niederschlagen der Glasbestandteile aus. Dabei werden technisch in Detail sehr unterschiedliche Methoden verwendet, um die benötigten Brechungsindexprofile herzustellen (siehe Bild 2.36).

Im praktischen Gebrauch werden optische Fasern mit sehr dickem Kern zur Lichtleitung und für Beleuchtungszwecke eingesetzt. Damit auch bei großen Durchmessern von mehreren Millimetern die Fasern gekrümmt werden können, werden hier Flüssigkeiten als Kernmaterial verwendet. Hierbei treten hohe Verluste auf, so dass diese Flüssigkeitslichtleiter nur über wenige Meter eingesetzt werden können. Massive Quarzkerne, die kunststoffummantelt sind, werden bis zu Kerndurchmessern von circa 1 mm eingesetzt. Faserbündel zur Bildleitung werden aus Fasern mit Durchmessern in 10 μm-Bereich zusammengesetzt. Multimodefasern für die Datenübertragung über kleine Abstände besitzen Außendurchmesser in 125- und 250 μm-Bereich. Die Kerndurchmesser liegen hier bei circa 50 μm. Die relativ großen Kerndurchmesser erlauben

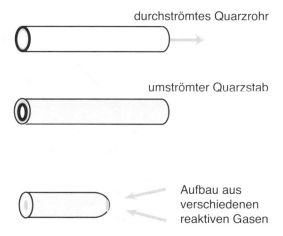

Bild 2.36: *Die Herstellung einer Präform für die Glasfaserproduktion kann mit verschiedenen Techniken erfolgen. Im oberen Beispiel wird ein Rohr aus Quarzglas erhitzt und von den reaktiven glasbildenden Gasen durchströmt, die im Inneren des Rohrs Glas mit passendem Brechungsindex schichtweise abscheiden. Im mittleren Beispiel erfolgt der Aufbau von außen um einen Glasstab. Einfache Brechzahlprofile können durch axialen Aufbau von der Stirnseite her erzeugt werden (unten).*

2.4 Lichtwellenleiter

Tabelle 2.3: Daten der Monomode Glasfaser SMF 28e

Kerndurchmesser	8.2 μm
Felddurchmesser	$\approx 10 \mu$m
NA	0.14
Dämpfung	0.35 dB/km (1310 nm)
	0.20 dB/km (1550 nm)
	0.23 dB/km (1625 nm)
Dispersion	<18ps/(nm·km)

einfache Handhabung. Zum Beispiel können Glasfaserkabel mit Steckverbindungen ohne große Verluste verlängert werden. Monomodefasern für die Hochgeschwindigkeitsübertragung besitzen Außendurchmesser von 125 μm und Kerndurchmesser im Bereich von ≈ 5 μm. Einige Daten für die Monomodefaser SMF 28e der Firma Corning sind in Tabelle 2.3 zusammengefasst.

Multiplexing: Höchste Informationsmenge auf einer Faser

Für die Übertragung höchster Informationsraten über eine Glasfaser sind zwei Grundprinzipien vorstellbar und werden teilweise bereits technisch eingesetzt:

Time-Division-Multiplexing (TDM). Man kann die Information durch Amplitudenmodulation dem Licht, das eine feste Wellenlänge besitzt, aufprägen, dieses Licht übertragen und dann am Ende der Glasfaserstrecke wieder auf andere Signalträger (z. B. Hochfrequenzkoaxialkabel) übergeben. Da jedoch die erforderlichen optischen Übertragungsraten extrem hoch (Terabit/Sekunde) sind, muss die Dauer einzelner Bit kurz werden (kürzer als eine Pikosekunde, $< 10^{-12}$ s). Für die Ein- und Auskopplung der Nutzsignale würden Modulations- und Demodulationstechniken benötigt, die extrem aufwendig sind. Außerdem werden extreme Anforderungen an die Dispersionskompensation der Glasfaser gestellt, die noch nicht technisch realisiert werden können.

Wavelength-Division-Multiplexing (WDM). Hier werden konventionelle Informationskanäle im Gb/s-Bereich auf Licht unterschiedlicher Wellenlänge aufgeprägt und diese optischen Kanäle mit unterschiedlicher Wellenlänge über Multiplexer (Faserkombinierer siehe Bild 2.33) auf eine einzige Faser überspielt. Das Licht kann in dieser Faser anschließend über große Strecken übertragen werden. Am Ende der Übertragungsstrecke werden die einzelnen Wellenlängen über Faser-Spektrometer getrennt und die einzelnen Kanäle konventionell weiterverarbeitet. Mit Hilfe des WDM konnten im Jahr 2004 Bit-Raten im Bereich von 100 Tb/s über Strecken von circa 1000 km realisiert werden.

Für die Glasfaserdatenübertragung zwischen Kontinenten müssen Übertragungssysteme eingesetzt werden, bei denen die gesamte Übertragungstrecke in Einzelbereiche aufgeteilt wird. Dies ist deshalb nötig, da selbst optimal transparente Fasern nur über Strecken von etwa 100 km eingesetzt werden können. Danach muss das optische Signal verstärkt werden (Lichtverstärkung im Faserverstärker, siehe Kapitel über Lichtquellen und Laser). Auch die in der Stecke angefallene Dispersion muss kompensiert werden, bevor das Licht dann die nächste Glasfaserstrecke durchläuft.

2.5 Absorbierende und streuende Medien

2.5.1 Das Reflexionsvermögen absorbierender Medien

Der Reflexionskoeffizient beim Übergang von einem nicht absorbierenden Medium in ein Medium mit endlicher Absorption lässt sich berechnen, wenn man die entsprechenden komplexen Werte des Brechungsindex $n_R + in_I$ bei der Ableitung der Formeln für das Reflexionsvermögen (Gl. (2.93) und (2.94)) verwendet. Man gelangt so zu denselben Ausdrücken für r wie im Falle von nichtabsorbierenden Medien. Zu berücksichtigen ist jedoch, dass statt der trigonometrischen Funktionen mit reellem Argument entsprechende komplexe Funktionen einzusetzen sind. Wir wollen hier nur den senkrechten Lichteinfall behandeln. Für den Lichteinfall von Luft $n_e = n_L = 1$ gilt:

Absorption erhöht den Reflexionsgrad

$$r = \frac{n-1}{n+1} \text{ bzw. } R = r\,r^* = \frac{(n_R - 1)^2 + n_I^2}{(n_R + 1)^2 + n_I^2} \quad (2.144)$$

Das Reflexionsvermögen nimmt also mit steigender Absorption (steigendem $|n_I|$) des Mediums zu. Für starke Absorption (z.B. für den Fall ideal leitender Metalle bei kleinen Frequenzen $\omega < \omega_p$) wird das Reflexionsvermögen praktisch 100 %. Als Beispiel dazu ist in Bild 2.37 das wellenlängenabhängige Reflexionsvermögen für verschiedene Metalle aufgetragen: Im infraroten Spektralbereich ist das Reflexionsvermögen nahe bei 100 %. Nähert man sich dem Sichtbaren, so geht das Reflexionsvermögen zurück. Dies lässt sich dadurch erklären, dass die Lichtfrequenzen sich an die Plasmafrequenzen der

Metallische Reflexion

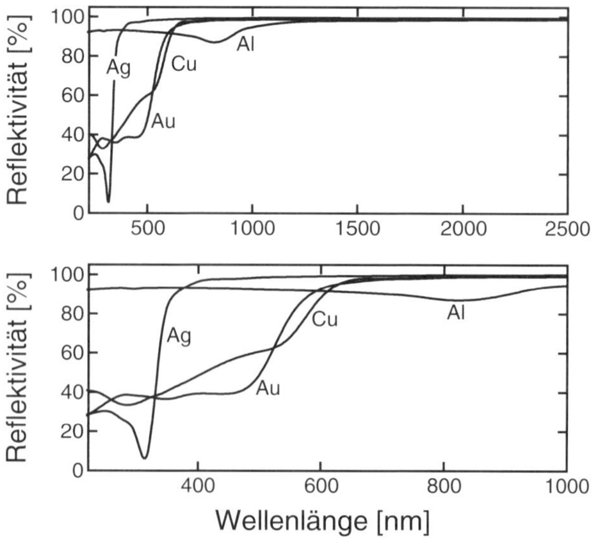

Bild 2.37: *Reflektivität verschiedener Metallschichten als Funktion der Wellenlänge.*

2.5 Absorbierende und streuende Medien

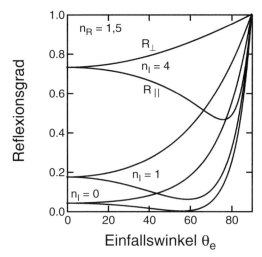

Bild 2.38: *Reflexionsgrad einer absorbierenden Schicht bei Einfall aus Luft, $n_e = 1$. Für einen festen Realteil $n_R = 1.5$ des Brechungsindex wurde der Imaginärteil von $n_I = 0$ bis $n_I = 4$ variiert.*

Metalle annähern und dass in diesem Bereich das Modell eines einfachen Elektronengases für die betrachteten Metalle nicht mehr ausreichend ist. Betrachtet man die Winkelabhängigkeit des Reflexionsvermögens für ein absorbierendes Medium (siehe Bild 2.38), so findet man in allen Winkelbereichen eine Zunahme des Reflexionsvermögens durch den Imaginärteil des Brechungsindex. Qualitativ beobachtet man wieder eine ähnliche Winkelabhängigkeit wie im absorptionslosen Fall $n_I = 0$. Der augenfälligste Unterschied ist jedoch, dass die Nullstelle für $R_\parallel$ am Brewsterwinkel verschwindet und statt dessen nur noch ein Minimum des Reflexionsvermögens auftritt. Aus der Lage dieses Minimums und dem Verlauf von $R_\parallel$ und $R_\perp$ lassen sich Realteil und Imaginärteil des Brechungsindex für stark absorbierende Substanzen ermitteln. Für die Details dieser Bestimmung sei auf die Standardwerke der Optik verwiesen.

2.5.2 Die Farbe von Gegenständen

In diesem Abschnitt wollen wir kurz zeigen, wie die dielektrischen Eigenschaften die Farbe eines Materials beeinflussen. Wir verwenden hier die Tatsache, dass die beobachtete Farbe im Wesentlichen durch die spektrale Zusammensetzung des Lichtes bestimmt ist, das vom Gegenstand zum Auge des Beobachters gelangt. Dabei wollen wir nicht darauf eingehen, dass die wahrgenommene Farbe auch durch den Sehvorgang des Auges und den Wahrnehmungsprozess im Gehirn mit beeinflusst werden kann. Für Körper, die Licht aussenden, ist die Farbe durch die spektrale Verteilung des emittierten Lichtes bestimmt. Für nicht selbstleuchtende Körper zählen die spektrale Verteilung (Farbe) des beleuchtenden Lichtes sowie die dielektrischen Eigenschaften des Körpers. Beide beeinflussen die Zusammensetzung des reflektierten oder gestreuten Lichtes. Wir wollen hier nur den Fall diskutieren, dass man zur Beleuchtung weißes

Farbe eines Gegenstands – Spektralverteilung des vom Gegenstand kommenden Lichts

Licht verwendet, das spektrale Anteile im gesamten sichtbaren Spektralbereich besitzt. Als Beispiele für die Beleuchtung kann man Sonnenlicht oder Glühlampenlicht verwenden.

Metallischer Glanz durch hohes breitbandiges Reflexionsvermögen

1) Metalle sind charakterisiert durch ihre hohe Leitfähigkeit, die sich – wie oben diskutiert – in einer spektral breitbandigen, hohen Reflexion äußert (Bild 2.37). Diese Materialien zeigen deshalb durch die Reflexion des einfallenden Lichtes „metallischen" Glanz. Ist das Reflexionsvermögen im Sichtbaren jedoch wellenlängenabhängig, so ergibt sich eine charakteristische Färbung des metallisch glänzenden Körpers. Als Beispiel dazu können Gold und Kupfer dienen, deren gelbe bzw. rote Färbung durch die Abnahme des Reflexionsvermögens (siehe Bild 2.37) im gelb-grünen Spektralbereich verursacht wird.

2) Isolatoren, die im sichtbaren Spektralbereich keine Absorption besitzen, sind, soweit keine Streuung durch Inhomogenitäten auftritt, transparent (glasklar). Wenn die Oberflächen gestört sind (z.B. in Pulvern), so erscheinen sie aufgrund ihres wellenlängenunabhängigen Reflexionsvermögens weiß. Beispiele sind Puderzucker oder feinkörniges Kochsalz. Suspendiert man diese Pulver in Flüssigkeiten, deren Brechungsindex nahe dem des Pulvers liegt, so gehen Streuung und damit die Brillanz der weißen Farbe zurück.

Schwach absorbierende Körper: Transmission bestimmt Farbe

3) Besitzen Isolatoren schwache Absorptionen im sichtbaren Spektralbereich, so beobachtet man im transmittierten Licht ebenso wie im rückgestreuten Licht diejenige Farbe, die durch die spektrale Verteilung des transmittierten Lichtes bestimmt wird. Es führt dabei Absorption im gelb/roten Bereich zu blauer Farbe, Absorption im blauen und roten zu grün/gelber Farbe des Stoffes. Ein Beispiel dazu ist verdünnte Tinte.

Hohe Absorption – metallischer Glanz

4) Bei Isolatoren mit sehr hoher Absorption ist die Farbe (in Transmission) wieder durch die Banden optimaler Transparenz bestimmt. In Reflexion wird jedoch die Erhöhung des Reflexionsvermögens bei den Wellenlängen hoher Absorption wichtig. So sieht z.B. eine eingetrocknete Schicht blauer Tinte in Transmission blau aus. Betrachtet man dieselbe Schicht in Reflexion, so erscheint sie gelb/rot und glänzt metallisch.

2.5.3 Streuung von elektromagnetischen Wellen

In den vorhergehenden Abschnitten hatten wir die dielektrischen Eigenschaften von homogenen Medien mit Hilfe ihrer Dielektrizitätskonstante $\varepsilon(\omega)$ beschrieben und damit Phänomene wie Absorption und Dispersion erklärt. Fällt Licht jedoch auf ein inhomogenes Medium, z.B. auf eine Substanz, in der kleine Teilchen in einem Trägermaterial mit anderer Dielektrizitätskonstante vorkommen, so tritt intensive Streuung des Lichtes auf. Tägliche Beispiele dafür sind Milch (Fetttröpfchen in Wasser) oder Nebel und Wolken (Wassertröpfchen in Luft). Auch bestimmte Farbenphänomene wie das Himmelblau und das Morgen- und Abendrot werden durch Streuung hervorge-

2.5 Absorbierende und streuende Medien

rufen. Oft werden die Streuphänomene an kleinen Teilchen unter dem Begriff Tyndall-Streuung zusammengefasst. Hier soll ein qualitativer Überblick über die Lichtstreuung gegeben werden.

Tyndall-Streuung: Streuung an kleinen Teilchen

Fällt Licht auf große dielektrische Teilchen mit einem Durchmesser d, der weit über der Wellenlänge liegt, so kann man bei bekannter Form der Teilchen die Streuung oder – in diesem Fall genauer gesagt – die Ablenkung des Lichtes durch Anwendung von Reflexions- und Brechungsgesetz behandeln (siehe Abschnitt 2.3.1). Kommt die Größe der Teilchen jedoch in die Größenordnung der Wellenlänge $d \approx \lambda$, so müssen explizit die Maxwellgleichungen für die speziellen Randbedingungen gelöst werden. Für kugelförmige Teilchen mit $d \approx \lambda$ sind die Streuphänomene unter dem Begriff Mie-Streuung zusammengefasst. Es treten in diesem Bereich starke Änderungen der Streueigenschaften mit der Wellenlänge auf. Während bei großen Wellenlängen $\lambda > d$ die Streuung im Wesentlichen vorwärts gerichtet ist, gewinnen zu kleineren Wellenlängen hin zunehmend rückgestreute Komponenten an Bedeutung. Eine Beobachtung der Wellenlängenabhängigkeit und der Richtungsverteilung des gestreuten Lichtes erlaubt es, Informationen über die Teilchengrößen zu gewinnen.

Teilchendurchmesser nahe Wellenlänge: Mie-Streuung

Die Rayleigh-Streuung behandelt den Fall von kleinen dielektrischen Teilchen mit $d \ll \lambda$. Wird die Dielektrizitätskonstante durch gebundene Elektronen mit der Resonanzfrequenz ω_0 verursacht (siehe Abschnitt 2.2.1), so erhält man für den Streukoeffizienten σ:

Bei kleinen Streuern: Rayleigh-Streuung

$$\sigma = \frac{8\pi}{3} \left(\frac{e^2}{4\pi\varepsilon_0\, mc^2} \right)^2 \frac{\omega^4}{(\omega_0^2 - \omega^2)^2} \qquad (2.145)$$

Weit unterhalb der Resonanz, $\omega \ll \omega_0$, nimmt die Streuung mit ω^4 zu. Da die Resonanzfrequenzen ω_0 für die Moleküle der Luft (Stickstoff, Sauerstoff) weit vom Sichtbaren entfernt im Vakuumultravioletten liegen, gilt dieses Frequenzverhalten auch im sichtbaren Spektralbereich. Somit wird Licht im Blauen ($\lambda \approx 420$ nm) etwa 10 mal so stark gestreut wie rotes Licht bei 720 nm. Von weißem Sonnenlicht, das die Erdatmosphäre durchleuchtet, wird also der blaue Anteil verstärkt gestreut. Das heißt, Rayleigh-Streuung verursacht das Blau des Himmels. Muss das Sonnenlicht, z.B. zu Zeiten der Dämmerung, dicke Schichten der Atmosphäre durchqueren, so gelangen nur noch die langwelligen Anteile zum Beobachter und verursachen das Rot der unter- bzw. aufgehenden Sonne. Das Weiß der Wolken kommt wiederum dadurch zustande, dass hier Wassertröpfchen mit großen Durchmessern $d \approx \lambda$ vorkommen, für die eine andere Frequenzabhängigkeit gilt als bei der Rayleigh-Streuung.

ω^4-Verhalten der Streuung bei kleinen Frequenzen

Resonanzstreuung tritt auf, wenn die Frequenz ω des einfallenden Lichtes mit der Eigenfrequenz ω_0 des Schwingungssystems übereinstimmt. Hierbei erhält man sehr große Streuquerschnitte. Bei Lichtfrequenzen ω, die viel größer als ω_0 sind, oder für den Fall von freien Elektronen (hier ist die Resonanzfrequenz aufgrund der fehlenden Rückstellkräfte gleich null) erreicht man den Bereich der Thomson-Streuung. Formal kann man hier den Streuquerschnitt berech-

Thomson-Streuung bei sehr hohen Frequenzen

nen, indem man in Gleichung (2.145) die Resonanzfrequenz ω_0 zu Null setzt. Der Streuquerschnitt wird dabei unabhängig von der Lichtwellenlänge.

$$\sigma = \frac{8\pi}{3} \left(\frac{e^2}{4\pi\varepsilon_0\, mc^2} \right)^2 \quad (2.146)$$

Inelastische Streuung

Während wir bisher Fälle behandelt hatten, bei denen die Streuung keine Frequenzänderung des Lichtes verursacht – die Streuung war elastisch – treten auch inelastische Lichtstreuvorgänge auf. Bei der Raman-Streuung wird Licht unter An- bzw. Abregung von Molekülschwingungen gestreut und demgemäß um $\pm\omega_{\text{vib}}$ frequenzverschoben. Bei der Brillouin-Streuung tritt dasselbe Phänomen bei der Wechselwirkung an akustischen Schwingungen auf. Die Compton-Streuung, d.h. die inelastische Streuung von Licht an freien Elektronen, wird im Allgemeinen in Atom- und Kernphysik-Vorlesungen behandelt.

3 Die Geometrische Optik

Wir haben bisher die Theorie der elektromagnetischen Wellen direkt angewendet. Damit war es uns möglich, Reflexion und Brechung von ebenen Wellen an ausgedehnten Grenzflächen zu beschreiben. Wenn man jedoch von diesen idealisierenden Bedingungen abgeht, so gelangt man sehr schnell zu den Grenzen der sinnvollen Anwendbarkeit der Maxwellschen Theorie. An einem einfachen Beispiel wird diese Grenze verdeutlicht: Betrachtet man die Abbildung einer Landschaft mit Hilfe einer photographischen Kamera, so muss man nach der Theorie elektromagnetischer Wellen wie folgt vorgehen. Man muss zunächst die Randbedingungen definieren, d.h., für jeden Punkt der Landschaft muss das elektrische Feld und die Polarisation nach Betrag und Richtung als Funktion der Zeit angegeben werden. Diese Information muss mit einer räumlichen Auflösung von besser als einer Wellenlänge bestimmt werden. Betrachten wir nur diese Randbedingungen, so ergibt sich sofort eine schier unendliche Vielzahl von Daten, die bekannt sein müssten: Will man z.B. eine Fläche von $100\,\text{m} \times 100\,\text{m}$ abbilden, so muss man bei einer Wellenlänge $\lambda = 500$ nm und einer räumlichen Rasterung mit $\lambda/10$ für $4 \cdot 10^{16}$ verschiedene Gegenstands„punkte" die Randbedingungen vorgeben. Dabei ist noch nicht die zeitliche Variation der Randbedingungen berücksichtigt. Mit diesen zeitabhängigen Randbedingungen sind anschließend die Maxwellschen Gleichungen zu lösen. Diese Aufgabe überfordert bei weitem jede vorstellbare Rechenmaschine. Angesichts dieser extremen Anforderungen ist es nicht verwunderlich, dass die Behandlung eines makroskopischen Abbildungsvorganges nur im Rahmen einer stark vereinfachenden Beschreibungsweise möglich ist. Wir wollen deshalb in diesem Abschnitt die am weitesten reichende Vereinfachung, die geometrische Optik, vorstellen, bei der die Welleneigenschaften des Lichtes vollständig vernachlässigt werden. Da die geometrische Optik aus der Maxwellschen Theorie durch den Grenzübergang $\lambda \to 0$ erhalten wird, ist sie auf Fragestellungen beschränkt, bei denen die Dimensionen des Problems, wie z.B. der Durchmesser einer Begrenzung, sehr viel größer sind als die Wellenlänge λ des Lichtes.

Wellentheorie ungeeignet zur Behandlung makroskopischer Abbildungen

Geometrische Optik: Grenzfall kleiner Wellenlängen

In der geometrischen Optik wird die Ausbreitung von Licht in Form von Strahlen (Strahlenoptik) behandelt. Dabei sind die Grundgesetze der geometrischen Optik, die geradlinige Ausbreitung in homogenen Medien, das Reflexionsgesetz und das Snelliussche Brechungsgesetz zu berücksichtigen. Der Begriff „Lichtstrahl" soll hier kurz definiert werden. Man betrachtet die Wellenfront, die von einer sehr kleinen praktisch punktförmigen Lichtquelle ausgeht. Durch

Grundgesetze der geometrischen Optik

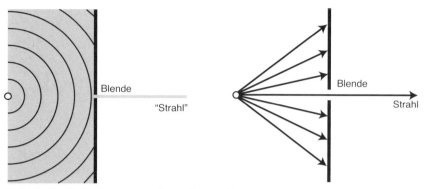

Bild 3.1: Zur Definition eines Lichtstrahls: Ausblenden eines Teils der Wellenfront durch eine enge Blende (links) oder Auswahl eines einzelnen Strahls aus einem Strahlenbüschel durch die Blende (rechts).

eine Blende kann man aus dieser Kugelwelle ein begrenztes Lichtbündel erzeugen. Für den Grenzfall eines verschwindend kleinen Blendendurchmessers ist dies dann der Lichtstrahl (siehe Bild 3.1, links). Im Rahmen der geometrischen Optik kann man sich diesen Vorgang auch so vorstellen (siehe Bild 3.1, rechts): Die Punktlichtquelle sendet „Lichtstrahlen" in alle Raumrichtungen aus. Durch die Blende wird aus dem „Strahlenbüschel" ein einzelner Lichtstrahl selektiert. Von dieser Definition her ist der Lichtstrahl mit dem Poynting-Vektor der elektromagnetischen Welle, d.h. mit der Richtung des Energieflusses des Lichtes, zu identifizieren. Für den Fall isotroper optischer Medien, d.h. wenn wir Doppelbrechung (siehe Abschnitt 4.6.3) vernachlässigen, ist die Strahlrichtung auch identisch zur Richtung des Wellenvektors. Damit ist sofort erkennbar, wie die bisher behandelten Gesetze der Reflexion und der Brechung mit dem Begriff „Lichtstrahl" umformuliert werden müssen. In der Natur lassen sich jedoch nur Lichtbündel, keine einzelnen „Lichtstrahlen" beobachten, da die Begrenzungen der Lichtstrahlen im Bereich der Wellenlänge λ liegen müssten und somit die geometrische Optik ihre Gültigkeit verlieren würde. Die Ausbreitung realer, enger Lichtbündel, wie sie z.B. von einem Justierlaser erzeugt werden, wird in Kap. 4.5.4 im Zusammenhang mit Gaußschen Bündeln behandelt.

Lichtstrahl: Richtung des Energieflusses

3.1 Das Fermatsche Prinzip

Die Beschreibung der Lichtausbreitung in inhomogenen Medien, d.h. in Medien, bei denen sich der Brechungsindex (kontinuierlich) mit dem Ort ändert, ist mit Hilfe des Brechungs- und des Reflexionsgesetzes allein häufig nicht möglich. In diesem Fall kann jedoch mit Hilfe eines Variationsprinzips – dem Fermatschen Prinzip – der Weg der Lichtausbreitung berechnet werden. Das Fermatsche Prinzip besagt:

Fermatsches Prinzip: Das Prinzip des extremalen Weges

3.1 Das Fermatsche Prinzip

> Die Lichtausbreitung erfolgt derart, dass der optische Weg W – das Produkt aus Brechungsindex und zurückgelegter Strecke (Gl.(3.1)) – auf dem tatsächlich benützten Pfad S_0 gegenüber benachbarten Pfaden S_i einen Extremwert besitzt (siehe Bild 3.2), d.h., dass der optische Weg W für den Pfad S_0 maximal oder minimal ist.

Für Licht, das von einer Lichtquelle am Ort Q zu einem Beobachtungspunkt P gelangt, kann man den tatsächlich benützten Pfad S_0 (Q $\to$ P) also folgendermaßen bestimmen: Man berechnet zunächst den optischen Weg $W(S)$ für einen beliebigen Pfad S und sucht dann den Pfad S_0, in dessen Nähe sich der optische Weg nicht ändert:

$$W(S) = \int_{S(Q\to P)} n(\vec{x})\,\mathrm{d}s \qquad (3.1)$$

$$\left(\frac{\delta W(S)}{\delta S}\right)_{S_0} = 0 \qquad (3.2)$$

Bemerkungen:

1) Das Fermatsche Prinzip lässt sich aus den Maxwellgleichungen, d.h. im Rahmen einer Wellentheorie, ableiten: In einer Wellentheorie kann man sich vorstellen, dass Lichtwellen auf verschiedenen Pfaden von der Quelle zum Beobachter gelangen können. Die Feldstärke am Beobachtungspunkt erhält man dann durch phasenrichtige Aufsummation (Integration) über alle möglichen Pfade. In diesem Fall werden nur dann Pfade merklich zur Gesamtfeldstärke beitragen, wenn sich bei einer kleinen Änderung des Pfades die Phase φ des ankommenden Lichtes nur unwesentlich verändert. Ansonsten träte destruktive Interferenz auf, die zur Auslöschung der Feldstärke führen würde. Mathematisch formuliert bedeutet dies, dass für den tatsächlich benützten Pfad ein Extremum der Phasenänderung φ (Q,P) zwischen Anfangs- und Endpunkt, $\varphi(Q,P) = \int \vec{k}(\vec{x})\,\mathrm{d}\vec{x}$, vorliegen muss. Diese Forderung ist identisch mit der Bedingung (3.2) für ein Extremum der optischen Weglänge.

Extremwert für den optischen Weg $\leftrightarrow$ Extremwert der Phase

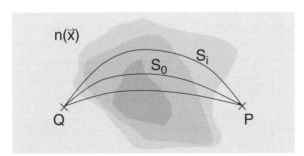

Bild 3.2: *Das Fermatsche Prinzip: Die Lichtausbreitung erfolgt auf dem Weg S_0, für den ein Extremum des optischen Weges vorliegt.*

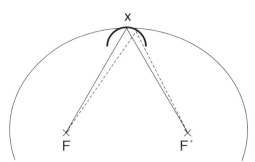

Bild 3.3: *Bei der Reflexion an einer überkrümmten Ellipse (Kreissegment, dicke Kurve) ist für den tatsächlich durchlaufenen Pfad (durchgezogene Kurve) der optische Weg größer als für alle alternativen Pfade (gestrichelte Kurve). Das Licht benutzt also nicht den kürzesten, sondern hier den längsten optischen Weg.*

Strahlengänge sind umkehrbar

2) Aus dem Fermatschen Prinzip folgt, dass ein Strahlengang i.A. umkehrbar sein muss, da (außer im Fall eines richtungsabhängigen Brechungsindex, wie er bei der optischen Aktivität gefunden wird (siehe Abschnitt 4.6.6)) Hin- und Rückweg gleich lang sind.

3) Ein Extremum des optischen Weges wird dann erreicht, wenn ein Minimum oder ein Maximum der optischen Weglänge W vorliegt. Für die meisten Fälle wird dabei der optische Weg und damit die zum Durchlaufen benötigte Zeit minimal. Man spricht deshalb auch häufig vom „Prinzip der kürzesten Zeit". Es lassen sich jedoch auch Bedingungen konstruieren, unter denen der tatsächlich durchlaufene Lichtweg maximal ist. Betrachten Sie hierzu die optischen Wege bei der Reflexion an einer Ellipse (Bild 3.3, dünne Kurve) und dem Kreissegment (dicke Kurve), das sich im Punkt x an die Ellipse anschmiegt. Der Weg vom Brennpunkt F der Ellipse zum zweiten Brennpunkt F', der über x führt (durchgezogene Linie), ist länger als alle Wege, die über die anderen Punkte des Kreissegmentes laufen. Trotzdem erfolgt die Strahlausbreitung über den Punkt x.

Geradlinige Lichtausbreitung in homogenen Medien

4) Das Gesetz der geradlinigen Lichtausbreitung in homogenen Medien folgt direkt aus dem Fermatschen Prinzip. Da in homogenen Medien der Brechungsindex konstant ist, wird das Fermatsche Prinzip auf einen Extremwert des Weges zurückgeführt. Aus der Geometrie wissen wir aber, dass die kürzeste Verbindung zweier Punkte P und Q die Gerade PQ ist. Das Licht breitet sich somit in homogenen Medien geradlinig aus.

3.1.1 Das Reflexionsgesetz

Nachdem wir das Reflexionsgesetz in Kapitel 2 direkt aus den Maxwellgleichungen erhalten hatten, wollen wir es hier als Anwendung des Fermatschen Prinzips nochmals ableiten. Wir betrachten dazu in Bild 3.4 Strahlen, die von Q nach P über die Spiegeloberfläche Sp laufen, also dort reflektiert werden. Trifft ein Strahl am Punkt X auf den Spiegel, so ist der Lichtweg gleich

3.1 Das Fermatsche Prinzip

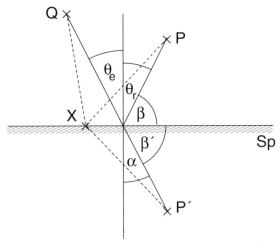

Bild 3.4: Ableitung des Reflexionsgesetzes mit Hilfe des Fermatschen Prinzips.

$\overline{QX} + \overline{XP}$. Betrachtet man nun den an Sp gespiegelten Beobachtungspunkt P′, so sieht man, dass die Weglänge von Q nach P′ für jeden Punkt X gleich der von Q nach P ist. Die minimale Weglänge von Q nach P′ (und damit auch von Q nach P) wird dann erreicht, wenn der Verbindungsweg gerade ist. In diesem Fall gilt: Der Einfallswinkel θ_e ist gleich dem Winkel α und damit auch gleich dem Reflexionswinkel θ_r. Außerdem muss der reflektierte Strahl in der Einfallsebene liegen. Für eine Reihe von Anwendungen ist es sinnvoll, das Reflexionsgesetz vektoriell zu formulieren (siehe Bild 3.5). Verwenden wir die Einheitsvektoren $\vec{s}_e$, $\vec{s}_r$ und $\vec{u}_n$, welche die einfallende und reflektierte Strahlrichtung sowie den Normalenvektor der Spiegeloberfläche festlegen, so berechnet man $\vec{s}_r$ zu:

Reflexionsgesetz vektoriell: einfache Behandlung komplexer Fragestellungen

$$\boxed{\vec{s}_r = \vec{s}_e + 2\vec{u}_n \cos\theta_e = \vec{s}_e - 2\left(\vec{s}_e \cdot \vec{u}_n\right)\vec{u}_n} \quad \text{\textbf{Vektorielle Formulierung des Reflexionsgesetzes}} \quad (3.3)$$

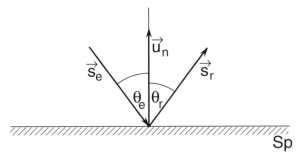

Bild 3.5: Definition von Strahlrichtung und Oberflächennormale für die vektorielle Behandlung des Reflexionsgesetzes.

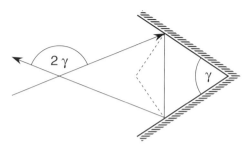

Bild 3.6: *Strahlablenkung an einem Winkelspiegel.*

Strahlablenkung bei Reflexion

Mit dieser Gleichung lassen sich häufig auch komplizierte Fragestellungen zur mehrfachen Reflexion an räumlichen Strukturen (z.B. an einer Würfelecke, die als Rückstrahler wirkt) beantworten.

Übungsfrage:
Ein Retroreflektor (auch Katzenauge genannt) besteht aus drei zueinander senkrechten Spiegelflächen (Würfelecke). Zeigen Sie mit Hilfe des vektoriellen Reflexionsgesetzes, dass ein beliebiger Lichtstrahl $\vec{s}$, der das Innere des Katzenauges trifft, in seine ursprüngliche Richtung zurückreflektiert wird. Nehmen Sie an, dass an jedem der drei Spiegel eine Reflexion stattfindet.

Wenn man für die Reflexion an einer Fläche lediglich die Änderung der Strahlrichtung als Funktion des Einfallswinkels θ_e berechnen soll, erhält man als Ablenkwinkel $\psi = 180° - 2\theta_e$. Verkippt man aus dieser Stellung heraus den Spiegel um einen Winkel $\Delta\theta_e$, wobei weiterhin die Einfallsebene erhalten bleiben soll, so erhält man eine Änderung der Richtung des reflektierten Strahls um $\Delta\theta_r = -2\Delta\theta_e$.

Eine wichtige Anwendung dieser Beziehung ist der Winkelspiegel (siehe Bild 3.6), bei dem die beiden Spiegelflächen den Winkel γ einschließen. Wählt man die Normalen auf die Spiegelflächen und die Richtung des einfallenden Strahls komplanar, so wird ein an beiden Flächen reflektierter Strahl gerade um 2γ abgelenkt. Dieser Wert ist dabei von dem aktuellen Einfallswinkel unabhängig, solange die beiden Reflexionen an den Spiegeln in der gleichen Reihenfolge möglich sind und der Lichtstrahl nach der zweite Reflexion die Anordnung verlässt.

3.1.2 Das Fermatsche Prinzip und das Brechungsgesetz

Als weitere Anwendung für das Fermatsche Prinzip wollen wir hier das Snelliussche Brechungsgesetz nochmals ableiten. Wir betrachten dazu in Bild 3.7 eine ebene Grenzfläche, die zwei Medien mit den Brechungsindizes n_e und

3.1 Das Fermatsche Prinzip

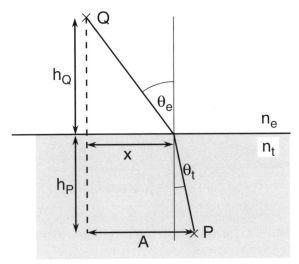

Bild 3.7: *Ableitung des Brechungsgesetzes mit Hilfe des Fermatschen Prinzips.*

n_t trennt und deren Normalenvektor in der Zeichenebene liegt. Die Lichtquelle Q sei dabei im Medium n_e, der Beobachtungspunkt P im Medium mit n_t. Zur Behandlung der möglichen Wege benützen wir nun die bereits abgeleitete Tatsache, dass sich Licht im homogenen Medium geradlinig ausbreitet. Die verschiedenen Lichtwege von Q zu P lassen sich also durch die einzige Variable x charakterisieren. Mit Hilfe des Pythagoras-Satzes berechnen wir den optischen Weg W von Q nach P zu:

$$W = n_e \sqrt{h_Q^2 + x^2} + n_t \sqrt{h_P^2 + (A-x)^2} \tag{3.4}$$

Benutzen wir nun das Fermatsche Prinzip in der Form $\dfrac{dW}{dx} = 0$, so ergibt sich:

$$\frac{dW}{dx} = 0 = n_e \frac{x}{\sqrt{h_Q^2 + x^2}} - n_t \frac{(A-x)}{\sqrt{h_P^2 + (A-x)^2}} \tag{3.5}$$

$$= n_e \sin\theta_e - n_t \sin\theta_t$$

Dabei haben wir die x-abhängigen Ausdrücke durch $\sin\theta_e$ bzw. $\sin\theta_t$ ersetzen können. Gl. (3.5) ergibt das Snelliussche Brechungsgesetz.

$$n_e \sin\theta_e = n_t \sin\theta_t \tag{3.6}$$

Ähnlich wie im Falle der Reflexion kann man auch für die Brechung eines Lichtstrahls eine vektorielle Formulierung verwenden: Man erhält für die Richtung des gebrochenen Strahls $\vec{s}_t$ für die in Bild 3.8 angegebene Definition

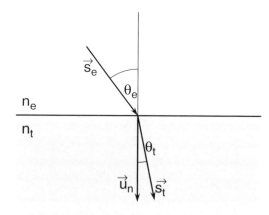

Bild 3.8: *Definition von Strahlrichtungen und Oberflächennormale für die vektorielle Behandlung des Brechungsgesetzes.*

des Normalenvektors der Grenzfläche:

$$n_t \vec{s}_t = n_e \vec{s}_e + (n_t \cos\theta_t - n_e \cos\theta_e)\vec{u}_n \tag{3.7}$$

mit: $\quad \cos\theta_e = \vec{u}_n \vec{s}_e; \; n_t \cos\theta_t = \sqrt{n_t^2 - n_e^2 + n_e^2 \cos^2\theta_e}$

Das Fermatsche Prinzip ist ein wichtiges Hilfsmittel, wenn die Strahlausbreitung in einem Medium mit ortsabhängigem Brechungsindex behandelt werden soll. Beispiele dazu kommen im täglichen Leben immer wieder vor. Hier sollen in diesem Zusammenhang nur kurz die „Schlieren" erwähnt werden, die in der Nähe von Hitzequellen auftreten oder die Spiegelungen (Fata Morgana), die man an der Oberfläche von heißen, ebenen Flächen (Straßen, Wüsten) beobachten kann. Dieser Fall ist in Bild 3.9 illustriert. Eine heiße Oberfläche (z.B. eine von der Sonne erwärmte Straße) erzeugt in der darüber liegenden Luft

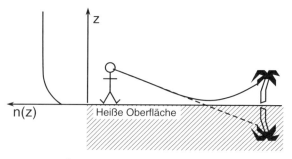

Bild 3.9: *Fata Morgana: Über einer heißen Oberfläche wird die Luft erwärmt. Dies führt zu einer Abnahme des Brechungsindex $n(z)$ direkt über der Oberfläche (siehe linker Bildteil). Durch diesen Brechungsindexverlauf kommt es zu gekrümmten Lichtstrahlen.*

Fata Morgana – nicht nur in der Wüste!

einen Temperaturgradienten. Die Temperaturabhängigkeit der Dichte bewirkt über Gl. (2.44) einen entsprechenden Gradienten des Brechungsindex, wie er auf der linken Seite von Bild 3.9 angedeutet ist. Lichtstrahlen, die von einem nahe dem Horizont gelegenen Objekt kommen, können auf direktem Wege, aber auch an der heißen Luftschicht gebrochen, auf einem krummen Pfad zum Auge des Beobachters gelangen. Diese erscheinen dem Beobachter dabei so als kämen sie vom Boden her (gestrichelte Linie).

Übungsfrage:
Aufgrund der Dichteänderung der Luft in der Erdatmosphäre (siehe barometrische Höhenformel) ist der Brechungsindex der Luft höhenabhängig. Diese Abhängigkeit beeinflusst die beobachtete Lage von nahe am Horizont liegenden Himmelskörpern. Welche Form sollte dadurch das beobachtete Bild des aufgehenden Mondes annehmen? Kann dieser Effekt erklären, dass die Mondscheibe am Horizont wesentlich größer erscheint als in der Nähe des Zenits?

3.2 Strahlenablenkung durch ein Prisma

Mit Hilfe des Brechungsgesetzes werden wir in den nächsten Abschnitten die Funktion einer Reihe von optischen Instrumenten berechnen. Als erstes Beispiel soll hier zunächst die Strahlablenkung an einem Prisma angegeben werden (siehe Bild 3.10). Das Prisma besitze den Scheitelwinkel α und sei aus einem transparenten Material (z.B. Glas) mit dem Brechungsindex n hergestellt. Die Beleuchtung erfolge derart, dass ein- und ausfallender Strahl in einer Ebene (der Zeichenebene in Bild 3.10) senkrecht zur Schnittlinie der brechenden Flächen liegen. Mit Hilfe des Brechungsgesetzes lässt sich der Ablenkwinkel δ als Funktion des Einfallswinkel θ_{e1} berechnen:

$$\boxed{\delta = \theta_{e1} - \alpha + \arcsin\left(\sin\alpha\sqrt{n^2 - \sin^2\theta_{e1}} - \sin\theta_{e1}\cos\alpha\right)} \quad (3.8)$$

Ablenkwinkel an einem Prisma

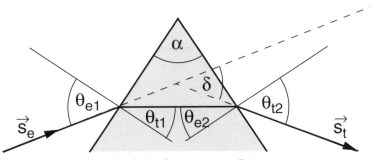

Bild 3.10: Strahlablenkung durch Brechung an einem Prisma.

Übungsfrage:
Leiten Sie diese Formel mit Hilfe des Brechungsgesetzes her.

Minimale Strahlablenkung für symmetrische Durchstrahlung

Für den Fall einer symmetrischen Durchstrahlung des Prismas, also für $\theta_{e1} = \theta_{t2}$ wird der Ablenkwinkel δ minimal, $\delta = \delta_{\min}$. Benutzt man die im symmetrischen Fall geltende Beziehung $\delta_{\min} = 2\theta_{e1} - \alpha$, so erhält man aus Gl. (3.8) eine Gleichung für $\delta_{\min}$ oder n:

$$\sin\left(\frac{\delta_{\min} + \alpha}{2}\right) = n \sin\left(\frac{\alpha}{2}\right) \quad (3.9\text{a})$$

$$n = \frac{\sin\left(\dfrac{\delta_{\min} + \alpha}{2}\right)}{\sin\left(\dfrac{\alpha}{2}\right)} \quad (3.9\text{b})$$

Symmetrische Durchstrahlung eines Prismas

Übungsfrage:
Zeigen Sie, dass für minimales δ gelten muss: $\theta_{e1} = \theta_{t2}$. Zeigen Sie außerdem, dass obige Beziehung für den Brechungsindex n richtig ist.

Für kleine brechende Winkel des Prismas $\alpha \cdot n \ll 1$ (man bezeichnet das Prisma dann als Keilplatte) lässt sich der Ablenkungswinkel δ näherungsweise bestimmen:

$$\boxed{\delta = (n-1)\alpha} \quad (3.10)$$

Ablenkung an einer Keilplatte

Prisma zur spektralen Zerlegung von Licht: Rotes Licht wird schwächer abgelenkt als blaues Licht

Aus Gl. (3.8) und (3.9) sehen wir, dass der Ablenkwinkel am Prisma vom Brechungsindex des verwendeten transparenten Materials abhängig ist. Dies erlaubt nun zwei Anwendungen des Prismas: Zum einen kann mit Hilfe eines Prismas einfallendes, weißes Licht aufgrund der Wellenlängenabhängigkeit des Brechungsindex in seine spektralen Komponenten zerlegt werden (etwas ausführlicher wird auf die darauf basierenden Prismenspektrometer im Abschnitt 4.5.1 eingegangen). Zum anderen kann man den Brechungsindex des Prismenmaterials bestimmen. Dazu beleuchtet man das Prisma mit parallelem, monochromatischem Licht, misst den Winkel minimaler Ablenkung und erhält über Gl. (3.9) daraus den Brechungsindex. An Flüssigkeiten lässt sich diese Messung besonders einfach mit Hilfe einer prismenförmigen Flüssigkeitszelle durchführen. Für die Präzisionsbestimmung des Brechungsindex ist dieses Verfahren jedoch zu ungenau. Hierzu verwendet man andere Messverfahren, die auf der Abhängigkeit des Totalreflexionswinkels vom Brechungsindex basieren.

3.2.1 Der Regenbogen

Ein buntes, bei genauer Betrachtung überaus komplexes Naturphänomen ist ein Regenbogen. Die Grundphänomene, basierend auf der geometrischen Optik, wurden im 17. Jahrhundert von Descartes behandelt. Eine detaillierte Erklärung gelang Airy im 19. Jahrhundert. Wir werden in diesem Kapitel im Wesentlichen qualitative Erklärungen für dieses Phänomen präsentieren. Hier kurz die Beobachtungen, die in der Natur bei Beleuchtung von Regen durch die Sonne auftreten (Siehe 3.11):

- Einen Regenbogen sieht man nur bei tief stehender Sonne.

- Man beobachtet dabei zwei Regenbogen: den Haupt- (HR) und den Nebenregenbogen (NR), in denen das ganze Spektrum von rot, gelb, grün und blau sichtbar ist.

- Zwischen Hauptregenbogen und Nebenregenbogen liegt ein Bereich mit wenig Helligkeit, das Alexandersche Dunkelband.

- Daneben sind weitere Regenbogen zu sehen, in denen grünliche und rötliches Ringe abwechseln (sekundäre Regenbögen).

- Die Lichtstärke und der Farbkontrast von Hauptregenbogen und Nebenregenbogen hängen stark von der Tropfengröße ab. Bei Nebel – sehr kleinen Wassertropfen – ist der Regenbogen sehr matt, fast unsichtbar.

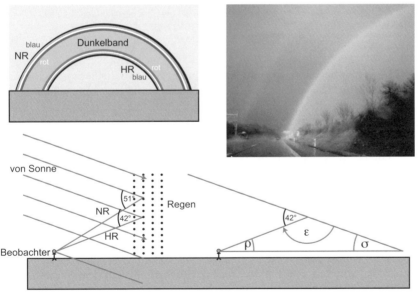

Bild 3.11: Geometrie des Strahlverlaufs bei einem Regenbogen mit dem Ablenkwinkel ε, dem Sonnenstandwinkel σ und dem Beobachtungswinkel ϱ des Regenbogens. Zwischen Hauptregenbogen (HR) und Nebenregenbogen (NR) findet man das Alexandersche Dunkelband.

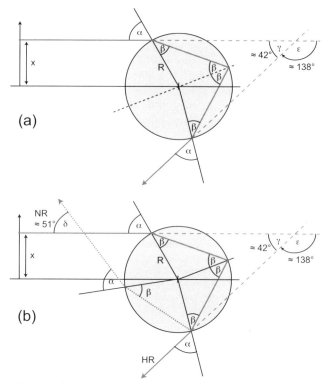

Bild 3.12: *Strahlengang bei Hauptregenbogen (a) und Nebenregenbogen (NR), gepunkteter Verlauf in (b).*

- Der Hauptregenbogen wird unter einem Winkel (Regenbogenwinkel γ, siehe Bild 3.11 und 3.12) von circa $42°$ zur einfallenden Sonnenstrahlung beobachtet, der Nebenregenbogen unter einem Winkel von circa $51°$. Beim Hauptregenbogen liegt rot außen und blau innen. Die Farbabfolge ist beim Nebenregenbogen umgekehrt.

- Bei Hauptregenbogen und Nebenregenbogen wird Licht bei Ein- und Austritt aus dem Wassertropfen gebrochen, beim Hauptregenbogen erfolgt im Wassertropfen eine Reflexion, beim Nebenregenbogen erfolgen zwei Reflexionen (siehe unten).

Anhand von Bild 3.12a kann man den Strahlenverlauf für einen Hauptregenbogen im Wassertropfen nachvollziehen. Wesentlich ist dabei, dass die Strahlablenkung vom Ort x des Auftreffens des Lichtstrahls auf den Wassertropfen abhängt. x ist der Abstand von der Achse, die durch das Tropfenzentrum geht und parallel zum einfallenden Lichtstrahl ist (siehe Bild 3.12a). Man kann dem Bild direkt entnehmen, dass der Ablenkwinkel ε des Lichtstrahls folgender

3.2 Strahlenablenkung durch ein Prisma

Beziehung folgt:

$$\varepsilon(x, R, n) = 180° + 2\alpha - 4\beta \qquad (3.11)$$

Für die Winkel α und β ergibt sich aus der Geometrie des Problems und dem Brechungsgesetz:

$$\sin\alpha = \frac{x}{R}; \quad \sin\alpha = n\sin\beta; \quad \text{und} \quad \sin\beta = \frac{x}{nR} \qquad (3.12)$$

$$\varepsilon(x, R, n) = 180° + 2\alpha - 4\beta = 180° + 2\arcsin(\frac{x}{R}) - 4\arcsin(\frac{x}{nR}) \qquad (3.13)$$

Startet man bei kleinen x-Werten, so wird das Licht unter einem Winkel $\varepsilon \approx 180°$, d.h. in Rückwärtsrichtung emittiert. Steigert man x (siehe Bild 3.13), so verkleinert sich ε, bis man bei einem speziellen Wert $x = x_{min}$ den kleinsten Ablenkwinkel ε_{min} findet. Für $n = 1.3309$, der Brechzahl von Wasser bei 700 nm, findet man $\varepsilon_{min} = 137.6°$. Danach wächst der Ablenkwinkel ε wieder an. Dieser Verlauf ist in Bild 3.14 für den Hauptregenbogen und Nebenregenbogen (hier für negative Werte von x) gezeigt. Für den Nebenregenbogen muss dabei eine weitere Reflexion im Regentropfen berücksichtigt werden. Als Beziehung für den Ablenkwinkel beim Nebenregenbogen ergibt sich (Strahlengang siehe Bild 3.12b):

$$\varepsilon_{NR}(x, R, n) = 2\alpha - 6\beta = 2\arcsin(\frac{x}{R}) - 6\arcsin(\frac{x}{nR}) \qquad (3.14)$$

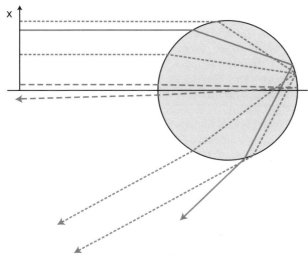

Bild 3.13: *Verlauf der Lichtstrahlen nach Ablenkung an einem Wassertropfen. Für $\varepsilon > \varepsilon_{min}$ findet man Paare von Lichtstrahlen, die unter dem gleichen Winkel ε abgelenkt werden, insgesamt aber optische Wege unterschiedlicher Länge zurücklegen.*

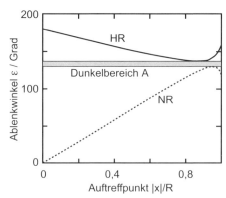

Bild 3.14: *Ablenkwinkel ε für Haupt- und Nebenregenbogen als Funktion des normierten Auftreffpunktes x/R des Lichtstrahls.*

Der zweimal reflektierte Strahl (gepunktet gezeichnet in Bild 3.12b für einen positiven x-Wert) verlässt den Tropfen schräg nach oben. Damit man einen Austritt nach unten erhält, müssen negative x-Werte verwendet werden. Für den Ablenkwinkel des Nebenregenbogens ergibt sich ebenfalls eine Extremalbedingung: Für einen Wert von $x/R \approx -0.95$ erhält man den maximalen Ablenkwinkel bei ca. 129°. Zwischen den extremen Ablenkwinkeln findet man einen Bereich, in den für keinen x-Wert Licht emittiert wird. Dies ist das Dunkelband von Alexander (Benannt nach Alexander von Aphrodisias, der dieses Dunkelband im 2. Jahrhundert vor Chr. erstmalig beschrieb).

Entstehung des bunten Regenbogens. Bild 3.14 erlaubt uns nun die Entstehung des Hauptregenbogens zu erklären: Maximale Helligkeit wird man bei Ablenkwinkeln ε beobachten, wenn ein möglichst großer Anteil des auf den Tropfen einfallenden Lichtes gerade unter diesem Ablenkwinkel emittiert wird. Dies ist dann der Fall, wenn sich der Winkel nur wenig mit x ändert, d.h. in der Nähe eines Extremwertes. Wir sehen aus Bild 3.14, dass für den Hauptregenbogen in der Nähe des minimalen Ablenkwinkels über einen großen Bereich von x-Werten das Licht mit $\varepsilon \approx 42°$ emittiert wird. Für diesen Winkelbereich wird man große Helligkeit finden. Durch Ableitung der Gleichungen (3.13) und (3.14) können die Extremwerte von x für Hauptregenbogen und Nebenregenbogen bestimmt werden. Man erhält dabei:

Entstehung des Hauptregenbogens

$$x_{\min} = \sqrt{\frac{4-n^2}{3}} \cdot R \quad \text{(HR)}; \quad |x_{\max}| = \sqrt{\frac{9-n^2}{8}} \cdot R \quad \text{(NR)} \quad (3.15)$$

Da die Extremwerte über die Dispersion des Brechungsindex von der Wellenlänge abhängig sind (siehe Gleichung 3.15), werden unterschiedliche Farben (Wellenlängen) bei unterschiedlichen Ablenkwinkeln maximale Helligkeit erreichen. Aus Gl. 3.13 und 3.15 sehen wir auch, dass für den Hauptregenbogen rotes Licht (kleinster n-Wert, aufgrund der normalen Dispersion von Wasser) den kleinsten Ablenkwinkel ε_{min} bzw. den größten Regenbogenwinkel

3.2 Strahlenablenkung durch ein Prisma

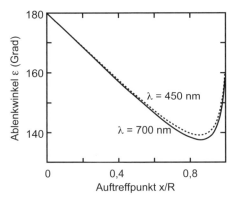

Bild 3.15: *Ablenkwinkel ε am Wassertropfen für rotes und blaues Licht.*

$\gamma_{max} = 180° - \varepsilon_{min}$ erhält. Blaues Licht wird bei kleineren Regenbogenwinkeln beobachtet.

Dies ist in Bild 3.15 gezeichnet, in dem die Ablenkwinkel für rotes Licht bei 700 nm und für blaues bei 450 nm berechnet wurden. Damit lässt sich nun erklären, warum man den roten Teil des Spektrums beim Hauptregenbogen höher am Himmel, den blauen Teil näher am Horizont sieht. Zu beachten ist, dass man mit dem Auge (siehe Bild 3.16) die verschiedenen Farben des Lichtes von unterschiedlichen Regentropfen herkommend sieht: Man beobachtet nur dann Licht aus einer speziellen Richtung ϱ, wenn zum einen dort Regentropfen vorhanden sind und außerdem der für diese Blickrichtung benötigte Ablenkwinkel durch Relexion und Brechung im Regentropfen möglich ist. Da der Ablenkwinkel $\varepsilon_{min}(\lambda)$ für intensives, rotes Licht (λ_r) kleiner ist als der für blaues (λ_b), liegen die intensiv rot-ablenkenden Regentropfen höher als die „blauen".

Hauptregenbogen: roter Streifen höher am Himmel als blauer

$$\varrho_r = 180° - \varepsilon_{min}(\lambda_r) - \sigma > 180° - \varepsilon_{min}(\lambda_b) - \sigma = \varrho_b \quad (3.16)$$

In gleicher Weise kann man anhand von Bild 3.17 die relative Lage von Haupt- und Nebenregenbogen am Horizont erklären.

Beim Hauptregenbogen wird Licht natürlich auch unter größeren Ablenkwinkeln als ε_{min} abgelenkt (beim Nebenregenbogen auch unter kleineren Ablenkwinkeln als ε_{max}). Deshalb gibt es beleuchtete x-Bereiche der Tropfen, bei denen rotes, gelbes und grünes Licht mit demselben Winkel abgelenkt wird wie blaues Licht, das gerade die Extremalbedingung erfüllt. Man würde dort im Wesentlichen weißes, evtl. leicht bläuliches Licht beobachten. Die intensive Farbigkeit des Hauptregenbogen ist so nicht zu verstehen. Hier muss zur Erklärung zusätzlich zur geometrischen Optik die Verzerrung der Wellenfront beim Durchgang durch den Regentropfen und die Interferenz herangezogen werden. Dies kann man anhand von Bild 3.13 begründen: In dieser Abbildung sieht man deutlich, dass zwei Lichtstrahlen (kurz gestrichelt), die unter dem gleichen Winkel abgelenkt werden, aber mit verschiedenen x-Werten

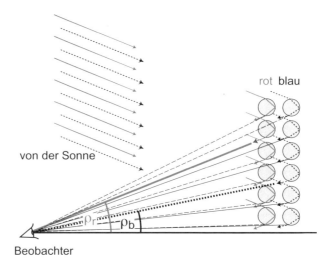

Bild 3.16: *Da der Minimalablenkwinkel (HR) ε_{min}, unter dem maximales rotes Licht beobachtet wird, kleiner ist als der für blaues, wird das rote Licht höher über dem Horizont gesehen (siehe Gl. 3.16) als das blaue: $\varrho_r > \varrho_b$.*

auf den Tropfen einfallen, einen Unterschied des optischen Weges aufweisen. Dies führt zu einer Verformung der Wellenfront und zu Interferenzen. Die Bedeutung dieses Phänomens hängt von der Größe der Regentropfen ab. Dies kann bei spezieller Tropfengröße dazu führen, dass die roten Komponenten gerade bei Ablenkwinkeln destruktiv interferieren, bei denen das blaue Licht maximal wird. Diese Vorgänge verstärken erheblich die Farbigkeit des Regenbogens. Die im weiter innen (HR) liegenden Bereich gefundenen grünlich/rötlichen Ringe (auf hellem Untergrund) – sekundäre Regenbogen – sind ebenfalls auf diese Interferenzen zurückzuführen. Mit einem Demonstrationsexperiment (Ablenkung eines monochromatischen Laserbündels an eine Glaskugel) kann man diese Phänomene sichtbar machen (Bild 3.18). Durch die monochromatische Beleuchtung findet man hier die Interferenzen und den Intensitätsverlauf ungestört von Einflüssen durch Licht bei anderen Wellenlängen.

Mit dieser Behandlung sind die mit Regenbogen verknüpften Effekte nicht erschöpft. Wenn Sie einmal die Möglichkeit haben, einen Regenbogen durch einen Polarisator zu beobachten, so werden Sie zusätzliche Phänomene sehen, die mit der Polarisationsabhängigkeit der Reflexion verknüpft sind. Dabei wird wichtig, dass die Reflexionen im Wassertropfen in der Nähe des Brewsterwinkels erfolgen, der Totalreflexionswinkel aber nicht erreicht wird. Für ein detailliertes Verständnis von Helligkeit und Farbigkeit von Regenbogen sind weitere Effekte zu beachten: Die Streuung von Licht an den Wassertropfen, die Beugung an kleinen Tropfen, die Ausdehnung des Regengebietes, die Größenverteilung der Tropfen, aber auch die Helligkeit des Hintergrundes.

3.3 Die optische Abbildung

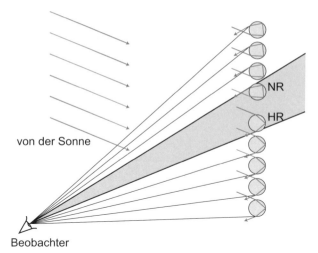

Bild 3.17: *Lage von Haupt- und Nebenregenbogen und dazwischen liegendem Dunkelband.*

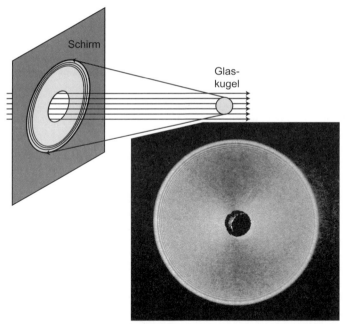

Bild 3.18: *Interferenzbild bei der Beleuchtung einer Glaskugel (Aufbau siehe Schemaskizze). In der Nähe des Minimalablenkwinkels beobachtet man ausgeprägte Interferenzen, die dann zu größeren Ablenkwinkeln (hin zur Schirmmitte) immer enger werden und dort nicht mehr aufgelöst werden können.*

3.3 Die optische Abbildung

Von einer Abbildung im mathematischen Sinne erwartet man, dass jedem Punkt in einem Objektraum genau ein Punkt im Bildraum zugeordnet wer-

Optische Abbildungen sind nicht ideal

den kann. Für eine ideale optische Abbildung müssen wir zusätzlich fordern, dass sie eine Kollineation ist, dass also eine Gerade (ein Lichtstrahl) wieder in eine Gerade übergeführt wird und dass sie maßstabsgetreu ist. Man kann jedoch zeigen, dass eine optisch erzeugbare Abbildung unter diesen Bedingungen immer trivial sein muss, d.h., sie besteht nur aus Spiegelungen (an ebenen Spiegeln). Die physikalisch reale und nichttriviale optische Abbildung muss auf die Forderung der streng punktförmigen Abbildung verzichten. Sie muss Abbildungsfehler zulassen. Folglich schneiden sich nicht mehr alle vom Objektpunkt ausgehenden Lichtstrahlen exakt im Bildpunkt. Für einen sinnvollen praktischen Einsatz sollten sie jedoch in der Nähe dieses Punktes vorbeigehen. Anstelle von Bildpunkten treten deshalb Flecken oder Scheibchen auf. Unter speziellen Bedingungen lassen sich jedoch für bestimmte Bereiche des Objektraums gut abbildende optische Geräte realisieren. Dies wird erst dann möglich, wenn die beteiligten Lichtbündel einen sehr kleinen Öffnungswinkel besitzen. Insbesondere muss man dabei voraussetzen, dass nur Strahlen, die unter einem kleinen Winkel θ zu einem zentralen Strahl des Bündels laufen, berücksichtigt werden. Man kann dann die folgenden Näherungen verwenden:

$$\tan\theta = \sin\theta = \theta$$

Paraxiale Optik

Für diesen Fall der Gaußschen oder paraxialen Optik gibt es vereinfachte Abbildungsgleichungen, die große praktische Bedeutung erlangt haben. Wir werden mit dieser paraxialen Optik zunächst die Abbildung am gekrümmten Spiegel behandeln und dann auf die Abbildung durch Brechung an Kugelflächen und Linsen eingehen.

3.3.1 Reelle und virtuelle Abbildungen

Es ist die Aufgabe eines beliebigen, abbildenden optischen Instrumentes, die von einem Objektpunkt Q ausgehenden Lichtstrahlen so abzulenken, dass ein Beobachter annehmen muss, das Licht käme vom Bildpunkt P. Auf diese Weise kann man zwei Typen von Abbildungen erhalten:

1) Reelle Abbildung: Befindet sich das abbildende Instrument nicht zwischen Bildpunkt P und Beobachter (siehe Bild 3.19), so müssen sich die Lichtstrahlen im Bildpunkt schneiden. Der Beobachter sieht also die von diesem Punkt ausgehenden Lichtstrahlen. Dieses reelle Bild kann mit einem Schirm aufgefangen werden. Man beobachtet dann das von diesen Schirm gestreute Licht.

2) Virtuelle Abbildung: Hier liegt das abbildende Instrument zwischen Bildpunkt und Beobachter (siehe Bild 3.20). Die Lichtstrahlen schneiden sich nicht im Bildpunkt und das Bild kann nicht mit einem Schirm aufgefangen werden.

3.3 Die optische Abbildung

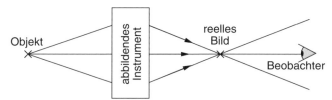

Bild 3.19: *Schematische Darstellung einer reellen Abbildung. Das reelle Bild entsteht hinter dem abbildenden Instrument. Es kann direkt beobachtet oder von einem Schirm aufgefangen werden.*

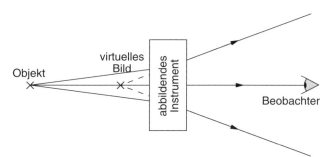

Bild 3.20: *Schematische Darstellung einer virtuellen Abbildung. Das abbildende Instrument beeinflusst die Lichtstrahlen so, dass sie dem Beobachter vom Ort des virtuellen Bildes her kommend erscheinen. Ein virtuelles Bild kann nicht mit einem Schirm aufgefangen werden.*

3.3.2 Abbildung an einem Kugelspiegel

Der abbildende Kugelspiegel sei – wie in Bild 3.21 gezeichnet – so angeordnet, dass der Kugelmittelpunkt M auf dem zentralen Strahl zu liegen kommt. Die durch die Gegenstandspunkte G und M bestimmte Gerade bezeichnet man als optische Achse unseres Problems. Der Durchstoßpunkt der optischen Achse durch den Spiegel ist der Scheitelpunkt S. Ein Lichtstrahl, der auf der optischen Achse läuft, wird in sich zurückreflektiert. Man betrachtet nun einen Lichtstrahl, der unter dem Winkel γ zur optischen Achse vom Gegenstandspunkt G zum Spiegel läuft. Er trifft in Punkt H im Abstand h von der optischen Achse auf den Spiegel. Nach der Reflexion am Spiegel (Beachte: Das Lot auf den Spiegel im Punkt H ist durch den Radiusvektor, d.h. die Richtung HM bestimmt) trifft der Strahl die optische Achse im Punkt B (Abstand b von Scheitelpunkt S). Für die beteiligten Winkel lässt sich aus dem Reflexionsgesetz folgender Bezug herstellen:

$$\theta = \beta - \alpha = \alpha - \gamma \tag{3.17}$$

Für kleine Winkel α, β, γ – wir behandeln nur den paraxialen Fall – lassen sich unter Vernachlässigung der Länge d, die dann ebenfalls sehr klein ist,

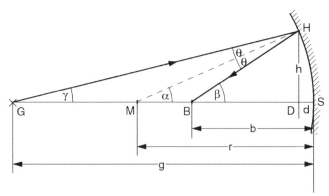

Bild 3.21: *Abbildung an einem Kugelspiegel. G: Gegenstandspunkt, M: Kugelmittelpunkt, B: Bildpunkt.*

Beziehungen zwischen den Winkeln und den beteiligten Abständen herstellen:

$$\tan\gamma \cong \gamma \cong h/g \qquad (3.18a)$$

$$\tan\alpha \cong \alpha \cong h/r \qquad (3.18b)$$

$$\tan\beta \cong \beta \cong h/b \qquad (3.18c)$$

Setzt man (3.18) in (3.17) ein, so ergibt sich eine Beziehung zwischen g und b, in der die Auftreffhöhe h nicht mehr vorkommt. Paraxiale Strahlen, die vom Gegenstandspunkt G mit unterschiedlichen Winkeln γ ausgehen, treffen sich also im Bildpunkt B. Die Abbildungsgleichung für einen Kugelspiegel, durch die die Bildweite b, die Gegenstandsweite g und der Krümmungsradius des Spiegels miteinander verknüpft werden, lautet dann:

$$\boxed{\frac{1}{g}+\frac{1}{b}=\frac{2}{r}=\frac{1}{f}} \quad \textbf{Abbildungsgleichung für Kugelspiegel} \qquad (3.19)$$

Dabei wurde die Brennweite f eingeführt, die gerade gleich dem halben Kugelradius ist: $f = r/2$. Der Name „Brennweite" ist verständlich, wenn man einen sehr weit entfernten Gegenstand (z.B. die Sonne) über den Hohlspiegel abbildet. Für unendlich große Gegenstandsweite $g \to \infty$ ist nach Gl. (3.19) die Bildweite b gleich der Brennweite f. Das Bild der Sonne und damit die Stelle höchster Helligkeit und Wärmeentwicklung – der Brennpunkt – liegt im Abstand der Brennweite f vor der Spiegeloberfläche.

Für die geometrische Konstruktion des Bildpunktes verwende einen Gegenstandspunkt, der nicht auf der optischen Achse liegt

Gleichung (3.19) ordnet jedem Punkt G auf der optischen Achse einen Bildpunkt B zu. Gleichzeitig ergibt die geometrische Konstruktion des Bildes, die im Zusammenhang mit der Abbildung durch Linsen ausführlicher behandelt wird (siehe Bild 3.26) und die eben diese Abbildungsgleichung benützt, dass eine Gerade in einer Ebene senkrecht zur optischen Achse im Punkte G (d.h. in der Gegenstandsebene) wieder in eine Gerade in der Bildebene übergeführt wird, solange dabei der Bereich der Gaußschen Optik nicht verlassen wird.

3.3 Die optische Abbildung

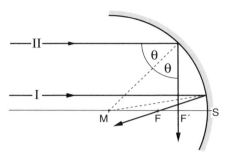

Bild 3.22: *Brennpunkt an einem Spiegel großer Öffnung. Während achsennahe, achsenparallele Strahlen (I) nach der Reflexion am Spiegel durch den Brennpunkt F laufen, schneiden achsenferne (achsenparallele) Strahlen (II) die optische Achse in Punkten F′, die näher an der Spiegeloberfläche liegen.*

Bisher wurde ein Hohlspiegel, d.h. ein konkaver Spiegel, behandelt. Die Abbildungsgleichung (3.19) ist jedoch auch für einen konvexen Spiegel anwendbar: In diesem Fall ist jedoch formal der Krümmungsradius r und damit die Brennweite negativ zu wählen. Der sich in diesem Fall (und auch für Konkavspiegel bei $g < f$) einstellende negative Bildabstand (Bildweite) bedeutet, dass das Bild hinter der Kugeloberfläche liegt – die Abbildung ist dann virtuell. Die Abbildungsgleichung soll hier nicht weiter diskutiert werden. Eine ausführlichere Behandlung wird später im Zusammenhang mit der Abbildung durch Linsen gegeben.

Konvexer Spiegel

An dieser Stelle sei nur kurz erwähnt, welche Änderungen im Strahlenverlauf sich ergeben, wenn Bündel großer Öffnungswinkel oder achsenferne, aber achsenparallele Strahlen verwendet werden. Durch eine einfache geometrische Konstruktion (siehe Bild 3.22) kann man zeigen, dass ein achsenferner und achsenparalleler Strahl (Strahl II in 3.13) die optische Achse im Punkt F′ und nicht im Brennpunkt F schneidet. F′ liegt in Bild 3.22 rechts vom Brennpunkt. In extremen Fällen könnte F′ sogar hinter der Kugeloberfläche liegen. Auf analoge Weise lässt sich zeigen, dass ein Kugelspiegel für Strahlen mit großem Öffnungswinkel (schiefe Bündel) keine gute Abbildung liefert. Man bezeichnet dieses Phänomen als Astigmatismus schiefer Bündel. Durch nicht sphärische Spiegeloberflächen lassen sich diese Schwierigkeiten für spezielle Abbildungsaufgaben umgehen: Will man z.B. ein sehr breites, paralleles Lichtbündel auf einen Punkt fokussieren, so ist nach Bild 3.22 ein Kugelspiegel nicht geeignet. Mit Hilfe des Fermatschen Prinzips lässt sich zeigen, dass ein Parabolspiegel in der Lage ist, alle achsenparallelen Strahlen auf einen Punkt zu vereinigen. Ebenso ist es möglich, durch einen Rotationsellipsoid alle Lichtstrahlen, die von einem Gegenstandspunkt ausgehen, auf einen zweiten Punkt abzubilden. Dies ist jedoch nur für genau ein Punktpaar – den beiden Brennpunkten der Ellipse – möglich.

Abbildungsfehler beim Kugelspiegel

Parabolspiegel

3.3.3 Abbildung durch brechende Kugelflächen

Die Abbildung an einer Kugelfläche, die zwei homogene Medien mit den Brechungsindizes n_1 und n_2 voneinander trennt, lässt sich in der paraxialen Theorie ähnlich behandeln wie die Abbildung am Hohlspiegel. Zur Verknüpfung von einfallenden und gebrochenen Strahlen wird das

Brechungsgesetz für kleine Winkel

Brechungsgesetz (3.6) für kleine Einfalls- und Ausfallswinkel vereinfacht:

$$n_1 \sin \theta_e = n_2 \sin \theta_t \to n_1 \theta_e = n_2 \theta_t \tag{3.20}$$

Es muss also hier gelten, dass die auftretenden Einfalls- und Ausfallswinkel θ_e und θ_t klein sind. Dies ist erfüllt, wenn nur achsennahe Strahlen verwendet werden und wenn der Krümmungsradius r der Kugelfläche viel größer ist als jeder Abstand eines Strahls von der optischen Achse. Die Relation zwischen der Gegenstandsweite g und der Bildweite b ergibt sich wieder über eine zu Gl. (3.17) analoge Winkelbeziehung: (Siehe dazu Bild 3.23).

$$\theta_e = \gamma + \alpha; \quad \theta_t = \alpha - \beta \tag{3.21}$$

Mit den Winkelbeziehungen Gl. (3.18) und dem vereinfachten Brechungsgesetz (3.20) erhält man die Abbildungsgleichung für eine brechende Kugelfläche:

$$n_1 \theta_e = n_1 \left(\frac{h}{g} + \frac{h}{r} \right) = n_2 \left(\frac{h}{r} - \frac{h}{b} \right)$$

$$\boxed{\frac{n_1}{g} + \frac{n_2}{b} = \frac{n_2 - n_1}{r}} \quad \textbf{Abbildungsgleichung für brechende Kugelfläche} \tag{3.22}$$

Aus dieser Abbildungsgleichung lassen sich zwei unterschiedliche Brennweiten bestimmen, die dann relevant werden, wenn paralleles Licht von links (bildseitige Brennweite) oder rechts (gegenstandsseitige Brennweite) eingestrahlt wird.

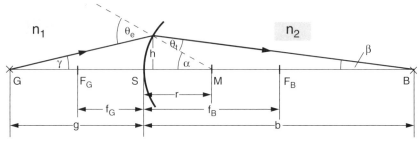

Bild 3.23: Brechung an einer Kugeloberfläche (M: Mittelpunkt der Kugel), die zwei transparente Bereiche mit Brechungsindex n_1 und n_2 voneinander trennt.

3.3 Die optische Abbildung

Für die bildseitige Brennweite erhält man

$$g \to \infty; b = f_B = \frac{n_2 r}{n_2 - n_1} \qquad (3.23)$$

und für die gegenstandsseitige Brennweite:

$$b \to \infty; g = f_G = \frac{n_1 r}{n_2 - n_1} \qquad (3.24)$$

Die Abbildungsgleichung (3.22) lässt sich für beliebige Fälle im Rahmen der paraxialen Behandlung einsetzen. Man kann dabei den Gegenstand oder den Kugelmittelpunkt links oder rechts der Kugelfläche legen. Zu beachten ist lediglich, dass eine konsistente Wahl der Vorzeichen der verschiedenen Größen getroffen wird, wie sie in Tabelle 3.1 angegeben ist.

Gl. (3.22) erlaubt es nun, Abbildungen durch komplizierte Anordnungen von optischen Medien mit den Brechungsindizes n_i und n_j, die durch Kugelflächen F_{ij} voneinander getrennt sind, zu berechnen (siehe Bild 3.24). Man muss dabei lediglich schrittweise vorgehen: Man berechnet für die dem Gegenstand nächstliegende Oberfläche F_{12} den Bildpunkt, der nun formal im Medium mit Brechungsindex n_2 liege. Dieser Bildpunkt wird dann Gegenstandspunkt der zweiten Abbildung durch F_{23}. Dieser Vorgang wird wiederholt, bis alle brechenden Oberflächen berücksichtigt sind. Besonders einfach lässt sich diese Berechnung durchführen, wenn die Kugelmittelpunkte der Flächen auf einer Achse liegen. Man bezeichnet das abbildende System dann als zentriertes optisches System. Liegen nur zwei brechende Kugelflächen vor, so verwendet man den Begriff Linse. Im Folgenden werden meist Linsen behandelt, die einen Brechungsindex $n > 1$ besitzen und in Luft $n = 1$ eingebettet sind. Als positive, konvexe oder Sammellinsen bezeichnet man Linsen, die im Zentrum dicker sind als im Randbereich. Andernfalls bezeichnet man die Linsen als negative, konkave oder Zerstreuungslinsen.

Schrittweises Anwenden der Abbildungsgleichung erlaubt Berechnung komplizierter optischer Systeme

Definition: Sammel- oder Zerstreuungslinse

Tabelle 3.1: *Vorzeichenkonvention für die Abbildung an einer brechenden Kugeloberfläche*

Variable	Variable	
	> 0	< 0
g	G links von S	G rechts von S
f_g	F_G links von S	F_G rechts von S
b	B rechts von S	B links von S
f_B	F_B rechts von S	F_B links von S
r	M rechts von S	M links von S
	oder konsequente Vertauschung von rechts und links	

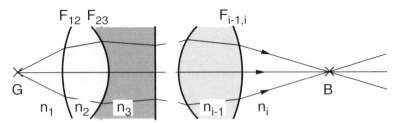

Bild 3.24: *Durch mehrfache Anwendung der Abbildungsgleichung lässt sich eine Abbildung durch beliebig komplizierte optische Systeme berechnen.*

Übungsfrage:
Wir betrachten ein stark vereinfachtes Modell eines Auges. Es bestehe aus einem Glaskörper ($n_{Gk} = 1.4$) der Länge 25 mm, der auf der Lichteintrittsseite eine gekrümmte Oberfläche mit variablem Radius r besitze. Welche Krümmungsradien r müssen mit dem Auge eingestellt werden können, damit Gegenstände im Abstand von 15 cm bis ∞ scharf gesehen werden können? Auf welche Entfernungen lässt sich das Auge unter Wasser ($n = 1.33$) scharf stellen?

3.3.4 Abbildungsgleichung für dünne Linsen

Ist der Abstand d der Scheitelpunkte der beiden Oberflächen einer Linse klein gegen die Krümmungsradien, so lässt sich die Abbildung besonders einfach berechnen: Für diesen Fall einer dünnen Linse (siehe Bild 3.25) ergibt die sukzessive Abbildung durch die beiden Linsenoberflächen eine besonders einfache Abbildungsgleichung. Man nimmt hierzu an, dass sich der Gegenstand G im Medium mit dem Brechungsindex n_1 in der Gegenstandsweite g vor der Linse

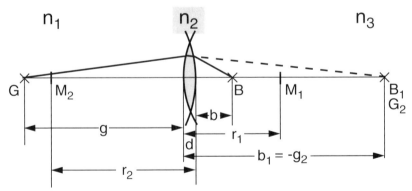

Bild 3.25: *Abbildung durch eine dünne Linse. Für den Fall einer dünnen Linse (man kann die Linsendicke d gegenüber der Gegenstandsweite g, der Brennweite b und den Krümmungsradien der Linse vernachlässigen) gilt die einfache Abbildungsgleichung (3.27).*

3.3 Die optische Abbildung

befindet. Sein Bildpunkt, der durch die erste Kugeloberfläche erzeugt wird, sei B_1 und liege im Abstand b_1 hinter der ersten Oberfläche:

$$\frac{n_1}{g} + \frac{n_2}{b_1} = \frac{n_2 - n_1}{r_1} \qquad (3.25)$$

Für die zweite Abbildung setzt man nun $g_2 = -b_1$, vernachlässigt dabei die Linsendicke d und erhält eine Beziehung für die Bildweite b, aus der man mit Hilfe von (3.25) b_1 eliminieren kann:

$$-\frac{n_2}{b_1} + \frac{n_3}{b} = \frac{n_3 - n_2}{r_2}$$
$$\frac{n_1}{g} + \frac{n_3}{b} = \frac{n_2 - n_1}{r_1} + \frac{n_3 - n_2}{r_2} \qquad (3.26)$$

Falls sich die Linse mit dem Brechungsindex n in Luft befindet ($n_2 = n$; $n_1 = n_3 = 1$), ergibt sich:

Linsenschleiferformel

$$\boxed{\frac{1}{g} + \frac{1}{b} = (n-1)\left(\frac{1}{r_1} - \frac{1}{r_2}\right) = \frac{1}{f}} \quad \begin{array}{l}\textbf{Abbildungsgleichung}\\ \textbf{für dünne Linsen}\end{array} \qquad (3.27)$$

Gl. (3.27) bezeichnet man als Gaußsche Linsenformel oder auch als Linsenschleiferformel. Sie ist identisch mit Abbildungsgleichung (3.19) für einen Kugelspiegel. Bei ihrer Anwendung ist ebenfalls die Vorzeichenkonvention von Tabelle 3.1 zu berücksichtigen.

Anwendungen der Abbildungsgleichung. Zunächst wird hier anhand eines Zahlenbeispiels die Brennweite einer Plankonvexlinse aus Glas mit $n = 1.5$ berechnet. Die Eintrittsseite der Linse sei eben. Somit ergibt sich $r_1 = \infty$. Die Austrittsseite sei mit einem Radius $|r_2| = 50\,\text{mm}$ gekrümmt. Da es sich um eine Konvexlinse handelt, muss der Kugelmittelpunkt links der Linse liegen: r_2 ist also negativ, $r_2 = -50\,\text{mm}$. Somit errechnet sich die Brennweite f zu $f = 1/[(1.5 - 1)(1/\infty - 1/(-50\,\text{mm})] = 100\,\text{mm}$. Dreht man die Linse um, so berechnet man – wie nicht anders zu erwarten – dieselbe Brennweite von $f = 100\,\text{mm}$.

Mit Hilfe von Gl. (3.27) ist es möglich, die Bildweite zu berechnen; für eine Reihe von Anwendungen ist aber auch eine geometrische Konstruktion des Bildes wichtig. Dazu kann man den Bildort durch den Verlauf von ausgezeichneten Strahlen konstruieren: (siehe Bild 3.26a für eine positive und 3.26b für eine negative Linse)

Geometrische Konstruktion des Bildes

Strahl I: Ein parallel zur optischen Achse einfallender Strahl geht durch den bildseitigen Brennpunkt F_B.

Strahl II: Der Strahl durch das Linsenzentrum wird nicht abgelenkt.

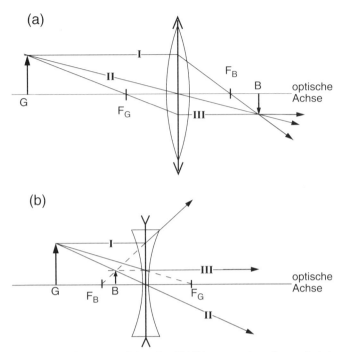

Bild 3.26: Geometrische Konstruktion der Abbildung an einer Sammel- (a) und einer Zerstreuungslinse (b). Mit Hilfe von zweien der drei eingezeichneten Strahlen I, II und III lässt sich die Lage des Bildes B konstruieren.

Strahl III: Der Strahl durch den gegenstandsseitigen Brennpunkt verläuft nach der Linse achsenparallel.

Der Bildpunkt ist durch den Schnittpunkt dieser Strahlen festgelegt. Dazu reichen zwei dieser Strahlen aus. Der dritte kann dann zur Überprüfung eingesetzt werden. In Bild 3.26a ist diese Konstruktion für eine positive Linse (schematisch als Doppelpfeil markiert) durchgeführt. Für eine Linse mit negativer Brennweite (Bild 3.26b), $f < 0$, ist bei der Konstruktion zu beachten, dass der gegenstandsseitige Brennpunkt F_G hinter der Linse, der bildseitige Brennpunkt F_B vor der Linse liegt und Satz I und III entsprechend umformuliert werden. Die hier anzuwendende Konstruktion ist in Bild 3.26b gezeigt.

Ein wichtiger Aspekt optischer Abbildungen ist die Möglichkeit, die Größe des Bildes zu verändern und so Vergrößerungen bzw. Verkleinerungen zu erhalten. Wendet man den Strahlensatz (Vierstreckensatz) auf Strahl II (der durch das Linsenzentrum geht und dabei nicht abgelenkt wird) und die optische Achse an, so erhält man die transversale Vergrößerung V_T des Bildes. Unter transversaler Vergrößerung versteht man das Verhältnis von Gegenstandsgröße $\overline{G}$ und Bildgröße $\overline{B}$, beide senkrecht zur optischen Achse gemessen. Man erhält

3.3 Die optische Abbildung

somit:

$$V_T = \frac{\overline{B}}{\overline{G}} = -\frac{b}{g} = \frac{f}{f-g} \qquad (3.28)$$

Für die reelle Abbildung in Bild 3.26a ergibt sich – da das Bild auf dem Kopf steht – eine negative Vergrößerung. Für den Fall der virtuellen Abbildung in Bild 3.26b ist die Vergrößerung positiv. Neben dem Begriff transversaler Vergrößerung wird in der Optik auch eine longitudinale (axiale) Vergrößerung V_L benützt. Man bezeichnet damit die Vergrößerung von Abständen längs der optischen Achse:

Transversale und longitudinale Vergrößerung

$$V_L = \frac{db}{dg} = \frac{-f^2}{(g-f)^2} = -V_T^2 \qquad (3.29)$$

Zum Abschluss dieses Kapitels sollen kurz die Abbildungseigenschaften dünner Linsen zusammengefasst werden: Für konkave Linsen (Zerstreuungslinsen) gilt: $f < 0$. Die Abbildung liefert immer ein virtuelles Bild; die transversale Vergrößerung V_T ist positiv und kleiner eins: $0 < V_T < 1$. Bei konvexen Linsen (Sammellinsen) beeinflusst die Gegenstandsweite die Art der Abbildung (siehe Tabelle 3.2): Für große Gegenstandsweiten ist das reelle Bild nahe dem Brennpunkt F_B. Mit Verringerung der Gegenstandsweite wächst die Bildweite und die Vergrößerung $|V_T|$ bis bei $g = f$ die Bildweite unendlich wird. Für noch kleinere Gegenstandsweiten $g < f$ ist die Abbildung virtuell, die Vergrößerung V_T ist dann positiv und größer als eins.

Übungsfrage:
30 cm vor einer Linse befindet sich ein heller Gegenstand. Man beobachtet ein aufrecht stehendes Bild 7.5 cm von der Linse entfernt, sowie ein wenig intensives, umgekehrtes Bild im Abstand von 6 cm von der Linse. Das schwache Bild entsteht durch Reflexion an der Vorderseite der Linse. Dreht man die Linse um, so erscheint das schwächere Bild im Abstand von 10 cm vor der Linse. Welchen Brechungsindex n hat die Linse?

Tabelle 3.2: Abbildung durch Sammellinsen

Gegenstandsweite	Abbildungstyp	Bildweite	transversale Vergrößerung	
$2f < g < \infty$	reell	$f < b < 2f$	$-1 < V_T < 0$	verkleinert
$g = 2f$	reell	$b = 2f$	$V_T = -1$	
$f < g < 2f$	reell	$2f < b < \infty$	$V_T < -1$	vergrößert
$g = f$	—	$b \to \infty$	—	
$0 < g < f$	virtuell	$b < -g$	$V_T > 1$	vergrößert

3.3.5 Dicke Linsen und Linsensysteme

Die in Abschnitt 3.3.3 und 3.3.4 angegebenen Abbildungsgleichungen erlauben es, auch beliebig kompliziert aufgebaute optische Systeme zu berechnen, wenn schrittweise die Abbildungsgleichung (3.22) auf jede einzelne Oberfläche angewendet wird. Allgemeine Aussagen über die Abbildungen an einem festen optischen System, für das z.B. lediglich die Gegenstandsweite geändert wurde, sind bei dieser Vorgehensweise aber nur sehr schwer zu erhalten. Im Abschnitt 3.3.6 ab Seite 101 werden wir jedoch sehen, dass jedes zentrierte optische System, vor dessen erster und hinter dessen letzter Fläche derselbe Brechungsindex herrscht, eine stark vereinfachende Behandlung erlaubt (siehe Bild 3.27): Man führt zwei *Hauptebenen* ein, die senkrecht auf der optischen Achse stehen und diese in den Punkten H_1 und H_2 schneiden. Paralleles Licht, das von links auf das System fällt, wird auf den bildseitigen Brennpunkt F_B im Abstand f hinter den Hauptpunkt H_2 fokussiert. Paralleles Licht von rechts fällt auf den gegenstandsseitigen Brennpunkt F_G im Abstand f links von Hauptpunkt H_1. Für Gegenstände in einem endlichen Abstand vom optischen System erfolgt die Abbildung nach der Gaußschen Abbildungsgleichung $\frac{1}{f} = \frac{1}{b} + \frac{1}{g}$, wobei zu beachten ist, dass die Gegenstandsweite bezüglich H_1 und die Bildweite bezüglich H_2 zu messen sind (siehe Bild 3.27). Der Abstand s zwischen den beiden Hauptebenen wird dabei nicht berücksichtigt. Für die geometrische Konstruktion des Bildes verwendet man dieselben Strahlen wie bei einer dünnen Linse. Dabei müssen die Strahlen im Bereich zwischen den Hauptebenen achsenparallel geführt werden.

Für ein spezielles optisches System lassen sich Brennweite und Lage der Hauptebenen experimentell bestimmen. Man muss dazu Abbildungen mit unterschiedlichen Gegenstandsweiten ausführen. Zum Beispiel lässt sich für $g \to \infty$ der Ort F_B, für $b \to \infty$ die Lage von F_G bestimmen. Benutzt man dann speziell noch den Fall der 1 : 1 Abbildung ($g = b = 2f$), so lässt sich daraus die Brennweite f und die Lage der Hauptpunkte H_1 und H_2 ermitteln. Die bild- und gegenstandsseitigen Brennweiten sind immer dann gleich, wenn

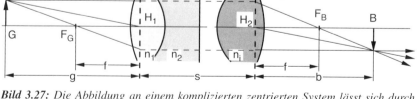

Bild 3.27: Die Abbildung an einem komplizierten zentrierten System lässt sich durch Einführen zweier Hauptebenen H_1 und H_2 behandeln. Dabei kann bei der Konstruktion des Bildes wie bei der Abbildung an einer dünnen Linse vorgegangen werden. Es muss jedoch zwischen den Hauptebenen eine achsenparallele Führung der Strahlen benützt werden.

3.3 Die optische Abbildung

sich die Brechungsindizes vor und hinter dem System nicht unterscheiden. Eine analytische Berechnung der Abbildung eines komplizierten optischen Systems, d.h. die Bestimmung der Brennweite und der Lagen der Hauptebene mit Hilfe von Gleichung (3.22), führt schnell zu unhandlichen Ausdrücken. In diesem Fall ist es sinnvoller, alternative Rechenmethoden anzuwenden: Mit Hilfe der „Matrizenmethode"zur Strahlenberechnung lässt sich die Berechnung von komplizierten optischen Systemen im Rahmen der paraxialen Theorie auf einfache Multiplikationen von Matrizen zurückführen. Eine kurze Behandlung dieser Methoden ist im nächsten Abschnitt zu finden. Für einfachere optische Systeme kann man damit analytische Lösungen für Brennweite und Lage der Hauptpunkte erhalten. Zwei Beispiele werden wir in den beiden darauf folgenden Abschnitten diskutieren.

3.3.6 Berechnung der Ausbreitung paraxialer Strahlen mit dem Matrizen-Verfahren

In diesem Abschnitt zeigen wir, dass die Berechnung der Abbildung durch komplizierte optische Systeme in der paraxialen Näherung auf eine Serie von Multiplikationen einfacher 2×2-Matrizen zurückgeführt werden kann. Dieses Matrizenverfahren – das auch einige interessante allgemeine Aussagen zur optischen Abbildung erlaubt – basiert darauf, dass ein paraxialer Strahl bei seiner Ausbreitung durch das System verfolgt wird.

Beachten Sie: Es gibt auch eine andere Definition der Strahlenmatrix, bei der die beiden Zeilen vertauscht sind

Der paraxiale Strahl (wir nehmen zur Vereinfachung an, dass er nicht windschief zur optischen Achse läuft) kann in einer Ebene $z = z_0$ (senkrecht zur optischen Achse) durch 2 Größen, seinem Abstand x von der optischen Achse und seinem Winkel α zur optischen Achse charakterisiert werden (siehe Bild 3.28a), die man in einen 2-dimensionalen Vektor zusammenfassen kann. Berücksichtigt man noch den Brechungsindex n, der am Ort z vorliegt, so schreibt man den Strahl als Vektor, d.h. als zweizeilige (einspaltige) Strahlen-

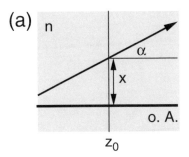 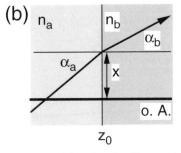

Bild 3.28: Matrizenverfahren zur Berechnung paraxialer Strahlen. Die Strahlenmatrix beschreibt an einer beliebigen Stelle z_0 den Strahl durch seinen Abstand x von der optischen Achse (o.A.) und durch den Winkel α zur optischen Achse (a). Durch die Einführung des Brechungsindex gemäß Gl. (3.30) in die Strahlenmatrix wird automatisch die Brechung an einer senkrecht zur optischen Achse stehenden Grenzfläche berücksichtigt (b).

matrix $\vec{S}$.

$$\vec{S} = \begin{pmatrix} n\alpha \\ x \end{pmatrix} \tag{3.30}$$

Durch diese Schreibweise wird automatisch die Brechung an einer senkrecht zur optischen Achse stehenden Fläche berücksichtigt: Liegt an der Stelle z_0 ein Übergang von einem Medium mit dem Brechungsindex n_a zu einem Medium mit dem Brechungsindex n_b vor (siehe Bild 3.28b), so wird das Brechungsgesetz für den paraxialen Fall, $n_a\alpha_a = n_b\alpha_b$, automatisch durch die folgende Gleichung für die Strahlenmatrizen erfüllt:

Snelliussches Brechungsgesetz

$$\vec{S}_a = \begin{pmatrix} n_a\alpha_a \\ x \end{pmatrix} = \begin{pmatrix} n_b\alpha_b \\ x \end{pmatrix} = \vec{S}_b$$

Brechung an Kugelfläche

Wir wollen nun die Änderung der Strahlenmatrix durch Brechung an einer zentrierten, gekrümmten Kugelfläche mit Radius r_{ab} berechnen. Nach Bild 3.23 bzw. 3.29 und Gleichung (3.20) und (3.21) erhält man nach entsprechenden Umbenennungen ($\gamma \to \alpha_a$, $\beta \to -\alpha_b$, $h \to x$, $n_1 \to n_a$, $n_2 \to n_b$ und $\alpha \to x/r_{ab}$) für den Winkel α_b bzw. für S_{1b}: $S_{1b} = n_b\alpha_b = n_b(\theta_t - \alpha) = n_a\theta_e - n_b\alpha = n_a\alpha_a - (n_b - n_a)x/r_{ab}$.

Der Abstand x ändert sich dabei natürlich nicht. Die Strahlenmatrix auf der rechten Seite der Kugelfläche erhält somit die folgende Form:

$$S_{1b} = S_{1a} - (n_b - n_a)S_{2a}/r_{ab} \quad \text{und } S_{2b} = S_{2a}$$

Strahlausbreitung – lineare Transformation

Diese Änderung hat die Form einer linearen Transformation, die man mit Hilfe einer so genannten Brechungsmatrix $\overleftrightarrow{B}$ in Matrizenform schreiben kann:

$$\vec{S}_b = \overleftrightarrow{B}_{ab}\vec{S}_a \tag{3.31}$$

$$\overleftrightarrow{B}_{ab} = \begin{pmatrix} 1 & -P_{ab} \\ 0 & 1 \end{pmatrix} \quad \text{mit } P_{ab} = (n_b - n_a)/r_{ab} \tag{3.32}$$

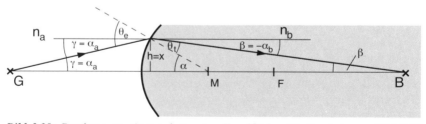

Bild 3.29: *Brechung an einer gekrümmten Kugelfläche. Die Symbole aus Bild 3.23 sind durch die im Zusammenhang mit der Matrizenmethode verwendeten Symbole ersetzt.*

3.3 Die optische Abbildung

Dabei ist der Ausdruck $(n_b - n_a)/r_{ab}$ durch die Konstante P_{ab} – die Brechkraft – abgekürzt worden. Für den Fall einer ebenen Fläche gilt $P_{ab} = 0$, $\vec{\vec{B}}$ geht in die Einheitsmatrix über und die Strahlenmatrix ändert sich dabei nicht (jedoch ändern sich n und α).

Die Wirkung einer Translation, d.h. eines homogenen Mediums mit Brechungsindex n_b und der Dicke D_b auf die Strahlenmatrix, lässt sich einfach angeben: Der Winkel α_a zur optischen Achse bleibt konstant. Lediglich der Abstand x von der optischen Achse ändert sich folgendermaßen:

Translation

$$x_b = x_a + \alpha_a D_b \quad \text{oder}$$
$$S_{2b} = S_{2a} + S_{1a} D_b / n_b$$

Auch die Translation lässt sich durch eine Matrizenmultiplikation beschreiben. Wir erhalten hier:

$$\vec{S}_b = \vec{\vec{T}}_b \vec{S}_a \quad \text{mit:} \tag{3.33}$$

$$\vec{\vec{T}}_b = \begin{pmatrix} 1 & 0 \\ D_b/n_b & 1 \end{pmatrix} \tag{3.34}$$

Mit Hilfe der Gleichungen (3.31)–(3.34) können wir nun die Strahlausbreitung in willkürlichen zentrierten Systemen dadurch berechnen, dass wir die entsprechenden Transformationsmatrizen (Brechungs- oder Translationsmatrizen) nacheinander anwenden. Dies soll kurz für das Beispiel von Bild 3.30 vorgeführt werden: Beginnt man an der Stelle z_0 mit dem Ausgangsstrahl S_0, so ergibt die erste Translation die neue Strahlenmatrix $\vec{S}_1 = \vec{\vec{T}}_a \vec{S}_0$, die darauffolgende Brechung führt zu: $\vec{S}_2 = \vec{\vec{B}}_{ab} \vec{S}_1 = \vec{\vec{B}}_{ab} \vec{\vec{T}}_a \vec{S}_0$ usw. Die gesamte Wirkung des optischen Systems fasst man nun in eine Transformationsmatrix $\vec{\vec{M}}$ zusammen, die man durch Matrizenmultiplikation der Einzelmatrizen erhält:

$$\vec{S}_e = \vec{\vec{M}} \vec{S}_0 \tag{3.35}$$
$$\text{mit } \vec{\vec{M}} = \vec{\vec{T}}_e \cdots \vec{\vec{T}}_d \vec{\vec{B}}_{cd} \vec{\vec{T}}_c \vec{\vec{B}}_{bc} \vec{\vec{T}}_b \vec{\vec{B}}_{ab} \vec{\vec{T}}_a$$

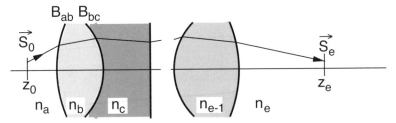

Bild 3.30: *Schemazeichnung zur Abbildung an einem beliebigen zentrierten optischen System gemäß Gl. (3.35).*

Allgemeine Eigenschaft von Transformationsmatrizen: $\text{Det}(\overleftrightarrow{M}) = 1$

Für jedes beliebige zentrierte optische System kann man also die Strahlenausbreitung durch eine einfache Matrizenmultiplikation berechnen. Da für die Einzeloperationen – Translation und Brechung – gilt, dass die Determinante der Transformationsmatrix gleich 1 ist, muss dies auch für deren Produkt, d.h. für $\overleftrightarrow{M}$ ganz allgemein, gelten: $\text{Det}(\overleftrightarrow{M}) = 1$. Dies hat wichtige Einschränkungen für die möglichen Werte der Transformationsmatrix zur Folge und erlaubt wichtige allgemeine Aussagen über Abbildungen und Strahlausbreitung. In der Literatur hat es sich eingebürgert, die Transformationsmatrizen ABCD-Matrizen zu nennen und die Einzelkomponenten mit A, B, C und D zu bezeichnen:

$$\overleftrightarrow{M} = \begin{pmatrix} A & B \\ C & D \end{pmatrix} \qquad (3.36)$$

Leider werden in verschiedenen Lehrbüchern unterschiedliche Definitionen für die Strahlenmatrix verwendet, die beim Vergleich von Formeln und beim Lösen von Aufgaben berücksichtigt werden müssen. Zum einen werden bei der Definition der Strahlenmatrix die beiden Zeilen vertauscht, zum anderen wird von einigen Autoren die Winkelkomponente der Strahlenmatrix ohne Brechungsindex geschrieben. Beide Veränderungen wirken sich auf die Form der ABCD-Matrizen aus.

Wirkung einer Linse. Wir wollen nun Änderungen berechnen, die durch eine Linse auf einen Strahl ausgeübt werden: Die dabei verwendeten Bezeichnungen sind dem Bild 3.31 zu entnehmen. Wir erhalten nach Anwendung zweier Brechungen (an Vorder- und Rückseite der Linse) und einer Translation (über die Linsendicke d) folgende Beziehung:

$$\vec{S}_c = \overleftrightarrow{B}_{bc} \overleftrightarrow{T}_b \overleftrightarrow{B}_{ab} \vec{S}_a$$

$$= \begin{pmatrix} 1 & -P_{bc} \\ 0 & 1 \end{pmatrix} \begin{pmatrix} 1 & 0 \\ d/n_b & 1 \end{pmatrix} \begin{pmatrix} 1 & -P_{ab} \\ 0 & 1 \end{pmatrix} \vec{S}_a$$

$$= \begin{pmatrix} 1 - P_{bc}\dfrac{d}{n_b} & -(P_{ab} + P_{bc} - P_{ab}P_{bc}\dfrac{d}{n_b}) \\ \dfrac{d}{n_b} & 1 - P_{ab}\dfrac{d}{n_b} \end{pmatrix} \vec{S}_a$$

$$= \overleftrightarrow{M}_{\text{Linse}} \vec{S}_a \qquad (3.37)$$

Transformationsmatrix einer dünnen Linse

Betrachtet man nun den Fall einer dünnen Linse ($d \to 0$), die sich in Luft ($n_a = n_c = 1$) befindet, so erhält die Transformationsmatrix die einfache Form:

$$\overleftrightarrow{M}_{\text{dünne Linse}} = \begin{pmatrix} 1 & -(P_{ab} + P_{bc}) \\ 0 & 1 \end{pmatrix} = \begin{pmatrix} 1 & -1/f \\ 0 & 1 \end{pmatrix} \qquad (3.38)$$

3.3 Die optische Abbildung

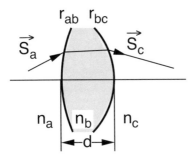

Bild 3.31: *Strahlenänderung an einer Linse. Definition der zur Behandlung benötigten Bezeichnungen.*

Dabei wurde gemäß Gleichung (3.27) die Brennweite f der dünnen Linse eingeführt.

Abbildungen im Matrizenformalismus**. Es sollen nun einige Eigenschaften der Transformationsmatrix diskutiert werden, die die optische Abbildung von einer Gegenstandsebene (bezeichnet mit dem Index g) auf eine Bildebene (bezeichnet mit dem Index b) beschreibt:

$$\vec{S}_b = \overleftrightarrow{M}^{\text{Abb}} \vec{S}_g \qquad (3.39)$$

Spezielle Eigenschaften von $\overleftrightarrow{M}$ bei einer Abbildung

Für den Fall einer optischen Abbildung zwischen den beiden Ebenen müssen alle von einem Punkt der Gegenstandsebene ausgehenden Strahlen sich in einem Punkt der Bildebene treffen, d.h., der Ort x in der Bildebene ($x = S_{2b}$) muss unabhängig vom Winkel α ($\alpha = S_{1g}$) in der Gegenstandsebene sein. Führt man die Matrizenmultiplikation in Gleichung (3.39) aus, so erhält man:

$$S_{1b} = M_{11}^{\text{Abb}} S_{1g} + M_{12}^{\text{Abb}} S_{2g} \qquad (3.40)$$
$$S_{2b} = M_{21}^{\text{Abb}} S_{1g} + M_{22}^{\text{Abb}} S_{2g}$$

Die Unabhängigkeit von S_{2b} von S_{1g} lässt sich nur dann erreichen, wenn $M_{21}^{\text{Abb}} = 0$ wird. Daneben lässt sich eine Beziehung für die Transversalvergrößerung V_T erhalten.

$$|V_T| = S_{2b}/S_{2g} = M_{22}^{\text{Abb}} \qquad (3.41)$$

Es zeigt sich also, dass für den Fall einer Abbildung die Transformationsmatrix ganz spezielle Eigenschaften besitzen muss. Abschließend soll mit Hilfe des Matrizenformalismus gezeigt werden, dass jedes zentrierte optische System $\overleftrightarrow{M}$ durch Anfügen je einer Translation $\overleftrightarrow{T}_L$ und $\overleftrightarrow{T}_R$ über Abstände h_1 und h_2 vor bzw. hinter dem System auf die Form einer dünnen Linse übergeführt werden kann (siehe Bild 3.32). Wir verwenden hier wieder die Vorzeichenkonvention, nach der die Größen h_i positiv sind, wenn die Hauptebene rechts der

Einführung der Hauptebenen

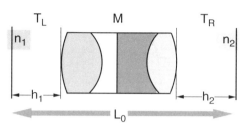

Bild 3.32: *Jedes beliebige zentrierte abbildende System kann durch Einführen je einer Translation vor ($\overleftrightarrow{T}_\text{L}$) und hinter ($\overleftrightarrow{T}_\text{R}$) dem System auf die Form einer dünnen Linse $\overleftrightarrow{L}_0$ übergeführt werden.*

entsprechenden brechenden Fläche liegt.

$$\overleftrightarrow{T}_\text{R}\overleftrightarrow{M}\overleftrightarrow{T}_\text{L} = \overleftrightarrow{L} = \begin{pmatrix} 1 & -P \\ 0 & 1 \end{pmatrix} = \overleftrightarrow{L}_0 \tag{3.42}$$

Verwendet man zunächst eine beliebige Transformationsmatrix $\overleftrightarrow{M}$ mit Det($\overleftrightarrow{M}$)=1, so erhält man für $\overleftrightarrow{L}$ die Form:

$$\overleftrightarrow{L} = \begin{pmatrix} M_{11} - \dfrac{M_{12}h_1}{n_1} & M_{12} \\ M_{21} - \dfrac{M_{22}h_1}{n_1} + \dfrac{M_{11}h_2}{n_2} - \dfrac{M_{12}h_1h_2}{n_1 n_2} & M_{22} + \dfrac{M_{12}h_2}{n_2} \end{pmatrix} \tag{3.43}$$

Die Bedingung, dass die Diagonalelemente L_{11} und L_{22} von $\overleftrightarrow{L}$ gleich eins sein müssen (siehe Gl. (3.42)), lässt sich für den nichttrivialen Fall mit $M_{12} \neq 0$ durch geeignete Wahl der Abstände h_1 und h_2 erfüllen:

$$h_1 = -\frac{n_1}{M_{12}}(1 - M_{11}) \tag{3.44}$$

$$h_2 = \frac{n_2}{M_{12}}(1 - M_{22}) \tag{3.45}$$

Aus der Beziehung Det(L) = 1, d.h. $L_{11}L_{22} - L_{12}L_{21} = 1 - L_{12}L_{21} = 1$, folgt mit $L_{12} = M_{12} \neq 0$, dass $L_{21} = 0$ werden muss. Dies ergibt sich auch direkt aus Gl. (3.43), wenn man für h_1 und h_2 die Werte aus Gl. (3.44) und (3.45) einsetzt. Folglich hat $\overleftrightarrow{L}$ die Form $\overleftrightarrow{L}_0$, die man bei einer dünnen Linse erwartet. Deren Brechkraft ist direkt durch das Matrixelement M_{12} der ursprünglichen Transformationsmatrix bestimmt.

$$P = -M_{12} \tag{3.46}$$

Bei der Bestimmung der Lage der Brennpunkte vor bzw. hinter dem abbildenden System müssen die Brechungsindizes n_1 und n_2 explizit berücksichtigt

3.3 Die optische Abbildung

werden. Da die hier vorgestellte Ableitung ganz allgemein gilt, haben wir damit die Behauptung aus dem vorherigen Abschnitt 3.3.5 bewiesen und die dort erfolgte Einführung der Hauptebenen gerechtfertigt.

Für die Hauptebenen, die in Abständen h_1 bzw. h_2 zum System liegen, gilt dabei: Punkte der Hauptebene werden mit der Transversalvergrößerung $V_T = 1$ ineinander abgebildet. Mit dieser Beziehung kann man z.B. experimentell die Lage der Hauptebenen bestimmen.

Lage der Hauptebenen

3.3.7 Anwendungen der Matrizenmethode

Kombination zweier dünner Linsen. Mit Hilfe des oben abgeleiteten Formalismus können wir nun einfach die charakteristischen Größen für optische Systeme – die Brennweite f und die Lage der Hauptebenen – berechnen. Für eine Kombination zweier dünner Linsen mit Brennweiten f_1 und f_2, die in Luft im Abstand d liegen, (siehe Bild 3.33a), erhalten wir die folgende Transformationsmatrix:

$$\vec{M}_{LL} = \vec{M}_{f_2} \vec{T}_d \vec{M}_{f_1}$$

$$= \begin{pmatrix} 1 & -1/f_2 \\ 0 & 1 \end{pmatrix} \begin{pmatrix} 1 & 0 \\ d & 1 \end{pmatrix} \begin{pmatrix} 1 & -1/f_1 \\ 0 & 1 \end{pmatrix}$$

$$= \begin{pmatrix} 1 - \dfrac{d}{f_2} & -(\dfrac{1}{f_1} + \dfrac{1}{f_2} - \dfrac{d}{f_1 f_2}) \\ d & 1 - \dfrac{d}{f_1} \end{pmatrix} \quad (3.47)$$

Für die Brennweite f des Gesamtsystems und die Lage der Hauptebenen berechnet man aus G. (3.44)–(3.46):

$$\frac{1}{f} = \frac{1}{f_1} + \frac{1}{f_2} - \frac{d}{f_1 f_2} \quad (3.48)$$

$$h_1 = \frac{fd}{f_2} \qquad h_2 = -\frac{fd}{f_1} \quad (3.49)$$

Die Abstände h_i der Hauptpunkte H_i von den Linsen L_i sind dabei gegeben durch Gl. (3.49). Die Vorzeichenkonvention besagt hierbei, dass das Vorzeichen des Abstandes positiv ist, wenn H_i rechts von L_i liegt. Für kleine Abstände der Linsen $d \ll f_i$ lässt sich die Gesamtbrennweite des Systems einfach bestimmen zu:

$$\frac{1}{f} = \frac{1}{f_1} + \frac{1}{f_2}$$

Führt man den Begriff Brechkraft $D_i = 1/f_i$ einer Linse ein (Einheit $1\,\text{m}^{-1} =$ 1 Dioptrie), so erhält man die Brechkraft eines Systems von nahe ancinander

Dioptrie: Die Einheit für die Brechkraft

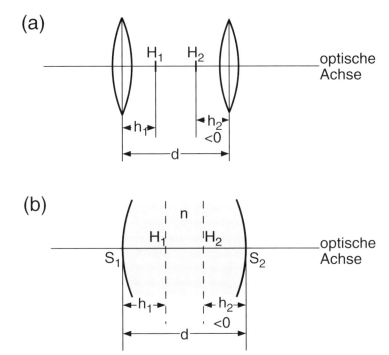

Bild 3.33: *Abbildung durch zwei dünne Linsen im Abstand d (a) und durch eine dicke Linse der Dicke d (b). Die Lage der Hauptebenen ist in beiden Bildern angegeben.*

liegenden Linsen:

$$D = \sum_i D_i \qquad (3.50)$$

Übungsfrage:
Ein Linsensystem bestehe aus zwei dünnen Linsen L_1 und L_2 mit den Brennweiten $f_1 = 4$ cm und $f_2 = 2$ cm. Der Abstand der Linsen beträgt 1 cm. 2 cm vor L_1 befindet sich ein 1 cm großer Gegenstand. Betrachten Sie zunächst zwei aufeinander folgende Abbildungen, zuerst durch L_1, dann durch L_2.
a) Zeichnen Sie den Strahlengang im Maßstab 1:1.
b) Berechnen Sie mit Hilfe der Abbildungsgleichungen beider Linsen die Position des Bildes.
c) Bestimmen Sie die Hauptebenen und die Brennweite des Linsensystems und berechnen Sie damit die Lage des Bildes.

Brechkraft einer dicken Linse. Für eine Linse, deren Dicke d bei der Ableitung von Gleichung (3.26) nicht mehr vernachlässigbar ist, haben wir oben

3.3 Die optische Abbildung

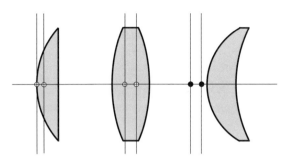

Bild 3.34: Lage der Hauptebenen für einige gebräuchliche Linsenformen. Es wurde ein Brechungsindex der Linsen von $n = 1.5$ angenommen.

unter Gl. (3.37) in allgemeiner Form die Transformationsmatrix bestimmt. Setzen wir nun in dieser Beziehung $n_\mathrm{a} = n_\mathrm{c} = 1$ (die Linse mit Brechzahl $n_\mathrm{b} = n$ und Krümmungsradien $r_\mathrm{ab} = r_1$, $r_\mathrm{bc} = r_2$ befinde sich in Luft), so ergibt die Anwendung von Gl. (3.44)–(3.46) die Brennweite und die Lage der Hauptpunkte (siehe Bild 3.33b):

$$\frac{1}{f} = (n-1)\left[\frac{1}{r_1} - \frac{1}{r_2} + \frac{(n-1)d}{nr_1r_2}\right] \qquad (3.51)$$

$$h_1 = -\frac{f(n-1)d}{nr_2} \qquad h_2 = -\frac{f(n-1)d}{nr_1} \qquad (3.52)$$

Die Hauptpunkte H_1 und H_2 liegen im Abstand h_1 bzw. h_2 vom entsprechenden Scheitelpunkt S_i der Linsenflächen entfernt. Dabei bedeutet ein positives Vorzeichen, dass h_i rechts von S_i liegt. Wendet man Gl. (3.52) auf eine Linse mit kleiner Dicke $d \ll |r_1|, |r_2|$ an, so lässt sich für einen Brechungsindex $n = 1.5$ abschätzen, dass die beiden Hauptebenen gerade um ein Drittel der Linsendicke voneinander entfernt liegen. In Bild 3.34 sind für einige Linsenformen die Lagen der Hauptpunkte eingezeichnet. Man sieht, dass auch bei einfachen Linsen (z.B. bei Meniskuslinsen) die Hauptpunkte außerhalb der Linse liegen können.

Für $n = 1.5$ ist der Abstand der Hauptebenen gerade 1/3 der Linsendicke

Diesen Sachverhalt kann man in der Praxis ausnutzen, um durch gezielte Optimierung von mehrlinsigen Objektiven die Lage der Hauptebenen so außerhalb der geometrischen Begrenzungen des Objektivs zu legen, dass damit die Abmessungen optischer Geräte reduziert werden können. Eine alltägliche Anwendung davon sind Teleobjektive von Photoapparaten, die so gebaut sind, dass die bildseitige Hauptebene möglichst weit vor der Filmebene liegt. Damit lassen sich trotz langer Brennweiten noch relativ kompakte Kameras herstellen (siehe Abschnitt 3.4.2).

3.3.8 Linsenfehler

Bisher sind wir davon ausgegangen, dass die optische Abbildung ideal ist, d.h., dass dabei ein Punkt wieder auf einen Punkt abgebildet wird. In der

Aberrationen – ein reales abbildendes optisches System ist immer fehlerbehaftet

praktischen Anwendung treten jedoch Abweichungen (Aberrationen) vom idealen Verhalten auf, die durch die Dispersion (chromatische Aberrationen) oder durch die endliche Öffnung der Lichtbündel, d.h. durch Abweichen vom paraxialen Fall, hervorgerufen werden (monochromatische Aberrationen).

Die chromatische Aberration. Die Gaußsche Abbildungsgleichung (3.27) zeigt direkt, dass die Brennweite einer einfachen Linse eine monotone Funktion des Brechungsindex ist.

$$D(\lambda) = \frac{1}{f(\lambda)} = (n(\lambda) - 1)\left(\frac{1}{r_1} - \frac{1}{r_2}\right) = (n(\lambda) - 1)\varrho \quad (3.53)$$

$$\text{mit } \varrho = \left(\frac{1}{r_1} - \frac{1}{r_2}\right)$$

Die Brennweite ist bei einer dünnen Linse für rotes Licht immer größer als für blaues Licht

Aufgrund der normalen Dispersion haben transparente Medien für rotes Licht einen kleineren Brechungsindex als für blaues Licht (siehe Bild 2.11). Damit besitzt eine einfache Linse für rotes Licht eine größere Brennweite als für blaues Licht (siehe Bild 3.35a). Dies hat zwei Konsequenzen, die in Bild 3.35b verdeutlicht sind:

1) Der Ort des durch rotes Licht übertragenen Bildes liegt in einem anderen Abstand b_rot hinter der Linse als der Ort des „blauen Bildes" B_B (longitu-

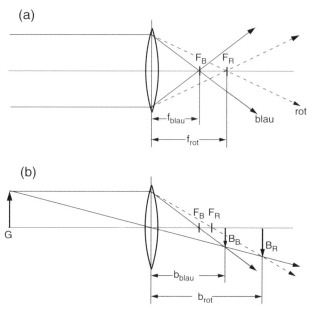

Bild 3.35: *Chromatische Aberration: Durch die Wellenlängenabhängigkeit der Brechzahl wird die Brennweite einer einfachen Linse für blaues Licht kleiner sein als für rotes Licht (a). Dies hat zur Folge, dass bei einer Abbildung das rote und das blaue Bild in verschiedenen Bildweiten mit unterschiedlichen Bildgrößen auftreten (b).*

3.3 Die optische Abbildung

dinale Aberration). Es gibt also keinen Ort, an dem eine scharfe Abbildung durch die roten *und* blauen Lichtstrahlen erfolgt.

2) Die unterschiedliche Bildweite $b_\text{rot} \neq b_\text{blau}$ bewirkt, dass die beiden Bilder unterschiedliche Größen besitzen (laterale Aberration).

Aufgrund der Abbildungsgleichung (3.27) und des experimentell bestimmten monotonen Verlaufs der Dispersion ist es nicht möglich, mit einer einfachen Linse Abbildungen ohne Farbfehler zu erhalten. Erst durch die Kombination zweier oder mehrerer Linsen lassen sich korrigierte, d.h. praktisch farbfehlerfreie, optische Systeme aufbauen. Als Beispiel wollen wir hier einen einfachen Achromat berechnen, der aus zwei nahe benachbarten Linsen besteht. Wir fordern dazu, dass für zwei Wellenlängen λ_C und λ_F im roten ($\lambda_\text{C} = 656\,\text{nm}$) und im blauen Spektralbereich ($\lambda_\text{F} = 486\,\text{nm}$) das aus den beiden Linsen gebildete Gesamtsystem dieselbe Brennweite f_gesamt besitzt. Dazu berechnen wir zunächst die durch die Dispersion verursachten Unterschiede der Brechkraft $\Delta D_i = \Delta(1/f_i)$ für beide Linsen (Indizes $i = 1,2$):

$$\Delta D_i = (n_{\text{F}i} - n_{\text{C}i})\varrho_i = \frac{n_{\text{F}i} - n_{\text{C}i}}{(n_{\text{d}i} - 1)f_{\text{d}i}} = \frac{1}{\nu_{\text{d}i} f_{\text{d}i}} \quad (3.54)$$

Bei dieser Berechnung wurde die Größe ϱ_i (siehe Gl. (3.53)), die die Krümmungsradien der i-ten Linse enthält, durch die Brennweite bei der mittleren (grünen) Wellenlänge $\lambda_\text{d} = 587\,\text{nm}$ ersetzt. Die Größe $\nu_{\text{d}i} = \dfrac{n_{\text{d}i} - 1}{n_{\text{F}i} - n_{\text{C}i}}$ bezeichnet man als Abbé-Zahl. Sie ist ein relatives Maß für die Dispersion eines optischen Glases und ist in optischen Tabellenwerken für die gebräuchlichen Glastypen aufgeführt. Gläser mit kleiner Dispersion – sie besitzen große ν_d Werte – nennt man Kron-Gläser, Gläser mit hoher Dispersion ($\nu_\text{d} \leq 50$) bezeichnet man als Flint-Gläser. Die Bedingung für Achromasie erfordert nun, dass die Brechkräfte des Gesamtsystems bei beiden Wellenlängen λ_C und λ_F gleich sind: $D_\text{C} = D_\text{F}$:

$D_\text{C} = D_{\text{C}1} + D_{\text{C}2} = D_{\text{F}1} + D_{\text{F}2} = D_\text{F}$ oder

$$\Delta D_1 + \Delta D_2 = 0 = \frac{1}{\nu_{\text{d}1} f_{\text{d}1}} + \frac{1}{\nu_{\text{d}2} f_{\text{d}2}}$$
$$\nu_{\text{d}1} f_{\text{d}1} + \nu_{\text{d}2} f_{\text{d}2} = 0. \quad (3.55)$$

Zweilinsige Systeme erlauben Farbkorrektur bei zwei Wellenlängen

Da $\nu_{\text{d}i}$ immer positiv ist, lässt sich Gl. (3.55) nur erfüllen, wenn $f_{\text{d}1} \cdot f_{\text{d}2}$ negativ ist, d.h. wenn eine negative und eine positive Linse kombiniert werden. Für einen genügend großen Unterschied in den Abbé-Zahlen $|\nu_{\text{d}1} - \nu_{\text{d}2}| > 20$ lassen sich dadurch Achromate mit sinnvollen Dimensionen herstellen. Die Bedingung (3.55) erlaubt noch große Freiheiten im Design des Achromaten, so dass Zusatzforderungen, wie die Möglichkeit die beiden Linsen aneinander zu kitten oder/und die Korrektur anderer Linsenfehler, ebenfalls erfüllt werden können.

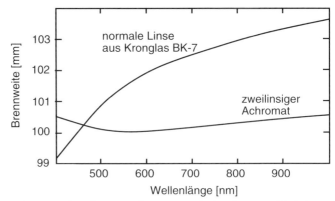

Bild 3.36: *Chromatische Aberration bei einer einfachen Linse und bei einem Achromaten. Während bei einer einfachen Kronglaslinse eine starke Wellenlängenabhängigkeit im sichtbaren Spektralbereich vorliegt, tritt bei einem zweilinsigen Achromat ein wesentlich kleinerer chromatischer Fehler auf.*

Der Verlauf der Brennweite für einen typischen zweilinsigen Achromaten ist in Bild 3.36 mit dem einer Kronglaslinse gleicher Brennweite bei λ_F verglichen. Während die Achromasiebedingung bei den beiden Wellenlängen λ_F und λ_C dieselbe Brennweite ergibt, folgt für den Verlauf der Brennweite des Achromaten zwischen diesen Wellenlängen ein sehr glattes Verhalten mit kleiner Änderung der Gesamtbrennweite. Demgegenüber ist der Farbfehler der einfachen Linse im Bereich des Sichtbaren etwa 10-mal so groß wie der des Achromaten.

Monochromatische Aberrationen. Wir haben bei der Behandlung des Kugelspiegels gesehen, dass achsenferne Strahlen nicht der paraxialen Abbildungsgleichung folgen. Ähnliches Verhalten beobachtet man auch bei der Abbildung durch Brechung an Kugelflächen, wenn für den Einfalls- oder den Ausfallswinkel θ_i die Bedingung $\theta_i \simeq \sin\theta_i$ nicht mehr erfüllt ist. Der Sachverhalt dieser sphärischen Aberration ist in Bild 3.37a dargestellt: Bei der hier verwendeten positiven Linse besitzt der achsenparalle, aber achsenferne Lichtstrahl R (d.h. der Randstrahl) eine kleinere Brennweite f als der achsennahe Strahl A. Diese Abweichung wird durch die Kugelform der Oberfläche verursacht. Die damit verknüpfte Aberration lässt sich verringern bzw. ganz beheben, wenn man nur achsennahe Strahlen zulässt, eine passend gerechnete Linsenkombination benützt oder wenn man Linsen mit nicht sphärischen Oberflächen einsetzt. Im Allgemeinen lässt sich die sphärische Aberration nur für bestimmte Gegenstandsweitenbereiche korrigieren. In besonderen Fällen kann die sphärische Aberration bereits durch einen überlegten Einsatz der Linse verringert werden: Der Einsatz einer plankonvexen Linse zur Fokussierung eines parallelen Lichtbündels war nach Bild 3.37a nicht sehr erfolgreich, da die Strahlablenkung nur an einer Linsenoberfläche, dort aber mit großem Ausfallswinkel, geschah. Orientiert man die Linse mit der gekrümmten Seite zum parallelen Einfallsbündel (siehe Bild 3.37b), so treten an beiden Linsenoberflä-

Sphärische Aberrationen

3.3 Die optische Abbildung

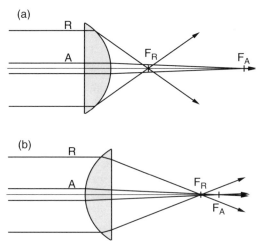

Bild 3.37: *Durch die sphärische Aberration beobachtet man bei achsenfernen Strahlen (Randstrahl R) eine wesentlich kleinere Brennweite als bei achsennahen Strahlen. Dieser Effekt lässt sich jedoch durch geeignete Wahl der Durchleuchtungsrichtung der hier verwendeten plankonvexen Linse verringern. Im allgemeinen Fall ist eine Korrektur der sphärischen Aberration durch eine Kombination von Linsen oder durch asphärische Linsen möglich.*

chen Strahlablenkungen auf. Die beteiligten Winkel werden dadurch kleiner, und die sphärische Aberration kann um etwa einen Faktor 3 reduziert werden. Eine weitere Verbesserung der Abbildung wird erreicht, wenn die Krümmungsradien an beiden Linsenoberflächen so gewählt werden, dass jeweils die gleiche Strahlablenkung auftritt. Zu beachten ist, dass die sphärische Aberration auch bei ebenen Grenzflächen auftreten kann (siehe Bild 3.38). Zum Beispiel wird ein Bildpunkt, der in Luft an der mit dem Kreis (Bild 3.38, links) markierten Stelle liegt, für ein Lichtbündel mit großer Öffnung in der Platte stark verwaschen. An der Abbildung und der Rechnung (rechts) sieht man deutlich, dass

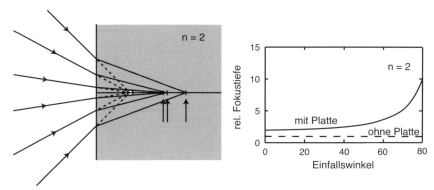

Bild 3.38: *Sphärische Aberration beim Eintritt eines fokussierten Lichtbündels in eine Platte mit ebener Oberfläche.*

sich mit anwachsenden Einfallswinkeln die Strahlen erst immer tiefer in der Platte treffen. In Mikroskopen wird deshalb bereits beim Design des Objetivs eine bestimmte Deckglasdicke mit eingerechnet.

Andere monochromatische Aberrationen beobachtet man, wenn Bündel mit einem großen Winkel zur optischen Achse eine Linse durchlaufen. Zu diesen Aberrationen schiefer Bündel gehören der Koma-Fehler und der Astigmatismus schiefer Bündel, die häufig gemeinsam auftreten. Beim Koma-Fehler spielen „schiefe" Bündel, mit großen Öffnungswinkeln eine Rolle. Die Strahlen, die unterschiedliche Bereiche der Linse durchlaufen, werden auf verschiedene Punkte in der Bildebene abgebildet und ergeben ein kometenförmig verschwommenes Bild. Astigmatismus tritt auch bei Bündeln mit kleinen Öffnungswinkeln auf. Wir betrachten ihn für den Fall, dass eine Konvexlinse im schraffierten Bereich von Bild 3.39a von einem parallelen Lichtbündel beleuchtet wird. Die Achse des Lichtbündels schließe dabei einen Winkel α mit der optischen Achse ein (siehe Bild 3.39b). Man beobachtet nun keinen definierten Brennpunkt mehr: Der Querschnitt des Lichtbündels wird vielmehr

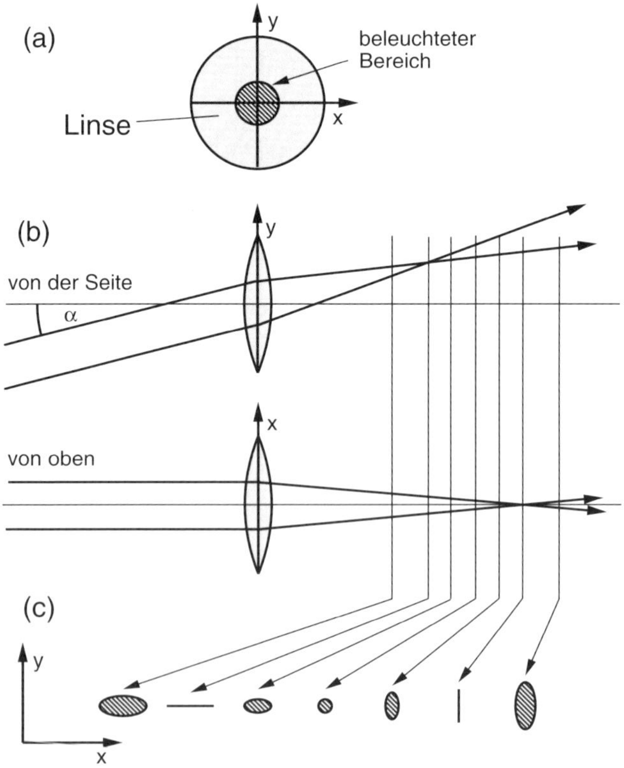

Koma-Fehler

Astigmatismus

Bild 3.39: *Astigmatismus. Durchläuft ein Lichtbündel schief eine sphärische Linse, so findet man keinen Brennpunkt mehr. Vielmehr tritt hinter der Linse zunächst eine Einengung des Lichtbündels längs der y-Achse, danach längs der x-Achse auf. Anschließend läuft das Bündel endgültig auseinander.*

hinter der Linse ellipsenförmig; er zieht sich zunächst zu einer horizontalen Linie zusammen. Anschließend erhält er am „Ort der kleinsten Konfusion" Kreisform, bevor er eine vertikale Linie bildet und dann endgültig auseinander läuft (siehe Bild 3.39c). Die Ursache für den Astigmatismus liegt darin, dass Strahlen, die achsenparallel auf eine Linse einfallen, eine andere Brennweite besitzen als Strahlen, die unter einem großen Winkel α laufen. Demnach beobachtet man für die beiden Betrachtungsrichtungen von Bild 3.39b unterschiedliche Brennweiten. Extremen Astigmatismus kann man beobachten, wenn anstelle einer rotationssymmetrischen Linse eine Zylinderlinse verwendet wird. Hier erfolgt eine Fokussierung nur noch in der Ebene senkrecht zur Zylinderachse. Der Brennpunkt geht dann in eine Fokallinie über. Weitere bei Abbildungen auftretende Fehler sind die Bildfeldwölbung, bei der verschiedene Bereiche des Bildes in verschiedenen Abständen von der Linse liegen, und die Verzeichnung (kissenförmige bzw. tonnenförmige Verzeichnung), bei der die geometrische Form des Bildes verzerrt wird. Zu allen Zeiten der technischen Anwendung von abbildenden Systemen wurde versucht, Linsenfehler auszuschalten oder wenigstens zu reduzieren. In diesem Zusammenhang hat sich eine umfangreiche Fachliteratur angesammelt. Auf eine ausführliche Behandlung wurde deshalb in diesem Buch verzichtet.

3.3.9 Begrenzungen in optischen Systemen

Neben der Tatsache, dass ein optisches System ein scharfes Abbild eines Gegenstandes liefern kann, ist es wichtig, welche Bildgrößen und welche Bildhelligkeit man mit einem gegebenen System erzielen kann. An diesem Punkt der Behandlung muss auf Begrenzungen des Strahlenganges eingegangen werden, wie sie z.B. durch die Ränder der Linsen verursacht werden. Es soll hier zunächst die maximal mögliche Bildgröße, das Gesichtsfeld, diskutiert werden. Das Gesichtsfeld kann trivialerweise durch die verfügbare Ausdehnung W der Bildebene beschränkt werden. In der Praxis wird es aber durch die Linsenfehler oder durch Begrenzungen (Blenden, Aperturen) im optischen System eingeschränkt sein (siehe Bild 3.40). Mit dem Gesichtsfelddurchmesser W ist der maximale Gesichtsfeldwinkel ε verknüpft: $\varepsilon = W/b$. (Hier wurde ε vereinfachend bezüglich des Linsenzentrums definiert. Für komplexere optische Systeme muss ε korrekterweise auf das Zentrum der Eintrittspupille bzw. Austrittspupille bezogen werden).

Gesichtsfeld

Will man den Anteil des Lichtes, das von einem isotrop emittierenden Punkt des Gegenstandes auf die Bildebene abgebildet wird, bestimmen, so ist der vom optischen System erfasste Raumwinkel φ_e wichtig. Das heißt, es sind die Strahlbegrenzungen im Bereich des abbildenden Systems zu berücksichtigen. In Bild 3.40 begrenzt z.B. die Blende D den abgebildeten Winkelbereich: $\varphi_e \simeq D/g$. Für allgemeine optische Systeme wird diejenige Öffnung, die den Eintrittswinkel bestimmt, als Eintrittspupille bezeichnet. Die Eintrittspupille ist dabei definiert als das Bild der relevanten Begrenzung, das durch alle vor der Begrenzung liegenden Linsen des Systems erzeugt wird. Im Fall von Bild 3.40 ist die Eintrittspupille D_e gleich der Blende D. Die Helligkeit H des Bildes

Eintrittspupille

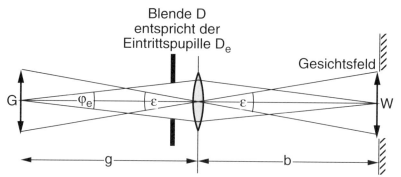

Bild 3.40: *Schematische Zeichnung zur Definition von Gesichtsfeld W und Eintrittspupille D_e bei einer Abbildung.*

hängt von der abgebildeten, vom Objektiv erfassten Lichtmenge und der Fläche des Bildes ab, die proportional zum Quadrat der Bildgröße B ist. Mit Gl. (3.28) erhält man:

$$\boxed{H \propto \frac{\varphi_e^2}{B^2} \propto \frac{D_e^2}{f^2} \quad \text{falls gilt: } g \gg f} \quad \textbf{Bildhelligkeit} \quad (3.56)$$

Helles Bild für großen Blendendurchmesser und kleine Brennweite

Für eine gegebene große Gegenstandsweite $g \gg f$ erhält man eine Bildhelligkeit, die mit dem Durchmesser D_e der Eintrittspupille quadratisch ansteigt, mit der verwendeten Brennweite jedoch quadratisch abfällt. In der technischen Anwendung wird deshalb oft die Blendenzahl oder f-Zahl $F = f/D$ benützt. So spricht man z.B. von einem „f zu 1.4"-Objektiv, wenn gilt: $f/D = 1.4$. Gebräuchlich sind f-Zahlen von 1.4; 2; 2.8; 3.2; 4; 5.6; 8; ... Beim Übergang von einer Blendenzahl zur nächst höheren in dieser Reihe ändert sich D um etwa den Faktor $1/\sqrt{2}$. Somit halbiert sich dabei die Bildhelligkeit.

Soll das durch ein erstes optisches System erzeugte Bild über ein weiteres System verarbeitet werden, so ist auch der Öffnungswinkel φ_a wichtig, unter dem das Licht das erste System verlässt und das Zwischenbild beleuchtet. Dieser Austrittswinkel φ_a ist durch die Austrittspupille D_a bestimmt, die analog zur Eintrittspupille definiert ist: Dabei wird das Bild der relevanten Begrenzung, das durch alle hinter der Begrenzung liegenden Linsen erzeugt wird (siehe Bild 3.41), als Austrittspupille bezeichnet. Bei ungünstiger Anordnung der Blenden im Strahlengang kann es zur so genannten Vignettierung kommen. Dabei werden durch die Blenden Lichtstrahlenbündel, die von verschiedenen Bereichen des Gegenstands her kommen, unterschiedlich stark ausgeblendet. Das Bild wird dann erhebliche, durch die Blenden verursachte Helligkeitsunterschiede aufweisen.

Fresnellinsen. Für Beleuchtungszwecke ist es im Allgemeinen erforderlich einen möglichst großen Anteil der Emission einer Lichtquelle zu erfassen. Wenn z.B. das Licht einer Lampe für Beleuchtungszwecke gebündelt werden

3.3 Die optische Abbildung

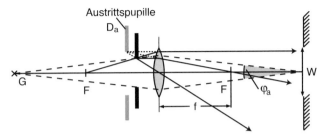

Bild 3.41: *Schematische Darstellung zur Definition der Austrittspupille D_a.*

soll (Autoscheinwerfer, Leuchtturm), benötigt man eine Optik mit größtmöglicher Öffnung D/f, in deren Brennpunkt man die Lampe stellt. Für eine einfache Linse ist die maximale Öffnung jedoch aufgrund der Linsenschleiferformel (Gl. 3.27) und der Oberflächengeometrie der Linse begrenzt: Für gebräuchliche optische Materialien ist der Brechungsindex nahe bei 1.5, so dass (wir betrachten zur Vereinfachung eine Plankonvexlinse) die Brennweite nicht unter $f = 2r$ gesenkt werden kann, während der Linsendurchmesser geometrisch auf $D < D_{max} = 2r$, (abbildende Halbkugel) beschränkt ist. Bei großen Scheinwerfern benötigt man dann sofort Linsen mit großer Dicke, die von der Lampe einseitig erwärmt werden, mechanische Spannungen

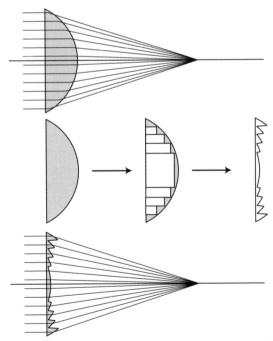

Bild 3.42: *Fresnellinse. Da die Lichtablenkung an einer Linse nur an den geneigten Oberflächen erfolgt, kann man die zentralen, planparallelen Anteile von Linsen entfernen und so sehr dünne Fresnellinsen herstellen.*

bekommen und sich deshalb leicht von selbst zerstören. Einen Ausweg aus diesen dicken Linsen hat Fresnel mit seinen Stufenlinsen gezeigt. Bei Fresnellinsen berücksichtigt man, dass die Lichtablenkung nur an den Oberflächen der Linse erfolgt (siehe Bild 3.42), wohingegen die im mittleren Bereich der Linse liegenden planparallelen Teile für die Strahlablenkung keinen Beitrag liefern. Schneidet man diese Teile der Linse heraus und setzt die Linse nur noch aus den Randteilen zusammen, so kann man dieselbe Brennweite mit wesentlich dünneren Linsen realisieren. Im 19. Jahrhundert konnten so lichtstarke Leuchttürme gebaut werden. Heute verwendet man dünne, geprägte Kunststofffolien als Fresnellinsen für verschiedenste Beleuchtungszwecke, wenn Linsen mit großen Durchmessern aber kurzer Brennweite, verschwindend kleiner Dicke und geringen Herstellungskosten benötigt werden. Leider sind die optischen Eigenschaften dieser Fresnellinsen aufgrund der Stege zwischen den ablenkenden Linsenteile so eingeschränkt (Streulicht), dass sie i.A. nicht für Abbildungszwecke eingesetzt werden.

3.3.10 Design und Herstellung von Objektiven

Das ideale Objektiv, bei dem alle Linsenfehler gleichzeitig korrigiert sind, gibt es nicht

Für optische Abbildungen würde man gerne ein optisches System verwenden, das ein fehlerfreies Bild im gesamten sichtbaren Spektralbereich erzeugt. Gleichzeitig sollte das optische System eine große Öffnung D besitzen (hohe Lichtstärke), damit auch bei schwacher Beleuchtung helle Bilder erzeugt werden können. Die Behandlung der Linsenfehler in Abschnitt 3.3.8 zeigt uns jedoch, dass dies Forderungen sind, die sich gegenseitig ausschließen, da das Ausmaß der monochromatischen Aberrationen in der Regel mit größer werdender Öffnung D anwächst. In der technischen Entwicklung wird nun versucht, hohe Lichtstärke und gutes Auflösungsvermögen dadurch zu erreichen, dass man ein optisches System aus mehreren Einzellinsen unterschiedlicher Glassorten zusammensetzt. Dadurch lassen sich auch bei großer Öffnung die Abbildungsfehler stark reduzieren. Für diese Optimierungsvorgänge ist jedoch ein erheblicher Rechenaufwand notwendig. In der Vergangenheit war deshalb die Berechnung eines „guten" Objektivs häufig eine Lebensaufgabe. Aufgrund der nun zur Verfügung stehenden schnellen Computer lässt sich aber heute das Design eines neuen Objektivs bereits in kurzer Zeit durchführen. Die Verwendung mehrerer Linsen in einem Objektiv – in modernen Hochleistungsobjektiven werden oft mehr als zehn Einzellinsen eingesetzt (siehe z.B. Bild 3.43) – ergibt jedoch neben den technischen Schwierigkeiten bei der Fassung und der Relativpositionierung der Linsen auch Probleme mit den Reflexionen an den vielen Einzeloberflächen. Dadurch wird die Transmission (Lichtstärke) des Objektivs reduziert, und es treten störende Reflexe im Bild auf. Aus diesem Grund müssen Reflexionen an den Einzeloberflächen weitgehend durch präzise Antireflexbeschichtungen (siehe Abschnitt 4.4.3) unterdrückt werden. Einen Teil dieser Probleme könnte man sich durch den Einsatz von Linsen mit nicht-sphärischen Oberflächen (sogenannte Asphären) ersparen. Die Herstellungskosten von nicht-sphärischen Oberflächen in der benötigten Qualität sind jedoch so hoch, dass qualitativ hochstehende Asphären nur in teuren Spezialobjektiven Anwendung finden.

Asphären bieten Lösungen für spezielle Anwendungen

3.4 Instrumente der geometrischen Optik   115

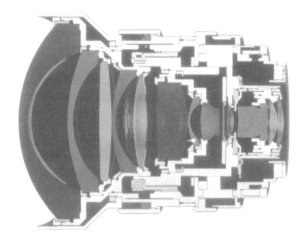

Bild 3.43: *Weitwinkelobjektiv vom Typ Distagon 3.5/15 mm. Die hohe Anzahl von Einzellinsen ist nötig, um die verschiedenen Linsenfehler weitgehend zu korrigieren. (Bild: Carl Zeiss, Oberkochen).*

3.4 Instrumente der geometrischen Optik

Das Prinzip der Abbildungen von Gegenständen mit Hilfe von Linsen und Spiegeln haben wir im letzten Kapitel besprochen. Wir wollen nun einfache Instrumente vorstellen, bei denen einzelne Linsen oder spezielle Kombinationen von Linsen oder Spiegeln eingesetzt werden. Zunächst befassen wir uns mit optischen Geräten, die ein reelles Bild eines Gegenstandes erzeugen, das dann entweder beobachtet wird oder dessen räumliche Helligkeits- und Farbverteilung weiter verarbeitet wird.

3.4.1 Der Projektionsapparat

Ein einfaches abbildendes Gerät ist ein Projektionsapparat. Seine Funktion ist es, eine transparente Vorlage – wie es z.B. ein Diapositiv oder das LCD-Display eines Videoprojektors darstellt – vergrößert auf eine Projektionsfläche abzubilden. Diese Aufgabe kann im Prinzip durch eine einfache Linse gelöst werden. In der Praxis verwendet man jedoch zur Verringerung der Linsenfehler ein mehrlinsiges, für große Bildweiten $b \gg f$ korrigiertes Objektiv (siehe Bild 3.44a). Die normalerweise benötigte hohe Vergrößerung wird erreicht, wenn die Gegenstandsweite g nur geringfügig größer ist als die Brennweite. Die Scharfeinstellung des Bildes erfolgt durch Verschieben des Objektivs. Dies entspricht der Variation der Gegenstandsweite bei festgehaltenem Abstand $b+g$ zwischen Objekt und Projektionsfläche. Da der Gegenstand, d.h. das Dia, nicht selbstleuchtend ist, wird er von hinten beleuchtet. Wird keine zusätzliche Optik verwendet, so bildet die Glühwendel der Lampe die Eintrittspupille des Projektionsobjektivs. Konstruiert man nach Abschnitt 3.3.9 die Austrittspupille, so

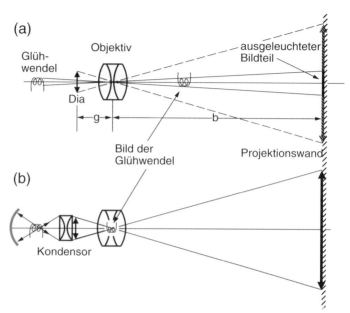

Bild 3.44: *Schematische Darstellung des Strahlengangs in einem Projektionsapparat. Während bei der Strahlführung durch das Objektiv allein aufgrund der kleinen Glühwendel nur der zentrale Teil des Dias hell ausgeleuchtet wird (a), kann durch die Verwendung eines passenden Kondensors, der das Bild der Glühwendel in das Objektiv legt, eine vollständige Ausleuchtung des Dias erreicht werden (b).*

Ein Projektionsapparat benötigt einen Kondensor

stellt man fest, dass die Austrittspupille einen sehr kleinen Durchmesser besitzt (siehe Bild 3.44a). Da nur Strahlen, die durch die Austrittspupille laufen, ein leuchtendes Bild auf der Projektionswand erzeugen können, wird dabei nur ein kleiner Teil der zu projizierenden Vorlage (Dia) hell abgebildet. Dieses Ausleuchtungsproblem lässt sich dadurch vermeiden, dass eine Zusatzoptik, d.h. der Kondensor von Bild 3.44b, verwendet wird. Durch den Kondensor wird ein Bild der Glühwendel am Ort des Abbildungsobjektivs erzeugt. Die Eintrittspupille ist nun durch die Umrandung des Kondensors bestimmt. Folglich ist der Durchmesser des Kondensors ausreichend groß zu wählen, damit das gesamte Diapositiv ausgeleuchtet wird. Zur Verbesserung der Lichtstärke des Projektionsapparates wird häufig hinter der Beleuchtungslampe noch ein Hohlspiegel eingebaut, der auch nach hinten abgestrahltes Licht zum Kondensor lenkt.

Ein moderner Videoprojektor (Beamer) ist nach den gleichen optischen Grundprinzipien aufgebaut wie ein Diaprojektor. Damit eine möglichst hohe Helligkeit des projizierten Bildes erreicht wird, verwendet man anstelle der (Halogen) Glühlampe eine Metalldampflampe. Für kompakte Geräte mit wenig Abwärme (aber geringerer Bildhelligkeit) werden Hochleistungs-Leuchtdioden (LED) eingesetzt.

3.4 Instrumente der geometrischen Optik

Damit das Video- oder Computerbild projiziert werden kann, muss die darin enthaltene Bildinformation in einem Lichtmodulator mit der benötigten Anzahl von Bildpunkten (typisch 800×600 oder 1024×768) umgesetzt werden. Für die anstelle des transparenten Dias im Projektor eingesetzten Lichtmodulatoren werden im Allgemeinen zwei unterschiedliche Funktionsprinzipien eingesetzt. Im LCD-Videoprojektor (LCD: liquid crystal display) wird jedes Bild-Pixel durch eine Flüssigkristallschicht gebildet, deren Doppelbrechung durch Anlegen einer elektrischen Spannung variiert werden kann. In Verbindung mit zwei Polarisatoren vor und hinter der Flüssigkristallzelle dient dies zur Variation der Transmission des speziellen Pixels. Die Farbe des transmittierten Lichts wird durch Aufbringen von entsprechenden Farbfiltern erreicht. Besonders lichtstarke Projektoren verwenden das DLP-Verfahren (DLP: digital light processing), bei dem der Lichtmodulator durch ein Array aus winzigen Spiegeln gebildet wird (DMD: digital micro-mirror display). Eine kurzzeitige Auslenkung der Spiegel bewirkt eine Helligkeitsreduktion der Bildpunkte. Die Farbe des Pixels kann durch geeignete Synchronisation der Spiegelauslenkung mit der Helligkeitssteuerung der Beleuchtung durch die verschiedenfarbigen LED oder, bei Beleuchtung mit Metalldampflampen, mit einem rotierendem Farbfilterrad erreicht werden.

3.4.2 Die photographische Kamera

Bei einer photographischen Kamera wird durch ein Objektiv von einem beleuchteten oder selbstbeleuchtenden Gegenstand ein Bild auf der Bildebene erzeugt. In dieser Ebene liegt bei konventionellen Kameras der Film, der

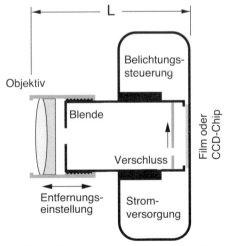

Bild 3.45: *Schematische Darstellung einer photographischen Kamera mit den wesentlichen optischen Funktionselementen Objektiv, Blende, Verschluss und Film/CCD-Chip. Bei einer modernen Kamera wird durch den gezielten Einsatz elektronischer Bauelemente eine optimale Steuerung der Belichtung erreicht.*

auf photochemischem Weg die Helligkeitsverteilung speichert. In modernen Digitalkameras erfolgt die Aufnahme der Helligkeitsverteilung über einen Halbleiter-Lichtempfänger, einen CCD-Chip. Die Kamera muss zwei Hauptforderungen erfüllen: Sie muss ein scharfes Bild des Gegenstandes mit einer bestimmten Bildgröße liefern und die Helligkeit des Bildes muss der Lichtempfindlichkeit des Films oder des CCD-Sensors angepasst sein. Dementsprechend muss eine Kamera verschiedene funktionelle Bestandteile besitzen (siehe Bild 3.45).

Wir betrachten zunächst das Objektiv der Kamera. Für die normalen Anwendungen einer Kamera sollen entfernte Gegenstände im Bereich von $g = 1$ m bis ∞ abgebildet werden können. Für die typische Brennweite f einer modernen Kleinbildkamera, $f = 50$ mm, erhält man dann eine Bildweite b, die zwischen $b = f = 50$ mm und $b = 52.6$ mm liegt. Zur Einstellung der scharfen Abbildung muss deshalb der Abstand des Objektivs b von der Filmebene verändert werden (auf den Begriff der Schärfentiefe gehen wir später ein). Man beachte dabei, dass die auf den Kameras angegebenen Entfernungseinstellungen sich auf den Abstand x zwischen Objekt und Filmebene, $x = b + g$, beziehen. Die Größe des Bildes auf dem Film hängt von der verwendeten Brennweite ab: Die (transversale) Vergrößerung $V_T = B/G$ einer Kamera wird für eine feste, große Gegenstandsweite g zu:

$$|V_T| = \frac{b}{g} \simeq \frac{f}{g} \qquad (3.57)$$

Die Brennweite bestimmt die Bildgröße

Das Bild eines weit entfernten Gegenstands, der unter dem Gesichtsfeldwinkel $\varepsilon = G/g$ beobachtet wird, besitzt somit in der Filmebene die Ausdehnung $B \simeq \varepsilon f$. Durch die Brennweite des Objektivs kann man also die Bildgröße dem verwendbaren Filmausschnitt ohne Änderung der Gegenstandsweite anpassen. Man verwendet kurzbrennweitige Weitwinkelobjektive für Standard- und Übersichtsaufnahmen. Will man eine hohe Vergrößerung erzielen, so benützt man gemäß Gl. (3.57) ein Objektiv großer Brennweite. Damit die Baulänge L der Kamera dabei nicht zu groß wird, setzt man Teleobjektive ein, bei denen die bildseitige Hauptebene H_2 im oder vor dem Objektiv liegt. Dieser Sachverhalt ist in Bild 3.46 dargestellt: Für eine einfache Linse (Bild 3.46a) bestimmt die Brennweite f die Baulänge der Kamera zu $L \simeq f$. Wird das Objektiv aus verschiedenen Linsen geeignet zusammengesetzt, so kann, wie in Bild 3.46b gezeigt, die Hauptebene weit vor die erste Linse gelegt werden und so eine Baulänge $L < f$ erreicht werden. Für viele photographische Anwendungen ist eine kontinuierliche Änderung der Bildgröße erwünscht. Dies wird durch den Einsatz eines Zoom-Objektivs erreicht, bei dem – durch Verschieben eines Teils der Objektivlinsen – die Brennweite des Objektivs verändert und damit die Bildgröße eingestellt werden kann.

Ganz allgemein werden an Kameraobjektive hohe Anforderungen gestellt. Zum einen sollen optimale Abbildungseigenschaften erreicht werden, zum anderen wünscht man hohe Lichtstärke und große Gesichtsfeldwinkel. Wie weit dies gehen kann, sieht man an typischen Weitwinkelobjektiven, mit denen

3.4 Instrumente der geometrischen Optik

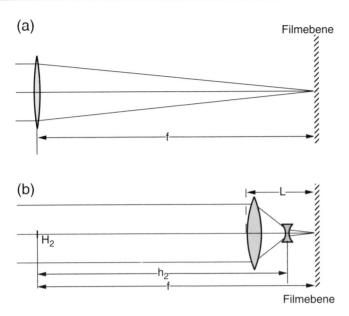

Bild 3.46: *Teleobjektive. Durch die Verwendung spezieller Linsenkombinationen (b) anstelle von einfachen Linsen (a) lässt sich trotz langer Brennweite des Objektivs eine kompakte Bauform der Kamera erzielen.*

selbst für Gesichtsfeldwinkel von über 75° fehlerfreie Abbildungen erstellt werden sollen. Die Kameraobjektive müssen deshalb aufwendig gegenüber den verschiedenen Linsenfehlern korrigiert sein.

Zur Einstellung der Bildhelligkeit werden in der Kamera die Blende und der Verschluss eingesetzt. Da die Schwärzung des photographischen Films bzw. das Signal im CCD-Chip mit der absorbierten Energiedichte korreliert, hat man zur Schwärzungsvariation zwei Möglichkeiten: Die Lichtintensität wird über den Blendendurchmesser, die Belichtungszeit über die Öffnungsdauer des Verschlusses gesteuert. Die Einstellung der Verschlusszeit dient weiterhin dazu, die Unschärfe durch Bewegungen von Objekt oder Kamera zu vermeiden.

Helligkeitsregelung durch Blende und Belichtungszeit

Mit einem optischen System kann man gemäß der Abbildungsgleichung (3.27) für eine feste Bildweite nur Objekte in der dazu passenden Gegenstandsweite scharf abbilden und muss dazu per Hand oder über eine Autofokus-Einrichtung den Abstand Objektiv-Filmebene einstellen. In der Praxis lässt sich diese Beschränkung der Abbildung auf eine einzige Gegenstandsweite glücklicherweise aufweiten. Der Grund dafür ist, dass ein photographischer Film (oder ein Halbleiter-Photosensor) nur ein bestimmtes räumliches Auflösungsvermögen besitzt: Aufgrund der Körnung der lichtempfindlichen Schicht des Films oder der Größe eines Einzeldetektors im CCD können zwei Punkte des Bildes, die innerhalb eines Abstandes B_0 (der dem Korn- bzw. dem Detektordurchmesser entspricht) liegen, nicht mehr getrennt werden. Eine Unschärfe des Bildes, die anstelle eines Punktes ein Scheibchen mit einem Durchmesser $Z < B_0$

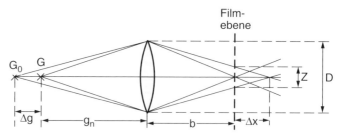

Bild 3.47: *Schemazeichnung zur Schärfentiefe. Verwendet man ein Filmmaterial, das nur eine Auflösung Z besitzt, so kann eine Änderung der Gegenstandsweite um Δg zugelassen werden, ohne dass dadurch eine Verschlechterung der Bildqualität auftritt.*

Schärfentiefe

erzeugt, ist deshalb bedeutungslos. Aus Bild 3.47 kann daraus der so genannte Schärfentiefenbereich Δg bestimmt werden: Für einen Gegenstand im Abstand g_n vom Objektiv berechnet man einen Durchmesser Z des Lichtbündels (Zerstreuungskreis) auf der Filmebene, der von dem Objektivblendendurchmesser D und vom Abstand Δx des idealen Bildes von der Filmebene abhängt:

$$Z = \frac{D}{b} \cdot \Delta x \tag{3.58}$$

Setzt man nun $Z = B_0$, so lässt sich die Schärfentiefe Δg mit Hilfe der longitudinalen Vergrößerung V_L (siehe Gl. (3.29)) bestimmen:

$$\Delta g = \frac{\Delta x}{V_L} \simeq \frac{B_0 f}{D} \frac{g^2}{f^2} \quad \text{für } g \gg f \tag{3.59}$$

$$\frac{\Delta g}{g} \simeq B_0 \frac{g}{f \cdot D} = \frac{B_0 g}{f^2} \cdot F$$

Man sieht daraus, dass der relative Schärfentiefenbereich $\Delta g/g$ mit wachsender Gegenstandsweite g und Blendenzahl $F = f/D$ zunimmt, mit wachsender Objektivbrennweite f aber stark abnimmt. Für einen möglichst großen Schärfentiefenbereich muss man bei gegebenen g und f die Blende schließen, d.h. die Blendenzahl vergrößern. Benutzt man eine Korngröße von $B_0 = 25\,\mu\text{m}$, so berechnet man bei $F = 4$, $g = 5\,\text{m}$ und $f = 50\,\text{mm}$ den Schärfentiefenbereich zu:

$$\Delta g/g = \frac{5 \cdot 4 \cdot 25 \cdot 10^{-6}}{(50 \cdot 10^{-3})^2} \simeq 0.2 \quad \text{oder} \quad \Delta g = 1\,\text{m}$$

Werden keine sehr hohen Anforderungen an eine Abbildung gestellt, so kann man bei Kameras mit kurzer Brennweite $f \leq 35\,\text{mm}$ auf eine Entfernungseinstellung verzichten, solange man sie bei großen Blendenzahlen $F > 5.6$ und großen Entfernungen $g \geq 2\,\text{m}$ anwendet (Fixfokus-Objektive). Bei Digitalkameras werden typische Pixel-Größen im Bereich von $7\,\mu\text{m}$ verwendet und

3.4 Instrumente der geometrischen Optik

Sensorgrößen von etwa 1500·2000 Pixeln verwendet. Damit die Bildausschnitte vergleichbar zu denen von Kleinbildkameras sind, werden in Digitalkameras Objektivbrennweiten eingesetzt, die kürzer sind als in Kleinbildkameras, die eine Bildgröße von 24mm·36mm besitzen. Die Schärfentiefenbereiche skalieren dann entsprechend.

3.4.3 Das Auge

Das menschliche Auge stellt ein System dar, das zwei Funktionen erfüllen muss. Zum einen soll es eine möglichst perfekte optische Abbildung ermöglichen, zum anderen muss es in der Lage sein, die Helligkeitsinformation aufzunehmen, vorzuverarbeiten und dann an das Gehirn weiterzuleiten. Die Behandlung des kompletten Sehvorganges ist extrem komplex und immer noch Bestandteil der aktuellen Forschung. Wir wollen hier nur eine stark vereinfachte schematische Darstellung geben und verweisen für Details auf die Fachliteratur. Bild 3.48 zeigt den schematischen Aufbau des menschlichen Auges: Das Auge ist im hinteren Teil von der lichtundurchlässigen Sehnenhaut umgeben. Licht gelangt nur durch die Hornhaut in das Auge und wird von einem optischen System, das aus der Hornhaut $n \simeq 1.37$, dem Kammerwasser $n \simeq 1.336$ und der Kristalllinse $n = 1.37$ bis 1.42 besteht, auf die lichtempfindliche Netzhaut (Retina) abgebildet. Der Raum zwischen Linse und Retina ist mit dem Glaskörper ($n \simeq 1.336$) ausgefüllt. Das Auge besitzt deshalb unterschiedliche Brennweiten vor dem Auge f_{vorne} und im Auge f_{hinten}.

Abbildendes System des Auges: Hornhaut, Kammerwasser und Kristalllinse

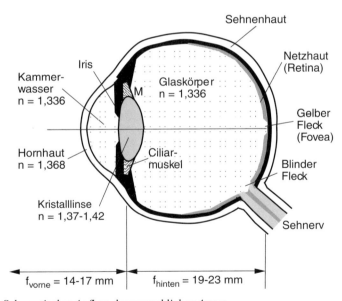

Bild 3.48: *Schematischer Aufbau des menschlichen Auges.*

Anders als bei Photoapparaten erfolgt die Scharfeinstellung des Bildes im Auge durch Variation der Brennweite der Kristalllinse mit Hilfe der Ciliar-

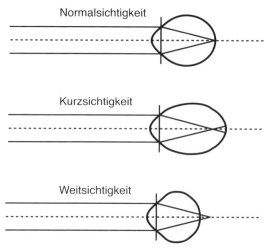

Bild 3.49: *Normal- (oben) und Fehlsichtigkeiten des menschlichen Auges.*

Konventionelle Sehweite $S_0 = 25\,cm$

Muskeln. Bei dieser Akkommodation des Auges erfolgt eine Variation der Augenbrennweite (f_{vorne}) zwischen 14 mm und 17 mm. Das entspannte Auge besitzt die größte Brennweite, so dass damit unendlich weit entfernte Gegenstände scharf abgebildet werden. Unter Berücksichtigung der Akkommodation erstreckt sich der Bereich scharfen Sehens für Normalsichtige von ca. 15 cm bis unendlich. Ohne Anstrengungen kann man dabei bis zu einer Gegenstandsweite S_0 scharf sehen. Für technische Anwendungen wird diese „konventionelle Sehweite" mit $S_0 = 25$ cm definiert. Die Helligkeitsregelung im Auge erfolgt über die Iris, die als Blende mit variablem Durchmesser unmittelbar vor der Kristalllinse liegt: Der Durchmesser der Iris lässt sich schnell, d.h. innerhalb etwa 1 Sekunde, zwischen ca. 1.5 mm und 8 mm variieren. Über einen längeren Zeitbereich kann die Helligkeitsempfindlichkeit des Auges auch durch Anpassung der physiologischen Empfindlichkeit der Retina erfolgen. (Dunkelanpassung des Auges auf der Zeitskala von etwa 30 Minuten).

Korrekturen von Fehlsichtigkeit

Die Qualität der optischen Abbildung des Auges kann durch verschiedene Arten der Fehlsichtigkeit verringert werden: Weit verbreitet sind die Fälle der Kurz- und Weitsichtigkeit, in denen die Brennweite des optischen Systems nicht der Augenlänge angepasst ist. Bei Kurzsichtigkeit ist das Auge zu lang, bei Weitsichtigkeit dagegen zu kurz. Die Korrektur dieser Fehlsichtigkeit ist durch Zerstreuungs- bzw. Sammellinsen möglich. Dabei ist jedoch zu beachten, dass die korrigierende Linse etwa im Abstand f_{vorne} vor dem Auge angebracht ist. Dadurch bleibt nach Gl. (3.48) die Brennweite des Gesamtsystems gleich f_{vorne}, die Lage der bildseitigen Hauptebene (und damit die des Bildes) wird jedoch gemäß Gl. (3.49) verschoben und dadurch die Bildschärfe ohne Änderung der Bildgröße korrigiert. (Eine Veränderung der Bildgröße nur eines Auges könnte das stereoskopische (räumliche) Sehen stark beeinflussen). Eine weitere, verbreitete Fehlsichtigkeit ist das Alterssehen. Hier wird die Akkommodationsfähigkeit des Auges durch nachlassende Elastizität der

Kristalllinse reduziert: Die Brennweite des Augensystems kann nicht mehr ausreichend verkleinert werden: Der kleinste Abstand, für den gerade noch scharfe Abbildung erfolgt, wird größer als S_0. Eine Korrektur ist über eine Lesebrille mit Sammellinsen möglich.

Berücksichtigt man die Querdimensionen von Bild 3.48, so sieht man, dass im Auge auch achsenferne Strahlen abgebildet werden. Untersucht man die Qualität der Abbildung im Auge im Detail, so stellt man jedoch fest, dass nur achsennahe Strahlen mit guter Qualität abgebildet werden. Die subjektive Empfindung eines scharfen Bildes über einen sehr großen Sehwinkel kommt durch die spezielle Art des menschlichen Sehens zustande: durch schnelle Bewegungen des Auges werden verschiedene Bereiche des gesamten erfassten Bildes in den zentralen Bereich des Blickfeldes gebracht und das so erhaltene scharfe Teilbild im Gehirn in das Gesamtbild aufgenommen. Dieser Art des Sehvorganges ist auch die Sensorfläche der Retina angepasst. Nur im zentralen Bereich des Sehfeldes, in der „Fovea" oder im „gelben Fleck", sind die lichtempfindlichen, farbtauglichen Zäpfchen in sehr hoher Dichte ($160\,000/mm^2$) angeordnet. Diese dichte Anordnung ergibt dort eine lineare Auflösung von etwa $3\,\mu m$. Dieser Bereich scharfen Sehens ist nur über einen sehr kleinen Bereich des Gesichtswinkels möglich. Er entspricht dem Gesichtsfeldwinkel, unter dem der Vollmond gesehen wird. Nach außen hin nimmt die Dichte der Zäpfchen auf der Retina und die Qualität der optischen Abbildung stark ab.

Scharfes Sehen nur in der Fovea

Weitere bemerkenswerte Fähigkeiten des Auges sind dessen Farbsehvermögen und die außerordentlich hohe Lichtempfindlichkeit des Auges. Ein über längere Zeit (ca. 30 Min.) der totalen Dunkelheit ausgesetztes Auge ist in der Lage, Licht zu erkennen, wenn nur etwa 30 Photonen pro Sekunde (dies entspricht einer mittleren Strahlungsleistung von ca. $1.5 \cdot 10^{-17}$ W) auf eine Sehzelle treffen.

Wahrnehmungsgrenze des Auges: $1.5 \cdot 10^{-17}$ W

3.4.4 Vergrößernde optische Instrumente

Die subjektive Empfindung der Größe eines Gegenstandes wird durch den Gesichtsfeldwinkel (Sehwinkel) ε bestimmt, unter dem der Gegenstand vom Beobachter wahrgenommen wird. Da der Sehwinkel von der Gegenstandsweite abhängt, ist es sinnvoll, bei der Definition der Vergrößerung eines optischen Intruments auf die speziellen Anwendungsbedingungen einzugehen. In einem ersten Fall sei das zu beobachtende Objekt in einer Entfernung (Gegenstandsweite), die aus irgendwelchen Gründen fest ist, also nicht verringert werden kann (z.B. bei Beobachtung des Mondes von der Erde aus). In diesem Fall ist die sinnvolle Definition der Vergrößerung:

Definition der Vergrößerung

$$V = \frac{\text{Sehwinkel mit Instrument}}{\text{Sehwinkel ohne Instrument}} = \frac{\varepsilon_I}{\varepsilon_0} \qquad (3.60)$$

Der zweite Fall tritt dann ein, wenn man die Gegenstandsweite beliebig verringern kann (z.B. bei Beobachtung einer Pflanzenzelle). Hier zählt nun als Referenz der Sehwinkel des unbewaffneten Auges, der im Abstand der konventionellen Sehweite $S_0 = 25$ cm auftritt. Es gilt hier:

$$V = \frac{\text{Sehwinkel mit Instrument}}{\text{Sehwinkel im Abstand } S_0} = \frac{\varepsilon_I}{\varepsilon_0} \quad (3.61)$$

Die Lupe. Will man einen Gegenstand genau beobachten, so könnte man ihn sehr nahe ans Auge bringen. In diesem Fall reicht das Akkommodationsvermögen des Auges nicht mehr aus: das Bild wird erst hinter der Netzhaut scharf sein. Ein scharfes Bild am Ort der Netzhaut kann man jedoch erhalten, wenn man eine Sammellinse – eine Lupe – der Brennweite f_L zwischen Auge und Gegenstand bringt. Normalerweise hält man die Lupe sehr nahe vor das Auge und wählt den Abstand zwischen Gegenstand und Lupe gleich der Lupenbrennweite f_L. In diesem Fall breiten sich die von einem Punkt des Gegenstands auslaufenden Lichtstrahlen nach der Lupe parallel aus und können mit entspanntem Auge scharf abgebildet werden (siehe Bild 3.50a). Die Vergrößerung, die sich dabei erzielen lässt, kann man anhand von Bild 3.50b berechnen. Der Gegenstand wird mit Lupe unter dem Sehwinkel $\varepsilon_L = G/f_L$ beobachtet, während für das unbewaffnete Auge $\varepsilon_0 = G/S_0$ galt. Damit ergibt sich die Lupenvergrößerung zu:

Einfachstes vergrößerndes Gerät: Die Lupe

$$\boxed{V_{\text{Lupe}} = \frac{\varepsilon_L}{\varepsilon_0} = \frac{S_0}{f_L} = \frac{25 \text{ cm}}{f_L}} \quad \textbf{Vergrößerung der Lupe} \quad (3.62)$$

(a)
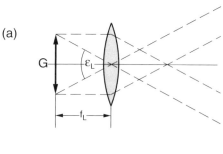

(b)
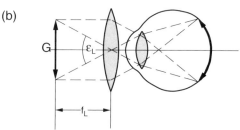

Bild 3.50: *Funktion einer Lupe: (a) Bringt man einen Gegenstand im Abstand f_L vor eine Sammellinse (Lupe), so breiten sich die Lichtstrahlen hinter der Lupe parallel aus. Bei der Beobachtung mit dem entspannten Auge (b) sieht man dabei ein scharfes, vergrößertes Bild des Gegenstandes.*

3.4 Instrumente der geometrischen Optik

Mit Hilfe von Lupen lassen sich Vergrößerungen bis zu $V_L = 20$ erreichen. Dabei sind jedoch zur Korrektur der Linsenfehler ab $V_L \simeq 5$ mehrlinsige Lupen notwendig. Werden Lupen am Ausgang eines vorgeschalteten optischen Gerätes verwendet, um ein reelles Zwischenbild zu vergrößern, so verwendet man die Bezeichnung Okular. Zu beachten ist dabei, dass Okulare häufig nicht als Lupen eingesetzt werden können, da die gegenstandsseitige Brennweite oft innerhalb der Fassung liegt oder möglicherweise mit dem Okular Abbildungsfehler des vorgeschalteten Instruments behoben werden; das Okular allein ist dann ebenso stark abbildungsfehlerbehaftet.

Das Mikroskop. Vergrößerte Abbilder von Gegenständen mit einer Vergrößerung von höher als 20fach können nur mit Kombinationen von Linsen, wie sie z.B. ein Mikroskop enthält, hergestellt werden. Das erste funktionsfähige Mikroskop wurde zu Beginn des 17. Jahrhunderts von Zaccharias Janssen hergestellt. Ein Mikroskop besteht im Allgemeinen aus einer Kombination von zwei Linsensystemen (siehe Bild 3.51). Von einem kurzbrennweitigen Objektiv (Brennweite f_{Ob}) wird ein reelles, vergrößertes Bild erzeugt, das dann über ein Okular mit Brennweite f_{Ok} beobachtet wird. Die Vergrößerung durch das Ojektiv berechnet man aus der Abbildungsgleichung:

Mikroskope gibt es seit dem 17. Jahrhundert

$$|V_{Objektiv}| = \frac{b}{g} = b\left(\frac{1}{f_{Ob}} - \frac{1}{b}\right) = \frac{b - f_{Ob}}{f_{Ob}} = \frac{t}{f_{Ob}} \quad (3.63)$$

Dabei hat man $b - f_{Ob}$ zur optischen Tubuslänge t zusammengefasst. Konventionellerweise verwendet man bei Mikroskopen eine Tubuslänge von $t = 160\,\text{mm}$. Berücksichtigt man nun noch das Okular gemäß Gl. (3.62), so ergibt sich die Gesamtvergrößerung zu:

$$\boxed{V_{Mikroskop} = V_{Objektiv} \cdot V_{Okular} = \frac{t \cdot S_0}{f_{Ob} \cdot f_{Ok}}} \quad \textbf{Vergrößerung eines Mikroskops} \quad (3.64)$$

Für sehr kurzbrennweitige Objektive erhält man somit die höchsten Vergrößerungen. In diesem Fall gilt $g \simeq f_{Ob}$, d.h., das Objekt liegt praktisch im

Hohe Vergrößerungen erfordern speziell korrigierte Objektive

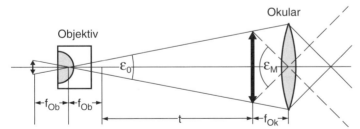

Bild 3.51: *Vergrößerung eines Mikroskops. Ein nahe der Brennebene des Objektivs gelegener Gegenstand wird durch das Objektiv vergrößert abgebildet. Dieses Bild wird dann über ein Okular (Lupe) beobachtet. Die Gesamtvergrößerung ist gleich dem Produkt aus Objektiv- und Okularvergrößerung. In „guten" Mikroskopen wird das Auflösungsvermögen nicht durch die Qualität der Optik, sondern durch die Wellennatur des Lichtes bestimmt. (Siehe dazu Abschnitt 4.5.1).*

Grenze der Vergrößerung: die Wellenlänge

Immersionsflüssigkeiten: Verbesserung von Lichtstärke und Auflösungsvermögen

Astronomisches Fernrohr – das Bild steht Kopf

Abstand f_{Ob} vor dem Objektiv. In der Mikroskopie werden Objektive bis zu 100facher Vergrößerung verwendet. In Kombination mit einem 20fachen Okular erreicht man dann eine nominelle Vergrößerung von 2000fach. Hohe Vergrößerungen erfordern komplexe Linsensysteme, die für die spezielle Anwendung (wie Dicke des Deckglases, Brechungsindex des Mediums zwischen Frontlinse und Objektiv) korrigiert sein müssen. Ein Beispiel für ein modernes Hochleistungsobjektiv ist in Bild 3.52 aufgezeigt. Die Grenzen der Vergrößerung eines Mikroskops sind jedoch nicht durch die Abbildungsgleichungen und die Korrektur der Objektive, sondern durch die Anwendbarkeit der geometrischen Optik gegeben. Kommt die Dimension des beobachteten Objektes in die Größenordnung der Lichtwellenlänge, so kann auch eine nominelle Steigerung der Vergrößerung keine zusätzliche Information erbringen. Eine gewisse Verbesserung des Auflösungsvermögens kann man erreichen (siehe Abschnitt 4.5.1), wenn man den Raum zwischen Objektiv und Objekt mit einer Immersionsflüssigkeit ($n \simeq 1.5$) füllt: Zusätzlich wird dadurch, wie Bild 3.53 zeigt, die Totalreflexionen am Deckglas vermieden; der vom Objektiv verarbeitete Raumwinkel wird vergrößert und so die Lichtstärke des Mikroskops erheblich verbessert. In modernen Mikroskopen werden mit Hilfe spezieller Beleuchtungs- und Beobachtungsgeometrien Untersuchungsbedingungen geschaffen, die an die jeweiligen Fragestellungen angepasst sind. Die Erklärung der verschiedenen optischen Mikroskopiemethoden übersteigt jedoch bei weitem den Rahmen dieses Lehrbuches.

Das Fernrohr. Auch für sehr weit entfernte Gegenstände kann man mit einem zweikomponentigen optischen Gerät gute Vergrößerungen erreichen. In diesem Fall wird von einem Objektiv großer Brennweite ein verkleinertes, auf dem Kopf stehendes reelles Bild des weit entfernten Gegenstandes erzeugt. Dieses Bild liegt praktisch in der Brennebene des Objektivs. Beim astronomischen (Keplerschen) Fernrohr beobachtet man dieses Zwischenbild mit einem Okular. Aus dem Strahlengang nach Bild 3.54 lässt sich die Vergrößerung direkt ableiten:

$$\boxed{V_{\text{Fernrohr}} = \frac{\varepsilon_F}{\varepsilon_0} = \frac{f_{\text{Objektiv}}}{f_{\text{Okular}}}} \quad \textbf{Vergrößerung eines Fernrohrs} \quad (3.65)$$

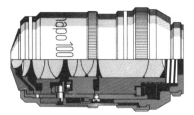

Bild 3.52: *Schnittbild durch ein Mikroskopobjektiv (Planapochromat 100/1.3) mit 100facher Vergrößerung. Die Korrektur der verschiedenen Abbildungsfehler wurde hier durch eine Vielzahl von Einzellinsen erreicht. (Aufnahme: Carl Zeiss, Oberkochen)*

3.4 Instrumente der geometrischen Optik

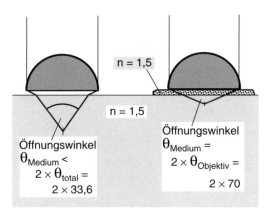

Bild 3.53: *Durch den Einsatz einer Immersionsflüssigkeit zwischen Objekt und Mikroskoplinse lässt sich die Lichtstärke und das Auflösungsvermögen des Mikroskops wesentlich verbessern.*

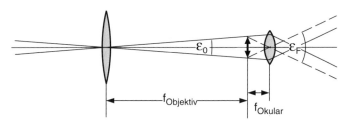

Bild 3.54: *Strahlengang in einem astronomischen Fernrohr.*

Die Vergrößerung nimmt mit wachsender Brennweite des Objektivs und kleiner werdender Brennweite des Okulars zu. Für terrestrische Anwendungen ist das Keplersche Fernrohr nicht geeignet, da es eine große Baulänge $f_{\text{Objektiv}} + f_{\text{Okular}}$ besitzt und ein invertiertes Bild liefert. Beide Probleme werden bei einem Prismenfernglas durch eine Faltung des Strahlungsganges mit Hilfe von zwei 90°-Prismen gelöst. Ein typisches Prismenglas erreicht so bei einer 8fachen Vergrößerung eine Baulänge von ca. 12 cm. Eine andere Möglichkeit, ein korrektes Bild zu erhalten, bietet das terrestrische oder Galileische Fernrohr, das bereits vor Galilei im Jahre 1608 von Lippershey eingeführt wurde. Hier wird statt der Sammellinse des Okulars eine negative Linse der Brennweite $f_{\text{Okular}} < 0$ vor das reelle Bild des Objektivs eingebracht. Ist der Abstand der negativen Linse von der Bildebene gerade gleich $|f_{\text{Okular}}|$ (siehe Bild 3.55), so kann man mit entspanntem Auge ein aufrecht stehendes Bild unter dem Sehwinkel $\varepsilon_F = \varepsilon_0 \dfrac{f_{\text{Objektiv}}}{|f_{\text{Okular}}|}$ beobachten.

Lichtflussänderung durch ein Fernrohr

Haben wir bisher vor allem die Vergrößerung des Fernrohrs behandelt, so wollen wir uns nun kurz mit der Änderung des Lichtflusses befassen: Dazu betrachten wir die Ein- und Austrittspupillen. Für praktisch alle Fälle ist die Eintrittspupille durch den Durchmesser D_{ein} des Objektivs bestimmt. Einfache

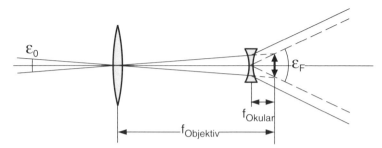

Bild 3.55: *Strahlengang in einem terrestrischen Fernrohr.*

geometrische Betrachtungen, z.B. bei parallelem Strahlengang, zeigen (siehe Bild 3.56), dass der Durchmesser der Austrittspupille D_{aus} gegeben ist durch:

$$D_{\text{aus}} = \frac{D_{\text{ein}}}{V_{\text{Fernrohr}}} \tag{3.66}$$

Man sieht aus Gl. (3.66), dass ein Fernrohr den Durchmesser von Lichtbündeln verändert. Es kann deshalb auch zur Strahleinengung, z.B. in Lasersystemen, verwendet werden. Dabei ist zu berücksichtigen, dass eine mögliche Winkeldivergenz ε_0 des Bündels entsprechend V_{Fernrohr} vergrößert wird (siehe Gl. (3.65)). Nach Gl. (3.66) wächst der Lichtenergiefluss quadratisch mit der Vergrößerung V an. Die Lichtenergie, die vor dem Fernrohr über die Eintrittsfläche $(D_{\text{ein}}^2/4)\pi$ verteilt war, wird hinter dem Fernrohr auf den Querschnitt $(D_{\text{aus}}^2/4)\pi = (D_{\text{ein}}^2/4)\pi \cdot 1/V_{\text{Fernrohr}}^2$ konzentriert. Beobachtet man ein flächenhaftes Objekt mit dem Fernrohr, so wächst sowohl der Lichtfluss wie auch die Fläche des Bildes proportional zu V^2. Die Flächenhelligkeit bleibt damit ungeändert. Für ein punktförmiges, nicht auflösbares Objekt, wie es ein weit entfernter Stern darstellt, nimmt der Lichtfluss wieder proportional V^2 zu. Da aber keine Flächenvergrößerung zu berücksichtigen ist, gewinnt das Bild des Punktes proportional zu V^2 an Helligkeit, während gleichzeitig die Helligkeit des flächenhaften Untergrunds – wie oben gezeigt – konstant bleibt. So kann man mit Hilfe eines astronomischen Fernrohrs mit sehr großem Durchmesser

Punkthelligkeit wächst mit V^2, Flächenhelligkeit bleibt konstant

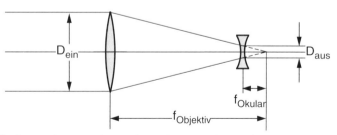

Bild 3.56: *Änderung des Bündelquerschnitts beim Durchgang durch ein Fernrohr. Die Vergrößerung V des Fernrohrs führt zu einer Einengung des Bündeldurchmessers: $D_{\text{aus}} = D_{\text{ein}}/V$.*

3.4 Instrumente der geometrischen Optik

$D_{\text{Objektiv}} = D_{\text{ein}} = 5\,\text{m}$ und einer Austrittspupille $D_{\text{aus}} = D_{\text{Auge}} = 5\,\text{mm}$ eine Helligkeitsüberhöhung für punktförmige Objekte von einer Million erreichen und deshalb wesentlich lichtschwächere Sterne beobachten als mit unbewaffnetem Auge. Der Vorteil eines Teleskops großer Öffnung liegt also nicht nur in der Vergrößerung, sondern insbesondere im Gewinn an Lichtstärke und Auflösungsvermögen (siehe Abschnitt 4.5.1). Für terrestrische Anwendungen werden häufig so genannte Nacht-Ferngläser angeboten. Bei ihnen ist die Austrittspupille an den Pupillendurchmesser des an schwache Beleuchtung angepassten menschlichen Auges angeglichen. Demgegenüber wird bei normalen (oder Tag-) Ferngläsern eine kleinere Austrittspupille der Optik verwendet. Als konventionelle Bezeichnung der Ferngläser wird z.B. 7×28 verwendet; darunter versteht man ein Fernglas mit 7facher Vergrößerung und einem Eintrittspupillendurchmesser von 28 mm.

Wir haben gesehen, dass für die Beobachtung lichtschwacher Objekte in der Astronomie Fernrohre mit großen Objektivdurchmessern benötigt werden. Ein zweiter Grund für große Objektivdurchmesser D wird durch die theoretische Begrenzung des Auflösungsvermögens durch die Beugung gegeben: Es wird in den Abschnitten 4.3.3 und 4.5.1 gezeigt, dass das Winkelauflösungvermögen ε eines Fernrohrs durch Gleichung (4.87) gegeben ist, die lautet: $\varepsilon = 1.22\,\lambda/D$. Folglich wird das Auflösungsvermögen mit wachsendem Objektivdurchmesser D besser. Daraus ergeben sich in der Praxis häufig Objektivdurchmesser von mehreren Metern. In diesen Fällen können keine reinen Linsenobjektive eingesetzt werden. Die dabei einzusetzenden Linsen benötigten sehr große Linsendicken, die gravierende Probleme bei der Herstellung (Homogenität und Transparenz des Glases, thermische Spannungen beim Abkühlen) und bei der mechanischen Handhabung (die Linse verformt sich bei der üblichen Halterung am Linsenrand aufgrund ihres eigenen Gewichtes) zur Folge hätten. Zusätzlich würde die Korrektur gegen chromatische Fehler schwierig. Aus diesen Gründen werden in der Praxis Spiegelteleskope verwendet, bei denen das Objektiv von einem (Primär-) Spiegel passender Oberflächenform gebildet wird. Das Okular zur visuellen oder photographischen Beobachtung wird dann über geeignete Sekundärspiegel und Hilfsspiegel beleuchtet. In Bild 3.57 sind verschiedene Anordnungen von Primär- und Sekundärspiegeln gezeigt. Bei diesen Fernrohrtypen (Cassegrain, Newton, Gregory) wird das vom Primärspiegel reflektierte Licht durch einen Sekundärspiegel, der im Strahlengang des einfallenden Lichtes steht, zum Beobachter reflektiert. Die dabei auftretende Abdeckung eines Teils des einfallenden Lichtbündels verschlechtert die Abbildung nicht und reduziert (bei sinnvoller Dimensionierung) die Lichtstärke des Fernrohrs nur unwesentlich.

Für Fernrohre mit großer Öffnung werden i. A. Spiegelobjektive eingesetzt

Extremer technischer Aufwand ist bei den in vielen astronomischen Anwendungen eingesetzten großen Spiegelteleskopen notwendig, um die oft mehrere Tonnen schwere Optik mit einer Präzision von Bruchteilen von Winkelsekunden zu positionieren und der scheinbaren Sternbewegung nachzuführen. Auch bei der Herstellung der Primärspiegel treten ab einem Spiegeldurchmesser von wenigen Metern gravierende Probleme auf.

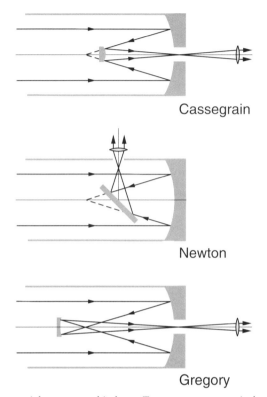

Bild 3.57: *Schemazeichnung verschiedener Typen von astronomischen Spiegelteleskopen. Alle Typen wurden im 17. Jahrhundert entwickelt.*

Dies soll anhand des lange Zeit leistungsfähigsten astronomischen Fernrohrs, dem Hale-Teleskop auf dem Mount Palomar, USA, aufgezeigt werden. Das Hale-Teleskop wurde 1947 fertiggestellt. Bei ihm besitzt der Primärspiegel einen Durchmesser von 200 Zoll (5 m) und eine Brennweite von 16.8 m. Eine ausreichende Stabilität dieses Primärspiegels wird nur durch eine relativ große Dicke erreicht. Dies hat zur Folge, dass der Spiegel ein Gewicht von ca. 20 t besitzt. Allein der Abkühlprozess bei der Herstellung des Spiegels dauerte 1 Jahr, der Poliervorgang erstreckte sich über mehrere Jahre. Mit diesen Dimensionen war man jedoch an die Grenzen des mit konventioneller Technik Machbaren angelangt. Darüber hinaus zeigte sich, dass das theoretisch erwartete Auflösungsvermögen mit diesem Teleskop nicht realisiert werden konnte.

Inhomogenitäten und Turbulenzen der Atmosphäre – reale Grenzen des Auflösungsvermögens terrestrischer Teleskope

Die Fragestellungen der modernen Astronomie – Untersuchungen der Grenzen des Weltalls, Aufstellung einer absoluten astronomischen Längenskala, Beobachtungen von Dunkelmaterie und Gravitationslinsen – erfordern jedoch immer lichtstärkere Instrumente mit verbesserter Auflösung. Bei den verschiedenen Experimenten zeigte sich, dass es nicht nur die Optik des Beobachtungsinstruments ist, die das reale Auflösungsvermögen begrenzt, sondern dass optische Inhomogenitäten der Atmosphäre ganz wesentlich sind. Neben

3.4 Instrumente der geometrischen Optik

den atmosphärischen Störungen (Seeing genannt) gibt es einen etwa gleich großen Beitrag durch das „Dom-Seeing". Das Dom-Seeing entsteht durch Turbulenzen und thermische Gradienten im Teleskopraum, direkt oberhalb des Spiegels. In modernen Observatorien wird deshalb größter Wert darauf gelegt, durch Klimatisierung der gesamten Teleskopeinheit Temperatur-Gradienten weitestgehend zu vermeiden. Insgesamt ergibt sich bei optimalen atmosphärischen Bedingungen eine Grenze des Auflösungsvermögens von immerhin ca. 0.5 Winkelsekunden. Von den modernen technischen Entwicklungen erwartet man deshalb nicht nur eine perfekte Optik mit riesigen Primärspiegeln, sondern auch Methoden zur Reduktion des Einflusses von atmosphärischen Inhomogenitäten.

Für die Herstellung großer Teleskopspiegel werden die folgenden Wege beschritten: Für rein passive Teleskope werden die Spiegel heute nicht mehr massiv hergestellt, sondern sie bestehen aus einer dünnen (wenige Zentimeter dicken) Schicht, die mit einem wabenförmigen Tragegerüst verbunden ist. Diese Kombination (siehe Bild 3.58a) ergibt optimale Gewichtsersparnis. Der zweite Ansatz – segmentierte Spiegel – benützt einen Primärspiegel, der aus einer Vielzahl von Einzelspiegeln zusammengesetzt ist. Dabei werden die Einzelspiegel mit Hilfe von Stellelementen aktiv positioniert und ergeben so eine große, justierte Gesamtspiegelfläche. Mit dieser Methode lassen sich sehr lichtstarke Fernrohre mit größten Durchmessern kostengünstig herstellen (Keck Teleskop, USA). Diese Geräte erreichen jedoch nur ein begrenztes Auflösungsvermögen. Als dritte Alternative – aktive Optik – wird ein dünner (immer noch ca. 20 cm dicker) Meniskusspiegel durch eine Vielzahl von Stellelementen unterstützt, mit denen der Spiegel verbogen werden kann. Dadurch lassen sich bei einem noch handhabbaren Gewicht des Primärspiegels ideale Abbildungs-

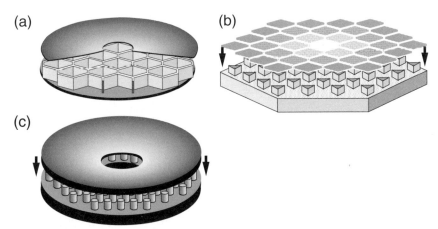

Bild 3.58: Verschiedene Konstruktionsprinzipien für große Primärspiegel: (a) Wabenförmige Tragestruktur mit dünner Spiegelschicht erlaubt optimale Gewichtsreduktion. (b) Segmentierter Primärspiegel. Dabei ist jedes Einzelelement durch ein Rechnersystem exakt ausrichtbar. (c) Aktive Optik. Hierbei wird ein relativ dünner Meniskusspiegel verwendet, dessen Form durch Stellelemente aktiv optimiert werden kann.

eigenschaften auch bei sehr großen Spiegeln erreichen. Die ESO (European Southern Observatory) hat mit diesem Verfahren das VLT (Very Large Telescope) mit vier 8.2 m Spiegeln erstellt, die interferometrisch gekoppelt werden, um extreme Auflösungen von wenigen 0.001 Winkelsekunden zu erzielen.

Zur Reduktion der Atmosphäreneinflüsse werden verschiedene Methoden eingesetzt: Im Weltall (Hubble-Raumteleskop, Spiegeldurchmesser 2.4 m) ist der Atmosphäreneinfluss nicht vorhanden und so lassen sich hoch auflösende Beobachtungen auch in Spektralbereichen durchführen, bei denen die Atmosphäre absorbiert (z.B. im Ultravioletten). Jedoch ist dieses System mit extremen Kosten für Aufbau und Wartung behaftet und erlaubt nur begrenzte Beobachtungszeiten. Bei erdgebundenen Teleskopen kann man durch gezielte Auswahl des Standortes (günstige meteorologische Bedingungen und Beobachtungsort in großer Höhe) und eine optimierte Außenkonstruktion des Gebäudes sowie seiner Umgebung die Turbulenzen der Atmosphäre oberhalb des Teleskops reduzieren. Zusätzlich wendet man verschiedene Methoden an, um Atmosphäreneinflüsse aktiv zu korrigieren. Die einfachste Methode bei hellen Objekten ist dabei, zeitaufgelöst (Zeitauflösung Millisekunden) zu beobachten und danach die so erhaltenen Bilder geeignet verschoben zu überlagern. Damit lassen sich Strahlablenkungen, die über dem gesamten Bündelquerschnitt konstant sind, eliminieren. Dieses Verfahren erlaubt es, ein hoch aufgelöstes Bild des beobachteten hellen Referenz-Sterns zu erhalten. Zusätz-

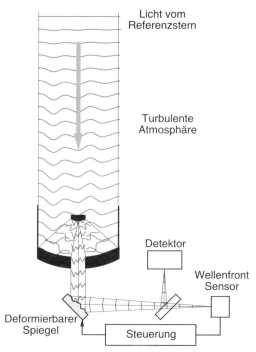

Bild 3.59: Korrektur der Atmosphäreneinflüsse durch adaptive Optik.

3.4 Instrumente der geometrischen Optik

lich kann man lichtschwache Objekte, die innerhalb des Gesichtsfeldes des Teleskops in der Nähe (d.h. innerhalb von ca. 1–2 Bogenminuten) des hellen Leit-Sterns liegen, ebenfalls korrigiert abbilden. Weitergehende Korrekturverfahren sollen jedoch auch Inhomogenitäten der Atmosphäre innerhalb des vom Teleskop erfassten Bündeldurchmessers ausgleichen, die zu Krümmungen der Wellenfronten führen. Diese Korrekturen erfordern ein Nachregulieren der abbildenden Optik (adaptive Optik). Da die dazu erforderlichen Zeiten wieder im Bereich von Millisekunden liegen, können nicht die relativ großen Massen des Primärspiegels nachgeregelt werden. Als Korrekturelement wird im Strahlengang ein zusätzlicher kleinerer verformbarer Spiegel eingesetzt (siehe Bild 3.59). Als Regelsignal wird dann das Bild einer relativ lichtstarken hellen Punktquelle (Stern) im Gesichtsfeld des Teleskops verwendet. Da jedoch das nutzbare Gesichtsfeld bei großen Spiegeldurchmessern sehr klein wird, lässt sich damit nur ein kleiner Teil des Himmels in der Nachbarschaft heller Sterne mit höchster Auflösung beobachten. Deshalb wurden weitere Korrekturverfahren entwickelt, bei denen mit leistungsstarken Lasern ein „Lichtpunkt" in die obere Atmosphäre projiziert wird. Das von dort (z.B. durch Rayleigh-Streuung oder Resonanz-Fluoreszenz) rückgestreute Licht erlaubt es, diesen künstlichen Stern zur Bildkorrektur zu verwenden.

Adaptive Optik – der Weg zur Minderung der Atmosphäreneinflüsse

4 Welleneigenschaften von Licht

Wir werden nun das Gebiet der geometrischen Optik verlassen und spezielle experimentelle Bedingungen behandeln, bei denen die Welleneigenschaften des Lichtes wichtig werden. Die Grenzen der geometrischen Optik werden wir an einem einfachen Gedankenexperiment erläutern. Wir hatten in Kapitel 3 den Begriff Lichtstrahl dadurch eingeführt, dass wir ein Lichtbündel durch eine Blende immer mehr einschränkten, um im Grenzfall den ideal dünnen Lichtstrahl zu erhalten. Das Ergebnis dieses Vorgehens ist in Bild 4.1 angedeutet. Wir starten in 4.1a mit einer Blende mit einem Durchmesser von etwa 10 cm, die wir in ein paralleles, monochromatisches Lichtbündel ($\lambda = 500$ nm) stellen. Im Abstand von 10 m hinter der Blende messen wir dann einen Lichtfleck mit Durchmesser D von ungefähr $D = 10$ cm. Verringern wir nun den Blendendurchmesser, so nimmt damit zunächst der Fleckdurchmesser ab. Ab einem Blendendurchmesser D_0 von einigen Millimetern jedoch verkleinert sich der Lichtfleckdurchmesser nicht mehr weiter. Für kleinere Blendendurchmesser wird der Lichtfleck sogar wieder größer. In unserem Beispiel wird für sehr kleine Blendendurchmesser aus der ursprünglich rechteckförmigen Helligkeitsverteilung direkt hinter der Blende ein lichtschwacher Fleck, dessen

Einen Lichtstrahl als ideal dünnes Lichtbündel gibt es in der Realität nicht

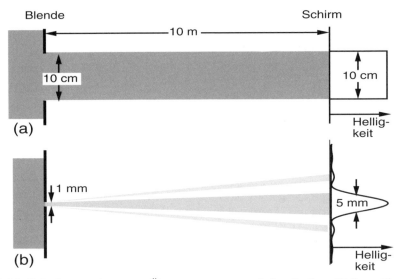

Bild 4.1: *Gedankenexperiment zum Übergang von geometrischer Optik zur Wellenoptik.*

Bild 4.2: *Schattenwurf einer Spielzeugfigur erzeugt mit monochromatischem Licht.*

Intensitätsverteilung, wie in Bild 4.1b aufgezeigt, Modulationen aufweist. Wir sehen, dass im betrachteten Fall die Definition eines Lichtstrahls bereits ab einem Strahldurchmesser von wenigen Millimetern nicht mehr sinnvoll war. Die Ursache dafür liegt in der Wellennatur des Lichtes, die zu Abweichungen von der geradlinigen Ausbreitung durch Beugung an der Blende und zu Intensitätsmodulationen durch Interferenz führte. Offensichtlich wird der Einfluss der Wellennatur, wenn man bei einem alltäglichen Schattenwurf monochromatisches Licht verwendet: Bei der Bild 4.2 wurde eine Spielzeugfigur von einem aufgeweiteten parallelen Lichtbündel aus einem HeNe-Laser ($\lambda = 632{,}8$ nm) beleuchtet. Der Schattenwurf wurde ca. 2 m hinter dem Objekt direkt mit dem photographischen Film registriert. Sie sehen bei dieser Aufnahme, dass die Figur von einem Liniensystem umgeben ist, das durch Beugung und Interferenz hervorgerufen wird – lediglich das Feuer der Fackel wurde „künstlich" dazubelichtet.

4.1 Qualitative Behandlung der Beugung

4.1.1 Das Huygenssche Prinzip

Das Huygenssche Prinzip – Vorgänger moderner Beugungstheorien

Bei der Beschreibung optischer Phänomene wie der Brechung hatte Huygens gegen Ende des 17. Jahrhunderts vorgeschlagen, die Lichtausbreitung über einen Wellenansatz in Analogie zur Schallausbreitung zu beschreiben. Damit gelang ihm eine konsistente Behandlung der experimentellen Beobachtungen. Das Huygenssche Prinzip (C. Huygens 1690) besagt, dass jeder Punkt einer primären Wellenfront als Quelle von sekundären Elementarwellen dient. Diese

4.1 Qualitative Behandlung der Beugung

Elementarwellen breiten sich gemäß der Dispersion des Mediums aus; im optisch homogenen, isotropen Medium sind die Elementarwellen Kugelwellen. Die Einhüllende dieser Elementarwellen bildet zu einem späteren Zeitpunkt die Wellenfront des Lichtes. In Bild 4.3a ist mit Hilfe dieser Konstruktion für eine vorgegebene Wellenfront (durchgezogene Kurve) die neue Wellenfront gebildet worden. Man sieht jedoch, dass mit dieser Konstruktion in den Randbereichen keine Einhüllende gebildet werden kann. Das heißt, das Huygenssche Prinzip sagt zunächst über die beugende Wirkung von Begrenzungen nichts aus. Trotzdem war das Huygenssche Prinzip sehr erfolgreich als es darum ging, die Brechung von Licht an optisch isotropen Medien (siehe z.B. die Konstruktion in Bild 4.3b) und auch optisch doppelbrechenden Kristallen zu beschreiben (siehe Abschnitt 4.6.3).

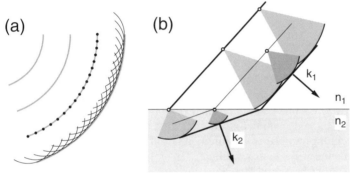

Bild 4.3: *Das Huygenssche Prinzip*
(a) Die neue Wellenfront lässt sich durch die Superposition der kugelförmigen Elementarwellen bilden. (b) Behandlung der Brechung mit Hilfe des Huygensschen Prinzips.

Der eigentliche Erfolg der Huygensschen Betrachtungsweise der Lichtausbreitung stellt sich zu Beginn des 19. Jahrhunderts ein, als Fresnel das Huygenssche Prinzip erweiterte und damit die Phänomene der Beugung beschreiben konnte. Dieses Fresnel-Huygenssche Prinzip ersetzt den Begriff der Einhüllenden der Elementarwellen durch eine Rechenvorschrift: Das Lichtfeld an einem Punkt P wird gebildet durch Summation nach Amplitude und Phase über alle von den Elementarwellen stammende Beiträge. Fresnel führt in seiner Behandlung auch einen Faktor ein, der den „Ablenkwinkel" berücksichtigte. Dessen exakte Form wurde erst später von Kirchhoff angegeben. Da die genaue Form dieses Winkelfaktors für viele praktische Probleme der Beugung unwichtig ist, konnte die Fresnelsche Beschreibung eine Vielzahl von Beugungsphänomenen korrekt wiedergeben. Dieser Erfolg des Fresnelschen Ansatzes führte Anfang des 19. Jahrhunderts dazu, dass die Wellennatur des Lichtes allgemein akzeptiert wurde.

Fresnel-Huygenssches Prinzip

4.1.2 Die Fresnelsche Beugung

Die bei der Beugung beobachteten Phänomene (Beugungsbilder) hängen im Detail davon ab, wie die experimentellen Bedingungen gewählt werden; d.h. von den Eigenschaften des beleuchtenden Lichtes und der relativen Anordnung von beugendem Objekt und Beobachtungsebene. Am übersichtlichsten und dabei sehr einfach mathematisch zu beschreiben ist der Fall der Fraunhoferbeugung, bei der eine ebene Welle auf das Beugungsobjekt fällt und im Unendlichen, d.h. im großen Abstand, beobachtet wird. Man registriert dabei die Überlagerung von parallelen „Strahlen", die in die jeweilige Beobachtungsrichtung gebeugt wurden. Ein allgemeinerer Fall ist die Fresnelsche Beugung, bei der die Beugungsebene in einem großen, aber endlichen Abstand vom Beugungsobjekt liegt. Das Bild 4.2 ist unter diesen Bedingungen aufgenommen worden. Wir wollen hier zunächst eine qualitative Behandlung der Fresnelschen Beugung mit Hilfe der Fresnelschen Zonen vorstellen: Als einfachstes Beispiel einer Beugungserscheinung behandeln wir das Beugungsbild, das bei senkrechter Beleuchtung einer absorbierenden Halbebene (beginnend bei x_0) mit einer ebenen Welle entsteht (siehe Bild 4.4).

Fresnelsche Beugung: Beugungsfiguren bei endlichen Abständen
Fresnelsche Zonen: ein Hilfsmittel zur qualitativen Beschreibung

Diese Fragestellung behandeln wir als eindimensionales Problem, bei dem wir nur die x-Koordinate berücksichtigen und sich der Beobachtungspunkt P bei $R = (0, 0, R)$ befindet. Wir gehen nach dem Huygensschen Prinzip (siehe Bild 4.3) vor und betrachten dazu verschiedene Punkte in der Beugungsebene ($z = 0$) und summieren die von dort ausgehenden Elementarwellen am Beobachtungspunkt gemäß ihrem Phasenfaktor $\exp(ikr)$ auf. Der Weg r der Elementarwelle vom jeweiligen Ort x in der Blendenebene zum Beobachtungspunkt bestimmt den Phasenfaktor. Dieser Abstand r ergibt sich zu $r = \sqrt{x^2 + R^2}$. Für $x = 0$ ist der Abstand zum Beobachtungspunkt am kleinsten. Er wird hier gerade $r = R$. Erhöht man nun x, so wächst

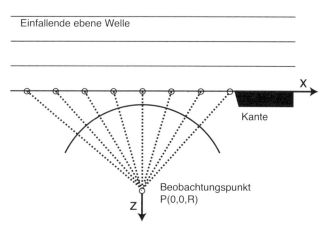

Bild 4.4: *Geometrie zur Fresnelbeugung an einer Halbebene. Die Elementarwellen von den verschiedenen Punkten der Wellenfront (Kreise) erreichen zu verschiedenen Zeiten den Beobachtungspunkt, da die Wege zu diesem Punkt sehr unterschiedlich sind.*

4.1 Qualitative Behandlung der Beugung

r langsam an. Solange r kleiner ist als $R + \lambda/2$, tragen diese Bereiche der Blendenöffnung konstruktiv zum Feld bei, das vom Ort $x = 0$ zum Beobachtungspunkt P emittiert wurde. Für $R + \lambda/2 < r < R + \lambda$ ist der Beitrag negativ, d.h., dieser Bereich muss vom Signal wieder abgezogen werden. Für $R + \lambda < r < R + 3\lambda/2$ wird der Beitrag dann wieder positiv usw. Einen Bereich der Blendenöffnung mit festem Vorzeichen bezeichnet man als Fresnelsche Zone Z_i. In Bild 4.5 sind diejenigen Fresnelzonen, die positiv zum Signal U_P beitragen, hellgrau markiert worden. Man sieht, dass nur die ersten Fresnelschen Zonen relativ große Breiten aufweisen. Für große $|x|$-Werte werden die einzelnen Zonen jedoch immer schmäler. Die Breiten von positiv und negativ beitragenden Zonen werden immer ähnlicher und die Beiträge benachbarter Zonen heben sich praktisch auf. Aus diesem Grund wird das gebeugte Feld am Beobachtungspunkt P praktisch vollständig durch die Fresnelzonen mit niedriger Nummer i bestimmt. Schiebt man nun die abschirmende Blende (Halbebene), beginnend von großen x_0-Werten her, über die Blendenebene, so ergeben sich für große x_0-Werte praktisch keine Änderungen der Intensität am Beobachtungspunkt. Erst wenn zunehmend Fresnelzonen niedriger Ordnung von der Blende abgedeckt werden, erhält man Zunahmen bzw. Abnahmen der Intensität, die zu einer Oszillation der Intensität um den Wert I_0 führen. Für $x_0 = 0$ existiert nur noch die Hälfte aller Beiträge zum gebeugten Feld (das Problem ist symmetrisch zum Ursprung), und die Intensität nimmt somit auf $I_0/4$ ab. Ein weiteres Verschieben der Blende führt dann zum Verschwinden der gebeugten Intensität. In Bild 4.6 ist der Intensitätsverlauf hinter der Halbebene angegeben, der sich bei der exakten Lösung dieses Beugungsproblems (Rechnung nach der im nächsten Kapitel angegebenen Theorie) ergibt. Man beobachtet hier auf der Lichtseite in geringem Abstand von der geometrischen Schattengrenze Oszillationen, die zu einer Überhöhung der Lichtintensität um

Fresnelzonen

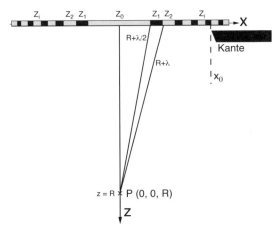

Bild 4.5: *Fresnelbeugung an einer Halbebene. Zur Lichtintensität am Beobachtungspunkt P tragen alle Fresnelzonen Z_i bei, die nicht von der Kante (Halbebene) abgedeckt werden.*

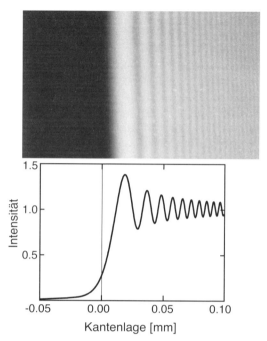

Bild 4.6: *Fresnelbeugung an einer Halbebene. Oben: Photographische Aufnahme der Fresnelbeugung. Unten: Berechneter Intensitätsverlauf für einen Abstand des Beobachtungspunktes von der Halbebene von 2000 $\lambda = 1$ mm.*

bis zu 40 % führen können. Auf der Schattenseite beobachtet man lediglich eine kontinuierliche Abnahme der Lichtintensität.

Interessante Beugungsbilder gibt es für allgemeine Formen des beugenden Objektes. Als Beispiel sind in Bild 4.7 Beugungsbilder für kreisförmige Blenden mit zunehmenden Durchmessern wiedergegeben, wie sie für divergentes rotes Licht (Beleuchtung durch einen HeNe-Laser) in einem Schirmabstand von ca.

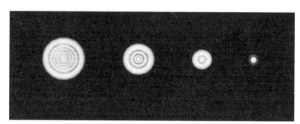

Bild 4.7: *Fresnelbeugung an Kreisblenden. Als Durchmesser der Blenden wurden 4 mm, 3 mm, 2 mm und 1 mm verwendet. Die Kreisblenden wurden von monochromatischem divergentem Licht beleuchtet. Das Beugungsbild wurde im Abstand von ca. 1 m vom Beugungsobjekt entfernt aufgenommen. Die Variation des Lochdurchmessers führt zu einer unterschiedlichen Erscheinungsform des Beugungsbildes. Während bei kleinem Lochdurchmesser Fraunhofersche Beugung auftritt, ist bei großem Lochdurchmesser die Fresnelsche Beschreibung der Beugung anzuwenden.*

1 m beobachtet werden können. In der praktischen Anwendung ist die Fresnelsche Beugung bei Hochleistungslasern zu berücksichtigen: Verwendet man hier optische Komponenten, deren freier Durchmesser ähnlich dem Durchmesser des verwendeten Lichtbündels ist, so führt dies zu Intensitätsüberhöhungen im Lichtbündel, die im ungünstigsten Fall zu einer Zerstörung von optischen Komponenten führen können.

Ein wichtiges Phänomen der Fresnelbeugung, das hier vertieft werden soll, ist an Beugungsfiguren in Bild 4.7, z.B. der zweiten von rechts, zu sehen. Für spezielle Blendendurchmesser kann man den Fall realisieren, dass im Zentrum des Beugungsbildes erhöhte Intensität auftritt. Die Blende wirkt hier zumindest teilweise wie eine fokussierende Linse. Diesen Effekt kann man in einer speziellen Anordnung von Kreisblenden, die man Fresnelsche Zonenplatte nennt, verstärken. Man kann also mit Hilfe eines Beugungseffektes Licht fokussieren bzw. Objekte abbilden. Die Zonenlinse können wir einfach dadurch konstruieren, dass wir die Fresnelschen Zonen aus Bild 4.5 um den Ursprung rotieren und so das in Bild 4.8 gezeichnete ringförmige Zonensystem erhalten. Platzieren wir eine Platte, die an den schwarzen Bereichen von Bild 4.8 absorbiert, im parallelen Strahlengang, so werden die durch verschiedene transparente Bereiche der Zonenplatte transmittierten und gebeugten Anteile am Beobachtungspunkt P in Phase eintreffen und zu hoher Lichtintensität führen, während an anderen Bereichen der Beobachtungsebene destruktive Interferenzen auftreten, die die Lichtintensität reduzieren. Die Zonenplatte wirkt wie eine Linse. Die Brennweite, d.h. der Abstand von der Zonenplatte, in dem konstruktive Interferenz der verschiedenen Ringe auftritt, hängt direkt von der Wellenlänge des Lichtes ab. Eine „Zonenlinse" zeigt also einen ausgeprägten Farbfehler. Zonenplatten werden selten für Abbildungen von sichtbarem Licht eingesetzt. Jedoch werden Zonenplatten aus dünnen, frei tragenden Metallstegen zur Abbildung von Röntgenstrahlen eingesetzt. Bei Röntgenstrahlung verhindern die hohe Absorption praktisch aller einsetzbaren Elemente des Periodensystems und die geringe Abweichung des Brechungsindex vom Wert eins den Einsatz sphärischer, auf Brechung beruhender Linsen, während die transparenten Bereiche einer Fresnelschen Zonenplatte ausreichend Röntgenlicht transmittieren lassen. Zum Abschluss noch eine kurze Bemerkung zu einem immer wieder auftretenden Missverständnis: Bitte beachten Sie, dass eine Fresnelsche Zonenplatte nicht mit einer Fresnellinse verwechselt werden sollte. Beide optische Komponenten besitzen Linsenwirkung, ihre Funktionsweise ist jedoch gänzlich verschieden.

Fresnelsche Zonenplatte

Bild 4.8: *Fresnelsche Zonenplatte.*

Übungsfrage:
Überlegen Sie sich, wie die Brennweite einer Zonenplatte mit dem Radius der Zonen zusammenhängt. Was würde man beobachten, wenn man die schwarzen Zonen der Zonenplatte transparent gestaltet und die weißen undurchlässig sind? Wie würde die gebeugte Intensität verändert, wenn in der ursprünglichen Zonenplatte die absorbierenden Bereichen durch transparente Schichten mit einem Gangunterschied von $\lambda/2$ ersetzt würden?

4.2 Mathematische Behandlung der Beugung

4.2.1 Die Fresnel-Kirchhoffsche Beugungstheorie**

Im Rahmen dieses Abschnittes werden wir zunächst die allgemeine Fragestellung behandeln, die in Bild 4.9 skizziert ist: Die Lichtquelle Q emittiere Licht der Wellenlänge λ (Wellenzahl $k = 2\pi/\lambda$). Sie beleuchte von links ein Objekt (die Beugungsstruktur B), das spezielle optische Eigenschaften (Absorption, Brechung, ...) aufweist. In unserer Problemstellung wollen wir Feldstärke oder Lichtintensität am Beobachtungspunkt P berechnen. Das so definierte Problem ist ein typisches Randwertproblem, das im Prinzip mit Hilfe der Maxwellschen Gleichungen zu behandeln ist. Dazu müsste jedoch nicht nur die Lichtquelle, sondern die Eigenschaften des Objekts – dessen exakte Form und dessen dielektrische Eigenschaften – sowie seine Rückwirkung auf die Feldverteilung auch im linken Halbraum exakt bekannt sein. Für wenige ideale Geometrien wurde diese exakte Behandlung durchgeführt. Im allgemeinen Fall lässt sich die Problemstellung jedoch nicht geschlossen lösen. Wir werden deshalb hier eine Reihe von Näherungen einführen; die Geometrie des Beugungsproblems ist in Bild 4.10 gezeigt. Wir betrachten anstelle des vektoriellen elektrischen Feldes nur ein skalares „Licht"-Feld U, das sich ungestört von der Quelle zum beugenden Objekt ausbreite. Das Objekt sei eben und beeinflusse das einfallende Lichtfeld $U_e(\xi, \eta)$ durch die Transmissionsfunktion $\Omega(\xi, \eta)$, so dass ein Lichtfeld $U_0(\xi, \eta)$ auf der rechten Seite der Blende wirkt:

$$U_0(\xi, \eta) = \Omega(\xi, \eta) \cdot U_e(\xi, \eta) \qquad (4.1)$$

Als Spezialfall betrachten wir eine Blende, die nur vollständig transparente (Blendenöffnung Ω) oder vollständig absorbierende Bereiche besitzt. Vor der Blendenöffnung wird das Lichtfeld durch die ungestörten Werte beschrieben. Erst hinter der Blende wird der Einfluss des Objektes berücksichtigt. Eine Rückwirkung des gebeugten Lichtes auf die Feldverteilung vor dem Objekt und in der Blendenöffnung Ω wird nicht beachtet. Diese Vorgehensweise lässt sich dadurch motivieren, dass Beugungserscheinungen in der Regel sehr

4.2 Mathematische Behandlung der Beugung

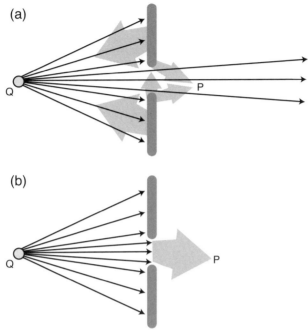

Bild 4.9: *Das Beugungsproblem: Das von dem Blendenobjekt ausgehende Lichtfeld beeinflusst nicht nur die Lichtfeldstärke am Beobachtungspunkt P, es kann auch auf die Quelle zurückwirken (oben). Im Rahmen der Fresnel-Kirchhoffschen Beugungstheorie wird diese Rückwirkung vernachlässigt. Nur das von der Quelle direkt in der Blendenebene erzeugte Licht trägt am Beobachtungspunkt bei (unten).*

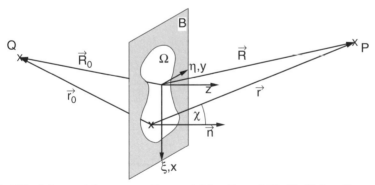

Bild 4.10: *Schemazeichnung zur Geometrie des Fresnel-Kirchhoffschen Beugungsproblems.*

lichtschwach sind und deshalb deren Rückwirkung auf die Quelle zu vernachlässigen sein sollte. Außerdem nehmen wir an, dass die Beobachtungspunkte so nahe an der geometrischen Schattengrenze liegen, dass wir keinen Ablenkfaktor berücksichtigen müssen. Mit diesen Einschränkungen gehen wir zwar über die Näherungen der Fresnel-Kirchhoffschen Beugungstheorie hinaus, die wesentlichen Eigenschaften der Beugung werden jedoch in den meisten praktisch relevanten Fällen gut wiedergegeben.

Die mathematische Behandlung im Rahmen der Fresnel-Kirchhoffschen Theorie nutzt die Maxwell-Gleichungen und den Greenschen Satz, um aus einer vorgegebenen Feldverteilung $U_0(\xi,\eta)$ in der Blendenöffnung Ω die Feldstärke $U_P(\vec{R})$ am Beobachtungsort P (Koordinaten $\vec{R} = (x,y,z)$) zu berechnen. Dabei ergibt sich eine Beziehung, die man auch bei Einsatz des Huygensschen Prinzips erhält, wenn als Elementarwellen Kugelwellen $E_K \propto \dfrac{1}{r}\exp(ikr)$ verwendet werden.

Kugelwellen

$$U_P(\vec{R}) \propto \iint_\Omega U_0(\xi,\eta)\frac{\exp(ikr)}{r}\mathrm{d}\xi\mathrm{d}\eta \tag{4.2}$$

$\vec{r}$ sei der Vektor vom Punkt (ξ,η) zum Beobachtungspunkt P. Den Koordinatenursprung legen wir willkürlich in die Blendenöffnung. ξ und η sind die Koordinaten in der Blendenebene, die durch $z = 0$ definiert ist (siehe Bild 4.10).

Bei einer genaueren Betrachtung von Gl. (4.2) lassen sich einige interessante Eigenschaften feststellen. Das Feld am Beobachtungspunkt P kommt durch Integration einer Funktion über den offenen Teil der Blende zustande. Diese Funktion enthält dabei zwei wesentliche Faktoren: 1. das einfallende Feld $U_0(\xi,\eta)$ an der Blendenöffnung, 2. eine Kugelwelle, die sich vom Ort (ξ,η) her ausbreitet. Für die Proportionalitätskonstante berechnet man $-i/\lambda$.

Wir führen nun die Beleuchtung der Blende durch eine Punktlichtquelle Q (Stärke e_0) am Ort $R_0 = (x_0,y_0,z_0)$ ein. Von dieser wird eine Kugelwelle mit der Feldstärke U_0 in der Öffnung Ω erzeugt, $U_0(\xi,\eta) = e_0/r_0 \exp(ikr_0)$. Den Vektor vom Punkt (ξ,η) in der Blendenöffnung zur Quelle Q bezeichnen wir dabei mit $\vec{r}_0 = \vec{r}_0(\xi,\eta)$.

$$U_P(\vec{R}) \propto e_0 \iint_\Omega \frac{\exp[ik(r+r_0)]}{rr_0}\mathrm{d}\xi\mathrm{d}\eta \tag{4.3}$$

4.2.2 Fresnelsche und Fraunhofersche Beugung

Fesnelsche Beugung

Die rechnerische Behandlung von Gl. (4.3) lässt sich für große Abstände r, $r_0 \gg \lambda$ stark vereinfachen. Da sich das Produkt $r \cdot r_0$ bei einer Änderung des Beobachtungspunktes sehr viel langsamer als $\exp(ik(r+r_0))$ ändert, lässt sich $1/(r \cdot r_0)$ durch den Wert am Koordinatenursprung ersetzen und vor das Integral ziehen.

$$U_P(\vec{R}) \propto \frac{e_0}{R \cdot R_0} \iint_\Omega \exp[ik(r+r_0)]\mathrm{d}\xi\mathrm{d}\eta \tag{4.4}$$

4.2 Mathematische Behandlung der Beugung

r und r_0 ersetzen wir nun noch durch die Koordinaten und nehmen dabei an, dass sich Quelle und Beobachtungspunkt – verglichen zum Blendendurchmesser – weit von der Blendenebene entfernt befinden:

$$r = \sqrt{(x-\xi)^2 + (y-\eta)^2 + z^2}$$
$$= R - \alpha\xi - \beta\eta + 0(\xi^2/R, \eta^2/R) + \cdots$$
$$r_0 = R_0 + \alpha_0\xi + \beta_0\eta + 0(\xi^2/R_0, \eta^2/R_0) + \cdots$$
$$r + r_0 = R + R_0 - (\alpha - \alpha_0)\xi - (\beta - \beta_0)\eta + \psi \quad (4.5)$$

$0(\xi^2/R, \eta^2/R)$ bezeichnet dabei die Terme der Entwicklung, die quadratisch in ξ und η sind. Weiterhin verwenden wir die Richtungskosinus[1] $\alpha = x/R$, $\beta = y/R$ der gebeugten Strahlen bzw. $\alpha_0 = -x_0/R_0$, $\beta_0 = -y_0/R_0$ der einfallenden Strahlen, die gegen die $\xi(x)$- bzw. $\eta(y)$-Achse zu nehmen sind. $k \cdot \alpha = k_x$ bzw. $k \cdot \beta = k_y$ sind dann die x- und y-Komponenten des Wellenvektors des gebeugten Lichtstrahls. Die z-Komponente ergibt sich dann aus der Beziehung $k = 2\pi/\lambda = \sqrt{k_x^2 + k_y^2 + k_z^2}$. Analoge Beziehungen gelten für den Wellenvektor k_0 des einfallenden Strahles. Die Funktion ψ in Gl. (4.5) enthält die höheren Terme der Entwicklung, die nur für endliche Quellen- bzw. Beobachtungsabstände wichtig werden. Am weitesten gehen die Vereinfachungen im Falle der Fraunhoferschen Beugung. Hier verwendet man $R_0 \to \infty$ und $R \to \infty$ und kann ψ vernachlässigen. Im Ausdruck für die gebeugte Intensität $U_P(\alpha, \beta)$ bleiben dann nur noch Terme übrig, die die Koordinaten ξ und η linear enthalten. In der Proportionalitätskonstante $\mathcal{V}_{P0}$ fassen wir noch die konstanten Terme vor dem Integral zusammen.

Fraunhofersche Beugung: nur lineare Terme zählen

$$U_P(\alpha, \beta) \propto \frac{e_0}{R \cdot R_0} \iint_\Omega \exp[-ik(\alpha-\alpha_0)\xi - ik(\beta-\beta_0)\eta]d\xi d\eta \quad (4.6)$$

$$U_P(\alpha, \beta) = \mathcal{V}_{P0} \iint_\Omega \exp[-ik(\alpha - \alpha_0)\xi - ik(\beta - \beta_0)\eta]d\xi d\eta$$

$$\boxed{U_P(\alpha, \beta) = \mathcal{V}_{P0} \int_{-\infty}^{+\infty}\int_{-\infty}^{+\infty} \Omega(\xi, \eta) \exp[-ik(\alpha-\alpha_0)\xi - ik(\beta-\beta_0)\eta]d\xi\, d\eta} \quad (4.7)$$

Fraunhofersche Beugung

---

[1] Mit Richtungskosinus wird der Kosinus eines Winkels bezeichnet, den ein Vektor mit der jeweiligen positiven Koordinatenachse einschließt. Im Dreidimensionalen gibt es also drei Richtungskosinus, die die Komponenten eines Vektors bilden, der in die entsprechende Richtung im Raum weist.

Für den Fall von senkrecht auf die Beugungsöffnung einfallendem Licht ergibt sich eine weitere Vereinfachung, da hier $\alpha_0 = \beta_0 = 0$ ist:

$$U_\mathrm{P}(\alpha,\beta) = \mathcal{V}_{\mathrm{P}0} \int\limits_{-\infty}^{+\infty}\int\limits_{-\infty}^{+\infty} \Omega(\xi,\eta)\exp(-\mathrm{i}k\alpha\xi - \mathrm{i}k\beta\eta)\,\mathrm{d}\xi\,\mathrm{d}\eta \qquad (4.8)$$

Fraunhofersche Beugung, senkrechter Lichteinfall

Beugung als Fouriertransformation

Während in Gl. (4.6) die Integration über die offene Fläche Ω der Blende zu führen ist, berücksichtigt Gl. (4.7) die Blendenöffnung durch eine Funktion $\Omega(\xi,\eta)$, die die Transmission der Blende wiedergibt und lässt die Integrationsgrenzen nach unendlich gehen. Aus Gl. (4.8) sieht man, dass die gebeugte Intensität – als Funktion der beiden Raumfrequenzen $k_\mathrm{x} = k\cdot\alpha$ und $k_\mathrm{y} = k\cdot\beta$ – als zweidimensionale Fouriertransformation der Blendenfunktion dargestellt werden kann. Diesen Zusammenhang werden wir bei der Behandlung der verschiedenen Spezialfälle der Fraunhoferschen Beugung in Abschnitt 4.3 anwenden. Für endliche Abstände R bzw. R_0 ist die explizite Form der Phasenfunktion ψ zu berücksichtigen. Beispiele der Fresnel-Beugung für endliches R und $R_0 \to \infty$ wurden bereits im Abschnitt 4.1.2 diskutiert.

4.2.3 Fraunhofersche Beugung

Durch eine Linse kann das Fraunhofersche Beugungsbild ins Endliche gebracht werden

Im Falle der Fraunhoferschen Beugung nehmen wir an, dass die beleuchtende Lichtquelle und der Beobachtungspunkt sehr weit vom beugenden Objekt entfernt liegen: In der Praxis einzelner kleiner Objektöffnungen würde jedoch die Beobachtung im Unendlichen zu einer verschwindend kleinen Lichtintensität und unhandlichen Ausdehnungen der Experimente führen. Deshalb benützt man zur Beobachtung der Beugungsfigur hinter dem Objekt eine Sammellinse L der Brennweite f und beobachtet in der Brennebene der Linse (Bild 4.11). Der Koordinatenursprung in der Brennebene sei durch den Auftreffpunkt des ungebeugten Lichtes bestimmt. Ungebeugtes Licht wird also auf den Brennpunkt der Linse L fokussiert. Gebeugte Lichtbündel mit einem speziellen

Ungebeugtes Licht wird auf den Brennpunkt fokusiert

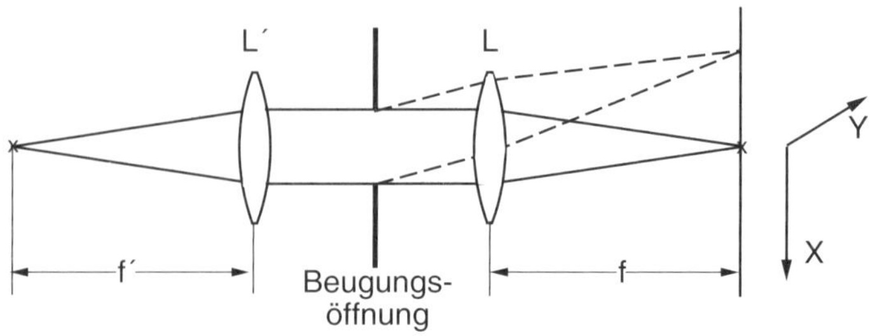

Bild 4.11: *Fraunhofersche Beugung. Schematische Darstellung der Beobachtungs- und Beleuchtungsanordnung. Man beobachtet in der Brennebene der Linse L, während sich die (punktförmige) Beleuchtungslichtquelle in der Brennebene der Linse L' befindet.*

Paar von Richtungskosinus (α, β) werden in der Brennebene auf den Punkt $(X, Y) = (\alpha \cdot f, \beta \cdot f)$ abgebildet. Dabei werden paraxiale Strahlen, d.h. Strahlen für kleine Beugungswinkel $\alpha, \beta \ll 1$, angenommen. Bei der Beleuchtung der Blendenöffnung wird sinnvollerweise ebenfalls eine Linse L' eingesetzt. Für Demonstrationszwecke verwendet man heute häufig einen beleuchtenden Laser. Hier ist das einfallende Licht praktisch parallel, so dass man die Linse L' nicht benötigt. Die Lichtintensitäten können oft so hoch gewählt werden, dass auch in einem großen Beobachtungsabstand R noch genügend hohe Intensitäten vorliegen und deshalb auf die Beobachtungslinse L verzichtet werden kann.

Fraunhofersche Beugung: mathematisch einfach beschreibbare Beugungsbilder

Der große Vorteil der Fraunhoferschen Behandlung ist darin zu sehen, dass sie wichtige physikalische Phänomene mathematisch beschreiben kann, ohne den Rückgriff auf komplizierte numerische Methoden zu erfordern. Wir werden im Folgenden mit Hilfe von Gleichung (4.7) bzw. (4.8) verschiedene Beugungsphänomene behandeln. Dabei werden wir uns jedoch auf den Fall kleiner Ablenkwinkel χ beschränken.

4.2.4 Das Babinetsche Prinzip

Babinetsches Prinzip: komplementäre Blenden produzieren dasselbe Beugungsbild

Verwendet man den Beugungsaufbau von Bild 4.11 ohne Blendenobjekt, so erhält man eine ungestörte Feldverteilung $E_0(X, Y)$. Bei Verwendung einer Punktlichtquelle wird nur am Koordinatenursprung Helligkeit zu beobachten sein; an allen anderen Stellen gilt dann $E_0(X, Y) = 0$. Wir wollen nun zwei komplementäre Blenden B_1 und B_2 einsetzen, die so gestaltet sind, dass die transparenten Bereiche der einen exakt den opaken Bereichen der anderen Blende entsprechen. Somit gilt nach Gl. (4.7) für die Felder E_i, die bei Verwenden der Blende B_i beobachtet werden: $E_1 + E_2 = E_0$.

Da außerhalb des Koordinatenursprungs E_0 verschwindet, muss hier gelten: $E_1(X, Y) = -E_2(X, Y)$ oder $I_1(X, Y) = I_2(X, Y)$. Damit tritt bei beiden komplementären Blenden dieselbe gebeugte Intensität auf (Babinetsches Prinzip). Das heißt, eine Lochblende und die dazu komplementäre Scheibe erzeugen dasselbe Fraunhofersche Beugungsbild.

4.3 Spezielle Fälle der Fraunhoferschen Beugung

4.3.1 Beugung an einem langen Spalt

Für den Fall von senkrecht einfallendem Licht können wir mit Hilfe von Gl. (4.8) die Feldverteilung am Beobachtungsschirm berechnen. Wir betrachten zunächst einen Spalt (siehe Bild 4.12) der Breite b, dessen Höhe h sehr groß sei, $h \gg b$. Im Fall dieses „unendlich" langen Spaltes wird die Transmissionsfunktion zu $\Omega_{\text{Spalt}}(\xi, \eta) = \Omega_{\text{Spalt}}(\eta)$: Damit lässt sich die Integration über ξ

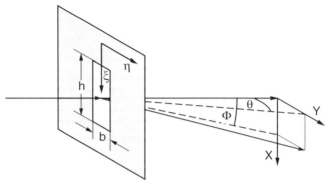

Bild 4.12: *Beugung an einem Spalt mit Breite b und Höhe h – Definition der verschiedenen Größen. Verwendet man einen unendlich langen Spalt, $h \to \infty$, so tritt keine Ablenkung in X- bzw. ξ-Richtung auf.*

sofort ausführen:

$$U_\mathrm{P}(\alpha,\beta) = \mathcal{V}_\mathrm{P0} \int_{-\infty}^{+\infty} \exp(-\mathrm{i}\,k\alpha\xi)\,\mathrm{d}\xi \int_{-\infty}^{+\infty} \Omega_\mathrm{Spalt}(\eta) \exp(-\mathrm{i}k\beta\eta)\,\mathrm{d}\eta \quad (4.9)$$

$$= \mathcal{V}_\mathrm{P0} \cdot 2\pi\delta(k\alpha) \int_{-\infty}^{+\infty} \Omega_\mathrm{Spalt}(\eta) \exp(-\mathrm{i}k\beta\eta)\,\mathrm{d}\eta \quad (4.10)$$

Da der Spalt in ξ- bzw. X-Richtung unendlich ausgedehnt ist, findet keine Ablenkung des Lichtes in dieser Richtung statt. Wie im Abschnitt 4.2.3 besprochen, wird ungebeugtes Licht im Brennpunkt der Beobachtungslinse L fokussiert. Da das Licht beim unendlich langen Spalt jedoch nur in X-Richtung ungebeugt ist, wird es hier auf die Linie $X = 0$ „fokussiert". Wir wollen uns im Folgenden auf die Beugung in η- oder Y-Richtung beschränken.

$$\Omega_\mathrm{Spalt}(\eta) = \begin{cases} 1 & -b/2 < \eta < b/2 \\ 0 & \text{sonst.} \end{cases}$$

$$U_\mathrm{P}(\beta) \propto \int_{-\infty}^{+\infty} \Omega_\mathrm{Spalt}(\eta) \exp(-\mathrm{i}\,k\beta\eta)\,\mathrm{d}\eta$$

$$= \frac{1}{-\mathrm{i}\,k\beta}[\exp(-\mathrm{i}\,k\beta b/2) - \exp(\mathrm{i}\,k\beta b/2)]$$

$$= \frac{\sin(k\beta b/2)}{k\beta/2} \quad (4.11)$$

Die Intensität ist proportional zum Betragsquadrat dieser Größe. Es ist sinnvoll, die Intensität zu normieren, da wir uns dann nicht um die exakte Größe von

4.3 Spezielle Fälle der Fraunhoferschen Beugung

Vorfaktoren oder die Beleuchtungsstärke des Spaltes kümmern müssen. Um den Wert der Intensität ohne Vorfaktoren bei $\beta = 0$ zu berechnen, wenden wir die L'Hospitalsche Regel an.

$$I_{\text{Spalt}}(\beta = 0) \propto \lim_{\beta \to 0} \frac{\sin^2(k\beta b/2)}{k^2\beta^2/4} = \lim_{\beta \to 0} \frac{2\sin(k\beta b/2)\cos(k\beta b/2)kb/2}{2k^2\beta/4} =$$

$$= \lim_{\beta \to 0} \frac{[\cos^2(k\beta b/2) - \sin^2(k\beta b/2)]k^2b^2/4}{k^2/4} = b^2 \quad (4.12)$$

Für den Verlauf des Beugungsmusters gilt also:

$$\boxed{\frac{I_{\text{Spalt}}(\beta)}{I_{\text{Spalt}}(0)} = \frac{\sin^2(k\beta b/2)}{(k\beta b/2)^2} = \left(\frac{\sin\left(\frac{\pi b \sin\theta}{\lambda}\right)}{\frac{\pi b \sin\theta}{\lambda}}\right)^2 = \left(\frac{\sin B}{B}\right)^2} \quad (4.13)$$

Beugung am langen Spalt

Dabei haben wir den Zusammenhang des Richtungskosinus β mit dem Ablenkwinkel θ in η-Richtung: $\beta = \sin\theta$ und die Definition der Wellenzahl $k = 2\pi/\lambda$ verwendet. Der Verlauf der gebeugten Intensität folgt also der wohlbekannten Funktion $(\sin(B)/B)^2$. Wir hatten bereits erwähnt, dass die Fraunhofersche Beugung nach Gl. (4.8) als Fouriertransformation der Blendenöffnung zu verstehen ist. In diesem Fall hat die Blendenöffnung Ω_{Spalt} die Form einer Rechteckfunktion der Breite b. Die Fouriertransformierte der Rechteckfunktion berechnet sich zu $\sin(k_y b/2)/(2/k_y)$. Setzt man hier noch $k_y = k\beta$ ein und führt die entsprechende Normierung durch, so erhält man Gl. (4.13). In Bild 4.13 sind die Beugungsbilder für zwei senkrechte Spalte unterschiedlicher Breite wiedergegeben. Im Zentrum beobachtet man das intensivste Maximum. Danach folgt zu beiden Seiten hin eine Abfolge von Minima und Maxima, deren Intensität sehr schnell abklingt. Der physikalische Grund für diese Intensitätsminima liegt darin, dass gebeugtes Licht von unterschiedlichen Bereichen des Spaltes gerade destruktiv interferiert. Der funktionelle Verlauf von $I(\theta)$ ist

Beugung am Spalt: $(\sin B/B)^2$-Verlauf

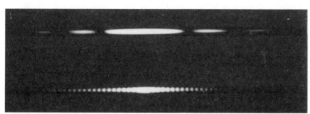

Bild 4.13: *Beugungsbild für lange Spalte. Oben: schmaler Spalt, unten: breiter Spalt; die Aufnahme ist stark überbelichtet, damit möglichst viele Beugungsmaxima beobachtet werden können.*

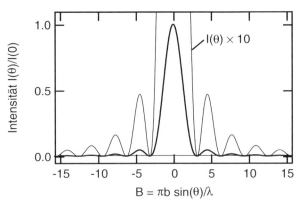

Bild 4.14: *Intensitätsverlauf bei Beugung an einem langen Spalt. Bei der dünn gezeichneten Kurve wurde die Intensität mit 10 multipliziert, damit der Verlauf der Beugungsintensität auch für größere Ablenkwinkel θ verfolgt werden kann.*

in Bild 4.14 wiedergegeben. Bei Ablenkwinkel $\theta = 0$ tritt das Hauptmaximum auf. Die Minima mit $I(\theta_{\text{Min}}) = 0$ liegen bei den Nullstellen von $\sin B$ mit $B \neq 0$.

$$\sin(B) = \sin(\pi b \sin\theta_{\text{Min}}/\lambda) = 0$$
$$\sin\theta_{\text{Min}} = \pm\frac{\lambda}{b}, \pm\frac{2\lambda}{b}, \cdots, \pm\frac{n\lambda}{b} \quad \text{für } n = 1, 2, \ldots$$
(4.14)

Lage der Minima bei Beugung am Spalt

Es ist bemerkenswert, dass sich im Allgemeinen die Lagen benachbarter Minima gerade um λ/b unterscheiden. Lediglich die Minima links und rechts des Hauptmaximums sind doppelt so weit, d.h. $2\lambda/b$ voneinander entfernt. Für die volle Halbwertsbreite des Hauptmaximums erhält man einen Wert von etwa $0.9 \cdot \lambda/b$. Bei sehr kleinen Spaltenbreiten $b < \lambda$ treten keine Minima mehr auf; der Spalt dient dann als Linienquelle, da die Spaltbreite so klein ist, dass keine Bereiche mehr existieren, die destruktiv miteinander interferieren könnten.

Wie viele Beugungsminima findet man?

Nebenmaxima der gebeugten Intensität treten für große Spaltbreiten immer dann auf, wenn gilt: $d/dB(\sin^2 B/B^2) = 0 \Rightarrow \tan B = B$. Diese Bedingung lässt sich z.B. graphisch lösen. Daraus ergibt sich dann:

$$\sin\theta_{\text{Max}} = \pm 1.43\frac{\lambda}{b}, \quad \pm 2.46\frac{\lambda}{b},$$
$$I(\theta_{\text{Max}})/I_0 = 0.047, \quad 0.017$$

Lage und Intensität der Maxima bei Beugung am Spalt (4.15)

4.3 Spezielle Fälle der Fraunhoferschen Beugung 151

Für höhere Ordnungen lässt sich die Position der Nebenmaxima einfach angeben. Die Position des n-ten Nebenmaximum liegt dabei bei:

$$\sin \theta_{\text{Max,n}} \simeq \pm \frac{2n+1}{2} \frac{\lambda}{b} \qquad (4.16)$$

Geometrische Überlegungen zur Beugung: Oft wird auch ein einfacheres geometrisches Bild für die Erklärung der Beugung am Einfachspalt herangezogen. Die Grundlage bildet wieder das Huygenssche Prinzip: Jeder Punkt in der Blendenöffnung der Breite b ist Ausgangspunkt einer neuen Elementarwelle. Wir betrachten die Ausbreitung der einzelnen Wellen in Richtung eines Winkels θ zur Senkrechten auf die Blendenöffnung wie im Bild (4.15) dargestellt. Man findet, dass für den Gangunterschied $\Delta s = b \sin \theta$ zwischen den beiden äußersten Elementarwellen an den beiden Rändern der Blende gelten muss:

$$\Delta s = (2n+1)\frac{\lambda}{2} \quad \text{für ein Beugungsmaximum} \qquad (4.17)$$

$$\Delta s = 2n \frac{\lambda}{2} \quad \text{für ein Beugungsminimum} \qquad (4.18)$$

$$n = 1, 2, \cdots$$

Im Falle eines Beugungsminimums unterteilt man die Blende in $2n$ gleich breite Abschnitte. Zu jeder Elementarwelle aus einem Abschnitt findet man dann im Nachbarabschnitt eine entsprechende Welle, die genau um $\lambda/2$ in der Phase gegen die erste verschoben ist (vergleiche Bild 4.15). Somit findet

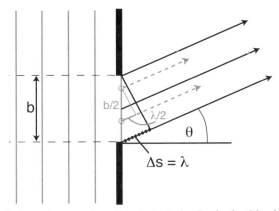

Bild 4.15: *Nach dem Huygensschen Prinzip ist jeder Punkt der Blendenöffnung Ausgangspunkt einer neuen Elementarwelle. Die beiden gestrichelten Wellen haben einen Gangunterschied Δs von $\lambda/2$, so dass sie sich in der Beobachtungsebene gerade destruktiv überlagern.*

insgesamt destruktive Interferenz statt, man beobachtet ein Minimum. Im Falle eines Maximums unterteilt man die Blende entsprechend in $(2n + 1)$ solcher Bereiche, von denen sich $2n$ wieder gegenseitig aufheben. Jedoch bleibt hier genau ein Bereich übrig, wodurch man ein Maximum beobachtet.

Dieses Modell gibt die Lage der Minima richtig wieder, jedoch ist die Formel für die Lage der Maxima nur für große n-Werte korrekt. Das liegt daran, dass bei der geometrischen Betrachtung das Abfallen der Intensität nach außen mit $1/B^2$ nicht berücksichtigt wurde. Die geometrische Behandlung gibt einen schnellen qualitativen Überblick über das Beugungsphänomen, für exakte Berechnungen muss man aber die mathematische Formulierung der Fraunhoferschen Beugung oder die Fouriertransformation heranziehen.

4.3.2 Beugung an einer Rechteckblende

Verwenden wir nun einen Spalt endlicher Höhe h, so ist dies bei der Integration über ξ zu berücksichtigen. Eine Ablenkung kann nun auch in X-Richtung erfolgen. Der Ablenkwinkel Φ ist mit dem Richtungskosinus α in ξ-Richtung verknüpft über $\sin\Phi = \alpha$. Die so gebeugte Intensität dieser Rechteckblende hängt nun sowohl von α wie von β ab:

$$\frac{I(\alpha,\beta)}{I_0} = \frac{\sin^2 A}{A^2}\frac{\sin^2 B}{B^2} \tag{4.19}$$

$$\text{mit } A = \frac{h}{2}k\alpha = \frac{h}{2}k\sin\Phi;\ B = \frac{b}{2}k\beta = \frac{b}{2}k\sin\theta$$

In Bild 4.16 ist ein Beugungsbild für den Fall der Rechteckblende wiedergegeben: Zusätzlich zu dem vom langen Spalt her bekannten Beugungsbild, das wieder bei $\alpha = 0$ auftritt, ist jedes dieser Beugungsmaxima auch in X-Richtung gemäß der Funktion $\sin^2 A/A^2$ verschmiert. Man beobachtet also

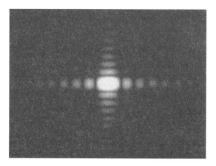 

Bild 4.16: *Beugung an einer Rechteckblende. Linke Seite: Normale Beleuchtungsbedingung. Rechte Seite: Stark überbelichtet.*

4.3 Spezielle Fälle der Fraunhoferschen Beugung 153

eine gitterförmige Anordnung von Minima und Maxima. Für den Abstand benachbarter Maxima gilt: Je größer die Rechteckseite des Spaltes (b oder h), desto kleiner wird der entsprechende Winkelabstand β oder α.

4.3.3 Beugung an einer kreisförmigen Öffnung

Beugung an kreisförmigen Öffnungen – wichtig für das Auflösungsvermögen vieler optischer Instrumente

In vielen Fällen von praktischer Bedeutung treten kreisförmige Begrenzungen des Strahlenganges auf. Diese Blenden von Fernrohren oder Mikroskopen führen ebenfalls zu Beugungserscheinungen, die, wie wir später sehen werden, für das Auflösungsvermögen dieser Geräte bedeutend sind. Die mathematische Behandlung der Beugung an einer kreisförmigen Blende mit Durchmesser D führt auf eine Besselfunktion. Für die Intensität, die man unter einem Beugungswinkel θ erhält, findet man:

$$I(r) \propto \left(\frac{J_1((kD\sin\theta)/2)}{(kD\sin\theta)/2}\right)^2 \qquad (4.20)$$

Dabei ist J_1 die Besselfunktion erster Gattung der Ordnung 1. Dieser Intensitätsverlauf ist in Bild 4.17 angegeben. Qualitativ erhält man den vom Spalt her bekannten Intensitätsverlauf, der jetzt – aufgrund der rotationssymmetrischen Öffnung – zu einem rotationssymmetrischen Beugungsbild führt (siehe Bild 4.18).

Ein sehr intensives Hauptmaximum ist ringförmig von Nebenmaxima umgeben, deren Amplitude sehr schnell mit wachsender Ordnung abfällt. Ca.

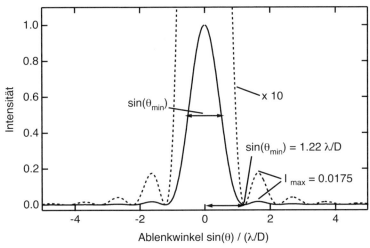

Bild 4.17: *Beugung an einer kreisförmigen Blende. Man findet eine Halbwertsbreite der Beugungsfigur, die etwas kleiner ist als der Abstand vom Maximum bis zur ersten Nullstelle, die bei $\sin\theta = 1.22\lambda/D$ auftritt. Die Intensität des ersten Nebenmaximums liegt bei nur 1.75 %.*

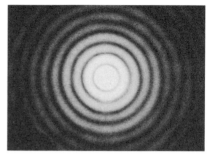

Bild 4.18: *Beugung an einer kreisförmigen Blende. Linke Seite: Normale Beleuchtungsbedingung. Rechte Seite: Stark überbelichtet.*

85% der Gesamtintensität liegt innerhalb des ersten Beugungsminimums. Die schwarzen Ringe geben dabei Nullstellen der Intensität an, die für die folgenden Werte von $\sin\theta$ auftreten:

$$\boxed{\sin\theta_{\min} \simeq 1.22\frac{\lambda}{D}, 2.23\frac{\lambda}{D}, \ldots, (n+1/4)\frac{\lambda}{D}} \quad (4.21)$$

Minima bei Beugung an einer Kreisblende

Den Durchmesser des Beugungshauptmaximums kann man zu $\Delta\theta = 1.22\,\lambda/D$ abschätzen. Als Beispiel für die Bedeutung der Beugung an einer Kreisblende wollen wir den Durchmesser d des Beugungsscheibchens für ein auf sehr helles Licht angepasstes Auge abschätzen: Für einen Pupillendurchmesser $D = 1.5$ mm und einer Wellenlänge des Lichts von $\lambda = 600$ nm erhält man mit den typischen Augenparametern (Augenlänge $L \simeq 20$ mm, Brechungsindex Glaskörper $n_{\text{gl}} \simeq 1.33$) einen Fleckdurchmesser d von $d = 7\,\mu$m. Das heißt, die Beugung an der Pupille erzeugt ein Beugungsscheibchen, dessen Durchmesser größer ist als der Abstand zweier Rezeptoren auf der Netzhaut und der somit das Auflösungsvermögen des Auges reduziert.

4.3.4 Beugung am Doppelspalt

Doppelspalt: einfach zu behandelndes Interferometer – ideal für Gedankenexperimente

Als erstes Beispiel für eine Anordnung, bei der Strahlen aus unterschiedlichen Öffnungen miteinander interferieren können, werden wir den Doppelspalt behandeln (siehe Bild 4.19). Der Doppelspalt entsteht durch die Anordnung von zwei langen Spalten der Breite b nebeneinander in einem Abstand a (a = Abstand der Spaltzentren, $a > b$, Bild 4.19a). Die beiden Spalte sollen exakt parallel nebeneinander liegen. Diese Anordnung erlaubt – neben der einfachen Behandlung als beugendes Objekt – eine Vielzahl von allgemeinen Betrachtungen über die Natur des Lichtes. Es ist deshalb nicht verwunderlich, dass Young mit Experimenten am Doppelspalt zum Siegeszug der Wellentheorie maßgeblich beigetragen hat. Zusätzlich erweist sich der Doppelspalt als

4.3 Spezielle Fälle der Fraunhoferschen Beugung   155

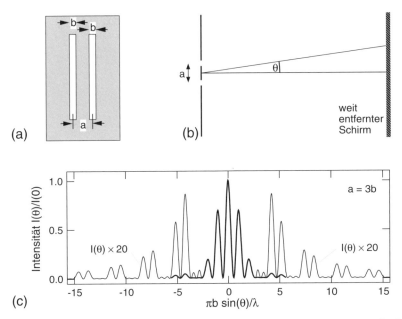

Bild 4.19: *Doppelspalt – (a) und (b) schematische Darstellung; (c) Intensitätsverlauf für einen Spaltabstand $a = 3b$.*

einfach genug, um ihn in Gedankenexperimenten im Zusammenhang mit dem Welle-Teilchen-Dualismus von Licht und Materie (siehe Kap. 5) zu verwenden.

Physikalisch kann man den Doppelspalt zunächst als zwei Einzelspalte betrachten: An jedem Spalt erfolgt Beugung des einfallenden Lichtes. Die beiden Beugungsfiguren überlappen sich in der Fraunhoferschen Beugung (d.h. bei Betrachtung im Unendlichen oder in der Brennebene einer Linse). Das aktuelle Bild hängt jedoch von der Art der Beleuchtung der beiden Spalte ab. Im einfachsten Fall verwendet man dabei eine ebene, senkrecht einfallende Welle. Dies lässt sich z.B. dadurch realisieren, dass man eine unendlich weit entfernte, monochromatische Punktlichtquelle verwendet oder dass man, wie in Bild 4.11 gezeigt, eine im Endlichen liegende Punktlichtquelle mit einer Linse kombiniert. Auf diese Weise erhält man für jeden Ablenkwinkel θ eine definierte Phasenbeziehung (Gangunterschied) zwischen den Lichtkomponenten, die von den beiden Spalten her emittiert werden. Dadurch treten zusätzlich zum Beugungsbild eines Spaltes ausgeprägte Modulationen auf. Für den allgemeinen Fall einer nicht senkrechten Beleuchtung des Doppelspaltes unter dem Richtungskosinus β_0 ist im Folgenden statt β die Differenz $\beta - \beta_0$ einzusetzen.

Doppelspalt: Überlagerung des Lichtes aus zwei Einzelspalten

Für die mathematische Behandlung wollen wir hier auf den Formalismus der Fouriertransformation zurückgreifen. Dazu benötigen wir zunächst die Blendenöffnungsfunktion Ω_{DS}, wobei wir wieder von unendlich langen Spalten ausgehen, so dass $\Omega_{DS} = \Omega_{DS}(\eta)$ gilt. Die Blendenöffnungsfunktion lässt sich

Blendenöffnungsfunktion des Doppelspaltes

leicht aus zwei Rechtecksfunktionen zusammensetzen:

$$\Omega_1(\eta) = \begin{cases} 1 & \text{für } -\left(\dfrac{a+b}{2}\right) < \eta < \dfrac{a+b}{2} \\ 0 & \text{sonst} \end{cases}$$

$$\Omega_2(\eta) = \begin{cases} 1 & \text{für } -\left(\dfrac{a-b}{2}\right) < \eta < \dfrac{a-b}{2} \\ 0 & \text{sonst} \end{cases}$$

$$\Omega_{\text{DS}}(\eta) = \Omega_1(\eta) - \Omega_2(\eta) \tag{4.22}$$

Nach der Theorie entspricht der Feldverlauf des Beugungsbildes der Fouriertransformierten FT der Blendenöffnungsfunktion Ω_{DS}.

$$\begin{aligned}
\text{FT}(\Omega_{\text{DS}}) &= \int_{-\infty}^{\infty} (\Omega_1 - \Omega_2) \exp(-\mathrm{i}\,k_y \eta)\,\mathrm{d}\eta \\
&= \int_{-(a+b)/2}^{(a+b)/2} \exp(-\mathrm{i}\,k_y \eta)\,\mathrm{d}\eta - \int_{-(a-b)/2}^{(a-b)/2} \exp(-\mathrm{i}\,k_y \eta)\,\mathrm{d}\eta \\
&= \frac{1}{-\mathrm{i}\,k_y}\left[\exp\left(-\mathrm{i}\,k_y \frac{a+b}{2}\right) - \exp\left(\mathrm{i}\,k_y \frac{a+b}{2}\right)\right] \\
&\quad - \frac{1}{-\mathrm{i}\,k_y}\left[\exp\left(-\mathrm{i}\,k_y \frac{a-b}{2}\right) - \exp\left(\mathrm{i}\,k_y \frac{a-b}{2}\right)\right] \\
&= \frac{2}{k_y}\left[\sin\left(k_y \frac{a+b}{2}\right) - \sin\left(k_y \frac{a-b}{2}\right)\right] \\
&= \underbrace{2\cos(k_y a/2)}_{\text{FT}(\Omega_\delta)} \cdot \underbrace{\frac{\sin(k_y b/2)}{k_y/2}}_{\text{FT}(\Omega_{\text{Spalt}})}
\end{aligned} \tag{4.23}$$

Dabei haben wir die Darstellung des Sinus durch komplexe Exponentialfunktionen verwendet und dann die Differenz der beiden Sinusfunktionen mit Hilfe allgemeiner Rechenregeln für trigonometrische Funktionen umgeformt. Außerdem können wir für $k_y = k\beta$ setzen. Um den Intensitätsverlauf zu erhalten, berechnen wir das Betragsquadrat des bisherigen Ergebnisses und normieren es wie beim Einfachspalt:

$$I_{\text{DS}}(\beta = 0) \propto \lim_{\beta \to 0} 4\cos^2(k\beta a/2) \cdot \frac{\sin^2(k\beta b/2)}{k^2\beta^2/4} = 4b^2 \tag{4.24}$$

4.3 Spezielle Fälle der Fraunhoferschen Beugung

Für den Verlauf des Beugungsmusters gilt also:

$$\boxed{\frac{I_{\text{DS}}(\beta)}{I_{\text{DS}}(0)} = \cos^2(k\beta a/2)\frac{\sin^2(k\beta b/2)}{(k\beta b/2)^2} \quad \text{mit } \beta = \sin\theta} \quad (4.25)$$

Beugung am Doppelspalt

Man sieht, dass bei Beleuchtung mit ebenen Wellen das Beugungsbild des Doppelspaltes das eines Einzelspaltes multipliziert mit der Kosinusfunktion $\cos^2(k\beta a/2)$ ist. Wird der Spaltabstand a wesentlich größer gewählt als die Spaltbreite, so ergibt dies eine hochfrequente Modulation des Beugungsbildes, wie sie in Bild 4.19c gerechnet wurde und im Experiment in Bild 4.20a beobachtet wird. In beiden Fällen war der Spaltabstand $a = 3b$. Zum Vergleich dazu zeigt Bild 4.20a unten das Beugungsbild des zu 4.20a oben gehörigen Einzelspaltes.

Beugungsbild des Doppelspaltes entspricht Beugungsbild des Einfachspaltes multipliziert mit der Kosinusfunktion

Bei genauer Betrachtung von Gl. (4.23) fällt auf, dass hier das Produkt zweier Fouriertransformierter steht. Dabei handelt es sich einmal um die Fouriertransformierte $\text{FT}(\Omega_{\text{Spalt}})$ des Einfachspaltes wie wir sie bereits im Abschnitt 4.3.1 berechnet hatten, und um die Fouriertransformierte $\text{FT}(\Omega_\delta)$ der folgenden Funktion:

$$\Omega_\delta = \delta(\eta - a/2) + \delta(\eta + a/2) \quad (4.26)$$

Ω_δ besteht also aus zwei δ-Funktionen an den Stellen der beiden Spalte, d.h. aus den Funktionen, die man verwenden würde um einen Doppelspalt mit vernachlässigbarer Breite b der beiden Spaltöffnungen zu beschreiben. Es gilt somit:

$$\text{FT}(\Omega_{\text{DS}}) = \text{FT}(\Omega_\delta) \cdot \text{FT}(\Omega_{\text{Spalt}}) \quad (4.27)$$

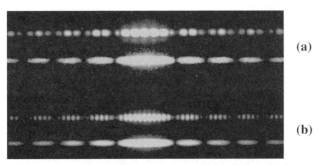

Bild 4.20: *Beugung an einem Doppelspalt: Fall unterschiedlicher Spaltabstände. Es sind für beide Doppelspalte die Beugungsbilder gezeigt, die man erhält, wenn beide Spalte geöffnet sind (oben), bzw. wenn jeweils nur ein Spalt geöffnet ist (unten).*

Faltungstheorem der Fouriertransformation

Wir wollen diese Formel mit dem Faltungstheorem der Fouriertransformation vergleichen, welches für zwei allgemeine Funktionen A und B lautet:

$$\mathrm{FT}(A \otimes B) = \mathrm{FT}(A) \cdot \mathrm{FT}(B) \tag{4.28}$$

Für Ω_{DS} muss demnach gelten:

$$\Omega_{\mathrm{DS}} = \Omega_\delta \otimes \Omega_{\mathrm{Spalt}} \tag{4.29}$$

Dabei bezeichnet das Symbol $\otimes$ die Faltung zweier Funktionen. Diese Beziehung lässt sich in der Tat einfach unter Verwendung der Definition der Faltung verifizieren:

$$\begin{aligned}
A \otimes B &= \int A(x')B(x-x')\mathrm{d}x' \\
\Omega_\delta \otimes B &= \int (\delta(x'-a/2) + \delta(x'+a/2))B(x-x')\mathrm{d}x' \\
&= B(x-a/2) + B(x+a/2)
\end{aligned} \tag{4.30}$$

Allgemein platziert die Faltung einer beliebigen Funktion $B(x)$ mit einer Summe von δ-Funktionen die Funktion $B(t)$ an die Stelle der δ-Funktionen (siehe Bild 4.21). Das Beugungsbild der Gesamtfunktion wird dann, gemäß dem Faltungstheorem, gleich dem Produkt der Fouriertransformierten.

Beugung an Vielfachobjekten – einfache Vorhersagen mit Hilfe des Faltungstheorems

Damit können nun auch qualitative Aussagen über das Aussehen der Beugungsbilder komplizierterer Mehrfach- oder Doppelanordnungen getroffen werden (z.B. Paare von Lochblenden oder Doppelbilder mit beliebigen Transmissionsfunktionen). Das Beugungsbild einer Doppelanordnung kann als die Multiplikation des komplexen Beugungsbildes des „Einzelobjektes" mit einer

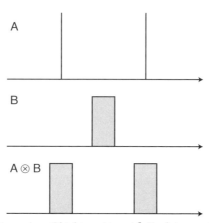

Bild 4.21: *Die Faltung eines Objektes mit zwei δ-Funktionen platziert das Objekt an die Stellen der beiden δ-Funktionen.*

4.3 Spezielle Fälle der Fraunhoferschen Beugung

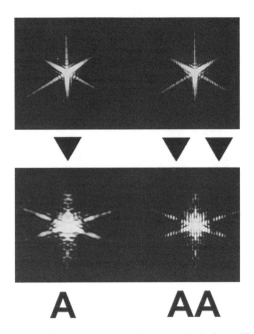

Bild 4.22: *Fraunhofersche Beugung an verschiedenen Einfach- und Doppelobjekten.*

Kosinusfunktion in Analogie zur Gl. (4.23) verstanden werden. Als Beispiel dazu zeigt Bild 4.22 Beugungsbilder, die man für Paare von Dreiecksblenden und Buchstabenschablonen (AA) erhält.

> **Übungsfrage:**
> a) Berechnen Sie die Fouriertransformation der Funktion $\Omega_\delta(\eta)$ (Gl. (4.26)) und vergleichen Sie das Ergebnis mit Gl. (4.23). Hinweis: Beachten Sie die genauen Eigenschaften der Diracschen δ-Funktion.
> b) Welche Funktionen Ω_i werden benötigt, um ein unendlich ausgedehntes Gitter aus Spalten der Breite b im Abstand a voneinander zu beschreiben?
> c**) Welche Funktionen $\Omega_i(\xi, \eta)$ werden benötigt um eine zweidimensionale Anordnung aus quadratischen Löchern der Kantenlänge b im jeweiligen Abstand a zu beschreiben?

4.3.5 Beugung am Gitter

Wir betrachten nun ein Beugungsgitter, das aus N langen Spalten besteht, die einen konstanten Abstand a, die Gitterkonstante, voneinander besitzen. Wir wollen uns zunächst nicht um den Beitrag zum Beugungsmuster kümmern, der von der Beugung am Einzelspalt herrührt. Dessen Einfluss kann, wie vorher gezeigt, einfach durch Multiplikation berücksichtigt werden. Uns interessiert vielmehr der Beitrag durch die periodische Wiederholung der Einzelspalte

Gitter: periodische Wiederholung schmaler Einzelspalte

oder, anders ausgedrückt, die Beugung an N sehr schmalen Spalten. Wie im letzten Abschnitt werden wir diesen Anteil zur Transmissionsfunktion Ω_{Gitter} durch δ-Funktionen darstellen. Für N Spalte erhalten wir als Gittertransmissionsfunktion Ω_{Gitter}:

$$\Omega_{\text{Gitter}} = \sum_{m=0}^{N-1} \delta(\eta - ma) \qquad (4.31)$$

Die Fouriertransformierte von Ω_{Gitter}, die nach Gl. (4.7) proportional zum gebeugten Feld ist, wird damit:

$$U_{\text{Gitter}}(\beta) = U_0 \cdot \sum_{m=0}^{N-1} e^{-ik\beta am} \qquad (4.32)$$

Für die weitere Rechnung verwenden wir die Formel für die endliche geometrische Reihe, sowie die Darstellung des Sinus durch komplexe Exponentialfunktionen.

$$\begin{aligned} U_{\text{Gitter}}(\beta) &= U_0 \frac{e^{-iNk\beta a} - 1}{e^{-ik\beta a} - 1} \\ &= U_0 \frac{\frac{1}{2i}(e^{iNk\beta a/2} - e^{-iNk\beta a/2}) \cdot e^{-iNk\beta a/2}}{\frac{1}{2i}(e^{ik\beta a/2} - e^{-ik\beta a/2}) \cdot e^{-ik\beta a/2}} \\ &= U_0 \frac{\sin(Nk\beta \frac{a}{2})}{\sin(k\beta \frac{a}{2})} \cdot e^{-i(N-1)k\beta a/2} \end{aligned} \qquad (4.33)$$

Um die Intensität zu berechnen müssen wir das Betragsquadrat dieser Größe bilden; dabei fällt die komplexe Exponentialfunktion heraus. Um die Intensität zu normieren, benötigen wir den Wert der Intensität bei $\beta = \sin\theta = 0$, den wir mit Hilfe der L'Hospitalschen Regel berechnen:

$$\begin{aligned} I_{\text{Gitter}}(\beta = 0) &\propto \lim_{\beta \to 0} \frac{\sin^2(Nk\beta \frac{a}{2})}{\sin^2(k\beta \frac{a}{2})} = \lim_{\beta \to 0} \frac{2\sin(Nk\beta \frac{a}{2})\cos(Nk\beta \frac{a}{2}) \cdot Nk\frac{a}{2}}{2\sin(k\beta \frac{a}{2})\cos(k\beta \frac{a}{2}) \cdot k\frac{a}{2}} \\ &= \lim_{\beta \to 0} \frac{(\cos^2(Nk\beta \frac{a}{2}) - \sin^2(Nk\beta \frac{a}{2})) \cdot N^2}{\cos^2(k\beta \frac{a}{2}) - \sin^2(k\beta \frac{a}{2})} = N^2 \end{aligned} \qquad (4.34)$$

Dadurch ergibt sich der folgende normierte Intensitätsverlauf:

$$\boxed{\frac{I_{\text{Gitter}}(\sin\theta)}{I_{\text{Gitter}}(0)} = \frac{\sin^2(Nk\frac{a}{2}\sin\theta)}{N^2 \sin^2(k\frac{a}{2}\sin\theta)}} \quad \begin{array}{l}\textbf{Intensitätsverteilung} \\ \textbf{bei Beugung am} \\ \textbf{Strichgitter}\end{array} \qquad (4.35)$$

In der bisherigen Ableitung waren wir von einem senkrechten Einfall des monochromatischen Lichtes auf das Gitter ausgegangen. Das heißt, wir haben

4.3 Spezielle Fälle der Fraunhoferschen Beugung

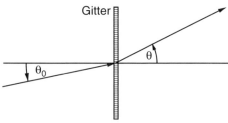

Bild 4.23: Beugung am Gitter. Skizze zur Definition von Einfallswinkel θ_0 und Transmissionswinkel θ für ein Transmissionsgitter.

einen verschwindenden Richtungskosinus β_0 des einfallenden Lichtes angenommen. Erfolgt der Einfall jedoch mit $\beta_0 \neq 0$, so muss der entsprechende Einfallswinkel θ_0 mit $\beta_0 = \sin \theta_0$ berücksichtigt werden. In Gl. (4.32) und (4.35) ist dann β durch $\beta - \beta_0$ und $\sin \theta$ durch $\sin \theta - \sin \theta_0$ zu ersetzen. In Bild 4.23 ist die Definition des Einfalls- und Reflexionswinkels nochmals angegeben. Für die angegebenen Richtungen besitzen Einfalls- und Ausfallswinkel positive Werte. Für $\theta = \theta_0$ tritt der ablenkungsfreie Fall auf.

Wir wollen nun den durch Gl. (4.35) definierten Verlauf der gebeugten Intensität diskutieren (für $N = 6$ ist dieser Verlauf in Bild 4.24 angegeben): Maximale Intensitäten der Stärke $I_{\text{Gitter}}(0)$ ergeben sich für Werte von $\sin \theta - \sin \theta_0$, bei denen nach der L'Hospitalschen Regel Zähler und Nenner zu Null werden. Dies ist der Fall für $\sin(ka/2(\sin \theta - \sin \theta_0)) = 0$ oder für:

$$\boxed{a(\sin \theta - \sin \theta_0) = \pm n\lambda \quad \text{mit } n = 0, 1, 2, \dots} \quad (4.36)$$

Gittergleichung: Lage der Hauptmaxima

Bei diesen Hauptmaxima tritt konstruktive Interferenz zwischen allen Lichtbündeln auf, die von Einzelspalten emittiert werden. Der Gangunterschied für Licht, das von benachbarten Spalten herrührt, ist dann gerade $n \cdot \lambda$. Die Intensität der Hauptmaxima ist N^2 mal der Intensität, die von der Beugung an einem

Hauptmaxima:
Gangunterschied für Licht
von benachbarten Spalten
= Ordnung × Wellenlänge

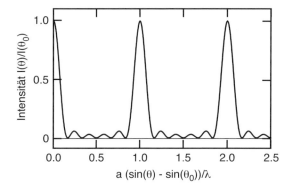

Bild 4.24: Beugung an einem Gitter. Intensitätsverlauf des gebeugten Lichtes für ein Gitter mit $N = 6$ Gitterstrichen.

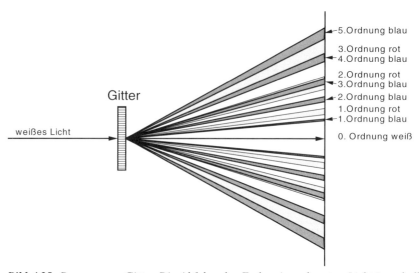

Bild 4.25: Beugung am Gitter. Die Abfolge der Farben im gebeugten Licht innerhalb einer Ordnung ist immer so, dass blaues Licht schwächer abgelenkt wird als rotes Licht.

Beim Gitter: rotes Licht wird stärker abgelenkt als blaues. Beim Prisma: blaues Licht wird stärker abgelenkt als rotes

Einzelspalt herrühren würde. Für Ordnungen $n \neq 0$ der Hauptmaxima besteht ein eindeutiger Zusammenhang zwischen dem Beugungswinkel $\sin\theta - \sin\theta_0$ und der Wellenlänge λ des verwendeten Lichtes. Darauf beruht die praktische Anwendbarkeit eines Gitters zur spektralen Analyse von Licht. Man sollte sich vor Augen halten, dass die Ablenkung von Licht bei Beugung an einem Gitter mit wachsender Wellenlänge zu größeren Ablenkwinkeln führt. Dies ist in Bild 4.25 für senkrecht einfallendes, weißes Licht angedeutet. Ohne Ablenkung läuft die 0-te Ordnung durch das Gitter. Es folgen die ±1. Ordnung für blaues, dann grünes, dann rotes Licht. Dieselbe relative Reihenfolge beobachtet man in der 2. Ordnung. Ab der 3. Ordnung sind diese Reihenfolgen nicht mehr gewährleistet, da kurzwelliges blaues Licht höherer Ordnung bei kleineren Ablenkwinkeln liegt als langwelliges rotes Licht niedrigerer Ordnung. Abschließend sollte man sich merken, dass bei Ablenkung an einem Gitter innerhalb einer Ordnung die umgekehrte Reihenfolge der Farben auftritt wie bei Ablenkung an einem Prisma.

Der explizite Verlauf der gebeugten Lichtintensität als Funktion von $\Sigma = \sin\theta - \sin\theta_0$ soll am Beispiel der Beugung an einem Gitter mit $N = 6$ Spalten (siehe Bild 4.24) diskutiert werden. Zwischen den Hauptmaxima bei $\Sigma = \pm n\,\lambda/a$ (Gl. (4.36)) treten $N - 1 = 5$ Nullstellen der gebeugten Intensität für diejenigen Werte von Σ auf, an denen nur der Zähler von Gl. (4.35) Nullstellen aufweist. Es sind dies:

$$\boxed{a(\sin\theta - \sin\theta_0) = \pm\frac{m}{N}\cdot\lambda \pm n\lambda \quad \text{mit } m = 1, 2, N-1}\quad (4.37)$$

Nullstellen der Beugungsintensität

4.3 Spezielle Fälle der Fraunhoferschen Beugung

Zwischen zwei Hauptmaxima liegen $N - 2$ Nebenmaxima, die verglichen zu den Hauptmaxima wesentlich geringere Intensität aufweisen. Sie liegen in der Nähe der Stellen von Σ, bei denen der Zähler Maxima aufweist, also dort wo gilt:

$$\boxed{a(\sin\theta - \sin\theta_0) \simeq \pm \frac{2m+1}{2N} \cdot \lambda \pm n\lambda \text{ mit } m = 1, 2, \ldots, N-2}$$

Lage der Nebenmaxima

Die Intensität der Nebenmaxima ist, verglichen zu der der Hauptmaxima, stark reduziert. Zum Beispiel schätzt man für Nebenmaxima in der Mitte zwischen den Hauptmaxima einen Wert der Intensität ab, der bei $1/N^2$ von dem der Hauptmaxima liegt.

Hauptmaxima: Intensität proportional zu N^2

Für praktische Anwendungen ist noch von Interesse, wie breit (volle Breite $\Delta\Sigma$ bei halber Höhe) ein Hauptmaximum ist. Aus Gleichung (4.35) erhält man für $I(\Delta\Sigma/2) = I(0)/2$ die folgende Beziehung:

$$\sin\left(N\frac{ka}{2}\frac{\Delta\Sigma}{2}\right) \simeq \frac{\Delta\Sigma}{2}\frac{N \cdot ka/2}{\sqrt{2}}$$

Daraus errechnet sich für die volle Breite eines Hauptmaximums:

$$\Delta\Sigma \simeq 2.78 \frac{\lambda}{a\pi N} \simeq 0.885 \frac{\lambda}{aN} \qquad (4.38)$$

Breite eines Hauptmaximums $\approx$ Abstand zur ersten Nullstelle

Man sieht, dass die volle Breite eines Hauptmaximums nur etwa 12 % kleiner ist als der Abstand vom Hauptmaximum zum ersten Minimum. Die Breite des Hauptmaximums ist ihrerseits umgekehrt proportional zur Zahl der ausgeleuchteten Gitterstriche N oder zur ausgeleuchteten Gitterbreite $N \cdot a$. Die Breite des Hauptmaximums gibt ein Maß für die spektrale Auflösung, die mit einem Gitter erreicht werden kann: Nimmt man an, dass man zwei spektrale Komponenten dann gerade noch trennen kann, wenn das Maximum der einen auf das erste Minimum der anderen gebeugt wird (Rayleigh-Kriterium) oder wenn sich die Lagen der Hauptmaxima um die Breite eines Hauptmaximums unterscheiden, was nach Gl. (4.38) praktisch gleichwertig ist, so erhält man aus Gl. (4.36) folgenden Zusammenhang:

$$\frac{d\lambda}{d\Sigma} = \frac{a}{n}$$

$$\Delta\lambda = \frac{d\lambda}{d\Sigma} \cdot \Delta\Sigma \simeq \frac{a}{n} \cdot \frac{\lambda}{aN} \quad \text{oder}$$

$$\boxed{\frac{\Delta\lambda}{\lambda} = \frac{1}{nN} \text{ bzw. } \frac{\lambda}{\Delta\lambda} = nN}$$

Auflösungsvermögen eines Gitterspektralapparates (4.39)

Auflösungsvermögen des Gitters

Das heißt, das theoretische Auflösungsvermögen $\lambda/\Delta\lambda$ eines Beugungsgitters ist proportional zur Zahl N der ausgeleuchteten Gitterstriche mal der Ordnung

Auflösungsvermögen = Maximaler Gangunterschied in Einheiten der Wellenlänge

n, unter der beobachtet wurde. An einem Zahlenbeispiel soll das praktisch erreichbare Auflösungsvermögen eines Gitters demonstriert werden: Gl (4.36) zeigt an, dass für eine bestimmte Wellenlänge λ_0 das Produkt aus Ordnung und Wellenlänge maximal gleich der doppelten Gitterkonstante a werden kann: $n\lambda_0 \leq 2a$ (dabei wurde der rein theoretische Fall $\theta = 90°$, $\theta_0 = -90°$, d.h. $\sin\theta = 1$, $\sin\theta_0 = -1$ angenommen). Bei einer Lichtwellenlänge von 500 nm und einem Gitter mit einer Länge $L = N \cdot a = 20$ cm ergibt sich daraus ein Auflösungsvermögen $\lambda/\Delta\lambda$ von:

$$\frac{\lambda}{\Delta\lambda} = n \cdot N \leq \frac{2L}{\lambda_0} \simeq 800\,000$$

Mit diesem Gitter kann man Linien gerade noch voneinander trennen, die nur etwa $6.52 \cdot 10^{-4}$ nm voneinander entfernt sind. Man sieht aus der obigen Abschätzung, dass das theoretisch mögliche Auflösungsvermögen nur von der ausgeleuchteten Gitterbreite und der Wellenlänge bestimmt ist. Es ist dabei unabhängig von den Details der verwendeten Anordnung wie Gitterkonstante a und Ordnung n. Wichtig ist dabei nur der maximale Gangunterschied zwischen interferierenden Lichtbündeln (siehe auch Abschnitt 4.5.1).

4.3.6 Gitterspektrometer

Gitterspektralapparate für die Praxis sollen hohe spektrale Auflösung bei gleichzeitig großem Lichtdurchsatz und Abwesenheit von Farbfehlern ermöglichen. In der Regel werden deshalb Gitterspektrometer mit einer Reflexionsoptik und mit Reflexionsgittern ausgestattet. Ein typischer Aufbau ist in Bild 4.26 gezeigt. In einem lichtdichten Kasten befindet sich ein großer Hohlspiegel mit der Brennweite f. Durch diesen Hohlspiegel wird Licht, das vom Eintrittsspalt her kommt, parallelisiert und auf das Gitter gelenkt. Das unter dem Ablenkwinkel θ_a gebeugte Licht fällt wieder auf den Hohlspiegel und wird von dort auf den Austrittsspalt abgebildet. Durch die feste Anordnung von Spalte und Hohlspiegel kann nur Licht, das um den Winkel θ_a abgelenkt wurde, das Spektrometer verlassen. Aufgrund von Gl. (4.36) besteht nun für Ordnungen $n \neq 0$

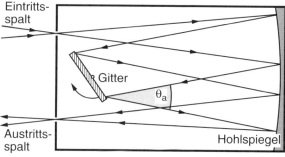

Bild 4.26: *Gitterspektrometer. Typischer Aufbau eines Gitterspektrometers mit Reflexionsgitter und abbildendem Hohlspiegel.*

4.3 Spezielle Fälle der Fraunhoferschen Beugung

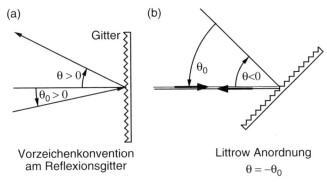

Bild 4.27: *Reflexionsgitter. (a) Vorzeichenkonvention am Reflexionsgitter (b) Littrow-Anordnung; der gebeugte Strahl läuft praktisch parallel zum einfallenden Strahl.*

ein fester Zusammenhang zwischen dem Ablenkwinkel θ_a, d.h. der Summe von Einfallswinkel θ_0 und Ausfallswinkel θ, $\theta_a = \theta_0 + \theta$, und der Wellenlänge. Durch Drehen des Gitters kann man bei festem θ_a Einfalls- und Ausfallswinkel θ_0 bzw. θ verändern und so die Transmissionswellenlänge des Spektrometers durchstimmen. Bei der Anwendung der Gittergleichung auf die Reflexionsgitter ist die Vorzeichenkonvention von Bild 4.27a zu berücksichtigen. Sie lässt sich durch einfache Spiegelung aus der entsprechenden Anordnung des Transmissionsgitters von Bild 4.23 erhalten. Dabei muss immer gelten, dass der geometrisch an der Gitterebene reflektierte Strahl mit der 0-ten Ordnung zusammenfällt. Im Falle kleiner Ablenkwinkel $\theta_a \simeq 0$, d.h. in der so genannten Littrow-Anordnung (siehe Bild 4.27b), gilt $\theta_0 = -\theta$ und die Gittergleichung (4.36) wird zu:

$$\boxed{2a \sin \theta = n\lambda \quad n = 1, 2, \ldots} \quad \text{**Gittergleichung für Littrow-Anordnung**} \quad (4.40)$$

Für den praktischen Gebrauch des Gitterspektrometers müssen die Breiten B_i von Eintritts- und Austrittsspalt den jeweiligen Beleuchtungsbedingungen angepasst werden. Aufgrund einer endlichen Breite B_e des Eintrittsspaltes besitzt das Licht, das vom Hohlspiegel auf das Gitter geworfen wird, eine Divergenz $\Delta \Phi_e = B_e/f$. Es ist also nicht, wie bisher angenommen, exakt parallel, sondern weist eine Verteilung von Einfallswinkeln auf. Ebenso wird durch die Breite des Austrittsspaltes B_a die Genauigkeit der Analyse des Ablenkwinkels θ_a eingeschränkt. Durch die endliche Spaltbreite $B_a = B_e = B$ ergibt sich eine Unschärfe $\Delta \lambda$ bei der Wellenlängenbestimmung für die Littrow-Anordnung:

$$\Delta \lambda \simeq \frac{d\lambda}{d\theta} \Delta \Phi_e = \frac{2a}{n} \frac{B}{f} \cos \theta \quad (4.41)$$

Spektrometer: Spaltbreite kann Auflösung bestimmen

Die apparative Wellenlängenauflösung ist also durch die Spaltbreite und die Brennweite des Spektrometers mitbestimmt. Nur für den Fall sehr kleiner

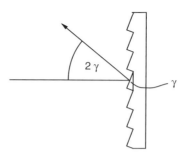

Bild 4.28: *Reflexionsgitter. Durch spezielle Formung des Gitterprofils lässt sich maximale Beugungseffizienz für eine spezielle Ordnung erreichen.*

Spaltbreiten $B \simeq \lambda$ erreicht man bei normalen Gitterspektrometern die durch Gl. (4.39) gegebene ideale Auflösung.

Wie kann man praktisch die gesamte Intensität in eine Beugungsordnung bringen?

Der Einsatz eines Reflexionsgitters anstelle eines Transmissionsgitters bietet vordergründig den Vorteil einer Halbierung der Baulänge des Spektrometers. Darüber hinaus erlauben Reflexionsgitter weitaus höhere Beugungseffizienzen in speziellen Ordnungen als einfache Transmissionsgitter. Wir wollen dies kurz anhand von Bild 4.28 erläutern: Wird ein Einzelstrich des Reflexionsgitters mit einer Neigung γ zur Gitterebene geritzt (das Gitter ist „geblazed"), so erfolgt z.B. bei senkrechtem Einfall von Licht auf die Gitterebene die geometrische Reflexion am „Einzelspalt" in die durch das Reflexionsgesetz bestimmte Richtung. Man beachte dabei, dass die geometrische Reflexion an der Gitterebene als Ganzes, d.h. die nicht wellenlängenselektive 0-te Ordnung des Gitters aufgrund des hier angenommenen senkrechten Einfalls, wiederum senkrecht zur Gitterebene erfolgt. Am Einzelstrich wird das Licht um den Winkel 2γ „abgelenkt" (exakter formuliert gilt hier, dass die Richtungskosinus β_0 für einfallendes bzw. ausfallendes Licht durch $\pm \sin \gamma$ bestimmt sind). Um diese Richtung baut sich nun das Beugungsbild des Einzelspaltes auf. Da die Beugungsintensität dem Produkt aus Beugungsbild des Einzelspaltes und Beugungsbild des idealen Strichgitters entspricht, wird die spezielle Ordnung des Strichgitters, die Licht in diese Richtung 2γ bringt, die maximale Intensität aufweisen. Auf diese Weise ist es bei guten Gittern möglich, über 90 % des Lichtes in eine spezielle Beugungsordnung zu lenken und so Gitterspektralapparate mit hoher Lichttransmission zu schaffen (siehe auch Bild 4.74 in Abschnitt 4.6.2).

4.3.7 Beugung an mehrdimensionalen Gittern

Das Kreuzgitter. In der bisherigen Behandlung haben wir uns mit in ξ-Richtung unendlich ausgedehnten schmalen Spalten, den Gitterstrichen, beschäftigt. Die Transmissionsfunktion des Gitters besaß demnach nur in η-Richtungen eine Modulation. Entsprechend hatte das Fraunhofersche Beugungsbild ein Punktmuster in η-Richtung (Bild 4.29a). Für ein Gitter, dessen Modulation längs der ξ-Achse erfolgt, liegt das entsprechende Beugungsmuster längs der ξ-Achse ausgerichtet (Bild 4.29b). Überlagert man nun die beiden

4.3 Spezielle Fälle der Fraunhoferschen Beugung

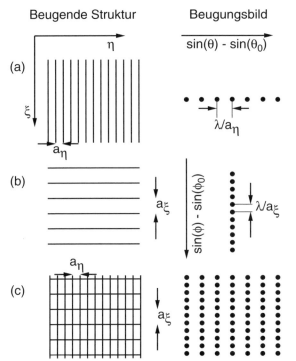

Bild 4.29: *Kreuzgitter. Sind die beugenden Strukturen nur in η- (a) oder nur in ξ-Richtung (b) moduliert, so erhält man entsprechende eindimensionale Beugungsbilder. Bei einer Kombination beider Strukturen, d.h. für ein Kreuzgitter (c) ergibt sich als Beugungsfigur eine regelmäßige zweidimensionale Punktanordnung.*

beugenden Strukturen, so erfährt jedes Hauptmaximum in η-Richtung die entsprechende Aufspaltung in ξ-Richtung und eine zweidimensionale Anordnung von Hauptmaxima entsteht (Bild 4.29c). Die Lage der Hauptmaxima ist durch zwei Gittergleichungen für die beiden Koordinaten η und ξ bestimmt:

$$a_\xi(\sin\phi - \sin\phi_0) = n_1\lambda \quad n_1 = 0, \pm 1, \pm 2, \ldots$$
$$a_\eta(\sin\theta - \sin\theta_0) = n_2\lambda \quad n_2 = 0, \pm 1, \pm 2, \ldots \tag{4.42}$$

Jedes Maximum der Beugung ist durch ein Paar ganzer Zahlen n_1 und n_2 bestimmt. Verwenden wir noch die Definition der Richtungskosinus für den einfallenden und den gebeugten Lichtstrahl und ihren Zusammenhang mit den Wellenvektoren k bzw. k_0 (siehe Gl. (4.5) ff.), so lässt sich (4.42) auch als Gleichung für die Wellenvektoren schreiben:

$$k_x - k_{x0} = \frac{2\pi n_1}{a_\xi}$$
$$k_y - k_{y0} = \frac{2\pi n_2}{a_\eta} \tag{4.43}$$

Aus diesen Gleichungen sieht man, dass die Änderung des Wellenvektors bei Streuung an einem zweidimensionalen Gitter durch ein Punktgitter beschrieben wird. Die Punkte dieses Gitters sind durch die ganzen Zahlen n_1 und n_2 bestimmt, die Kantenlängen des Gitters sind $2\pi/a_\xi$ und $2\pi/a_\eta$. Die z-Komponente des gebeugten Vektors stellt sich dann gemäß der Beziehung $k = 2\pi/\lambda$ ein. Für genügend kleine Wellenlängen $\lambda < a_\xi, a_\eta$ kann man Gl. (4.42) immer erfüllen und erhält die entsprechende Beugungsfigur. Anstelle des einfachen Kreuzgitters kann man auch eine zweidimensionale Anordnung von speziellen, beugenden Objekten (z.B. Kreisblenden) verwenden. Vom Faltungstheorem der Fouriertransformation her lernen wir wiederum, dass dann das Beugungsbild dem Produkt der Fouriertransformierten vom Punktgitter und Einzelobjekt entspricht: Im Beugungsbild liefern also die Lagen der Hauptmaxima die Informationen über die räumliche Wiederholung des Objektes; die Intensitäten der Hauptmaxima geben dann die Informationen über die Form der periodisch angeordneten, beugenden Objekte wieder.

Beugung an 3-dimensionalen Gittern. Auch eine in die dritte Dimension – die z-Koordinate – periodische Wiederholung von Kreuzgittern kann mit Hilfe der Beugungstheorie behandelt werden. Durch die Periodizität in z-Richtung (der Abstand der Kreuzgitter sei a_z) erhält man auch eine zu (4.43) entsprechende Gleichung für die z-Komponenten der Wellenvektoren. Insgesamt ergibt sich:

$$\vec{k} - \vec{k}_0 = \vec{G} \qquad (4.44a)$$

$$\text{mit: } \vec{G} = 2\pi \begin{pmatrix} n_1/a_\xi \\ n_2/a_\eta \\ n_3/a_z \end{pmatrix}; \quad n_1, n_2, n_3 = 0, \pm 1, \pm 2, \ldots$$

$$|k| = |k_0| = 2\pi/\lambda \qquad (4.44b)$$

Überbestimmung erlaubt Beugung nur unter speziellen Bedingungen

Die Ablenkung von Licht an dem Raumgitter erfolgt also so, dass die Differenz der Wellenvektoren $\vec{k} - \vec{k}_0$ einem Punkt eines Gitters $\vec{G}$ (dem reziproken Gitter) entsprechen muss. Da durch Gl. (4.44a) alle 3 Koordinaten des Wellenvektors k bestimmt werden, gleichzeitig aber die Dispersionsrelation, d.h. Gl. (4.44b), gelten muss, ist das Gleichungssystem (4.44) überbestimmt. Man erhält nur dann Beugung von Licht, wenn durch die Variation des Einfallswinkels oder der Wellenlänge die vier Gleichungen von Gl. (4.44) gleichzeitig erfüllt werden können.

Röntgenbeugung: Ideale Methode zur Strukturaufklärung

Die Beugung von „Licht" an dreidimensionalen Raumgittern hat große Bedeutung bei der Untersuchung der Struktur von Kristallen erlangt. Da die Wellenlänge des „Lichtes" kleiner sein muss als der doppelte Atomabstand, verwendet man hier aufgrund der kleinen interatomaren Dimensionen Röntgenlicht anstelle von sichtbarem Licht. Durch eine Analyse des Beugungsbildes lassen sich dann die Dimensionen des Kristalls und die Anordnung der streuenden Atome im Kristall bestimmen. In der Praxis werden verschiedene Typen von Beugungsexperimenten durchgeführt, die sich in der Art unterscheiden wie Gl. (4.44) erfüllt wird.

4.3 Spezielle Fälle der Fraunhoferschen Beugung

Beim *Laue-Verfahren* verwendet man einen fest eingebauten, orientierten Kristall und beleuchtet ihn längs bestimmter Kristallachsen mit polychromatischem Röntgenlicht. Das Laue-Verfahren liefert schnell eine Übersicht des Beugungsbildes, erlaubt die Orientierung der Kristalle und die Bestimmung der Symmetrie des Kristalls. Für eine detaillierte Analyse der Kristallstruktur ist es im Allgemeinen nicht geeignet.

Beim *Debye-Scherrer-Verfahren* benutzt man eine monochromatische Röntgenquelle und bestrahlt damit eine pulverförmige Probe aus kleinen Kristalliten. Durch die Pulverform bietet man beliebige Einfallswinkel an und erhält so die entsprechenden Reflexe, bei denen Gl. (4.44) erfüllt ist, in Kegeln um die Achse des einfallenden Röntgenstrahls. Das Debye-Scherrer-Verfahren ist gut für Kristalle geeignet, bei denen wenig Atome an jedem Gitterpunkt eingebaut sind.

Für die Analyse von komplizierten Kristallen, z.B. von Proteinkristallen, wird das *Drehkristallverfahren* angewendet. Dabei beleuchtet man einen orientierten Kristall mit monochromatischem Licht und dreht ihn. Man detektiert nun mit einer Photoplatte oder mit einem positionsempfindlichen Detektor die auftretenden Reflexe. Aus einer Serie dieser Drehaufnahmen lässt sich dann das reziproke Gitter bestimmen und die Informationen über die Kristallstruktur ableiten.

Bragg-Reflexion. Zum Abschluss dieses Kapitels wollen wir noch die einfachere Beschreibung der Beugung an Kristallen im Zusammenhang mit der Bragg-Reflexion vorstellen. Dazu gehen wir davon aus, dass die Atome in Kristallen in Ebenen, den Netzebenen, eingebaut seien. Wir betrachten nun nur diese Netzebenen, die regelmäßig oder auch unregelmäßig mit den streuenden Atomen belegt seien. Fällt Licht auf diese Netzebenen, so wird dann intensive Reflexion auftreten, wenn Licht, das von verschiedenen Netzebenen gestreut wurde, konstruktiv interferiert. In Bild 4.30 ist die geometrische Konstruktion zur Bestimmung des Gangunterschiedes GU angegeben: Für einen

Bragg-Reflexion:
Spezialfall der Beugung
an einem Kristallgitter

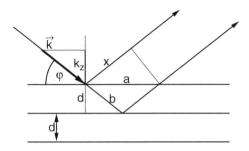

Bild 4.30: *Bragg-Reflexion. Lichtbündel, die von benachbarten Netzebenen reflektiert werden, besitzen einen Gangunterschied $GU = 2b - x$. Nur für spezielle Einfallswinkel, die der Bragg-Beziehung (siehe Gl. (4.45)) gehorchen, wird reflektiertes Licht beobachtet.*

Netzebenenabstand d und einen Winkel φ zwischen einfallendem Strahl und Netzebene berechnet man den Gangunterschied:

$$GU = 2b - x \quad \text{mit} \quad \begin{cases} x = a\cos\varphi;\ a = 2d\cot\varphi \\ b = d/\sin\varphi \end{cases}$$

Die beiden reflektierten Wellen interferieren konstruktiv falls der Gangunterschied ein ganzzahliges Vielfaches der Wellenlänge λ ist.

$$m \cdot \lambda = 2b - x = \frac{2d}{\sin\varphi} - 2d \cdot \frac{\cos\varphi}{\sin\varphi} \cdot \cos\varphi = 2d \cdot \frac{1-\cos^2\varphi}{\sin\varphi}$$

$$\boxed{2d\sin\varphi = m \cdot \lambda \quad m = 0,1,2\ldots} \quad \textbf{Bragg-Beziehung} \quad (4.45)$$

Diese Bragg-Beziehung (4.45) lässt sich auch direkt aus Gl. (4.44) ableiten, wenn man annimmt, dass die Projektion k_z von $\vec{k}$ senkrecht zu den Netzebenen bei der Reflexion gerade ihr Vorzeichen ändert und $\vec{k}$ ansonsten ungeändert bleibt:

$$\Delta k_z = 2|k_{z0}| = 2k\sin\varphi = 2 \cdot \frac{2\pi}{\lambda}\sin\varphi = G_z = \frac{2\pi m}{d} \quad (4.46)$$

Bragg-Reflexion zur Monochromatisierung von Röntgenlicht

Die Braggsche Reflexion wird häufig eingesetzt, um durch Reflexion von spektral breitbandigem Röntgenlicht an einem perfekten Einkristall eine spezielle Wellenlänge zu selektieren. Ebenso lassen sich mit Hilfe von Einkristallen Röntgenspektrometer mit hohem Auflösungsvermögen konstruieren.

4.4 Interferenz

Wenn sich zwei Wellen an einem Ort überlagern, so kann es dabei zu einer Überhöhung bzw. Abschwächung der Intensität kommen. Dieses Phänomen der Wellenphysik kann man am einfachsten anhand zweier identischer Punktquellen demonstrieren, die sich auf der x-Achse an den Stellen $-x_0$ und $+x_0$ befinden (siehe Bild 4.31). Schwingen die beiden Quellen in Phase, so beobachtet man am Koordinatenursprung die Summe der Felder der Einzelquellen (Kugelwellen) $E_1 + E_2$, die sich überlagern:

$$E_{\text{gesamt}}(x=0) = E_1 + E_2 = \frac{A}{x_0} e^{i\omega t - ikx_0} + \frac{A}{x_0} e^{i\omega t - ikx_0}$$

$$I_{\text{gesamt}}(0) = \frac{1}{2}\varepsilon_0 nc \langle |E_1 + E_2|^2 \rangle = \varepsilon_0 nc \cdot \frac{2A^2}{x_0^2}$$

$$= 4\frac{1}{2}\varepsilon_0 nc \langle |E_1|^2 \rangle = 4\,I_1$$

4.4 Interferenz

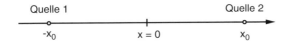

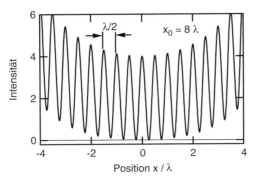

Bild 4.31: *Interferenzerscheinungen von zwei in Phase schwingenden Punktlichtquellen, die auf der x-Achse an den Stellen $\pm x_0$ liegen.*

Durch konstruktive Interferenz tritt hier eine Intensität auf, die viermal so groß ist wie die, die eine einzelne Lichtquelle erzeugen würde. Bewegt man nun den Beobachtungspunkt um den Weg Δx zu größeren x-Werten, so kommen die Wellen dort mit einem Phasenunterschied $\Delta \Phi = 2\Delta x\, 2\pi/\lambda$ an. Für $\Delta x = \lambda/4$ ist der Phasenunterschied gerade π, und die Feldstärken heben sich zu jeder Zeit gerade auf. Die mittlere Intensität ist hier 0. Dabei haben wir die kleine Differenz in den Feldstärken der Einzelquellen aufgrund des unterschiedlichen Abstandes von den Quellen vernachlässigt. Bei weiterer Vergrößerung von Δx treten weitere Maxima und Minima (siehe Bild 4.31) der Intensität auf. Diese Überhöhungen und Auslöschungen der Intensität sind typische Erscheinungen der Interferenz. Die Frage ist nun, warum man diese ausgeprägten Interferenzerscheinungen bei Licht im täglichen Leben nicht beobachtet. Die Ursache dafür liegt in der extrem hohen Frequenz des Lichtes und in der kurzen Zeit (Kohärenzzeit), über die herkömmliche Lichtquellen die elektromagnetischen Wellen mit definierter Phase emittieren können. Nach dieser Zeit ist eine Phasenbeziehung – die für das Auftreten der Interferenz notwendig war – nicht mehr gegeben und das Interferenzbild ändert sich. Innerhalb der Beobachtungsträgheit des Auges (ungefähr 0.1 s) werden Interferenzerscheinungen, die von verschiedenen konventionellen Quellen herrühren, nicht zu beobachten sein. Die experimentelle Beobachtung von Interferenzen ist deshalb nur in speziellen Aufbauten möglich, bei denen Licht aus *einer* Quelle zuerst in Teilbündel aufgespalten wird, die dann mit geeignetem Gangunterschied überlagert werden. Wir werden uns in diesem Abschnitt zunächst mit der Kohärenz von Lichtquellen beschäftigen, bevor wir dann spezielle Interferometeraufbauten behandeln werden.

Welche alltäglichen Interferenzphänomene kennen Sie?

Kohärenzzeit: Zeitdauer, während der eine definierte Phasenbeziehung innerhalb der Welle herrscht

4.4.1 Die Kohärenz von Lichtquellen

Im Zusammenhang mit der Diskussion von Licht als elektromagnetischen Wellen in Kap. 2 hatten wir die Komplementarität von Zeit und Frequenzdarstellung besprochen. Dabei hatten wir gezeigt, dass für das Produkt aus zeitlicher Dauer Δt_F und spektraler Breite $\Delta \nu_F$ eines Lichtimpulses nach Gl. (2.29) gilt: $\Delta \nu_F \cdot \Delta t_F \cong 1$. Diese Beziehung können wir nun verwenden, um die Kohärenzzeit von Licht abzuschätzen. Dazu nehmen wir an, dass Licht mit zeitlich konstanter Intensität (Dauerstrichlicht) aus einer großen Anzahl von kurzen, kohärenten Impulsen (definierte Phasenbeziehung innerhalb der Impulse) zusammengesetzt werden kann, wobei deren Dauer der Kohärenzzeit t_c entspricht (siehe Bild 4.32). Als Kohärenzzeit nehmen wir die Zeit, innerhalb der eine feste Phasenbeziehung aufrecht erhalten ist. Für weißes Licht, wie es z.B. eine Glühlampe emittiert, liegt die Bandbreite bei $\Delta \nu = 4 \cdot 10^{14}$ Hz. Entsprechend ist die Kohärenzzeit sehr kurz $t_c = 2.5 \cdot 10^{-15}$ s, d.h. 2.5 fs.

Ein qualitatives Modell für die Kohärenz von Licht ist in den Abb. 4.32 und 4.33 gezeigt. Die Emission einer klassischen Lichtquelle kann als Vielzahl von einzelnen Strahlungsereignissen verstanden werden, die zu kurzen (Dauer t_c) Wellenstücken führen. Als Summe ergeben diese annähernd konstante Lichtintensitäten. Ist die Lichtquelle nicht monochromatisch, so besteht das Licht aus Wellenzügen unterschiedlicher Wellenlänge (siehe Bild 4.33, oben). Dieses Licht ist nur während extrem kurzer Zeit interferenzfähig. Schmalbandige Lichtemissionen und damit längere Kohärenzzeiten erhält man aus thermischen Lichtquellen (Spektrallampen), in denen angeregte Atome beim Übergang zwischen Energiezuständen Licht bei ganz bestimmten Frequenzen

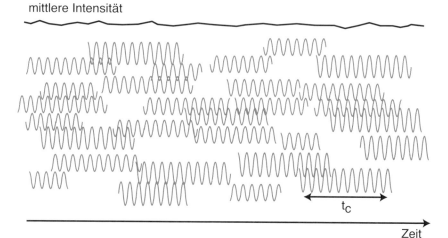

Bild 4.32: Bei monochromatischem Licht aus klassischen Lichtquellen findet man keine einfache Sinuswelle, sondern einen Zug von Wellenstücken, die eine mittlere Dauer von t_c besitzen.

4.4 Interferenz

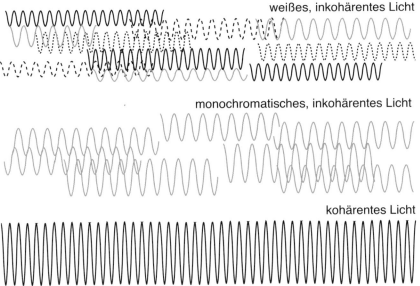

Bild 4.33: *Modell für Licht aus klassischen Lichtquellen (oben und mitte) und stabilen Lasern (unten). Der obere Fall soll das Licht einer spektral breiten, der mittlere einer monochromatischen klassischen Lichtquelle demonstrieren.*

emittieren (siehe Bild 4.33, mitte). Für Atome, die nicht miteinander wechselwirken, erhält man für sichtbares Licht Kohärenzzeiten im Bereich von 10^{-8} s. Wesentlich längere Kohärenzzeiten lassen sich mit bestimmten Lasertypen herstellen. Mit speziellen, extrem schmalbandigen Lasern kann man heute mit großem technischen Aufwand Kohärenzzeiten praktisch bis in den Sekundenbereich ausdehnen. Die Lichtemission aus diesen Lasern kann als sehr langer, sinus-förmiger Wellenzug verstanden werden (siehe Bild 4.33, unten). Diese nicht konventionellen Lichtquellen machen Interferenzexperimente mit unterschiedlichen Lichtquellen möglich. Für die technischen Anwendungen der Interferenz ist neben der Kohärenzzeit t_c des verwendeten Lichtes die geometrische Länge des kohärenten Impulses – die Kohärenzlänge l_c – wichtig. Die Kohärenzlänge ist die Strecke, um die sich die optischen Wege in den Armen eines Interferometers unterscheiden können, ohne dass die Interferenzfähigkeit verloren geht. Die Kohärenzlänge l_c des Lichtes ist direkt proportional zur Kohärenzzeit:

Zeitliche Kohärenz des Lichts oder Kohärenzlänge

$$\boxed{l_c = t_c \cdot c_{\text{Licht}}} \quad \textbf{Kohärenzlänge von Licht} \quad (4.47)$$

Bei einer schmalbandigen thermischen Lichtquelle mit $t_c = 10^{-8}$ s erhält man eine Kohärenzlänge von $l_c = 3$ m. Benötigt man für spezielle Interferometeranwendungen wesentlich längere Armlängen, so können mit stabilisierten HeNe-Lasern oder Nd:YAG-Lasern Kohärenzlängen bis in den Kilometerbereich realisiert werden.

Kann man die Kohärenzlänge von Licht vergrößern?

Neben der zeitlichen Kohärenz und der damit verbundenen Kohärenzlänge ist für viele Anwendungen die räumliche Kohärenz der Lichtquelle bzw. der verwendeten Beleuchtungsanordnung wichtig. Mit dem Begriff räumliche Kohärenz ist das Phänomen verknüpft, dass bei Verwendung einer realen, d.h. flächenhaften Lichtquelle (anstelle einer Punktquelle) Lichtwellen, die von unterschiedlichen Stellen der Lichtquelle herkommen, unterschiedliche Interferenzfiguren erzeugen können und deren Überlagerung die Beobachtbarkeit der Interferenzerscheinung zerstört. Dieser Zusammenhang soll anhand von Bild 4.34 kurz erläutert werden: Wir betrachten einen Interferenzapparat mit Eintrittsöffnung a. Im angegebenen Fall handelt es sich um ein Youngsches Interferometer, d.h. ein Doppelspaltinterferometer mit Spaltabstand. Aus der Diskussion im Abschnitt 4.3.4 ist ersichtlich, dass beim Beugungsbild des Doppelspaltes ein Interferenzmaximum auf ein Minimum verschoben wird, wenn der Phasenunterschied bei der Beleuchtung der beiden Spalte gerade π beträgt. Unterscheiden sich also Differenzen Δg der optischen Wege g_1 und g_2 von Randpunkt und Zentrum der Quelle (Quellendurchmesser $2d$) zu den beiden Spalten um mehr als $\lambda/2$ (entsprechend einem Phasenunterschied von π), so verschwindet die Interferenzfigur. Für die in Bild 4.34 angegebene symmetrische Lage der Quelle muss für eine Beobachtbarkeit der Interferenzfigur gelten: $\Delta g \ll \lambda/2$ mit $\Delta g = |g_1 - g_2|$. Für große Abstände z_0 kann man Δg näherungsweise bestimmen zu $\Delta g = ad/z_0$. Führt man noch den Öffnungswinkel $\Phi = a/z_0$ ein, unter dem das Interferometer von der Quelle aus gesehen wird, so muss für räumliche Kohärenz gelten:

Räumliche Kohärenz

$$\boxed{\begin{array}{c}\Delta g = \dfrac{ad}{z_0} \ll \lambda/2 \\ \text{oder } \Phi \ll \dfrac{\lambda}{2d}\end{array}}$$ **Bedingung für räumliche Kohärenz** (4.48)

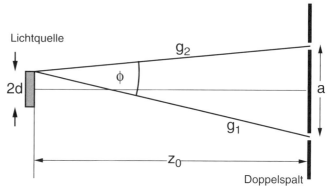

Bild 4.34: Räumliche Kohärenz einer Lichtquelle. Licht, das von einer flächenhaften Lichtquelle mit Durchmesser $2d$ emittiert wird, kann in einem Interferenzapparat mit Öffnungswinkel Φ dann Interferenzen erzeugen, wenn das Produkt aus Öffnungswinkel und Durchmesser viel kleiner als die Wellenlänge ist.

4.4 Interferenz

Eine flächenhafte Quelle besitzt dann räumliche Kohärenz, wenn ihr Durchmesser $2d$ und der genutzte Öffnungswinkel Φ so klein sind, dass Gl. (4.48) erfüllt ist. Man kann jedoch die Behandlung auch vom Standpunkt des Interferometers durchführen: Eine Lichtquelle des Durchmessers $2d$ ist räumlich kohärent, wenn sie nicht von einer Punktlichtquelle unterschieden werden kann (für Details siehe Abschnitt 4.5.1, Gl. (4.87)). Dieser Sachverhalt wird beim Michelsonschen Sterninterferometer praktisch ausgenützt. Mit einer Doppelspaltanordnung und großem Spaltabstand werden Sterne beobachtet. Verschwindet dabei die Interferenz, so ist dies ein Hinweis darauf, dass der Stern einen endlichen, mit dem Spaltabstand auflösbaren Durchmesser besitzt. Extreme „Spaltabstände" lassen sich dabei im Falle der Radioastronomie realisieren: Der Einsatz getrennter Radioteleskope auf verschiedenen Erdteilen mit synchronisierter elektronischer Detektion (die Signale der Teleskope werden einzeln, phasengenau aufgenommen und später im Computer weiterverarbeitet) erlaubt einen Spaltabstand der praktisch dem Erddurchmesser entspricht. Die dabei erreichte Winkelauflösung ε (siehe auch Kapitel 4.5.1) ist besser als $\varepsilon = 2d/z_0 = 0.001''$. Für sichtbares Licht wurde am Very Large Telescope (VLT) der ESO auf dem Cerro Paranal in Chile eine Interferometeranordnung realisiert, in der Licht von zwei verschiedenen 8-Meter-Teleskopen interferometrisch kombiniert wird. Mit einer maximalen Breite von $a = 120$ m kann dabei die 15fache Auflösung eines 8-Meter-Teleskops erreicht werden.

Eine Punktlichtquelle ist räumlich kohärent

4.4.2 Spezielle Interferometeranordnungen

Interferenzen durch Aufspalten der Wellenfront. In Bild 4.35 sind drei Interferometeranordnungen abgebildet, bei denen die beiden interferierenden Lichtbündel dadurch erzeugt werden, dass unterschiedliche Anteile der Wellenfront zur Interferenz gebracht werden. Beim Youngschen Interferometer (Bild 4.35a) werden die beiden Spaltöffnungen von einer Punktlichtquelle (oder einer entsprechenden räumlich kohärenten, flächenhaften Quelle) beleuchtet. Das Beleuchtungslicht der beiden Spalte stammt also von unterschiedlichen Stellen der primären Wellenfront. Die beiden Spalte dienen so als kohärente Lichtquellen im Abstand a und erzeugen das in 4.3.4 diskutierte Streifenmuster. Durch Einbringen spezieller optischer Komponenten (Glasplatten, Polarisatoren, Filter...) vor die Spaltöffnungen lassen sich dann verschiedene Interferenzexperimente durchführen. Außerdem kann man mit dem Youngschen Experiment die Wellenlänge des Lichtes bestimmen. Das Youngsche Interferometer besitzt einen einfach zu verstehenden Aufbau, der unkritisch in der Justage ist. Jedoch erlauben die notwendigen schmalen Spaltbreiten nur recht lichtschwache Interferenzfiguren. Beim Fresnelschen Biprisma (Bild 4.35b) oder bei einem Fresnelschen Doppelspiegel (Bild 4.35c) werden relativ breite Teile der Wellenfront zur Überlagerung ausgenutzt und so lichtstarke Interferenzen erzeugt. Durch die Ablenkung des Lichtes an den beiden Prismen oder den beiden Spiegelflächen wird die Lichtquelle verdoppelt. Der Schirm wird so beleuchtet als käme Licht von den beiden zueinander kohärenten Lichtquellen Q' und Q''.

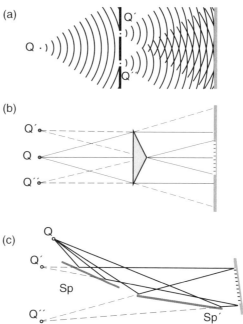

Bild 4.35: *Interferometer mit Aufspalten der Wellenfront: (a) Youngscher Doppelspalt, (b) Fresnelsches Biprisma, (c) Fresnelscher Doppelspiegel*

Michelson Interferometer: zur Längenmessung, zur Spektroskopie und für die Kosmologie

Interferenzen durch Aufspalten der Wellenamplitude. Eine zweite Serie von Interferometern erzeugt die interferierenden Lichtbündel durch Aufspalten der Wellenamplitude mit Hilfe von teilreflektierenden Spiegeln. Für eine Reihe von grundlegenden Experimenten der Physik wurde das Michelson Interferometer herangezogen, das in Bild 4.36 gezeigt wird. Das von einer Quelle ausgehende Licht wird durch eine halbversilberte Glasplatte P_1 (die reflektierende Schicht S befindet sich auf der Rückseite) in zwei Komponenten, Lichtbündel I und II, aufgespalten. Das transmittierte Licht (I) durchläuft eine zweite Glasplatte P_2 identischer Dicke und wird von einem genau senkrecht stehenden Spiegel S_1 in sich zurückreflektiert. Von der Spiegelschicht S des halbdurchlässigen Spiegels wird ein Teil des rücklaufenden Lichtes dann auf den Schirm (Detektor) gelenkt. Das zweite Lichtbündel (Bündel II) werde von S nach oben reflektiert; es durchläuft ein zweites Mal die Glasplatte P_1, wird am Spiegel S_2 in sich zurückgeworfen. Sein durch S transmittierter Anteil fällt ebenfalls auf den Schirm (Detektor) und interferiert dort mit Bündel I. Durch Verschieben des Spiegels S_2 längs der Strahlachse lässt sich der Gangunterschied zwischen den beiden Lichtbündeln variieren. Die Nullstellung, d.h. die Einstellung, bei der beide Strahlengänge genau gleich lang sind, lässt sich am besten mit weißem Licht überprüfen: Die Verwendung von weißem Licht ist vorteilhaft, da dort die Kohärenzlänge extrem kurz ist und so die Nullstellung exakt bestimmt werden kann. Bei der Nullstellung muss gerade destruktive Interferenz für alle Wellenlängen auftreten. Der dabei vorliegende Phasenun-

4.4 Interferenz

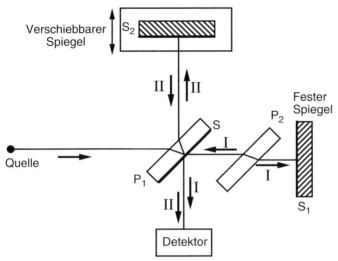

Bild 4.36: Michelson Interferometer

terschied von π rührt daher, dass Bündel I an der Außenfläche des Spiegels, Bündel II an der Innenfläche reflektiert wurde und so der Phasenunterschied π hervorgerufen wird. Die Kompensationsplatte P_2 wird im Michelson Interferometer verwendet, um auch für spektral breitbandiges Licht beide Strahlengänge exakt identisch zu führen. Da beide Lichtbündel die Glasplatten gleich oft (dreimal) durchqueren, erfahren sie auch die gleiche Dispersion.

Ein Michelson Aufbau kann dazu eingesetzt werden, genaue Längenmessungen durchzuführen und den physikalischen Längenstandard, der über die Wellenlänge λ_{cd} der roten Cadmiumlinie definiert ist, umzusetzen. Man beleuchtet dabei das Interferometer mit dieser Cadmiumlinie, zählt eine entsprechende Anzahl N von Hell-Dunkel-Durchgängen am Schirm ab, die beim Verschieben des Spiegels S_2 auftreten, bestimmt damit die Verschiebestrecke D des Spiegels und stellt somit einen exakt geeichten mechanischen Maßstab her.

$$D = \frac{N\lambda_{cd}}{2} \quad (4.49)$$

Fouriertransformationsspektroskopie**. Ein zweites Anwendungsgebiet von Michelson Interferometern ist das Gebiet der Fouriertransformationsspektroskopie. Wir nehmen dazu an, dass das Interferometer für eine bestimmte Dauer beleuchtet wird und wir die gesamte transmittierte Energie für eine bestimmte Laufzeitdifferenz τ bestimmen. $W(\tau)$ ist das zeitliche Integral (zur Vereinfachung lassen wir die Integralgrenzen gegen unendlich gehen) über die Intensität, die man durch Summation der beiden Felder E_I und $E_{II}(t) = E_I(t + \tau)$ aus den Bündeln I und II erhält.

$$W(\tau) = \frac{1}{2}\varepsilon_0 nc \int\limits_{-\infty}^{+\infty} |E_{\mathrm{I}}(t) + E_{\mathrm{II}}(t)|^2 \mathrm{d}t$$

$$= \frac{1}{2}\varepsilon_0 nc \int\limits_{-\infty}^{+\infty} \left| \int E_{\mathrm{I}}(\omega)\exp(\mathrm{i}\,\omega t)\frac{\mathrm{d}\omega}{2\pi} \right.$$

$$\left. + \int E_{\mathrm{I}}(\omega')\exp(\mathrm{i}\,\omega'(t+\tau))\frac{\mathrm{d}\omega'}{2\pi} \right|^2 \mathrm{d}t$$

$$= W_{\mathrm{const}} + \frac{1}{2}\varepsilon_0 nc \int\limits_{-\infty}^{+\infty} \left[\iint (E_{\mathrm{I}}(\omega)E_{\mathrm{I}}^*(\omega') \right.$$

$$\left. \times \exp[\mathrm{i}\,(\omega-\omega')t - \mathrm{i}\,\omega'\tau] + \mathrm{c.c.}^5)\frac{\mathrm{d}\omega}{2\pi}\frac{\mathrm{d}\omega'}{2\pi} \right] \mathrm{d}t$$

mit $\int \exp[\mathrm{i}\,(\omega-\omega')t]\mathrm{d}t = 2\pi\delta(\omega-\omega')$ erhält man:

$$W(\tau) = W_{\mathrm{const}} + \frac{1}{2}\varepsilon_0 nc \int E_{\mathrm{I}}(\omega)E_{\mathrm{I}}^*(\omega)\,\mathrm{e}^{\mathrm{i}\,\omega\tau}\frac{\mathrm{d}\omega}{2\pi} + \mathrm{c.c.}^5$$

$$= W_{\mathrm{const}} + \frac{1}{2}\varepsilon_0 nc \cdot \mathrm{FT}(2E_{\mathrm{I}}(\omega)E_{\mathrm{I}}(\omega)^*)$$

$$= W_{\mathrm{const}} + \underbrace{\mathrm{FT}(I(\omega))}_{\text{abhängig von }\tau} \qquad (4.50)$$

Man kann nun $W(\tau)$ gegen die Laufzeitdifferenz τ antragen. Die erhaltene Kurve hat die Form der Fouriertransformierten $\mathrm{FT}(I(\omega))$, die um den Wert W_{const} verschoben ist. Das heißt, das Spektrum $I(\omega)$ des Lichtes lässt sich, nach Abziehen des konstanten Untergrundes W_{const}, durch Rücktransformation der im Interferometer gemessenen Funktion $W(\tau)$ gewinnen. Da bei einer Messung im Fourierraum alle Frequenzkomponenten praktisch simultan zum Signal beitragen, sind solche Messungen dann wichtig, wenn eine von zeitlichen Fluktuationen an Detektor, Lichtquelle, Untergrund und Probe unbeeinflusste Spektralinformation gewonnen werden soll (Multiplex-Vorteil). Außerdem ist der Lichtdurchsatz durch das Interferometer wesentlich höher als bei konventionellen, mit Spalten ausgestatteten Spektrometern. Das Fouriertransformationsmessprinzip wird in modernen Messgeräten zur Bestimmung der Infrarottransmission und in der Ramanspektroskopie eingesetzt.

Abschließend sollen noch die Anwendungen des Michelson Interferometers bei Untersuchungen zu prinzipiellen Fragen der Lichtausbreitung im Rahmen der Relativitätstheorie erwähnt werden. Durch das Michelson-Moreley-Experiment (1887) konnte mit hoher Präzision gezeigt werden, dass die

---

[5] c.c. bezeichnet dabei das Komplex Konjugierte des vorstehenden Ausdrucks

4.4 Interferenz 179

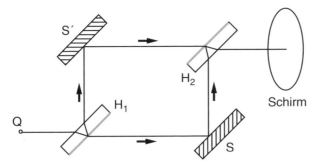

Bild 4.37: *Mach-Zehnder-Interferometer*

Theorie des ruhenden Äthers keine adäquate Beschreibung der Lichtausbreitung darstellt. Direkte Konsequenz dieser Beobachtungen war die Lorentzsche Längenkontraktion und deren theoretische Untermauerung im Rahmen der Relativitätstheorie.

Weitere Interferometertypen. Für technische Anwendungen haben sich Interferometertypen bewährt, bei denen die Lichtausbreitung nur in einer Richtung erfolgt. Ein Vertreter dieses Interferometertyps stellt das Mach-Zehnder-Interferometer dar, das in Bild 4.37 gezeigt ist. Das von der Lichtquelle Q ausgehende Licht wird an einem ersten Strahlteiler, dem halbdurchlässigen Spiegel H_1, aufgespalten. Mit Hilfe der beiden Spiegel S und S' und dem Strahlteiler H_2 werden beide Bündel wieder überlagert. Das Mach-Zehnder-Interferometer ist nicht dazu gedacht, eine kontinuierliche Variation des Gangunterschiedes zwischen beiden Armen durchzuführen. Vielmehr können mit seiner Hilfe die optischen Eigenschaften von transparenten Probeobjekten, die in einem Arm eingebracht werden, und deren zeitliche Änderung mit hoher Präzision untersucht werden.

Interferometrie ein Hilfsmittel zur Beobachtung kleinster Längenänderungen

Ein Sagnac-Interferometer ist schematisch in Bild 4.38 wiedergegeben. Bei ihm umlaufen die beiden Lichtbündel eine Fläche F auf exakt dem gleichen

Sagnac-Interferometer für optische Messungen von Drehungen

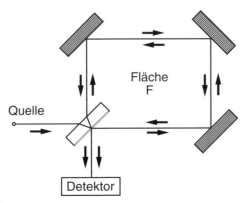

Bild 4.38: *Sagnac-Interferometer*

Farben dünner Schichten: ein alltägliches Interferenzphänomen

Weg. Eine Hauptanwendung liegt darin, dass beim Sagnac-Interferometer Rotationsbewegungen zu einer Verschiebung um ΔZ Interferenzstreifen führen, wobei gilt $\Delta Z = \dfrac{4\omega F}{c\lambda}$. Dabei ist ω die Kreisfrequenz der Rotationsbewegung, F die Fläche des Interferometers und λ die Wellenlänge des benutzten Lichtes. Moderne Versionen des Sagnac-Interferometers, bei denen Ringlaser verwendet werden, finden heute als so genannte Laser-Gyroskope bei der Navigation von Flugzeugen ihre praktische Anwendung.

4.4.3 Interferenzen dünner Schichten

Besonders farbenprächtige Interferenzerscheinungen können an dünnen dielektrischen Schichten beobachtet werden. Typische Beispiele dieser Interferenzen dünner Schichten sind die schillernden Farben eines Ölflecks oder einer Seifenblase. Es handelt sich dabei um Interferenzen, die durch die Reflexion an Vorder- und Rückseite der dünnen Schicht hervorgerufen werden. Da das Reflexionsvermögen an diesen dünnen Schichten sehr klein ist ($n_{ij} \approx 1.5$, d.h. $R \approx 4\%$), kann man sich bei der Behandlung auf Zweifachinterferenzen beschränken. Die Interferenzbilder zeigen dabei einen kosinusförmigen Verlauf. Die Lage der Minima bzw. Maxima der Interferenzfigur sind durch die Phasenverschiebung bei der Reflexion und den geometrischen Gangunterschied bestimmt. Die Farben der Interferenzerscheinungen bei Verwenden von weißem Licht werden durch die Wellenlänge λ_{Min} bestimmt, bei der die Interferenzminima liegen. Man beobachtet dann gerade die Komplementärfarbe zu λ_{Min}.

Interferenzen gleicher Neigung. Es sollen zunächst Interferenzen gleicher Neigung behandelt werden, die beim Beobachten eines ausgedehnten, parallelen Films auftreten. Dieser Film werde, wie in Bild 4.39 gezeigt, aus einem

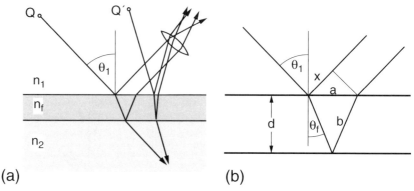

Bild 4.39: *Interferenzen dünner Schichten. An einem dünnen, nahezu parallelen Film (Brechungsindex n_f) können die an Vorder- und Rückseite reflektierten Strahlen miteinander interferieren. Maxima der Interferenz liegen in diesem Fall bei festen Winkeln (Interferenzen gleicher Neigung).*

4.4 Interferenz

Medium 1 (Brechungsindex n_1, im Allgemeinen verwenden wir $n_1 = 1$) unter dem Einfallswinkel θ_1 beleuchtet. Das Licht breitet sich im Film (Brechungsindex n_f) unter dem Brechwinkel θ_f aus. Die im Bild 4.39 wiedergegebenen Pfeile sollen nicht Lichtstrahlen angeben, sondern die Richtung der Wellenvektoren der dort laufenden ebenen Wellen. Der Phasensprung $\Delta\Phi_1$ des an der Filmoberfläche reflektierten Lichtes ist gleich π, wenn der Brechungsindex des Filmes größer ist als der des Mediums 1 (Luft) $n_f > n_1$, sonst ist er null. Mit der gleichen Betrachtung bestimmt man den Phasensprung $\Delta\Phi_2$ des an der zweiten Oberfläche reflektierten Lichtes. Da nur die Phasendifferenz $\Delta\Phi = \Delta\Phi_2 - \Delta\Phi_1$ wichtig ist, erhält man eine Phasendifferenz von $\Delta\Phi = \pm\pi$, falls der Film einen größeren oder kleineren Brechungsindex aufweist als beide umgebenden Materialien, während in dem anderen Fall $\Delta\Phi = 0$ gilt:

Phasendifferenz bei Reflexion an Doppelschichten hängt von den Brechungsindizes der beteiligten Schichten ab

$$\Delta\Phi = \begin{cases} \pi & \text{für} \quad n_f < n_1 \text{ und } n_f < n_2 \\ -\pi & \text{für} \quad n_f > n_1 \text{ und } n_f > n_2 \\ 0 & \text{für} \quad n_1 < n_f < n_2 \\ 0 & \text{für} \quad n_2 < n_f < n_1 \end{cases} \quad (4.51)$$

Der geometrische Gangunterschied GU lässt sich aus Bild 4.39b bestimmen: $GU = 2n_f b - n_1 x$. Ähnlich wie bei der Ableitung der Bragg-Beziehung (Gl. 4.45) werden a und x durch θ_f und θ_1 ausgedrückt: $a = 2d \tan\theta_f$, $x = a \sin\theta_1$. Unter Verwendung des Brechungsgesetzes, $n_1 \sin\theta_1 = n_f \sin\theta_f$, erhält man dann: $GU = 2n_f d \cos\theta_f$. Konstruktive Interferenz tritt auf für:

Beachte: bei der Bragg-Beziehung verwendet man i.A. nicht den Einfallswinkel, sondern den Winkel zwischen Oberfläche und Strahl

$$\frac{GU}{\lambda} - \frac{\Delta\Phi}{2\pi} = m \quad \text{mit } m = 0, 1, 2, \ldots$$

$$\boxed{2n_f d \cos\theta_f = \left(m + \frac{\Delta\Phi}{2\pi}\right)\lambda \quad \text{für } m = 0, 1, 2, \ldots} \quad (4.52)$$

**Interferenzen gleicher Neigung:
Bedingung für konstruktive Interferenz**

Die Interferenzen gleicher Neigung (sie werden auch Haidingersche Ringe genannt) ergeben ein Ringsystem, das um den senkrechten Einfall $\theta_f = 0$ zentriert ist. Dabei tritt bei senkrechtem Einfall die Interferenz höchster Ordnung auf (siehe Gl. (4.52)). Bei einer Beobachtung der Interferenzen mit einer Linse, die eine kleine Öffnung aufweist (z.B. mit dem Auge), treten jedoch gravierende Einschränkungen der Sichtbarkeit der Interferenzen auf: Ist die planparallele Platte zu dick, so gelangen nicht beide reflektierten Reflexe in das Auge und das Interferenzphänomen verschwindet. Außerdem können bei der Beleuchtung des Filmes mit einer Punktlichtquelle nur sehr enge Bereiche des Ringsystems beobachtet werden. Mit Hilfe einer ausgedehnten Lichtquelle (siehe Bild 4.39a) lassen sich jedoch an dünnen Filmen auch ohne zusätzliche Linsen die Interferenzen gut beobachten.

Interferenzen gleicher Neigung: Haidingersche Ringe

Interferenzen gleicher Dicke. Bei einem anderen Typ von Interferenzphänomenen zählt nicht so sehr der Einfallswinkel als die optische Dicke $n_f \cdot d$ und deren Variationen. Dazu gehören die Interferenzfarben von Seifenblasen oder Ölfilmen (siehe Bild 4.40). Ein Interferenzstreifen gibt dabei einen Bereich konstanter Dicke des Filmes wieder. Für den Fall eines Ölflecks auf nassem Asphalt ist die Geometrie in Bild 4.41a angegeben. Der Ölfilm $n_f \approx 1.5$ schwimmt dabei auf dem Wasser der Pfütze ($n_2 = 1.33$). Die Funktion des Asphalts ist dabei die eines schwarzen, stark Licht absorbierenden Körpers, der Hintergrundlicht wegnimmt und so die Interferenzerscheinungen besonders farbenprächtig erscheinen lässt. Wir nehmen an, dass das Licht praktisch senkrecht auf den Film fällt, und erhalten für die angegebenen Werte der Brechungsindizes die Bedingung für konstruktive Interferenz aus Gl. (4.52):

$$\frac{2n_f d}{\lambda} = \left(m + \frac{1}{2}\right)$$

Interferenzen an einem Luftkeil zwischen zwei Glasplatten

Ausgeprägte äquidistante Interferenzstreifen erhält man für Interferenzen an einem Keil. Dies lässt sich z.B. mit einer Glasplatte (Mikroskopobjektträger), die auf eine zweite Glasplatte gelegt wird, erreichen. Unterstützt man den Objektträger auf einer Seite durch ein Blatt Papier, so entsteht zwischen den Glasplatten ein Luftkeil mit sehr kleinem Öffnungswinkel α (siehe Bild 4.41b). Die Dicke d des Luftkeils als Funktion des Ortes wird damit zu $d \approx \alpha \cdot x$. Für senkrechte Beleuchtung treten Interferenzstreifen auf, die äquidistant mit einem Streifenabstand $\Delta x = \lambda/2\alpha$ sind. Bei $x = 0$, d.h. an der Berührungsstelle der beiden Glasplatten, liegt ein Minimum der Reflexion für alle Farben, da aufgrund der Phasensprünge bei der Reflexion für $d = 0$ eine Phasenverschiebung $\Delta \Phi = \pi$ auftritt. Dieser Teil des Luftkeils erscheint bei Beleuchtung mit weißem Licht schwarz.

Bild 4.40: *Eine dünne Schicht Benzin auf Wasser erzeugt bunte Interferenzringe. Zusammenhängende Bereiche gleicher Farbe (d.h. gleicher Graustufe im Schwarz-Weiß-Bild, das nur den Rotanteil des Farbbildes wiedergibt) besitzen dabei gleiche Schichtdicke.*

4.4 Interferenz

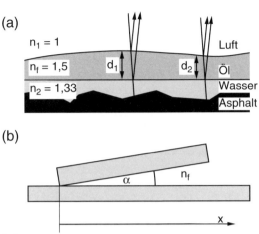

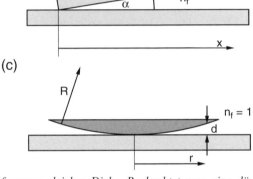

Bild 4.41: *Interferenzen gleicher Dicke. Beobachtet man eine dünne Schicht unter einem festen Winkel, so treten Interferenzmaxima an Stellen auf, bei denen die jeweilige Schichtdicke zu konstruktiver Interferenz führt. Zu Interferenzen gleicher Dicke gehören die Färbungen von Ölfilmen auf Wasser (a), von dünnen Luftkeilen (b) und die Newtonschen Ringe (c).*

Der gleiche physikalische Hintergrund ist auch für die Newtonschen Ringe verantwortlich. Newtonsche Ringe entstehen, wenn man, wie in Bild 4.41c angegeben, eine langbrennweitige Linse auf eine ebene Glasplatte legt. Man beobachtet dann im reflektierten Licht konzentrische Kreise, die sich für zunehmenden Abstand vom Zentrum immer näher kommen. Aus der Kugelgleichung für die Linsenoberfläche mit Radius R lässt sich der Gangunterschied $2n_\mathrm{f}d$ für konstruktive Interferenz bestimmen:

Newtonsche Ringe

$$r^2 = R^2 - (R-d)^2$$

für $R \gg d$ gilt: $r^2 \simeq 2Rd$

$$2\,n_\mathrm{f}d_\mathrm{m} = (m+1/2)\lambda$$

Für den m. hellen Ring des Lichtes mit Vakuumwellenlänge λ erhält man den Radius:

$$r_\mathrm{m} = \sqrt{\frac{(m+1/2)R\lambda}{n_\mathrm{f}}} \qquad (4.53)$$

Interferenzen gleicher Dicke: ein einfaches Hilfsmittel zur Abstandsmessung auf der µm Längenskala

Mit Hilfe dieser Beziehung lassen sich die Newtonschen Ringe, bei denen im Zentrum immer ein schwarzes Interferenzminimum liegt, klar von den Haidingerschen Ringen der Interferenzen gleicher Neigung (Gl. (4.52)) unterscheiden.

Die Interferenzen gleicher Dicke stellen ein wichtiges Hilfsmittel für die Kontrolle der Qualität optischer Oberflächen zur Verfügung: z.B. geben Form und Radien der Newtonschen Ringe einen Hinweis über die Qualität der Linsenfläche. War die Linse nicht exakt kugelförmig, so treten keine ringförmigen Interferenzen mehr auf. Auch für die Untersuchungen ebener Flächen werden diese Interferenzen verwendet. Zum Zwischentest der Ebenheit einer Fläche bei einer Politur legt der Optiker ein Testglas mit hoher Oberflächenebenheit auf das zu untersuchende Objekt, das, wie in Bild 4.42 angegeben, auf einem schwarzen Untergrund (zur Kontrasterhöhung) liegt. Mit diesem einfachen Messverfahren lassen sich noch Abweichungen von der Planität von weniger als einem Zehntel der zur Beleuchtung verwendeten Wellenlänge feststellen.

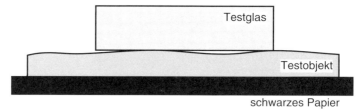

Bild 4.42: *Interferenzen gleicher Dicke. Mit Hilfe einer exakt planen Testglasplatte lässt sich die Oberflächenqualität eines Objektes beurteilen. Aus der Form der Interferenzstreifen gleicher Dicke können die Abweichungen von der Ebenheit des Testobjektes bestimmt werden.*

λ/4-Schicht zur Reflexionsminderung

Dielektrische Schichten zur Vergütung von Oberflächen und zur Herstellung von Spiegeln. In der bisherigen Behandlung waren wir davon ausgegangen, dass die Reflexion an dem dünnen Film schwach ist und so nur Zweifachinterferenzen auftreten. In diesem Zusammenhang ist der Spezialfall von besonderem Interesse, bei dem das an der Vorder- und Rückseite des Films reflektierte Licht die gleiche Feldstärke aufweist. Es sollte dann bei destruktiver Interferenz die Reflexion vollständig verschwinden. Dies wird bei der Vergütung von Glasoptiken zur Reflexminderung ausgenutzt. Wir betrachten dazu eine Glasplatte mit Brechungsindex n_2, auf die eine dünne Schicht mit dem Brechungsindex n_f mit $n_f < n_2$ aufgebracht wurde. Bei Beleuchtung des Systems aus Luft ($n_1 = 1$) gilt: $n_1 < n_f < n_2$. Damit wird die Phasenverschiebung zwischen den beiden Anteilen durch Reflexion zu null (siehe Gl. (4.51)). Für das Auftreten destruktiver Interferenz muss dann bei senkrechtem Einfall gelten: $2n_f d = \lambda/2$ (1. Interferenzminimum). Damit benötigt man eine optische Schichtdicke $n_f d$ des Filmes von $n_f d = \lambda/4$. Deshalb bezeichnet man eine solche Schicht als „$\lambda/4$-Schicht". Damit die destruktive Interferenz zum

4.1 Interferenz

Verschwinden der Reflexion führt, müssen die Reflexionskoeffizienten beim Eintritt und Austritt aus der Schicht n_f gleich groß werden. Verwendet man die Amplitudenreflexionskoeffizienten aus Abschnitt 2.3.2, so erhält man für den senkrechten Einfall:

$$\frac{n_1 - n_f}{n_1 + n_f} = \frac{n_f - n_2}{n_f + n_2} \quad \text{oder}$$

$$\boxed{n_f = \sqrt{n_1 n_2} \quad \text{und} \quad n_f d = \lambda/4} \tag{4.54}$$

Bedingung für Antireflexionsvergütung

Mit dieser einfachen dielektrischen Schicht könnte man für eine spezielle Wellenlänge die Reflexion praktisch perfekt unterdrücken. Aufgrund der Umkehrbarkeit der Strahlengänge unterdrückt diese Antireflexbeschichtung die Reflexion sowohl bei Beleuchtung der Glasplatte von der Luftseite als auch bei Beleuchtung der Glasplatte von der Glasseite her. An einem Zahlenbeispiel soll dieses Verfahren kurz erläutert werden. Für ein Schwerflintglas mit dem Brechungsindex $n_2 = 1.9$ tritt bei senkrechtem Lichteinfall ein Reflexionsverlust an der Eintrittsseite (eine Reflexion) von 10 % auf. Durch Aufbringen einer Magnesiumfluoridschicht $n_f = 1.38 \approx \sqrt{1.9}$ mit passender Dicke lässt sich die Reflexion praktisch vollständig unterdrücken. Für ein Standard-Kronglas mit $n_2 = 1.5$ gibt es jedoch bei dem entsprechenden Brechungsindexwert $n_f = \sqrt{n_2} = 1.22$ kein passendes Filmmaterial. Man verwendet auch hier $\lambda/4$-Schichten aus Magnesiumfluorid und reduziert mit einer dielektrischen Schicht die Reflexion von 4.2 % auf etwa 1.5 %. Durch das Aufbringen von mehreren Schichten passender Dicke lässt sich auch hier die Reflexion praktisch vollständig auslöschen. Hochwertige Antireflexionsschichten zeigen dann verbleibende Restreflexionskoeffizienten, die kleiner als 0.1 % sind.

Die Herstellung von dünnen Schichten zur Vergütung von Optiken erfolgt in speziellen Aufdampfverfahren: Im Ultrahochvakuum werden die Aufdampfmaterialien stark erhitzt und so auf die sorgfältig gereinigten Optiken aufgedampft. Während des Aufdampfprozesses müssen laufend die Schichtdicken kontrolliert werden. Durch die Kombination von verschiedenen Filmen mit unterschiedlicher Dicke und Brechungsindex erhält man zusätzliche Freiheitsgrade und kann die Interferenzen und Gangunterschiede so kombinieren, dass praktisch jedes gewünschte Reflexionsverhalten realisierbar wird. Bezüglich der dabei eingesetzten Rechenverfahren sei auf die Spezialliteratur verwiesen. (Ein einfaches Beispiel wird im nächsten Abschnitt behandelt). Hier wollen wir nur kurz die Herstellung von hochreflektierenden Spiegeln diskutieren: Verwendet man paarweise Doppelschichten, die aus hochbrechendem (n_h) und niederbrechendem (n_n) Material bestehen, wobei beide Schichten eine optische Dicke $n_h \cdot d_h = n_n \cdot d_n = \lambda/4$ aufweisen, so ergibt jede Doppelschicht optimale Reflexion. Der Grund dafür ist: Der optische Gangunterschied an jeder Einzelschicht ist $\lambda/2$, der Phasensprung ist aufgrund der alternierenden Brechungsindizes gerade $\Delta \Phi = \pi$, so dass insgesamt ein Gangunterschied von λ auftritt. Baut man für einen Spiegel genügend viele (≈ 20) Doppelschichten

Warum ergeben $\lambda/4$-Doppelschichten hochreflektierende Spiegel, während eine $\lambda/4$-Schicht als Antireflexionsvergütung eingesetzt werden kann?

auf, so erhält man Reflexionsvermögen, die für spezielle Wellenlängen weit über 99 % liegen können.

Matrizenmethode zur Berechnung der Spiegelreflexion

Die Berechnung des Reflexionsvermögens eines Stapels dünner Schichten**. Eine Berechnung von Reflexions- und Transmissionsvermögen vielfacher, paralleler Schichten ist im Allgemeinen ein aufwendiges Unterfangen. Jedoch kann die Rechnung mit Hilfe einer Matrizenbehandlung stark vereinfacht werden. Dazu betrachtet man zunächst eine Grenzfläche, die senkrecht zum einfallenden Licht steht. Die Grenzfläche trenne zwei Medien mit den Brechungsindizes n_i und n_j voneinander. Von links aus dem Medium n_i falle

Einzelschichten

des Feld E_i^+ ein. Das Feld E_j^+ breitet sich hinter der Grenzschicht nach rechts aus. Nach links propagieren die beiden Felder E_i^- und E_j^- (siehe Bild 4.43). Durch Transmission und Reflexion an der Grenzschicht ergeben sich dann die folgenden Beziehungen zwischen den Feldern:

$$E_j^+ = t_{ij}E_i^+ + r_{ji}E_j^- \qquad (4.55)$$
$$E_i^- = t_{ji}E_j^- + r_{ij}E_i^+ \qquad (4.56)$$

Dabei sind t_{kl} die Transmissionskoeffizienten für den Übergang vom Medium k nach l, r_{kl} die Reflexionskoeffizienten für den Einfall aus dem Medium k auf die Grenzschicht:

$$r_{kl} = \frac{n_k - n_l}{n_k + n_l} = -r_{lk} \qquad (4.57)$$

$$t_{kl} = 1 - r_{kl} = \frac{2n_k}{n_k + n_l} \qquad (4.58)$$

Die Gleichungen (4.55) und (4.56) kann man nun so umschreiben, dass die Felder im Medium i als Funktion der Felder im Medium j angegeben werden.

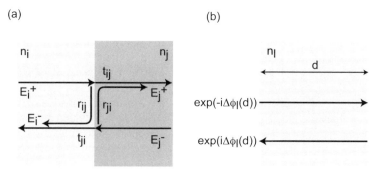

Bild 4.43: *Zur Definition der Feldgrößen bei der Berechnung von Reflexion und Transmission eines Schichtsystems.*

4.4 Interferenz

Es stellt sich hier eine lineare Beziehung ein:

$$E_i^+ = \frac{1}{t_{ij}} \left(E_j^+ - r_{ji} E_j^- \right) \qquad (4.59)$$

$$E_i^- = \frac{1}{t_{ij}} \left(r_{ij} E_j^+ + E_j^- \right) \qquad (4.60)$$

Bei einer Lichtausbreitung über eine Schicht der Dicke d mit Brechungsindex n_l erfahren rechts und links laufende Felder Phasenverschiebungen mit unterschiedlichen Vorzeichen:

$$k_l = \frac{2\pi n_l}{\lambda} d \qquad (4.61)$$

$$E_l^+(d) = E_l^+(0) \cdot \exp(-\mathrm{i}\, k_l d) \qquad (4.62)$$

$$E_l^+(0) = E_l^+(d) \cdot \exp(\mathrm{i}\, k_l d)$$
$$E_l^-(0) = E_l^-(d) \cdot \exp(\mathrm{i}\, k_l(-d)) = E_l^-(d) \cdot \exp(-\mathrm{i}\, k_l d) \quad (4.63)$$

Schreibt man nun das elektrische Feld an einem speziellem Ort z im Medium i als zwei-komponentigen Vektor, so lassen sich Reflexion und Ausbreitung, die nach den Gleichungen (4.59)–(4.63) lineare Transformationen darstellen, über Matrizenmultiplikationen berechnen.

$$\vec{E}_i(z) = \begin{pmatrix} E_i^+(z) \\ E_i^-(z) \end{pmatrix} \qquad (4.64)$$

Die Felder links von einer reflektierenden Grenzfläche lassen sich dann mit einer Matrix in Abhängigkeit der Felder rechts von der Grenzfläche darstellen:

$$\vec{E}_i(z) = \overleftrightarrow{\boldsymbol{R}}_{ij} \vec{E}_j(z) = \frac{1}{t_{ij}} \begin{pmatrix} 1 & r_{ij} \\ r_{ij} & 1 \end{pmatrix} \begin{pmatrix} E_j^+(z) \\ E_j^-(z) \end{pmatrix} \qquad (4.65)$$

Analog findet man auch eine Schreibweise für die Felder links von einer Schicht der Dicke d in Abhängigkeit der Felder rechts von der Schicht:

$$\vec{E}_l(z) = \overleftrightarrow{\boldsymbol{T}}_l(d) \cdot \vec{E}_l(z+d)$$
$$= \begin{pmatrix} \exp(\mathrm{i}\, k_l d) & 0 \\ 0 & \exp(-\mathrm{i}\, k_l d) \end{pmatrix} \begin{pmatrix} E_l^+(z+d) \\ E_l^-(z+d) \end{pmatrix} \qquad (4.66)$$

Ist nun, wie im Bild 4.44 dargestellt, ein ganzes System von dünnen Schichten auf ein Substrat (z.B. Glas mit Brechungsindex n_g) aufgebracht, so können wir

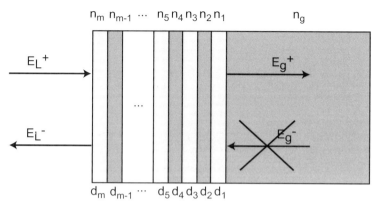

Bild 4.44: *Beispiel für ein Schichtsystem auf einem Glassubstrat.*

die Wirkung dieser Schichten durch die Gesamtmatrix $\overleftrightarrow{R}_G$ ausdrücken:

$$\begin{pmatrix} E_L^+ \\ E_L^- \end{pmatrix} = \overleftrightarrow{R}_{Lm} \cdot \overleftrightarrow{T}_m(d_m) \cdot \ldots \cdot \overleftrightarrow{R}_{21} \cdot \overleftrightarrow{T}_1(d_1) \overleftrightarrow{R}_{1g} \begin{pmatrix} E_g^+ \\ E_g^- \end{pmatrix}$$

$$= \overleftrightarrow{R}_G \begin{pmatrix} E_g^+ \\ E_g^- \end{pmatrix} \tag{4.67}$$

Randbedingung: kein Licht von rechts

Wenn Licht von links (aus einem Medium mit Brechungsindex $n = 1$) auf das Schichtsystem einfällt, erhalten wir die Randbedingung, dass es im Glas nur eine nach rechts auslaufende Welle aber keine nach links laufende Welle geben darf. Es gilt also: $E_g^- = 0$.

Das Reflexions- und Transmissionsvermögen des Schichtsystems errechnet sich dann einfach zu:

$$R = \frac{I_{\text{refl.}}}{I_{\text{einf.}}} = \frac{|E_L^-|^2}{|E_L^+|^2} = \frac{|(\overleftrightarrow{R}_G)_{21} E_g^+|^2}{|(\overleftrightarrow{R}_G)_{11} E_g^+|^2} = \left|\frac{(\overleftrightarrow{R}_G)_{21}}{(\overleftrightarrow{R}_G)_{11}}\right|^2 \tag{4.68}$$

$$T = \frac{I_{\text{trans.}}}{I_{\text{einf.}}} = \frac{n_g |E_g^+|^2}{|E_L^+|^2} = \frac{n_g |E_g^+|^2}{|(\overleftrightarrow{R}_G)_{11} E_g^+|^2} = \frac{n_g}{|(\overleftrightarrow{R}_G)_{11}|^2} \tag{4.69}$$

Im Bild 4.45a ist das Reflexionsvermögen für ein Schichtsystem bestehend aus Magnesiumfluorid (MgF$_2$, $n_{\text{niedrig}} = 1.38$) und Titandioxyd (TiO$_2$, $n_{\text{hoch}} = 2.3$) für eine, fünf und zehn Doppelschichten als Funktion der Wellenlänge gezeigt. Dabei ist die optische Dicke einer Einzelschicht $n \cdot d = \lambda_0/4 = 150$ nm gewählt worden. Man findet ein ausgeprägtes Reflexionsmaximum bei der Wellenlänge $\lambda_0 = 600$ nm.

4.4 Interferenz

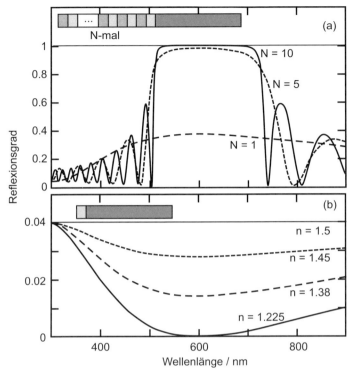

Bild 4.45: *Reflexionsvermögen von dünnen Schichten. (a) Multischichten bestehend aus N, ($N = 1$, 5 und 10) Doppelschichten mit hohen und niedrigen Brechungsindizes. (b) $\lambda/4$-Einfach-Schicht mit unterschiedlichen Brechungsindizes.*

Je mehr Schichten aufgebracht werden, desto höher wird das maximale Reflexionsvermögen und desto breiter wird der Bereich höchster Reflexion. Bei 10 Schichten wird im Maximum der Reflexion bei 600 nm eine Reflektivität von über 99.9% erreicht. Mit den angegebenen Gleichungen lassen sich auch andere Fälle behandeln, bei denen Schichten unterschiedlicher Dicke eingesetzt werden. Bild 4.45b zeigt zur Wiederholung den Fall einer $\lambda/4$-Einfachschicht bei einem Brechungsindex des Glases von $n_g = 1.50$ für die technisch zugängliche Brechungsindizes der $\lambda/4$-Schicht ($n_i = 1.38, 1.45$) und für den idealen Wert $n_i = \sqrt{n_g} = 1.225$.

4.4.4 Vielfachinterferenzen am Beispiel des Fabry-Perot-Interferometers

In den bisherigen Interferenzanordnungen traten im Wesentlichen nur Interferenzen zwischen zwei Strahlen auf. Die dabei resultierenden kosinusförmigen Modulationen sind für Spektroskopie mit höchster Spektralauflösung oft nur schlecht geeignet. Wir werden nun zeigen, dass Vielfachinterferenzen zu sehr scharfen Interferenzfiguren führen können und so ideale Hilfsmittel für die

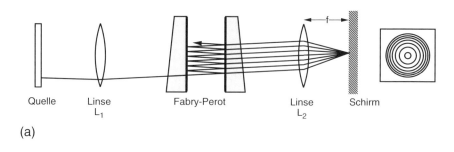

(a)

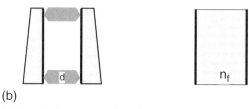

(b)

Bild 4.46: *Fabry-Perot-Interferometer.*
(a) Typischer Aufbau zur Messung der Fabry-Perot-Ringe unter Verwendung einer flächenhaften Lichtquelle. Die Beobachtung erfolgt in der Brennebene der Linse L_2. Man erhält so die Interferenzlinien gleicher Neigung als konzentrische Kreise.
(b) Ausführungsformen von Fabry-Perot-Interferometern. Einfach zu handhaben sind Fabry-Perot-Etalons, bei denen die reflektierenden Schichten auf ein exakt eben poliertes, planparalleles Substrat aufgebracht sind (rechts).

Fabry-Perot: eine verspiegelte plan-parallele Platte

hochauflösende Spektroskopie zur Verfügung stellen können. Das Interferometer, das hier diskutiert werden soll, ist ein Fabry-Perot-Interferometer. Sein Aufbau ist in Bild 4.46 wiedergegeben. Das optisch relevante Element eines Fabry-Perot-Interferometers ist eine planparallele Platte, die von zwei hochreflektierenden Schichten begrenzt wird. Für Routineexperimente mit niedrigem Auflösungsvermögen verwendet man dabei häufig Glasplatten, die außen mit Reflexschichten versehen sind (Bild 4.46b, rechts). Bei Geräten höchster Auflösung werden die hochreflektierenden Schichten auf zwei Keilplatten aufgebracht, die durch Distanzstücke in einem großen Abstand d parallel gehalten werden (Bild 4.46b, links). Damit der optische Weg nicht durch Brechungsindexänderungen der Luft beeinflusst wird, werden die Fabry-Perot-Platten bei speziellen Anwendungen im Vakuum gehalten. Ein typischer Messaufbau unter Verwendung eines Fabry-Perot-Interferometers ist in Bild 4.46a gezeigt. Monochromatisches Licht aus einer ausgedehnten Quelle wird durch eine Linse divergent auf das Interferometer abgebildet. Jedes Lichtbündel wird an den parallelen Flächen des Fabry-Perot-Interferometers hin und her reflektiert (Reflexionswinkel θ_F) und verlässt als Schar paralleler Bündel das Interferometer. In der Brennebene einer Linse L_2 beobachtet man dann die Interferenzfigur, die ein konzentrisches Ringsystem bildet (Haidingersche Ringe gleicher Neigung).

4.4 Interferenz

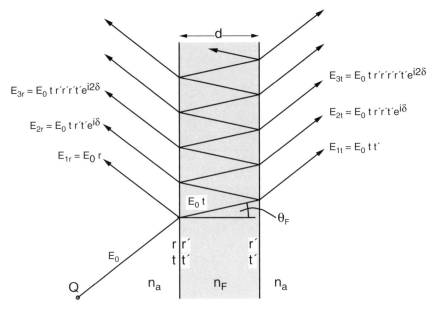

Bild 4.47: *Fabry-Perot-Interferometer. Feldstärken der verschiedenen reflektierten und transmittierten Lichtbündel.*

Wir wollen nun Reflexion und Transmission durch das Interferometer berechnen. Dazu betrachten wir ein ideales Interferometer, in dem keine Verluste durch Streuung oder Absorption auftreten und bei dem links und rechts der planparallelen Platte (Dicke d, Brechungsindex n_F) Schichten gleicher Reflexion und Medien mit gleichem Brechungsindex n_a auftreten (siehe Bild 4.47). In diesem Fall können wir Amplitudenreflexions- bzw. Amplitudentransmissionskoeffizienten r und t für die äußere Reflexion (Transmission) und r', t' für die innere Reflexion (Transmission) an einer Schicht verwenden. Dabei gilt: $t \cdot t' = 1 - r^2$ und $r' = -r$. Wir haben den Phasensprung für die symmetrische Anordnung der Brechungsindizes im Fabry-Perot durch die Vorzeichen von r und r' berücksichtigt. Im Folgenden berechnen wir zunächst die reflektierte Feldstärke E_r. Dazu summieren wir über alle reflektierten Teilbündel:

$$E_r = E_{1r} + E_{2r} + E_{3r} + \ldots \qquad (4.70)$$
$$= E_0 r + E_0 t\, r'\, t'\, e^{i\delta} + E_0 t\, r'\, r'\, r'\, t'\, e^{2i\delta} + \ldots$$
$$= E_0 \{r + r'\, t\, t'\, e^{i\delta}[1 + r'^2\, e^{i\delta} + (r'^2\, e^{i\delta})^2 + \ldots]\}$$

δ (siehe unten in Gl. (4.73)) ist dabei der geometrische Phasenunterschied im Fabry-Perot. Da $|r'^2\, e^{i\delta}| < 1$ ist, lässt sich die geometrische Reihe aufsummieren und wir erhalten:

$$E_r = E_0 \left(r + \frac{r'\, t\, t'\, e^{i\delta}}{1 - r'^2\, e^{i\delta}} \right) \qquad (4.71)$$

Unter Verwendung der obigen Bedingungen für die Reflexions- und Transmissionskoeffizienten ergibt sich dann für die reflektierten Felder und Intensitäten:

$$E_\mathrm{r} = E_0 \frac{r(1 - \mathrm{e}^{\mathrm{i}\delta})}{1 - r^2\,\mathrm{e}^{\mathrm{i}\delta}} \tag{4.72}$$

$$\boxed{\begin{aligned} I_\mathrm{R} &= I_0 \frac{2r^2(1 - \cos\delta)}{(1 + r^4) - 2r^2 \cos\delta} = I_0 \frac{F \sin^2(\delta/2)}{1 + F \sin^2(\delta/2)} \\ \text{mit } F &= \left(\frac{2r}{1 - r^2}\right)^2 = \frac{4R}{(1 - R)^2} \\ \delta &= \frac{4\pi\, n_\mathrm{F} d}{\lambda} \cos\theta_\mathrm{F} \end{aligned}} \tag{4.73}$$

Reflektierte Intensität an einem Fabry-Perot

Dabei haben wir den Intensitätsreflexionskoeffizienten R an einer Plattenoberfläche $R = r^2$ eingeführt und die Abkürzung F benutzt. Der geometrische Phasenunterschied δ wurde aus Gl. (4.52) entnommen. Zu beachten ist, dass hier der Winkel θ_F in der planparallelen Platte einzusetzen ist.

Da keine absorbierenden Materialien im Fabry-Perot-Interferometer verwendet werden, lässt sich die transmittierte Intensität einfach aus der Beziehung $I_0 = I_\mathrm{R} + I_\mathrm{T}$ und Gl. (4.73) berechnen:

$$\boxed{I_\mathrm{T} = I_0 - I_\mathrm{R} = I_0 \frac{1}{1 + F \sin^2(\delta/2)}} \quad \text{**Transmission eines Fabry-Perot-Interferometers**} \tag{4.74}$$

Transmissions- und Reflexionsverlauf sind komplementär zueinander

Die durch Gl. (4.74) gegebene Funktion wird Airy-Funktion genannt. Aus dieser Gleichung sehen wir, dass das reflektierte und das transmittierte Interferenzmuster zueinander komplementär sein müssen. Während man für die Transmission im relevanten Fall $F \gg 1$ scharfe, helle Ringe beobachtet (siehe Bild 4.48 oben), die vor einem dunklen Hintergrund liegen, treten bei der Beobachtung in Reflexion scharfe, dunkle Ringe auf. Die Lage dieser Ringe ist gegeben durch die Beziehung $\sin \delta/2 = 0$:

$$\boxed{2n_\mathrm{F} d \cos\theta_\mathrm{F} = m\lambda,\ m = 1, 2, \ldots} \quad \text{**Lage der Transmissionsmaxima eines Fabry-Perot-Interferometers**} \tag{4.75}$$

Hohes Reflexionsvermögen – scharfe und tief modulierte Transmissionsmaxima

An diesen Stellen tritt maximale Transmission $T = 1$ auf. Minimale Transmission findet man nach Gl. (4.74) wenn der Nenner maximal wird, also für $\sin^2 \delta/2 = 1$ in der Mitte zwischen den Maxima. Hier wird die Transmission zu:

$$T_\mathrm{Min} = \frac{1}{1 + F} = \frac{(1 - R)^2}{(1 + R)^2} \tag{4.76}$$

4.4 Interferenz

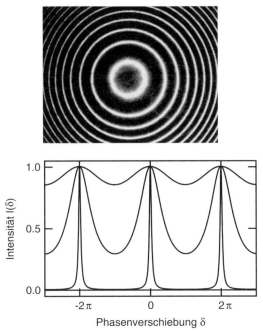

Bild 4.48: *(oben) Aufnahme eines Fabry-Perot-Ringsystems. (unten) Transmittierte Intensität am Fabry-Perot-Interferometer als Funktion des Gangunterschieds δ. Es wurden drei verschiedene Reflektivitäten der Einzeloberflächen von 4%, 30% und 90% angenommen.*

Für hohe Reflexionsvermögen der Spiegelschichten erhält man sehr kleine Werte der Minimaltransmission T_{Min}. Zum Beispiel berechnet man für $R = 95\%$ einen Wert von $F = 1520$ oder $T_{\text{Min}} = 6.6 \cdot 10^{-4}$. Der Verlauf der Fabry-Perot-Transmission ist in Bild 4.48 unten für verschiedene Werte von R als Funktion der Phasenverschiebung δ aufgetragen. Wird das Reflexionsvermögen klein gewählt, z.B. 0.04 wie es einer unbeschichteten Glasplatte entspricht, so erhält man den für den Fall einer Zweifachinterferenz erwarteten Kosinusverlauf: $I_T \approx 1 - 4\,R\sin^2(\delta/2)$. Dabei ist die Modulationstiefe ca. $4R = 16\%$. Für große Werte von R findet man sehr scharfe Interferenzmaxima und wie oben erwähnt kleine Minimaltransmissionen. Der Verlauf von I_T in der Nähe eines Interferenzmaximums wird Lorentz-förmig mit einer vollen Halbwertsbreite $\Delta\delta$, die gegeben ist durch:

$$\Delta\delta = \frac{4}{\sqrt{F}} \tag{4.77}$$

Definition der Finesse:

$$\tilde{F} = \frac{\text{Abstand benachbarter Maxima}}{\text{Breite eines Maximums}} = \frac{2\pi\sqrt{F}}{4} = \frac{\pi\sqrt{R}}{(1-R)}$$

Die Finesse bestimmt die effektive Zahl der interferierenden Lichtbündel

Wir haben hier den Begriff der Finesse $\tilde{F}$ eingeführt, der die Breite eines Maximums mit dem Abstand benachbarter Maxima vergleicht. Die Breite des Interferenzmaximums wird wichtig, wenn wir das Fabry-Perot-Interferometer als Spektrometer einsetzen wollen und dessen Auflösungsvermögen kennen müssen.

Für einen typischen Abstand $d \approx 1$ cm der reflektierenden Flächen eines mit Luft, $n = 1$, gefüllten Fabry-Perots berechnet man nach Gl. (4.73) für senkrechten Einfall und grünes Licht mit $\lambda = 500.000$ nm eine Ordnungszahl $m = 2d/\lambda = 40\,000$. An die gleiche Stelle des Interferenzbildes kommt jedoch auch die Ordnung $m' = 40\,001$ für Licht der Wellenlänge $\lambda' = 499.988$ nm. Sobald sich die Wellenlänge zweier Linien um mehr als dieses $D\lambda = \lambda - \lambda' = \lambda^2/(2\,n_\mathrm{F}\,d\cos\theta_\mathrm{F})$ unterscheiden, können sie nicht mehr eindeutig einer entsprechenden Ordnung zugeordnet werden. Ein Fabry-Perot-Interferometer mit festem Plattenabstand d erlaubt also nicht die absolute Bestimmung der Wellenlänge von Licht, sondern nur die Bestimmung von Wellenlängendifferenzen innerhalb des so genannten freien Spektralbereichs $D\lambda$:

Freier Spektralbereich – Einschränkung der eindeutigen Bestimmung der Wellenlänge

$$\boxed{\frac{D\lambda}{\lambda} = \frac{\lambda}{2\,d\,n_\mathrm{F}\cos\theta_\mathrm{F}} = \frac{1}{m}} \quad \text{Freier Spektralbereich eines Fabry-Perot-Interferometers} \quad (4.78)$$

Für die Analyse in einem weiteren Spektralbereich muss dem Fabry-Perot-Interferometer deshalb ein anderes Interferometer (Gitter- oder Prismenspektrometer) niedrigerer Auflösung vorgeschaltet werden.

Wavemeter: Bestimmung der Wellenlänge von Licht mit dem Fabry-Perot Interferometer

Das Fabry-Perot Interferometer selbst kann auch direkt zur Bestimmung der Wellenlänge von Licht, das nur wenige Linien enthält, eingesetzt werden. Im Englischen nennt man diesen Aufbau dann „Wavemeter". Dazu führt man das folgende Experiment durch: Man beleuchtet das Fabry-Perot Interferometer mit parallelem Licht und misst die Transmission der Anordnung. Nun verändert man den Abstand der Platten um einen bekannten Wert Δd und zählt die Interferenzmaxima ab (Δm), die man bei der Längenänderung beobachtet. Aus der Beziehung für Transmissionsmaxima des Fabry-Perot Interferometers (Gl. (4.75)) errechnet sich nun die Wellenlänge des Lichtes wie folgt:

Ausgangssituation:
$$2n_\mathrm{F}d_a\cos\theta_\mathrm{F} = m_a\lambda \quad (4.79)$$

Endsituation:
$$2n_\mathrm{F}(d_a + \Delta d)\cos\theta_\mathrm{F} = (m_a + \Delta m)\lambda \quad (4.80)$$

4.4 Interferenz

Durch Subtraktion kann man Anfangsdicke d_a und Anfangsordnung m_a eliminieren und erhält die Wellenlänge λ des Lichtes:

$$\lambda = \frac{2 n_\mathrm{F} \Delta d \cos\theta_\mathrm{F}}{\Delta m} \qquad (4.81)$$

Übungsfrage:
Warum muss man für eine präzise Bestimmung der Wellenlänge den Plattenabstand um einen großen Wert $\Delta m \gg \lambda$ verändern?

Für das Auftrennen zweier nahe benachbarter Spektrallinien ist die Breite eines Interferenzmaximums verantwortlich. Man kann abschätzen, dass sich die Linien dann noch unterscheiden lassen, wenn ihr Abstand gerade der vollen Linienbreite entspricht. Somit können wir direkt die Halbwertsbreite $\Delta\delta$ aus Gl. (4.77) benutzen. Die entsprechende Beziehung für die Wellenlänge erhalten wir aus Gl. (4.73), die sich umformen lässt zu: $|\Delta\delta/\delta| = |\Delta\lambda/\lambda|$. Damit wird das Auflösungsvermögen des Farby-Perot-Interferometers zu:

Hohes Auflösungsvermögen bei hoher Reflektivität (Finesse) und großem Plattenabstand

$$\boxed{\frac{\lambda}{\Delta\lambda} = \frac{\delta}{\Delta\delta} = \frac{4\pi\, n_\mathrm{F}\, d\sqrt{F}\cos\theta_\mathrm{F}}{\lambda\cdot 4} = m\,\frac{2\pi\sqrt{F}}{4} = m\tilde{F}} \qquad (4.82)$$

Auflösungsvermögen eines Fabry-Perot-Interferometers

Das Auflösungsvermögen des Fabry-Perot-Interferometers ist gleich dem Produkt aus Ordnungszahl m und Finesse $\tilde{F}$. Qualitativ lässt sich das folgendermaßen verstehen: Die Ordnungszahl gibt an, über wie viele Wellenlängen die interferierenden Lichtbündel gegeneinander verschoben werden; die Finesse dagegen zeigt, wie viele Bündel im Mittel miteinander interferieren und inwieweit das Interferenzmaximum gegenüber dem bei Zweifachinterferenz verschmälert wird. Mit Hilfe von Fabry-Perot-Interferometern lassen sich sehr hohe Auflösungsvermögen realisieren. Für das von uns angenommene Beispiel mit $d = 1$ cm, $n_\mathrm{F} = 1$ erhält man für $R = 95\,\%$ ($\tilde{F} = 61$) ein Auflösungsvermögen für grünes Licht von $\lambda/\Delta\lambda = m \cdot \tilde{F} = 40000 \cdot 61 = 2.44 \cdot 10^6$. Damit kann man genügend schmale Spektrallinien, die nur ca. $2 \cdot 10^{-4}$ nm voneinander entfernt sind, noch trennen. Durch Verwenden von größeren Plattenabständen und höheren Reflexionsvermögen der Platten lässt sich dieses Auflösungsvermögen noch beträchtlich steigern. Spektroskopie mit höchster Frequenzauflösung wird jedoch nicht nur durch das verwendete Spektrometer, sondern auch durch die Breiten der Spektrallinien beschränkt. In diesem Zusammenhang werden heute Methoden der nichtlinearen optischen Spektroskopie mit schmalbandigen Lasern eingesetzt, mit deren Hilfe sich Verbreiterungsmechanismen, wie z.B. die Dopplerverbreiterung, umgehen lassen.

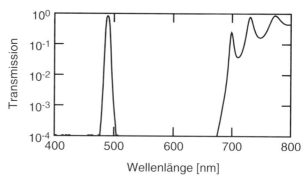

Bild 4.49: *Transmissionsspektrum eines Interferenzfilters in logarithmischer Darstellung. Daten: Transmissionsmaximum bei 485 nm, Maximaltransmission 78 %, hohes Unterdrückungsvermögen bis ca. 670 nm.*

Interferenzfilter: Fabry-Perot-Interferometer mit kleinem Plattenabstand aufgebaut aus dünnen Schichten

Fabry-Perot-Interferometer stellen nicht nur höchstauflösende, komplexe Instrumente zur Verfügung, ihr Prinzip erlaubt es auch, kompakte leicht handhabbare spektrale Filter, die so genannten Interferenzfilter, herzustellen. Bei diesen Filtern wird auf eine Glasplatte ein Schichtsystem aus dünnen dielektrischen Filmen aufgedampft: Zunächst kommt dabei eine Spiegelschicht hoher Reflexion aus Doppelschichten (siehe Abschnitt 4.4.3). Danach wird eine einige Wellenlängen dicke Schicht – die Fabry-Perot-Schicht – aufgedampft. Abschließend wird wieder eine Spiegelschicht aufgebracht. Durch geeignete Dimensionierung der Spiegel und der Distanzschicht lassen sich damit maßgeschneiderte Transmissionsvorläufe des Interferenzfilters realisieren. Als Beispiel ist in Bild 4.49 der Transmissionsverlauf eines speziellen Interferenzfilters gezeigt. Bei diesem Filter wurde Wert darauf gelegt, in einem schmalen Band um $\lambda = 485$ nm möglichst hohe Transmission ($\simeq 80\,\%$) zu erzielen, während bei kürzeren und längeren Wellenlängen die Transmission so klein wie möglich sein sollte. Mit Interferenzfiltern lassen sich im Allgemeinen Halbwertsbreiten der Transmissionskurve von größer als 1 nm (im angegebenen Beispiel 7 nm) erzielen. Die Transmissionen können in speziellen Wellenlängenbereichen bis unter 10^{-4} reduziert werden. Jedoch lässt sich im Allgemeinen dieser Sperrbereich nicht über das ganze Spektrum ausdehnen. Im angegebenen Beispiel tritt oberhalb von 680 nm wieder starke Transmission auf. Da der Gangunterschied im Fabry-Perot vom Winkel θ_F abhängt, wird die Wellenlänge maximaler Transmission, d.h. das ganze Transmissionsbild des Interferenzfilters, von seiner Neigung zum einfallenden Licht abhängen. Interferenzfilter sollten deshalb immer im parallelen Strahlengang montiert werden. Als Übung sollten Sie sich überlegen, in welche Richtung sich das Transmissionsmaximum beim Verkippen des Interferenzfilters verschiebt.

Abstimmen des Interferenzfilters durch Verkippen

4.5 Anwendungen von Beugung und Interferenz

4.5.1 Das Auflösungsvermögen optischer Geräte

Bei einem Spektralapparat versteht man unter Auflösungsvermögen seine Fähigkeit, nahe benachbarte Spektrallinien mit einem Abstand $\Delta\lambda$ voneinander zu trennen. Analog ist das Auflösungsvermögen eines abbildenden Instrumentes mit seinen Möglichkeiten verknüpft, getrennte Bilder von zwei nahe benachbarten Objektpunkten zu liefern. Wir werden sehen, dass in beiden Fragestellungen die gleichen Prinzipien zum Tragen kommen.

Das Auflösungsvermögen von Spektralapparaten. Es soll hier zunächst an die Diskussion angeschlossen werden, die in Abschnitt 4.3.5 über das Gitter und in Abschnitt 4.4.4 über das Fabry-Perot-Interferometer geführt wurde. Bei der Diskussion der Beugung am Gitter hatten wir anhand von Gl. (4.35) gezeigt, dass jede noch so scharfe Spektrallinie im Gitterspektrometer ein Beugungsbild liefert, bei dem ein Hauptmaximum endlicher Breite von nahe benachbarten Nullstellen der Beugungsintensität umgeben ist. Nach dem Rayleigh-Kriterium lassen sich die Beugungsbilder zweier Linien gerade noch trennen, wenn das Maximum der einen auf die Nullstelle der anderen Linie fällt. Anhand von Bild 4.50 sei das Rayleigh-Kriterium kurz erläutert. Im Bildteil a sind die beiden Beugungsbilder der einzelnen Interferenzkomponenten bei λ und $\lambda + \Delta\lambda$ eingezeichnet. Bild 4.50b gibt dann die Summe der beiden Kurven wieder, so wie sie der im Spektrometer beobachteten Intensität entspricht. Man sieht, dass man für die Wahl von $\Delta\lambda$ nach dem

Rayleigh-Kriterium

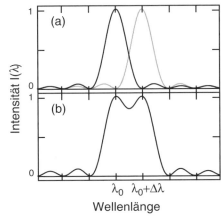

Bild 4.50: *Rayleigh-Kriterium. Nach dem Rayleigh-Kriterium lassen sich in einem Spektrometer zwei Spektrallinien bei λ_0 und $\lambda_0 + \Delta\lambda$ (siehe Bild (a)) gerade noch trennen, wenn das Maximum einer Linie auf das 1. Interferenz- (Beugungs-) Minimum der anderen Linie fällt. In diesem Fall beobachtet man im Gesamtsignal (Bildteil (b)), das die Summe der Einzelintensitäten darstellt, gerade noch zwei getrennte Maxima.*

Rayleigh-Kriterium die beiden Komponenten gerade noch trennen kann. Das Rayleigh-Kriterium hatten wir bereits in Abschnitt 4.3 verwendet, um das Auflösungsvermögen des Gitterspektrometers zu berechnen. Nach Gl. (4.39) gilt für das Auflösungsvermögen des Gitterspektrometers:

$$A_{\text{Gitter}} = \frac{\lambda}{\Delta \lambda} = n \cdot N$$

Berücksichtigt man, dass die Ordnungszahl n den Gangunterschied zwischen benachbarten Gitterstrichen in Einheiten der Wellenlänge und N die Zahl der ausgeleuchteten Gitterstriche angibt, so besagt Gl. (4.39) physikalisch, dass das Auflösungsvermögen gleich dem maximalen Gangunterschied in Einheiten von Wellenlängen ist. Als die entsprechende Beziehung für das Fabry-Perot-Interferometer hatten wir in Gl. (4.82) dessen Auflösungsvermögen erhalten als:

$$A_{\text{FP}} = \frac{\lambda}{\Delta \lambda} = n \tilde{F}$$

Wieder war hier n der Gangunterschied in Einheiten von λ zwischen zwei benachbarten Bündeln, während die Finesse $\tilde{F}$ die effektive Zahl der wechselwirkenden Bündel festlegte. Das Auflösungsvermögen ist also auch hier durch den maximalen Gangunterschied interferierender Bündel bestimmt. Wir werden nun zeigen, dass auch für das Prismenspektrometer, bei dem als Gerät der geometrischen Optik auf den ersten Blick Interferenzen keine Rolle spielen sollten, die gleichen Überlegungen zum Tragen kommen.

Für die symmetrische Strahlablenkung an einem Prisma mit Scheitelwinkel α hatten wir in Kap. 3, Gl. (3.9) einen Zusammenhang zwischen Strahlablenkungswinkel δ_{min} und dem Brechungsindex n hergestellt. Die Änderung des Strahlablenkwinkels δ_{min} mit der Wellenlänge lässt sich direkt aus Gl. (3.9) bestimmen:

$$\frac{\mathrm{d}\delta_{\text{min}}}{\mathrm{d}\lambda} = \frac{\mathrm{d}\delta_{\text{min}}}{\mathrm{d}n} \frac{\mathrm{d}n}{\mathrm{d}\lambda} = \frac{a}{b} \frac{\mathrm{d}n}{\mathrm{d}\lambda} \qquad (4.83)$$

$$\frac{\mathrm{d}\delta_{\text{min}}}{\mathrm{d}n} = \frac{2\sin(\alpha/2)}{\cos\left(\dfrac{\delta_{\text{min}} + \alpha}{2}\right)} = \frac{a}{b} \qquad (4.84)$$

Im Bild 4.51 sieht man, dass die Ableitung des Ablenkwinkels nach dem Brechungsindex (Gl. (4.84)) gerade gleich dem Verhältnis von Basislänge a des Prismas und nutzbarer Bündelbreite b ist. Ist diese maximale Bündelbreite die einzige Begrenzung des Lichtbündels, so tritt durch diese Begrenzung Beugung auf, die zu einer Verschmierung des gebrochenen Lichtbündels führt. Nach dem Rayleigh-Kriterium sollten dann zwei Spektrallinien noch unterscheidbar sein, wenn sie sich in δ_{min} um gerade den Winkelunterschied

4.5 Anwendungen von Beugung und Interferenz

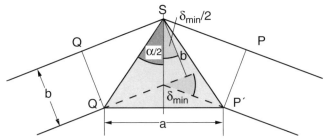

Bild 4.51: *Zum Auflösungsvermögen eines Prismas. Für symmetrische Durchstrahlung und volle Ausleuchtung eines Prismas ist dessen Auflösungsvermögen nur durch die Basislänge a und die Dispersion des Glases bestimmt.*

zwischen Beugungsmaximum und erstem Minimum unterscheiden. Für dieses $|\Delta\delta_{\min}| = \lambda/b$ (Gl. (4.14)) bestimmt man das Auflösungsvermögen als:

$$|\Delta\delta_{\min}| = \frac{\lambda}{b} = \left|\frac{a}{b}\frac{dn}{d\lambda}\Delta\lambda\right| \quad \text{oder}$$

$$\boxed{A_{\text{Prisma}} = \frac{\lambda}{\Delta\lambda} = \left|a \cdot \frac{dn}{d\lambda}\right|} \tag{4.85}$$

Auflösungsvermögen eines Prismenspektrographs

Das Auflösungsvermögen des Prismenspektrographs hängt also direkt mit der durchleuchteten Basislänge a des Prismas und der Dispersion des verwendeten Glases $dn/d\lambda$ zusammen. Die Veränderungen, die Spektralapparate mit einem bestimmten Auflösungsvermögen an einem Wellenpaket hervorrufen, sollen nun betrachtet werden. Ein Spektralapparat muss, damit er die Frequenz- oder Wellenlängenmessung mit geeigneter Präzision durchführen kann, den Wellenzug über eine bestimmte Zeit genau messen (siehe Abschnitt 2.1). Dazu spaltet der Spektralapparat das Lichtbündel in verschiedene Komponenten auf, die er zeitlich gegeneinander verzögert und am Austrittsspalt zur Messung, d.h. zur Interferenz, überlagert. Gemäß den Ergebnissen der Fouriertransformation im Abschnitt 2.1 muss die zeitliche Verzögerung groß genug sein, damit die entsprechende spektrale Auflösung erreicht werden kann. Dieser Sachverhalt wird direkt durch die oben gegebene Interpretation des Auflösungsvermögens von Gitter- und Fabry-Perot-Spektralapparat bestätigt. Wir wollen dies anhand von Bild 4.52 noch graphisch verdeutlichen. Dazu lassen wir in Bild 4.52a ein Wellenpaket senkrecht auf das Gitter fallen. Durch das Gitter wird das Licht abgelenkt. Die Phasenflächen werden dabei immer noch senkrecht zur Ausbreitungsrichtung des Lichtes stehen. Dagegen wird der Impulsteil, der oben über das Gitter lief, gegenüber dem unteren Impulsteil einen um die Differenz $\Delta L = A \cdot \lambda$ (A ist das Auflösungsvermögen) größeren Weg zurückzulegen haben. Der Lichtimpuls wird also gerade um $A \cdot \lambda/c$ verlängert. Die gleiche Verlängerung des einfallenden Lichtimpulses tritt auch im Fabry-Perot-Interferometer auf (Bild 4.52b). Hier wird sie durch die optische Dicke des Fabry-Perots ($2n_F d \cos\theta_F$) und die effektive Zahl der Reflexionen $\tilde{F}$ bestimmt.

Prisma: Die Basislänge bestimmt das Auflösungsvermögen

Spektralapparate: Verlängerung der Dauer bzw. der Kohärenzlänge des Lichts

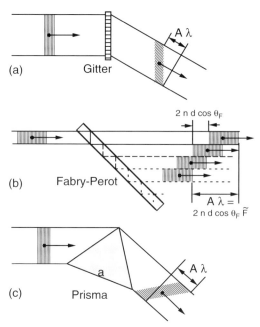

Bild 4.52: *Gemeinsame Aspekte beim Auflösungsvermögen von Spektrometern. Das spektrale Auflösungsvermögen A eines Spektralapparates beruht darauf, Komponenten des Lichtbündels zeitlich gegeneinander zu verzögern und zur Interferenz zu bringen. Dadurch tritt eine Verlängerung der Wellenpakete um $A \cdot \lambda/c$ auf, die unabhängig vom Typ des Spektralapparates ist.*

Für den Fall des Durchganges von Licht durch ein Prisma wird ebenfalls eine Impulsverbreiterung auftreten. Diese wird beim Prisma durch die Gruppengeschwindigkeit verursacht werden, die längs der Basislänge a auf den unten durch das Prisma laufenden Impulsteil wirkt, während der über die Spitze laufende Impulsteil diese Verzögerung nicht erfährt. Der Wegunterschied über das Prisma wird also zu:

$$\Delta L = c \cdot a \left(\frac{1}{v_{\text{gr}}} - \frac{1}{v_{\text{Ph}}} \right) = na \left(\left(1 - \frac{dn}{d\lambda} \frac{\lambda}{n} \right) - 1 \right)$$

$$\Delta L = -a \frac{dn}{d\lambda} \lambda = A_{\text{Prisma}} \cdot \lambda \tag{4.86}$$

Wir sehen, dass das Auflösungsvermögen der Spektralapparate eindeutig mit ihrer Fähigkeit verknüpft ist, einen einfallenden Lichtimpuls um einen möglichst großen Betrag zu verlängern. Wie diese Verlängerung im Detail durchgeführt wird, ist für das Auflösungsvermögen nicht bedeutend. Vom Standpunkt der zeitaufgelösten Spektroskopie stellen Spektralapparate jedoch optische Komponenten dar, deren impulsverlängernde Eigenschaften immer berücksichtigt werden müssen.

4.5 Anwendungen von Beugung und Interferenz

Auflösungsvermögen abbildender Geräte. Zur Diskussion des Auflösungsvermögens abbildender optischer Geräte gehen wir davon aus, dass der geometrisch optische Teil eine perfekt scharfe Abbildung liefert. Das Auflösungsvermögen, d.h. die Fähigkeit, zwei nahe benachbarte Objektpunkte getrennt abzubilden, hängt dann von der Beugung des Lichtes an den verschiedenen Begrenzungen (Pupillen) des optischen Systems ab.

Bei der Diskussion der Auflösung eines Fernrohrs nehmen wir an, dass die benachbarten Objektpunkte sehr weit von dem Objektiv entfernt sind (siehe Bild 4.53). Das einfallende Licht kommt deshalb praktisch parallel auf die Objektivlinse. Die Beugung erfolgt im Allgemeinen an der Objektivbegrenzung, der Eintrittspupille, die einen Durchmesser D besitze. Dadurch wird für ein punktförmiges Objekt und eine kreisförmige Eintrittspupille ein Beugungsscheibchen, wie im Bild 4.18 angegeben, erzeugt. Das erste Minimum der Beugungsintensität entspricht dabei einem Divergenzwinkel des Lichtes von $\Delta\psi = 1.22\,\lambda/D$. Auch hier kann das Rayleigh-Kriterium angewendet werden. Demnach können zwei Objektpunkte gerade noch getrennt werden, wenn der Sehwinkel ε, unter dem sie dem Beobachter erscheinen, größer ist als der durch Beugung erzeugte Divergenzwinkel $\Delta\psi$. Die Bedingung für die Auflösung zweier Objekte ist also:

$$\boxed{\varepsilon > \Delta\psi = 1.22\frac{\lambda}{D}} \quad \text{Auflösungsvermögen eines Fernrohrs} \qquad (4.87)$$

Diese Relation sollte in Zusammenhang mit Gl. (4.48) gesehen werden, die die räumliche Kohärenz definierte: Wir können Gl. (4.87) so verstehen, dass die Auflösbarkeit zweier Objekte dann möglich ist, wenn das von ihnen emittierte Licht im beobachtenden Fernrohr keine räumliche Kohärenz besitzt.

Anhand eines Zahlenbeispiels soll das Auflösungsvermögen eines Fernrohrs diskutiert werden. Dazu wollen wir mit einem idealen Fernrohr mit Durchmesser $D = 5$ m den Mond von der Erde aus beobachten. Mit einem Abstand

Auflösungsvermögen des Fernrohrs – bestimmt durch den Objektivdurchmesser

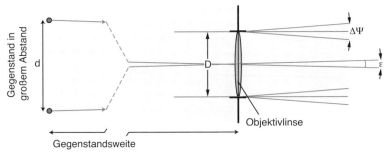

Bild 4.53: *Licht von einem weit entfernten Gegenstand fällt praktisch parallel auf die Objektivlinse und wird an deren Umrandung gebeugt. Zwei Punkte im Gegenstand können getrennt beobachtet werden, wenn der entsprechende Sehwinkel ε größer ist als der Beugungswinkel $\Delta\psi$.*

Erde-Mond von $x = 385\,000$ km kann man den minimalen Abstand a von Gegenständen auf den Mond abschätzen, die noch getrennt beobachtbar sind: Für ε erhalten wir $\varepsilon = a/x$. Bei $\lambda = 500$ nm ergibt sich daraus $a > 1.22 \cdot \lambda x/D = 47$ m. Für die Astronomie ist im Allgemeinen die minimale Winkelauflösung ε von Bedeutung: Für $D = 10$ m, d.h. die Öffnung der z.Z. größten Teleskope, kann man theoretisch bei $\lambda = 500$ nm eine Winkelauflösung von etwa $0.6 \cdot 10^{-7}$ rad erhalten. Die Verbesserung der Auflösung eines Fernrohrs mit wachsendem Durchmesser ist ein Grund dafür, dass astronomische Fernrohre mit immer größerem Spiegeldurchmesser gebaut werden. Das verbleibende Problem der Störungen des Bildes durch Turbulenzen in der Atmosphäre hofft man durch aktive Regelungen der Spiegelform oder durch Teleskopie im Weltall zu lösen (siehe Abschnitt 3.4.4).

Wir wollen nun das Auflösungsvermögen eines Mikroskops in analoger Weise diskutieren: Dazu nehmen wir an, dass wir zwei nahe benachbarte (Abstand d) leuchtende Punkte abbilden wollen. Die Punkte liegen normalerweise (siehe Abschnitt 3.3.4) nahezu in der Brennebene des Objektivs (Bild 4.54). Der Raum vor dem Objektiv sei mit einer Immersionsflüssigkeit mit Brechungsindex n ausgefüllt. In dieser Anordnung läuft das von einem Objekt emittierte Licht hinter dem Objektiv praktisch parallel. Die Beugung erfolge in diesem Bereich an der Austrittspupille (Durchmesser D) des Objektivs. Die beiden Objektpunkte können dann noch aufgelöst werden, wenn der Sehwinkel $\varepsilon = nd/f$ auf der rechten Seite des Objektivs größer ist als der Beugungswinkel $\Delta\psi$:

Mikroskop: Auflösungsvermögen nach Helmholtz

$$\varepsilon = \frac{nd}{f} > 1.22\frac{\lambda}{D} = \Delta\psi \qquad (4.88)$$

Wir führen nun noch die numerische Apertur $A_{\text{num}} = n\sin\theta \simeq nD/2f$ des Objektivs ein, die im Allgemeinen für jedes Objektiv angegeben wird. Damit lässt sich Gl. (4.88) umformen zu:

$$\boxed{d \geq 0.61\frac{\lambda}{A_{\text{num}}}} \qquad \textbf{Auflösungsvermögen Mikroskop} \quad (4.89)$$

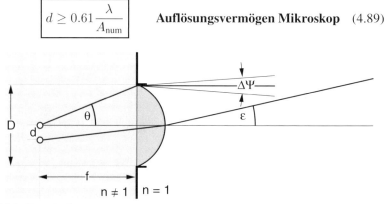

Bild 4.54: *Das Auflösungsvermögen eines Mikroskops nach Helmholtz. Zwei nahe benachbarte selbstleuchtende Punkte können dann noch getrennt beobachtet werden, wenn der Sehwinkel ε, unter dem sie zu beobachten sind, größer ist als die durch Beugung an der Objektivöffnung D verursachte Winkelunschärfe $\Delta\psi$.*

4.5 Anwendungen von Beugung und Interferenz

Im Gegensatz zum Fernrohr hängt das Auflösungsvermögen des Mikroskops nicht primär vom Durchmesser des Objektivs ab, sondern von der numerischen Apertur A_{num}, d.h. von dem Öffnungswinkel θ des vom Objektiv eingefangenen Lichtkegels (der aber wiederum vom Objektivdurchmesser bestimmt wird) und dem Brechungsindex der verwendeten Immersionsflüssigkeit.

Mit der hier vorgestellten Behandlung nach Helmholtz wird das Auflösungsvermögen des Mikroskops im Wesentlichen abgehandelt. Für die Praxis wichtige Aspekte der Sichtbarkeit und der Wiedergabe von Bildern sowie der Einfluss der Beleuchtung des Objektes wird in der weitergehenden Abbeschen Theorie behandelt.

4.5.2 Die Abbesche Theorie der Bildentstehung und Fourieroptik

Wir diskutieren hier stark vereinfacht die Bildentstehung bei der Abbildung durch eine Linse (siehe Bild 4.55a). Das Objekt sei eben und habe die räumliche Transmissionsfunktion $\Omega_0(x,y)$. Es werde von links von einer kohärenten, monochromatischen ebenen Welle beleuchtet. Durch die Linse mit Brennweite

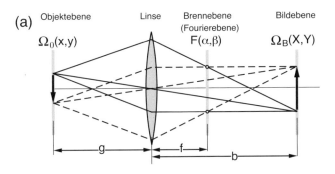

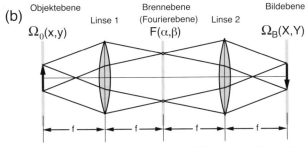

Bild 4.55: *Abbesche Abbildungstheorie. Die Abbildung eines beleuchteten Objekts $\Omega_O(x,y)$ durch eine Linse wird in eine Sequenz von Fouriertransformation (in die Brennebene der Linse) und Rücktransformation auf die Bildebene zerlegt (a). Direkt verständlich wird der Vorgang der Rücktransformation, wenn man die Abbildung mit Hilfe von zwei Linsen durchführt, die im Abstand $2f$ stehen (b).*

f wird gemäß der geometrischen Optik ein Abbild $\Omega_B(X, Y)$ des Objektes in der Bildebene erzeugt. Beim Vorgang der Bildentstehung laufen die folgenden Prozesse ab. Das Objekt beugt das einfallende Licht, so dass hinter dem Objekt gestörte Wellenfronten mit unterschiedlichen Raumfrequenzen (Richtungen) auftreten. Lichtbündel, die in gleicher Richtung verlaufen, werden durch die Linse auf gleiche Punkte in der Brennebene F abgelenkt. Hier entsteht ein Fraunhofersches Beugungsbild $F(\alpha, \beta)$ des Objektes, das gemäß Gl. (4.7) mit der zweidimensionalen Fouriertransformierten des Objektes $\Omega_0(x, y)$ verknüpft ist. Die Punkte in der Fourierebene stellen nun ihrerseits wieder Punktlichtquellen dar, von denen aus das Licht zur Bildebene läuft und dort interferiert, wobei es das Bild $\Omega_B(X, Y)$ aufbaut. Dieser zweite Prozess kann als Rücktransformation aufgefasst werden. Die Funktion der Linse ist also zweifach: Zum einen lenkt sie das Licht so, dass das Fraunhofersche Beugungsbild ins Endliche kommt. Zum anderen bewirkt sie gleichzeitig die Fourier-Rücktransformation zur Bildentstehung in der Bildebene. Der Zusammenhang von optischer Abbildung und doppelter Fouriertransformation ist am einfachsten bei der symmetrischen Anordnung von Bild 4.55b zu erkennen. Hier werde die Abbildung durch die beiden Linsen gleicher Brennweite f erzielt. Die erste Fouriertransformation erfolgt mit Linse L_1 in die gemeinsame Brennebene, während die Rücktransformation durch die Linse L_2 zur Abbildung in der Bildebene führt. Der gesamte Abbildungsvorgang läuft also im Idealfall in zwei Schritten ab:

Abbesche Theorie der Bildentstehung

$$\Omega_0(x,y) \xrightarrow{\text{Fourier-transformation}} F_{\text{ideal}}(\alpha, \beta) \xrightarrow{\text{Rück-transformation}} \Omega_{B\,\text{ideal}}(X, Y)$$

Beugung am Objekt liefert die Fouriertransformierte $F_{\text{ideal}}(\alpha, \beta)$, die dann in das ideale Bild rücktransformiert wird. In der realen Abbildung (Bild 4.56) wird die ideale Fouriertransformierte erst gar nicht erzeugt: Die Linse besitzt nur einen endlichen Durchmesser und kann somit nur niedrige Raumfrequenzen verarbeiten. Zusätzlich treten Linsenfehler auf. Beides wollen wir dadurch berücksichtigen, dass wir vor die Rücktransformation noch einen Filterungsprozess schalten, der zur gefilterten Fouriertransformierten $F_{\text{real}}(\alpha, \beta) = T_{\text{Filter}}(\alpha, \beta) \cdot F_{\text{ideal}}(\alpha, \beta)$ führt.

Ein reales Bild enthält weniger Information als ein ideales Bild

$$\Omega_0(x,y) \xrightarrow{\text{Fouriertrans-formation}} F_{\text{ideal}}(\alpha, \beta) \xrightarrow[T(\alpha, \beta)]{\text{Filterung:}} F_{\text{real}}(\alpha, \beta) \xrightarrow{\text{Rücktrans-formation}} \Omega_{B\,\text{real}}(X, Y)$$

Das Bild entspricht dann (nach dem Faltungstheorem) der Faltung von Objektfunktion mit Filterfunktion (Transferfunktion):

$$\Omega_{B\,\text{real}} = \Omega_{B\,\text{ideal}} \otimes T_{\text{Filter}}$$

Diese Abbildungstheorie soll nun kurz auf das einfache Beispiel von Bild 4.56 angewendet werden. Wir verwenden als Objekt ein Strichgitter mit kleinem Strichabstand d. Das Gitter beugt das einfallende Licht in die unterschiedlichen Ordnungen. Je nach Öffnungswinkel des Objektivs werden

4.5 Anwendungen von Beugung und Interferenz

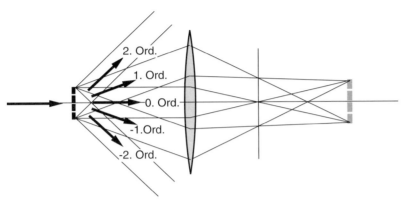

Bild 4.56: *Auflösungsvermögen eines Mikroskops nach Abbe. Damit die Periodizität einer Struktur korrekt wiedergegeben wird, muss das abbildende optische System neben der 0-ten Ordnung auch die ±1. Beugungsordnung aufnehmen können.*

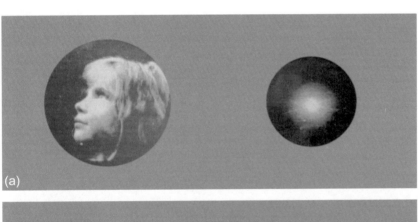

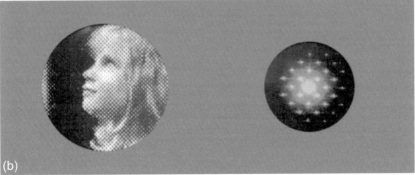

Bild 4.57: *Beispiele der Bildverarbeitung mit Hilfe der Fourieroptik: (a) Originalbild (links) mit zugehöriger Fouriertransformierter (rechts). (b) Gerastertes Bild mit zugehöriger Fouriertransformierter; die Rasterung führt zu der gitterförmigen Beugungsstruktur. (Fortsetzung auf der nächsten Seite)*

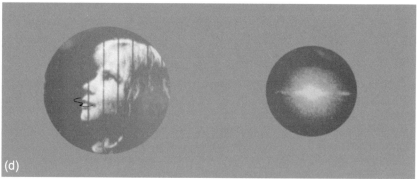

Bild 4.57 (Fortsetzung): (c) Bearbeitete Fouriertransformierte von Bild (b) (links) und Rücktransformierter (rechts); die Einführung der Blende führt dabei zum Unterdrücken des Rasters. (d) Die Überlagerung des Originalbildes mit einem Strichmuster (links) führt zu zusätzlichen eindimensionalen Modulationen in der Fouriertransformierten (d.h. im Beugungsbild). (e) Blendet man diese Modulationen aus, so kann das Strichmuster praktisch vollständig beseitigt werden. (Beachte den dabei auftretenden Informationsverlust.)

unterschiedliche Beugungsordnungen ausgefiltert bzw. zum Aufbau des Bildes verwendet. Lässt man nur die 0-te Ordnung passieren, so entspricht dies einem einzigen Punkt in der Fourierebene (Brennebene), der nur zu gleichmäßiger Helligkeit in der Bildebene Anlass gibt. Verwendet man zusätzlich die ± 1. Ordnung, so entsteht ein Bild, das die Periodizität des Objektgitters richtig wiedergibt. Mit zunehmenden Ordnungen nimmt die Schärfe der Abbildung zu. Das Auflösungsvermögen eines Mikroskops ist nach der Abbeschen Theorie so definiert, dass 0-te und ± 1. Ordnung innerhalb des Öffnungswinkels des Objektivs fallen müssen. Damit ergibt sich bei senkrechter Beleuchtung des Objektes für den Fall, dass vor dem Objektiv der Brechungsindex n herrscht:

Korrekte Wiedergabe der Periodizität: 0. und ± 1. Beugungsordnung benötigt

$$A_{\text{num}} = n \sin \theta \geq \lambda/d \quad \text{oder}$$

$$\boxed{d \geq \frac{\lambda}{A_{\text{num}}}}$$ **Auflösungsvermögen eines Mikroskops nach Abbe**

Für schräge Beleuchtung lässt sich die Auflösung noch steigern, wenn man neben der 0-ten Ordnung nur die $+1$. oder -1. Ordnung verwendet. Das so berechnete Auflösungsvermögen entspricht dann in etwa dem der Helmholtzschen Behandlung von Gl. (4.89).

Die Abbesche Theorie der Bildentstehung eröffnet zusätzlich interessante Möglichkeiten der Bildbearbeitung. Durch Auswahl bestimmter Bereiche der Fourierebene durch Masken oder Blenden kann man eine räumliche Filterung des Bildes vornehmen. Man kann damit den Kontrast erhöhen oder erniedrigen, störende Bildelemente unterdrücken und Kantenüberhöhungen ausführen. Anhand einiger einfacher Beispiele ist dies in Bild 4.57 demonstriert. Details dieser interessanten Anwendung der modernen Optik entnehmen Sie bitte der weiterführenden Literatur.

Fourieroptik: Bearbeitung der Bildinformation in der Fourierebene

4.5.3 Holographie

Seit über 100 Jahren stellt die Photographie Methoden zur Verfügung, mit deren Hilfe man ebene Abbilder speichern und wieder sichtbar machen kann. Mit Hilfe der Stereophotographie wurde dabei noch der räumliche Eindruck bei der Beobachtung einer Szenerie aus einem ganz bestimmten Blickwinkel vermittelt. Die Photographie ist jedoch nicht in der Lage, die vollständige räumliche Information, die im Licht enthalten ist, aufzunehmen. Im Wesentlichen liegt der Grund dafür am photographischen Aufnahmeverfahren: Ein photographischer Film oder eine elektronische Kamera registriert nur Intensitäten (Energien) und nicht Felder. Zum Beispiel ist die Schwärzung eines Filmes nach dem Entwickeln direkt mit der absorbierten Lichtenergie verknüpft. Deshalb ist ein Film auch nicht in der Lage, aus dem direkt auffallenden Licht die Feldstärke aufzunehmen und somit sinnvolle Bildinformationen zu speichern. Ein Bild erhält man erst, wenn mit Hilfe einer optischen Abbildung ein reelles Bild auf dem lichtempfindlichen Material erzeugt wurde. Mit der

Holographie – Speicherung von räumlicher Bildinformation

Ein Hologramm enthält Informationen über Amplituden und Phasen der Welle

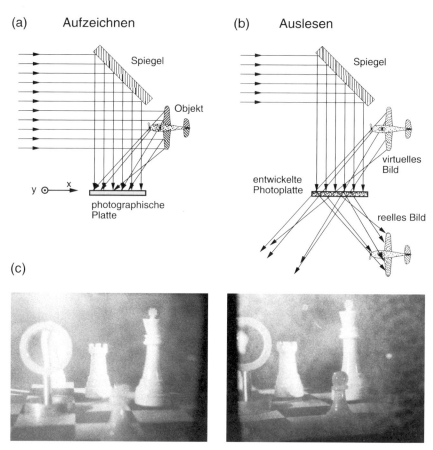

Bild 4.58: Holographie (a) Aufzeichnung und (b) Wiedergabe eines Hologramms. (c) Die Speicherung eines räumlichen Bildes der Szene im Hologramm wurde hier durch Abphotographieren des Hologramms mit unterschiedlicher Scharfstellung und unterschiedlichen Blickwinkeln sichtbar gemacht.

Holographie wurde von D. Gabor ein Verfahren entwickelt, mit dem es möglich ist, Amplituden und Phaseninformation des elektromagnetischen Feldes aufzunehmen und in einem Ausleseprozess zu rekonstruieren. Der gesamte Informationsgehalt des ursprünglichen Feldes ist im Hologramm gespeichert und kann abgerufen werden. Somit können nachträglich „räumliche" Bilder der Szene erstellt werden. In diesem Abschnitt sollen nur die elementaren Grundprinzipien der Holographie und diese stark vereinfacht vorgestellt werden. Für eine Vertiefung sei auf die umfangreiche, weiterführende Spezialliteratur zu diesem Thema verwiesen.

Der Weg, über den in der Holographie Amplituden und Phaseninformation mit einem intensitätsempfindlichen Material gespeichert und ausgelesen werden, verwendet Interferenz und Beugung, die in zwei Schritten ausgenutzt werden:

4.5 Anwendungen von Beugung und Interferenz

1. Schritt: Aufzeichnung des Hologramms

Man beleuchtet das abzubildende Objekt mit einer ebenen Welle monochromatischen Lichtes (siehe Bild 4.58a). Vom Objekt gestreutes und reflektiertes Licht breitet sich dann weiter im Raum aus und fällt auch auf die Photoplatte. Würde man nur dieses Licht registrieren, so hätte man eine mehr oder weniger gleichmäßige Schwärzung der Platte ohne Bildinformation. Die Phaseninformation des auf die Photoplatte fallenden, gestreuten Lichts wird nun dadurch sichtbar gemacht, dass ein Teil der ebenen Welle als Referenzlicht über den Spiegel ebenfalls auf die Photoplatte gelenkt wird. Interferenz zwischen dem Objektlicht und dem Referenzlicht führt zu einem Interferenzstreifenmuster auf der Photoplatte. Damit diese Interferenzstreifen entstehen können, ist es notwendig, dass das beleuchtende Licht eine Kohärenzlänge besitzt, die größer ist als alle bei der Beleuchtung der Platte vorkommenden Wegdifferenzen. Das Ergebnis dieser Bildaufnahme ist also eine Photoplatte mit einem komplexen Streifenmuster. Die mathematische Beschreibung des Aufnahmeverfahrens führen wir folgendermaßen durch: Wir verwenden eine Objektwelle E_O an der Photoplatte (Koordinaten x, y), die durch stark ortsabhängige Amplituden und Phasenanteile charakterisiert sei. Dagegen besitze die Referenzwelle E_R konstante Amplitude und einen einfachen Phasenverlauf.

Speicherung der Phaseninformation mit Hilfe der Referenzwelle

$$E_O(x,y) = E_{Oo}(x,y) \exp[i\,\omega t + i\,\phi_O(x,y)] \qquad (4.90)$$

$$E_R(x,y) = R_{Ro} \exp[i\,\omega t + i\,\phi_R(x,y)] \qquad (4.91)$$

Die Intensität in der Filmebene berechnet sich zu:

$$\begin{aligned}I(x,y) &\propto E_{Ro}^2 + E_{Oo}^2 + E_{Ro}E_{Oo}(x,y)\{(\exp[i\,\phi_O(x,y) - i\,\phi_R(x,y)] \\ &\quad + \exp[-i\,\phi_O(x,y) + i\,\phi_R(x,y)]\} \\ &= E_{Ro}^2 + E_{Oo}^2 + 2E_{Ro}E_{Oo}(x,y)\cos[\phi_O(x,y) - \phi_R(x,y)]\end{aligned} \qquad (4.92)$$

Da die Intensität der Objektwelle allein einen relativ glatten Verlauf besitzen wird, ist die hochfrequente Modulation des Intensitätsverlaufes des Gesamtbildes und damit der Plattenschwärzung im Wesentlichen durch den letzten Term in Gl. (4.92) gegeben, der die Phasendifferenz zwischen Objekt und Referenzwelle enthält.

2. Schritt: Auslesen des Hologramms

Durch Entwicklung der beleuchteten Photoplatte wird das Intensitätsbild in ein Transmissionsbild oder Phasenbild des Filmes übersetzt. Wir wollen zur Vereinfachung annehmen, dass dieses Transmissionsbild $T(x,y)$ proportional zur Intensität des gesamten Beleuchtungslichtes auf der Platte sei: $T(x,y) = \kappa I(x,y)$. Die Photoplatte wird nun von einem Auslesefeld $E_L(x,y)$ beleuchtet, das den gleichen Amplituden- und Phasenverlauf wie die Referenzwelle besitzen soll (Gl. (4.93)). Dies lässt sich am einfachsten realisieren, wenn die entwickelte Photoplatte wieder in die Aufnahmegeometrie eingesetzt wird (siehe Bild 4.58b). Durch die Beleuchtung der Photoplatte mit dem Lesefeld wird das Bildfeld E_B erzeugt:

$$E_\text{L}(x,y) = E_\text{Ro} \exp[\mathrm{i}\,\omega t + \mathrm{i}\,\phi_\text{R}(x,y)] \quad (4.93)$$

$$\begin{aligned}
E_\text{B}(x,y) &= E_\text{L}(x,y) \cdot T(x,y) \\
&= E_\text{Ro} \exp[\mathrm{i}\,\omega t + \mathrm{i}\,\phi_\text{R}(x,y)] \cdot \kappa \\
&\quad \times \{E_\text{Ro}^2 + E_\text{Oo}^2 + 2E_\text{Ro}E_\text{Oo}(x,y)\cos[\phi_\text{O}(x,y) - \phi_\text{R}(x,y)]\}
\end{aligned}$$

$$\begin{aligned}
E_\text{B}(x,y) &= E_1 + E_2 + E_3 \quad (4.94) \\
&= \kappa E_\text{R}(x,y)(E_\text{Ro}^2 + E_\text{Oo}^2) \\
&\quad + \kappa E_\text{Ro}^2 E_\text{Oo}(x,y)\exp[\mathrm{i}\,\omega t + \mathrm{i}\,\phi_\text{O}(x,y)] \\
&\quad + \kappa E_\text{Ro}^2 E_\text{Oo}(x,y)\exp[\mathrm{i}\,\omega t - \mathrm{i}\,\phi_\text{O}(x,y) + 2\mathrm{i}\phi_\text{R}(x,y)]
\end{aligned}$$

Hologramm als Fenster, durch das man die Szene beobachtet

Gleichung (4.94) zeigt, dass die Bildfeldstärke beim Verlassen der Photoplatte aus drei Summanden E_1, E_2, E_3 zusammengesetzt ist. Gemäß der Beugungsgleichung (Gl. (4.7)) werden diese drei Feldverteilungen von der Filmebene „emittiert" und erzeugen dann die Felder an beliebigen Beobachtungspunkten hinter der Photoplatte. Feld E_1 ist proportional zum Auslesefeld, d.h., es entspricht dem durch die mittlere Absorption der Photoplatte geschwächten Auslesefeld, das nicht abgelenkt oder gebeugt worden ist. Es enthält keine Information über das Objekt. Feld E_2 ist direkt proportional zum Objektfeld $E_\text{O}(x,y)$ an der Photoplattenebene. Gemäß Gl. (4.7) breitet es sich auch wie die originale Objektwelle aus, d.h., es verhält sich so als käme es vom Ort des Objektes. Wenn man dieses Feld beobachtet, erhält man dieselbe Bildinformation wie wenn man das Original durch das Fenster der Photoplatte sehen würde. Da sich aber bei dem Feld E_2 keine Lichtstrahlen hinter der Photoplatte schneiden, ist das beobachtete Bild virtuell. Das dritte Feld E_3 besitzt gegenüber der Objektwelle eine negative Phase. Es erzeugt ein reelles Bild hinter der Photoplatte, bei dem, verglichen zum Objekt, Vorne und Hinten vertauscht sind.

Die wichtigsten Eigenschaften des Hologramms, d.h. des virtuellen Bildes, sind:

1) Das Bild erscheint räumlich. Beim Blick auf das Hologramm kann bzw. muss man, wie bei einem wirklichen Objekt, auf spezielle Bereiche scharfstellen. In Bild 4.58c ist dies demonstriert. Ein weiterer Aspekt der räumlichen Bildwiedergabe eines Hologramms ist die Möglichkeit, innerhalb der Begrenzungen der Photoplatte hinter Objektteile blicken zu können.

Informationsgehalt eines Bruchstücks eines Hologramms

2) Aus jedem Bruchstück des Hologramms lässt sich das ganze Bild rekonstruieren. Jedoch wird der Fensterausschnitt, durch den man beobachtet,

4.5 Anwendungen von Beugung und Interferenz

kleiner: Durch die verringerte Ausdehnung des beugenden Hologramms wird die maximale Auflösung (Schärfe) des Bildes und damit der gesamte Informationsgehalt reduziert.

3) Der maximale Blickwinkel auf die Photoplatte, unter dem man noch das virtuelle Bild beobachten kann, hängt vom Auflösungsvermögen des verwendeten Photomaterials ab. Je feinkörniger das Material ist, desto feinere Interferenzlinien werden wiedergegeben und desto größer kann der Beugungswinkel und damit der Beobachtungswinkel sein.

4) Verwendet man zum Auslesen Licht mit einer anderen Wellenlänge als beim Schreiben, so wird der Abbildungsmaßstab geändert.

In den Jahren seit der Entdeckung der Holographie wurde eine Vielzahl neuer holographischer Methoden eingeführt. Der wesentliche Anstoß zu einer weiten Verbreitung der Holographie kam dabei durch die Erfindung des Lasers, der die Entwicklung leistungsstarker, kohärenter Lichtquellen ermöglichte. Unter der Vielzahl verschiedener holographischer Techniken sei abschließend noch das Weißlichthologramm erwähnt, bei dem mit Hilfe jeder Weißlichtquelle (Glühlampe) das Bild ausgelesen werden kann.

4.5.4 Laser-Strahlen – Die Optik Gaußscher Bündel*

In Demonstrationsexperimenten wird gerne das Licht aus einem Laser, einem Helium-Neon-Laser oder einem Dioden-Laser als Modell für einen Lichtstrahl verwendet. Man spricht dann gerne – aber physikalisch inkorrekt – von einem Laserstrahl. Exakt müsste man von einem Laser-Lichtbündel sprechen, da auch Laserlicht keinen idealen Lichtstahl repräsentiert: Anders als ein idealer Lichtstrahl, der einen verschwindenden Durchmesser besitzen soll, hat das von einem Laser emittierte Licht eine Intensitätsverteilung mit endlichem Durchmesser, man spricht von einem Lichtbündel. Bestimmt man aus der Intensitätsverteilung den Bündeldurchmesser, so findet man, dass sich dieser mit der weiteren Ausbreitung des Lichtes ändert. Läuft Laserlicht durch Linsen, so kann man es fokussieren. Aber auch im Fokus einer Linse wird noch ein endlicher Bündeldurchmesser D verbleiben, den man für eine Linse mit Brennweite f aus der Divergenz ϑ des Lichtbündels abschätzen kann: $D \approx f\vartheta$. Wie sich Laserlicht bei der Ausbreitung, aber auch beim Durchgang durch Linsen verhält, werden wir im Folgenden behandeln. Dabei gehen wir von einem Lichtbündel mit zunächst ebener Wellenfront und Gaußscher Intensitätsverteilung aus. Dieser Fall tritt bei einem Laser auf, der in der niedrigsten transversalen Mode (man spricht von einer TEM$_{00}$-Mode) betrieben wird.

Ein Laserstrahl ist kein Lichtstrahl

Ausbreitung Gaußscher Lichtbündel nach dem Fresnel-Kirchhoff-Prinzip**. Wir betrachten Lichtausbreitung in z-Richtung und nehmen dabei an, dass am Koordinatenursprung, $z = 0$, eine Gauß-förmige Feldverteilung $U_0(\xi, \eta)$ mit ebener Wellenfront vorliegt. Wir verwenden hier die Bezeichnun-

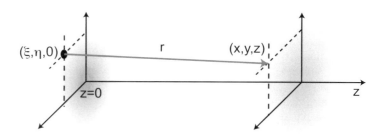

Bild 4.59: *Schemazeichnung zur Ausbreitung Gaußscher Bündel.*

gen aus Bild 4.59:

$$U_0(\xi,\eta) = U_0 \cdot \exp\left(-\frac{\varrho_0^2}{W_0^2}\right) \quad \text{mit} \quad \varrho_0^2 = \xi^2 + \eta^2 \qquad (4.95)$$

Bündelradius, die Begrenzung eines Gaußschen Bündels

Der Bündelradius $W_0 = W(z=0)$ ist gerade so definiert (siehe Bild 4.60), dass bei $\varrho_0 = W_0$ die Feldstärke auf $1/e$, die Intensität auf $1/e^2$ des Maximalwertes im Zentrum ($\varrho_0 = 0$) abgefallen ist. Die volle Halbwertsbreite der Intensität (man spricht auch vom Bündeldurchmesser) ist mit $\Delta\varrho_0 = 1.17 W_0$ nur gerade 20 % größer als W_0. Für diese anfängliche Feldverteilung betrachten wir nun die weitere Lichtausbreitung bis zu einer Beobachtungsebene am Ort $z \neq 0$ (Koordinaten: x, y, z) und verwenden dazu die Beziehung aus der Fresnel-Kirchhoffschen Beugungstheorie (Gl. (4.2)). Wir betrachten bei der Ausbreitung nur kleine Winkel zur z-Achse, kleine Abstände von der z-Achse, $\xi \ll z, \eta \ll z$ und werden Terme in der Entwicklung von r bis zur zweiten

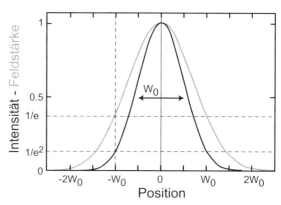

Bild 4.60: *Feldstärke (gestrichelt) und Intensität (durchgezogen) mit Gaußschem Verlauf* ($\exp(-\varrho^2/W_0)$). *Im Abstand $\varrho = W_0$ vom Zentrum ist die Feldstärke auf $1/e$, die Intensität auf $1/e^2$ abgefallen. Die volle Halbwertsbreite $\Delta\varrho_0$ der Intensität (Bündeldurchmesser) ist geringfügig größer als W_0.*

4.5 Anwendungen von Beugung und Interferenz

Ordnung in ξ/z bzw. η/z berücksichtigen. (Beachte: Bei der Behandlung der Fraunhoferschen Beugung in Abschnitt 4.2.2 hatten wir bereits diese quadratischen Terme vernachlässigt).

$$U_P(x,y,z) \approx \frac{-i}{\lambda} \int_{-\infty}^{+\infty}\int_{-\infty}^{+\infty} U_0(\xi,\eta) \frac{\exp(ikr)}{r} d\xi d\eta \qquad (4.96)$$

Der Abstand r ist dabei bestimmt durch:

$$r = \sqrt{(x-\xi)^2 + (y-\eta)^2 + z^2}$$
$$= z\sqrt{\frac{(x-\xi)^2}{z^2} + \frac{(y-\eta)^2}{z^2} + 1} \qquad (4.97)$$

Entwickelt man nun die Klammer für große Abstände vom Ursprung, aber nahe der Bündelachse, $z \gg x,y,\xi,\eta$, so findet man:

$$r \approx z + \frac{1}{2z}\left[(x-\xi)^2 + (y-\eta)^2\right]$$
$$= z + \frac{1}{2z}\left(\varrho^2 + \varrho_0^2 - 2x\xi - 2y\eta\right) \qquad (4.98)$$

Wir haben hier den Abstand von der Bündelachse mit $\varrho = x^2 + y^2$ bezeichnet. Den Ausdruck für r setzt man nun in Gl. (4.96) ein und beachtet, dass der Nenner im Integranden von Gl. (4.96) sich viel langsamer ändert, als die schnell oszillierende Exponentialfunktion. Deshalb kann der Nenner durch $r \approx z$ genähert werden. Wir erhalten damit den folgenden Ausdruck für die Feldstärke:

$$U_P(x,y,z) = \frac{-i}{\lambda z} U_0 \exp(ikz) \exp\left(i\frac{k\varrho^2}{2z}\right) \cdot$$
$$\cdot \int_{-\infty}^{+\infty}\int_{-\infty}^{+\infty} \exp\left(-\frac{\xi^2+\eta^2}{W_0^2} + i\frac{k(\xi^2+\eta^2)}{2z}\right)$$
$$\cdot \exp\left(-\frac{ikx\xi}{z} - \frac{iky\eta}{z}\right) d\xi d\eta \qquad (4.99)$$

Das Integral in Gl. (4.99) entspricht einer zweidimensionalen Fouriertransformierten einer (komplexen) Gauß-Funktion und kann direkt gelöst werden. Als Ergebnis ergibt sich dabei wieder eine Gauß-Funktion. Nach dem Einführen einiger Abkürzungen erhält man die Feldverteilung am Ort x,y,z:

Fouriertransformation: Gauß geht über in Gauß

$$U_P(x,y,z) = \frac{q(0)}{q(z)} U_0 \exp\left(ikz + i\frac{k\varrho^2}{2q(z)}\right) \qquad (4.100)$$

$$\text{mit} \quad q(z) = z - i\,z_0 = z - i\frac{kW_0^2}{2}; \quad z_0 = \frac{kW_0^2}{2}$$

Rayleighlänge, markante Abweichung von der geometrischen Optik

z_0 wird als Konfokalparameter oder Rayleighlänge bezeichnet. Diese Gleichung lässt sich in eine Form umschreiben, die direkt messbare Größen enthält. Diese Größen werden unten in Gl. (4.102) definiert, deren Bedeutung im nächsten Abschnitt erklärt.

$$U_P(x,y,z) = U_P(\varrho,z) = U_0 \frac{W_0}{W(z)} \exp\left(-\frac{\varrho^2}{W(z)^2}\right) \cdot$$
$$\cdot \exp\left(ikz + i\frac{k\varrho^2}{2R(z)} - i\phi(z)\right) \quad (4.101)$$

Das Vorgehen ist in den unteren Gleichungen kurz angegeben. Die nötigen Zwischenschritte sind: Die komplexe Größe $1/q(z)$ im Exponenten von (4.100) wird in Realteil und in Imaginärteil aufgetrennt. Der Imaginärteil führt zu einem negativen reellen Term, der einen Gauß-förmigen Intensitätsverlauf ergibt, jetzt mit dem vom Ort z abhängigen Bündelradius $W(z)$. Der Realteil führt zu einem Phasenterm, der quadratisch vom Abstand ϱ von der z-Achse abhängt.

$$\frac{1}{q(z)} = \frac{1}{z - iz_0} = \frac{(z+iz_0)}{(z-iz_0)(z+iz_0)}$$
$$= \frac{z}{z^2 + z_0^2} + \frac{iz_0}{z^2 + z_0^2} \quad (4.102)$$

Imaginärteil von 1/q(z):

$$i\frac{k\varrho^2}{2}\left(\frac{iz_0}{z^2+z_0^2}\right) = -\frac{\varrho^2}{W(z)^2} \quad \text{mit} \quad W(z) = W_0\sqrt{\frac{z_0^2+z^2}{z_0^2}}$$

Realteil von 1/q(z):

$$i\frac{k\varrho^2}{2}\left(\frac{z}{z^2+z_0^2}\right) = ik\frac{\varrho^2}{2R(z)} \quad \text{mit} \quad R(z) = \frac{z_0^2+z^2}{z}$$

Vergleicht man diesen Ausdruck mit dem Phasenfaktor $\Delta\psi$, den man für eine Kugelwelle mit Krümmungsradius R_K im paraxialen Fall erhält (siehe Bild 4.61),

$$\Delta R = \sqrt{R_K^2 + \varrho^2} - R_K; \qquad \Delta R \approx \frac{\varrho^2}{2R_K}$$
$$\Delta\psi = k\Delta R \approx k\frac{\varrho^2}{2R_K} \quad (4.103)$$

so kann man $R(z)$ mit dem Krümmungsradius der Wellenfront identifizieren.

4.5 Anwendungen von Beugung und Interferenz

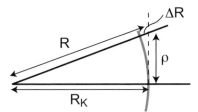

Bild 4.61: *Zum Zusammenhang zwischen dem Radius R_K einer Kugelwelle und der Phasenverschiebung $\Delta\psi$ in der Nähe der z-Achse.*

Die Größe $q(z)$ wird auch als „komplexer Krümmungsradius" des Gauß-Bündels bezeichnet. Dies kann man direkt anhand der Beziehung (4.102) verdeutlichen:

$$\frac{1}{q(z)} = \frac{z}{z^2 + z_0^2} + \frac{iz_0}{z^2 + z_0^2} = \frac{1}{R(z)} - i\frac{2}{kW(z)^2}$$

Von der Kugelwelle zum Gaußschen Bündel: ein komplexer Krümmungsradius anstelle eines reellen

Der Vorfaktor in Gl. (4.100) besitzt die folgende Form:

$$\frac{q(0)}{q(z)} = \frac{-iz_0}{z - iz_0} = \frac{z_0^2 - iz_0 z}{z^2 + z_0^2}$$

$$= \left|\frac{z_0^2 - iz_0 z}{z^2 + z_0^2}\right| \cdot \exp(-i\phi(z)) = \frac{W_0}{W(z)} \cdot \exp(-i\phi(z)) \quad (4.104)$$

Die hier auftretende Gouy-Phase $\phi(z) = \arctan\left(\dfrac{z}{z_0}\right)$ kann man bei Kenntnis von z (dazu muss der Abstand vom Ort der Bündeltaille bekannt sein) und z_0 berechnen. Beim Fokussieren einer ebenen Welle beobachtet man am Fokus einen Phasensprung um π. Dies ist leicht zu verstehen, wenn man berücksichtigt, dass sich beim Durchgang durch den Fokus die Richtungen der Felder des Lichts umkehren (Gouy-Phase). Bei einem Gaußschen Bündel ist dieser Phasensprung über eine endliche Länge verteilt. Insgesamt ergibt sich beim Durchgang durch die Bündeltaille (von $z = -\infty$ bis $z = \infty$) ebenfalls eine Phasenverschiebung um π. Der Verlauf von $\phi(z) = \arctan\left(\dfrac{z}{z_0}\right)$ zeigt dabei, dass die wesentlichen Änderungen von $\phi(z)$ innerhalb z_0 um die Taille erfolgen.

Gouy-Phase: Phasenänderung beim Durchgang durch den Fokus

Ausbreitung Gaußscher Lichtbündel. Eine Gauß-förmige Feldverteilung mit ursprünglich ebener Wellenfront breitet sich im Raum unter Beibehaltung des Gauß-förmigen Feldverlaufes aus. Die ebene Wellenfront entwickelt sich zu einer gekrümmten Wellenfront mit dem Radius $R(z)$ (siehe Bild 4.62 und 4.63). Das Lichtbündel ist divergent, der Bündelradius $W(z)$ nimmt zu, die maximale Feldstärke (bzw. maximale Intensität) geht zurück. Die Ausbreitung lässt sich durch die Größen $W(z)$ und $R(z)$ einfach beschreiben. Die Größe

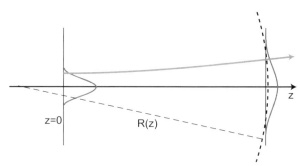

Bild 4.62: *Bei der Ausbreitung von Gaußschen Bündeln beobachtet man einen Bündelradius, der mit dem Abstand von der Bündeltaille zunimmt. Außerhalb der Bündeltaille besitzt das Lichtbündel eine mit $R(z)$ gekrümmte Wellenfront.*

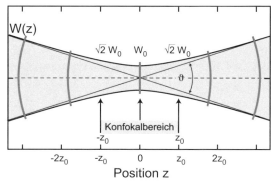

Bild 4.63: *Verlauf eines Gaußschen Bündels in der Nähe der Taille. Innerhalb der Rayleighlänge z_0 (Konfokalbereich) um die Taille nimmt der Bündelradius gerade um $\sqrt{2}$ zu. In großen Abständen läuft das Bündel mit der Divergenz ϑ auseinander.*

$q(z) = z - iz_0$ wird häufig auch als komplexer Krümmungsradius des Gaußschen Bündels bezeichnet.

$$\frac{1}{q(z)} = \frac{1}{R(z)} - i\frac{2}{kW(z)^2} = \frac{1}{R(z)} - i\frac{\lambda}{\pi W(z)^2}$$

Es soll kurz das Verhalten von Bündelradius, Lichtintensität und Krümmung der Wellenfront während der Lichtausbreitung beschrieben werden.

Bündelradius W(z).

$$W(z) = W_0 \sqrt{\frac{z_0^2 + z^2}{z_0^2}} \quad \text{mit Konfokalparameter} \quad z_0 = \frac{kW_0^2}{2} \quad (4.105)$$

Am Ort mit ebener Wellenfront ($z = 0$) wird mit $W(z) = W_0$ der kleinste Bündelradius erreicht (Bündeltaille). Mit wachsendem Abstand vom Ort der

4.5 Anwendungen von Beugung und Interferenz

Taille nimmt der Bündelradius zunächst langsam zu (Siehe Bild 4.63). Innerhalb des Konfokalbereichs, $|z| \leq z_0$, bleibt der Bündelradius $W(z)$ kleiner als $\sqrt{2}W_0$. Für sehr große Abstände $|z| \gg z_0$ wächst der Bündelradius linear mit z an:

$$W(z) \approx \left| \frac{W_0}{z_0} z \right| \tag{4.106}$$

Lichtintensitäten. Die maximale Intensität des Gaußschen Bündels (auf der Bündelachse, $\varrho = 0$) ist durch das Quadrat des Vorfaktors von Gl. (4.101) gegeben, also proportional zu:

$$I_{\max} \propto U_0^2 \cdot \left(\frac{W_0}{W(z)} \right)^2 = U_0^2 \frac{1}{1 + (z/z_0)^2} \tag{4.107}$$

Die maximale Intensität fällt mit dem Abstand von der Bündeltaille schnell ab, für große z-Werte proportional zu $1/z^2$. Gleichzeitig wächst der Bündelradius linear mit z an, so dass die transportierte Energie konstant bleibt (Energieerhaltung).

Krümmungsradius der Wellenfront und Divergenz. Die Wellenfront ist an der Bündeltaille ($z = 0$) eben, der Krümmungsradius $R(0)$ geht gegen unendlich. Mit wachsendem Abstand von der Taille ($z > 0$) nimmt der Krümmungsradius ab und erreicht bei $z = z_0$ sein Minimum, bevor er dann wieder anwächst (siehe Bild 4.64 für zwei Werte von W_0). Bei großen z-Werten erhält man:

$$R(z) = \frac{z_0^2 + z^2}{z} \approx z \tag{4.108}$$

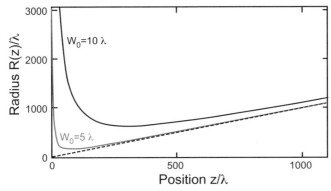

Bild 4.64: *Krümmungsradius der Wellenfront als Funktion des Abstandes z von der Bündeltaille. Für große z-Werte, $z \gg z_0$, findet man $R(z) = z_0$.*

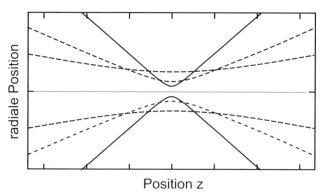

Bild 4.65: *Ort fester Feldstärke ($U = U_0/e$) für verschiedene Werte des Bündeldurchmessers W_0. Je kleiner W_0 ist, desto schneller und mit desto höherer Divergenz läuft das Bündel auseinander.*

Für große Abstände von der Bündeltaille kann man die Divergenz des Gaußschen Bündels (voller Divergenzwinkel ϑ) einfach angeben:

$$\vartheta \approx \frac{2W(z)}{z} \approx \frac{2}{z}\frac{W_0}{z_0}z = \frac{2W_0}{kW_0^2/2} = \frac{2\lambda}{\pi W_0} \tag{4.109}$$

Kleine Bündeldurchmesser ergeben große Divergenz

Aus dieser Gleichung sehen wir, dass der Divergenzwinkel umgekehrt proportional zum minimalen Bündelradius W_0 ist. Gaußsche Bündel mit kleinem Bündelradius zeigen große Divergenz, sie laufen schnell auseinander (siehe Bild 4.65). Soll die Divergenz klein gehalten werden, ist für einen großen minimalen Bündelradius zu sorgen. Durch den Einsatz von abbildenden Elementen kann dies erreicht werden.

Übungsfrage:
Ein Helium-Neon-Laser ($\lambda = 632.8\,\text{nm}$) wie er als Lichtzeiger eingesetzt wird erzeuge ein Gaußsches Bündel mit Bündelradius $W_0 = 1\,\text{mm}$. (a) Wie groß ist dieses Lichtbündel, wenn Sie mit diesem Laser die Hörsaalwand in 20 m Entfernung oder den Mond (380000 km Abstand) beleuchten? (b) Wie groß müsste W_0 gewählt werden, damit der Bündelradius am Mond 1 km beträgt? (c) Bei einem Experiment misst man die Divergenz des Gauß-Bündels ($\lambda = 632.8\,\text{nm}$) von $\vartheta = 0.5\,\text{mrad}$. Wie groß war der minimale Bündelradius?

4.5.5 Gaußsche Bündel und abbildende Elemente**

Wie beeinflusst eine Linse ein Gaußsches Bündel

Wirkung einer dünnen Linse auf Gaußsche Bündel. Vom Standpunkt der Wellenoptik her wirkt eine dünne Linse als transparentes Objekt mit einem definierten Phasenverlauf. Man kann dies an Hand von Bild 4.66 für eine Linse in Luft ($n = 1$) ableiten: Für eine Abbildung müssen alle von einem Punkt

4.5 Anwendungen von Beugung und Interferenz

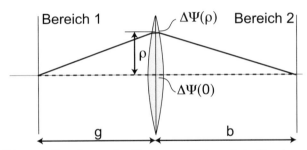

Bild 4.66: Skizze zur Berechnung der Phasenverschiebung beim Durchgang durch eine Linse.

ausgehenden und durch die Linse abgebildeten Strahlen den gleichen optischen Weg bis zum Bildpunkt zurücklegen. Der kürzere geometrische Weg für einen achsennahen Strahl wird durch die größere Linsendicke kompensiert, während ein achsenfernerer Strahl weniger Glas durchlaufen muss. Verwendet man den zentralen Strahl ($\varrho = 0$) und einen Strahl außerhalb der Achse, der die Linse im Abstand ϱ von der Achse durchläuft, so erhält man für die Phasenverschiebung in der Linse $\Delta\psi(\varrho)$ in paraxialer Näherung:

$$g + b + \frac{\lambda}{2\pi}\Delta\psi(0) = \sqrt{g^2 + \varrho^2} + \sqrt{b^2 + \varrho^2} + \frac{\lambda}{2\pi}\Delta\psi(\varrho) \quad (4.110)$$

$$\Delta\psi(\varrho) \approx \Delta\psi(0) + \frac{2\pi}{\lambda}\left(g + b - g(1 + \frac{\varrho^2}{2g^2}) - b(1 + \frac{\varrho^2}{2b^2})\right)$$

$$= \Delta\psi(0) - \frac{2\pi}{\lambda}\left(\frac{\varrho^2}{2g} + \frac{\varrho^2}{2b}\right) = \Delta\psi(0) - \frac{2\pi}{\lambda}\frac{\varrho^2}{2f} \quad (4.111)$$

$$t(\varrho) = \exp\left[i\Delta\psi(\varrho)\right] = \exp\left[i\left(\Delta\psi(0) - \frac{2\pi}{\lambda}\frac{\varrho^2}{2f}\right)\right] \quad (4.112)$$

Die komplexe Transmissionsfunktion $t(\varrho)$ der dünnen Linse bestimmt den Feldverlauf hinter der Linse: Da der Betrag der Transmissionsfunktion gleich eins ist, ändert sich während des Durchgangs durch die Linse der Betrag der Feldstärke nicht. Die (dünne) Linse verändert nur die Phase, und diese gerade so, dass sich bei einem Gaußschen Bündel der Krümmungsradius der Wellenfront ändert: Wir nehmen an, dass ursprünglich ein Gaußsches Bündel $q_1(z) = z - iz_{01}$ von links auf die Linse mit Brennweite f einfällt. Dabei sei die Gegenstandsweite g der Abstand der ursprünglichen Bündeltaille von der Linse. $z_{01} = kW_{01}^2/2$ ist der vorgegebene Konfokalparameter des Bündels vor der Linse. Für das einfallende Bündel vor der Linse $U_{vor}(\varrho)$ und das die Linse verlassende Bündel $U_{nach}(\varrho)$ errechnet man (s. Gl. (4.100)):

$$U_{vor}(\varrho) \propto \frac{q_1(0)}{q_1(g)}\exp\left(i\frac{k\varrho^2}{2q_1(g)}\right) \quad (4.113)$$

$$U_{nach}(\varrho) \propto \frac{q_1(0)}{q_1(g)} \exp\left(i\frac{k\varrho^2}{2q_1(g)}\right) \times t(\varrho) =$$
$$\frac{q_1(0)}{q_1(g)} \exp\left[i\frac{k\varrho^2}{2}\left(\frac{1}{q_1(g)} - \frac{1}{f}\right)\right] \quad (4.114)$$

Die weitere Ausbreitung dieses Gaußschen Bündels kann mit dem gleichen Formalismus berechnet werden. Wir nehmen dazu an, dass das Licht mit komplexem Bündelradius $q_2(z)$ hinter der Linse eine Bündeltaille aufweist, die im Abstand p von der Linse liegt. Das Gauß-Bündel direkt hinter der Linse wird also durch $q_2(-p)$ bestimmt. Unter Verwendung von $q_2(-p) = -p - iz_{02}$ kann man mit Hilfe von Gl. (4.114) und (4.100) die Lichtausbreitung (Lage der Bündeltaille und deren Radius) hinter der Linse bestimmen. Unmittelbar hinter der Linse gilt aufgrund der Definition von q_2:

$$U_{nach}(\varrho) \propto \frac{q_2(0)}{q_2(-p)} \exp\left(-i\frac{k\varrho^2}{2q_2(-p)}\right) \quad (4.115)$$

Durch Vergleich der beiden Exponentialfunktionen in Gl. (4.114) und (4.115) erhalten wir:

$$\frac{1}{q_2(-p)} = \frac{1}{q_1(g)} - \frac{1}{f} \quad \text{oder} \quad \frac{1}{-p + iz_{02}} = \frac{1}{g + iz_{01}} - \frac{1}{f} \quad (4.116)$$

Aus dieser Beziehung lassen sich die beiden Größen p (Abstand der Bündeltaille von der Linse) und der Konfokalparameter z_{02} hinter der Linse bestimmen. Daraus rechnet sich:

$$p = f\left(1 - \frac{f(f-g)}{(f-g)^2 + z_{01}^2}\right) \quad (4.117)$$

$$W_{02} = \frac{W_{01}f}{\sqrt{(f-g)^2 + z_{01}^2}} \qquad z_{02} = \frac{kW_{02}^2}{2} \quad (4.118)$$

Mit diesen beiden Beziehungen können wir nun eine Reihe von Spezialfällen behandeln:

1) Die ursprüngliche Bündeltaille ist sehr weit von der Linse entfernt, $g \gg f, z_{01}$. Hier liegt die bildseitige Bündeltaille in der bildseitigen Fokalebene $F, p \approx f$. Die neue Bündeltaille wird zu: $W_{02} = W_{01}f/g$.

2) Sind Ort und Größe der ursprünglichen Bündeltaille nicht bekannt, kann man über den Bündelradius W_L am Ort der Linse den Radius W_{02} der Bündeltaille hinter der Linse gewinnen. Wir verwenden dabei Gl. (4.105) und (4.106) und betrachten den Fall $g \gg f, z_{01}$.

4.5 Anwendungen von Beugung und Interferenz

$$W_L = W(g) = W_{01}\sqrt{1 + \frac{g^2}{z_{01}^2}} \approx W_{01}\frac{g}{z_{01}}$$

$$= W_{01}\frac{g\lambda}{\pi W_{01}^2} = \frac{g\lambda}{\pi W_{01}} \qquad (4.119)$$

$$W_{02} \approx W_{01}\frac{f}{g} = \frac{f \cdot \lambda}{\pi W_L} \qquad (4.120)$$

3) Liegt die ursprüngliche Bündeltaille in der gegenstandseitigen Brennebene der Linse ($g = f$), so liegt die bildseitige Bündeltaille in der bildseitigen Fokalebene $F, p = f$. Für den bildseitigen minimalen Bündelradius erhält man:

$$W_{02} = W_{01}\frac{f}{z_{01}} = \frac{f \cdot \lambda}{\pi W_{01}} \qquad (4.121)$$

Dieses Beispiel zeigt deutlich, dass die Wirkung einer Linse nicht auf eine einfache Abbildung der Bündeltaille zurückgeführt werden kann (siehe Bild 4.67). Liegt die ursprüngliche Bündeltaille sehr weit von der Linse entfernt, dann findet man die bildseitige Taille ebenfalls im Fokus: $p \approx f$. W_{02} ist dann jedoch durch Gl. (4.120) gegeben.

4) Will man ein Gaußsches Bündel auf einen möglichst kleinen Durchmesser fokusieren, z.B. bei der Laser-Materialbearbeitung, sollte man gemäß Gl. (4.121) vor der Linse einen möglichst großen Bündeldurchmesser, eine kurzbrennweitige Linse (deren Durchmesser D oder deren relative Öffnung f/D aber auf den Bündeldurchmesser angepasst sein muss, $D \approx 2W_L$) und kleine Wellenlängen verwenden. Für den Durchmesser W_{02} des fokussierten Bündels findet man:

$$W_{02} \approx \frac{2\lambda}{\pi}\frac{f}{D} \qquad (4.122)$$

5) Wird ein Gaußsches Bündel durch ein optisches System abgebildet, das durch eine Transformationsmatrix $\overleftrightarrow{M}$ beschrieben wird, so kann man zei-

Gaußsche Bündel und Transformationsmatrix

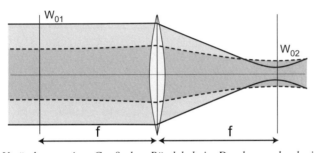

Bild 4.67: *Veränderung eines Gaußschen Bündels beim Durchgang durch eine Linse.*

gen, dass durch die Transformation lediglich der komplexe Bündelradius $q(z)$ beeinflusst wird. Für ein anfängliches $q_1 = S_1 - iz_{01}$ (die Bündeltaille liege dabei im Abstand S_1 vor dem System) wird nach der Transformation ein komplexer Krümmungsradius $q_2 = -S_2 - iz_{02}$ (die neue Bündeltaille liegt nun im Abstand S_2 hinter dem System) erhalten. $q_2(-S_2)$ kann wie folgt berechnet werden:

$$\vec{M} = \begin{pmatrix} A & B \\ C & D \end{pmatrix}; \quad q_2 = \frac{C + Dq_1}{A + Bq_1} \qquad (4.123)$$

Mit dieser Beziehung kann die Wirkung komplexer optischer Systeme auf Gaußsche Lichtbündel berechnet werden. Dies ist z.B. bei der Berechnung von Spiegelanordnungen von Laser-Resonatoren von besonderer Bedeutung. Hier muss das Gaußsche Lichtbündel sehr oft den Laserresonator durchlaufen, ohne dass die Intensitätsverteilung an einer willkürlich herausgegriffenen Stelle z verändert wird. Dies ergibt zusammen mit Gl. (4.123) spezielle Anforderungen an die Transformationsmatrix für einen gesamten Umlauf durch den Laserresonator und für den komplexen Krümmungsradius $q(z)$.

4.6 Die Polarisation von Licht

Bei der Ableitung der Wellengleichung für elektromagnetische Wellen aus den Maxwellgleichungen hatten wir die Transversalität der elektromagnetischen Wellen gezeigt. Für optisch isotrope Medien gilt, dass das elektrische Feld $\vec{E}$ senkrecht zum Wellenvektor $\vec{k}$ steht. Dadurch wird jedoch nur eine Ebene festgelegt, in der das $\vec{E}$-Feld schwingen kann. Zur Beschreibung eines Vektors in dieser Ebene sind dann noch zwei Komponenten notwendig. Nehmen wir an, dass der Wellenvektor in z-Richtung zeige, so können wir eine beliebige ebene Welle schreiben als:

$$\vec{E} = \vec{E}_x + \vec{E}_y = \begin{pmatrix} E_{x0} \cos(kz - \omega t) \\ E_{y0} \cos(kz - \omega t + \varepsilon) \\ 0 \end{pmatrix} \qquad (4.124)$$

Dabei haben wir berücksichtigt, dass nur die Phasendifferenz ε zwischen den beiden Feldkomponenten für die Beschreibung wichtig ist. Auf spezielle Möglichkeiten, die sich durch die freie Wahl der Amplituden E_{x0} und E_{y0} und des Phasenfaktors ε ergeben, gehen wir im Folgenden ein.

4.6.1 Polarisationszustände von Licht

Feldvektor hat feste Richtung im Raum – linear polarisiertes Licht

Linear polarisiertes Licht. Ist der Phasenfaktor $\varepsilon = 0$ oder $\varepsilon = \pm n \cdot 2\pi$, so sind die beiden Wellen $\vec{E}_x$ und $\vec{E}_y$ in Phase und man kann Gl. (4.124)

4.6 Die Polarisation von Licht

umschreiben in:

$$\vec{E} = \begin{pmatrix} E_{x0} \\ E_{y0} \\ 0 \end{pmatrix} \cos(kz - \omega t) = \vec{E}_0 \cos(kz - \omega t) \qquad (4.125)$$

In diesem Fall ist die Richtung des elektrischen Feldes durch einen konstanten Vektor $\vec{E}_0$ unabhängig von Ort und Zeit bestimmt. Ist der Phasenfaktor $\varepsilon = \pi$, $(2n+1)\pi$, d.h. ein ungeradzahliges Vielfaches von π, so sind die beiden Wellen E_x und E_y gerade außer Phase. Jedoch lässt sich auch hier über die Beziehung $\cos(\psi) = -\cos(\psi + (2n+1)\pi)$ zeigen, dass das Licht linear polarisiert ist und die Form von Gl. (4.125) besitzt.

Zirkular polarisiertes Licht. Ein anderer wichtiger Spezialfall tritt dann ein, wenn beide Amplituden E_{x0} und E_{y0} gleich groß sind, $E_{x0} = E_{y0} = E_0$, und wenn die Phasendifferenz ε zu $\varepsilon = \pi/2 + m\pi$ mit $m = 0, 1, 2, \ldots$ wird. Das Licht ist nun zirkular polarisiert: Der Betrag der Feldstärke ist zeitlich konstant; das Ende des Feldvektors $\vec{E}$ beschreibt in der x, y-Ebene, wie in Bild (4.68a) dargestellt, eine Kreisbahn:

Ende des Feldvektors beschreibt eine Kreisbahn – zirkular polarisiertes Licht

$$\vec{E} = E_0 \begin{pmatrix} \cos(kz - \omega t) \\ \cos(kz - \omega t + \pi/2 + m\pi) \\ 0 \end{pmatrix} = E_0 \begin{pmatrix} \cos(kz - \omega t) \\ \pm \sin(kz - \omega t) \\ 0 \end{pmatrix} \qquad (4.126)$$

Der spezielle Wert von m in der Phasenverschiebung ε bestimmt den Drehsinn des Feldvektors. Man definiert in der Optik Licht als rechtszirkular polarisiert, wenn bei Beobachtung an einer festen Stelle z mit Blickrichtung zur Quelle des Lichtes der $\vec{E}$-Feldvektor sich im Uhrzeigersinn dreht. Zeichnet man das $\vec{E}$-Feld als Momentaufnahme zu einem festen Zeitpunkt, so bildet rechtszirkular polarisiertes Licht eine in Ausbreitungsrichtung zeigende Rechtsschraube.

Rechtszirkular

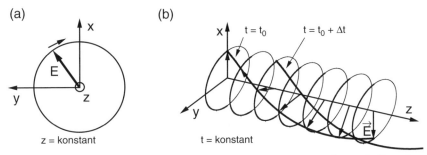

Bild 4.68: *Zirkular polarisiertes Licht. (a) Beobachtung an einer festen Stelle z. Das Ende des Feldvektors $\vec{E}$ beschreibt in der x-,y-Ebene eine Kreisbahn. (b) Beobachtungen zu festen Zeitpunkten t_0 und $t_0 + \Delta t$. Der Feldvektor $\vec{E}$ bildet für rechts- (links-) zirkular polarisiertes Licht eine Rechts(Links)-Schraube.*

Die Werte von ε sind mit dem Drehsinn wie folgt verknüpft:

$$\varepsilon = -\pi/2 + 2m\pi \quad \text{mit } m = 0, \pm 1, \pm 2, \ldots : \text{ rechtszirkular} \quad (4.127)$$
$$\varepsilon = \pi/2 + 2m\pi \quad \text{mit } m = 0, \pm 1, \pm 2, \ldots : \text{ linkszirkular}$$

Ausbreitung von zirkular polarisiertem Licht: die Schraube wird verschoben

Dabei ist vorausgesetzt, dass für die Phase der Welle die Schreibweise von Gl. (4.124) verwendet wurde. (Zur Definition von links- und rechtszirkular sei noch bemerkt, dass wir hier die in der Optik gebräuchliche Konvention verwenden. In der Quantenmechanik wird die mit dem Spin des Photons verknüpfte Zirkularpolarisation jedoch gerade umgekehrt definiert). Eine räumliche Darstellung von rechtszirkular polarisiertem Licht ist in Bild 4.68b gegeben. Die Endpunkte des $\vec{E}$-Feldvektors liegen auf einer Rechtsschraube. Die Ausbreitung der Welle erfolgt so, dass für jeden Punkt auf der z-Achse der E-Vektor wie in Bild 4.68a rotiert. Bei der Lichtausbreitung wird also die Schraube als Ganzes in z-Richtung verschoben (siehe zweite fett gezeichnete Kurve). Aus Gl. (4.126) sieht man direkt, dass sich die zirkular polarisierte Welle durch Summation zweier senkrecht zueinander linear polarisierten Wellen gleicher Amplitude und passender Phasenverschiebung zusammensetzen lässt. In gleicher Weise kann man jede linear polarisierte Welle als Summe von einer links- und einer rechtszirkular polarisierten Welle darstellen. Abschließend noch eine kurze Bemerkung zum Absorptionsprozess von zirkular polarisiertem Licht:

Absorption von zirkular polarisiertem Licht – Drehimpuls wird übertragen

Bei der Absorption von zirkular polarisierem Licht tritt nicht nur der Strahlungsdruck auf, sondern es erfolgt auch eine Übertragung eines Drehimpulses ΔL. In Analogie zum Strahlungsdruck (Gl. (2.22)) gilt:

$$\Delta L = \frac{\text{absorbierte Energie}}{\text{Kreisfrequenz der Welle}} = \frac{W}{\omega}$$

Elliptisch polarisiertes Licht. Der allgemeinste Fall, der für eine monochromatische Welle aus Gl. (4.124) konstruierbar ist, ist der von elliptisch polarisiertem Licht. Dabei ändern sich Richtung und Stärke des $\vec{E}$-Feldes als Funktion der Zeit. Der Endpunkt des $\vec{E}$-Feldvektors beschreibt in der xy-Ebene eine Ellipse (siehe Bild 4.69). Je nach Entartung der Ellipse lässt sich damit linear polarisiertes Licht ebenso wie zirkular polarisiertes Licht darstellen. Für den allgemeinen Fall kann man die Orientierung der Achsen der Ellipse relativ zu den Koordinaten gemäß Bild 4.69 bestimmen. Dabei gilt:

$$\tan(2\alpha) = \frac{2E_{0x}E_{0y}\cos\varepsilon}{E_{0x}^2 + E_{0y}^2} \quad (4.128)$$

Für spezielle Werte von ε wird $\alpha = 0$. In diesem Fall nimmt die Ellipse Hauptachsenform an:

$$\frac{E_x^2}{E_{0x}^2} + \frac{E_y^2}{E_{0y}^2} = 1 \quad (4.129)$$

4.6 Die Polarisation von Licht

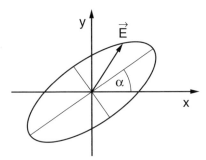

Bild 4.69: *Elliptisch polarisiertes Licht*

In der Schreibweise von Gl. (4.124) wird das elliptisch polarisierte Licht aus zwei linear polarisierten Wellen mit geeigneter Phasenverschiebung zusammengesetzt. Analog kann man es auch aus zwei zirkular polarisierten Wellen zusammensetzen.

Natürliches Licht. Bei der Behandlung der zeitlichen Kohärenz hatten wir gezeigt, dass natürliches Licht aus einer Abfolge von Wellenpaketen besteht, die durch einzelne, elementare Strahlungsereignisse bestimmt sind. Im Allgemeinen sind die emittierenden Atome regellos im Raum verteilt und nicht ausgerichtet. In diesem Fall wird das emittierte Licht keine definierte Polarisationsrichtung aufweisen. Dies bezeichnet man dann als unpolarisiertes Licht. Berücksichtigt man, dass eine perfekte monochromatische ebene Welle einen unendlich langen Wellenzug besitzt, so ist nach Gl. (4.124) der Polarisationszustand genau definiert. Eine einzelne monochromatische ebene Welle kann also nicht unpolarisiert sein. Im allgemeinen Fall kann jedoch Licht aus unpolarisierten und polarisierten Anteilen zusammengesetzt sein. Dann spricht man von teilweise polarisiertem Licht.

4.6.2 Polarisatoren

Unter einem Polarisator versteht man ein optisches Element, das in der Lage ist, aus unpolarisiertem Licht Licht mit einem definierten Polarisationszustand zu selektieren. Je nach dem Typ der selektierten Komponente spricht man von Linearpolarisator, Zirkularpolarisator oder elliptischem Polarisator. Allen unterschiedlichen Polarisatorentypen liegt ein gemeinsamer physikalischer Mechanismus zugrunde: Polarisatoren benötigen eine optisch asymmetrische Komponente, die in der Lage ist, Licht der ungewünschten Polarisation zu unterdrücken. Dabei werden in den unterschiedlichen Polarisatorentypen vier Mechanismen verwendet: Reflexion, Streuung, richtungsselektive Absorption (Dichroismus) oder Doppelbrechung.

Mit Hilfe eines Polarisators lassen sich auch die Polarisationseigenschaften von Licht bestimmen (der Polarisator ist dann ein Analysator). Dies soll hier kurz anhand von linear polarisiertem Licht diskutiert werden: Wir selektieren aus unpolarisiertem Licht mit einem Linearpolarisator Licht mit einer festen

Polarisator – Analysator

Richtung des E-Feldvekors $\vec{E}_0$ parallel zur Durchlassrichtung des Polarisators (siehe Bild 4.70a).

Die Intensität dieses Lichtes sei $I_0 \propto |E_0^2|$. Wir bringen nun einen idealen Analysator in den Strahlengang, der 100 % Transmission für Licht aufweise, das parallel zu seiner Durchlassrichtung polarisiert ist, dagegen 0 % Transmission für dazu senkrecht polarisiertes Licht besitzt. Für einen Winkel θ zwischen den Durchlassrichtungen von Polarisator und Analysator können wir die transmittierte Intensität folgendermaßen bestimmen: Wir zerlegen den Vektor $\vec{E}_0$ in eine Komponente $\vec{E}_{0\parallel}$, die parallel zur Durchlassrichtung des Analysators steht, und die entsprechende senkrechte Komponente $\vec{E}_{0\perp}$:

$$\vec{E}_0 = \vec{E}_{0\parallel} + \vec{E}_{0\perp} = |E_0| \cdot \vec{e}_\parallel \cos\theta + |E_0| \cdot \vec{e}_\perp \sin\theta \qquad (4.130)$$

Da nur die Komponente $\vec{E}_\parallel$ durch den Analysator transmittiert wird, erhalten wir für die transmittierte Intensität:

$$I(\theta) = I_0 \cos^2\theta \qquad (4.131)$$

Malussches Gesetz: Abhängigkeit der transmittierten Intensität von der Durchlassrichtung des Polarisators

Diese Abhängigkeit der transmittierten Intensität von $\cos^2\theta$ ist unter dem Namen Malussches Gesetz bekannt. Wir wollen nun ein Gedankenexperiment durchführen, um noch etwas mehr über die Funktion von Polarisatoren zu lernen: Der Aufbau ist in Bild 4.71 skizziert. Der Polarisator und der Analysator A_{II} sind mit $\theta = 90°$ so eingestellt, dass der Detektor gemäß dem Malusschem Gesetz keine Intensität nachweist (Bild 4.71b oben). Wir setzen nun zwischen Polarisator und Analysator einen weiteren Analysator A_I, dessen Durchlassrichtung einen Winkel θ' zum ersten Polarisator P aufweist: Für $\theta' \neq 0°, 90°$ kann man am Detektor eine von null verschiedene Lichtintensität nachweisen.

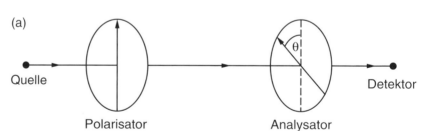

Bild 4.70: *Funktionsweise von Polarisatoren. Im idealen Polarisator wird der Feldvektor $\vec{E}$ in Komponenten parallel und senkrecht zur Durchlassrichtung des Polarisators aufgespalten. Nur die parallele Komponente kann den Polarisator passieren.*

4.6 Die Polarisation von Licht

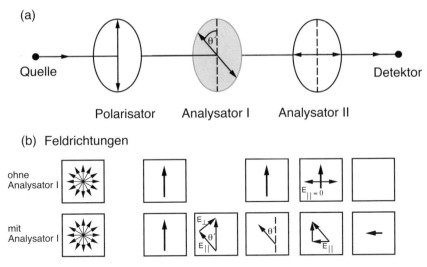

Bild 4.71: *Funktionsweise eines Polarisators. Durch Einbringen eines zusätzlichen Polarisators (Analysator I) wird die Polarisationsrichtung des Lichtes vor dem Analysator II neu definiert. Man kann bei geeigneter Stellung von Analysator I transmittierte Lichtintensität am Detektor erhalten, obwohl die Durchlassrichtungen von Polarisator und Analysator II senkrecht aufeinander stehen.*

Die Beobachtung können wir wie folgt verstehen: Die Polarisationsrichtung des Lichtes, das durch den grau gezeichneten Analysator gelangt, ist parallel zu dessen Transmissionsrichtung; d.h., der Analysator A_I definiert die Schwingungsrichtung des Lichtes neu und legt die Amplitude gemäß der Zerlegung des Feldes in $\vec{E}_\parallel$ und $\vec{E}_\perp$ fest. An den Eingang von Analysator A_II gelangt also Licht, das eine Komponente parallel zu dessen Durchlassrichtung besitzt und von diesem transmittiert wird (Bild 4.71b unten).

Ein Polarisator definiert die Schwingungsrichtung des transmittierten Lichts

Polarisation durch Reflexion. Fällt Licht unter einem von $0°$ oder $90°$ verschiedenen Einfallswinkel auf eine dielektrische Oberfläche, so ergeben die Fresnelschen Gleichungen, die wir im Abschnitt 2.3.2 vorgestellt hatten, unterschiedliche Reflexionskoeffizienten für Licht, das parallel zur Einfallsebene polarisiert ist (p-Komponente) und für Licht, das senkrecht zur Einfallsebene polarisiert ist (s-Komponente). Das extremale Verhältnis der Reflexionskoeffizienten tritt am Brewster-Winkel θ_B (siehe Gl. (2.97)) auf, an dem der Reflexionskoeffizient für die p-Komponente gleich null wird. Betrachten wir das unter dem Brewster-Winkel reflektierte Licht, so ist dies senkrecht zur Einfallsebene polarisiert. Die reflektierende Oberfläche dient also als Polarisator, der die ungewünschte Komponente perfekt unterdrückt. Seine Effizienz (der Reflexionsgrad für die s-Komponente) ist jedoch viel kleiner als 100 %, so dass bei einer einfachen dielektrischen Oberfläche als Polarisator hohe Verluste auftreten. Durch das Aufbringen von multiplen, dünnen, dielektrischen Schichten lässt sich jedoch die Reflexion der s-Komponente bis weit über 90 % erhöhen. Diese „dielektrischen Polarisatoren" werden häufig in Hochleistungslasern eingesetzt.

Polarisationsdrehung bei Reflexion

Reflexion kann man jedoch nicht nur dazu einsetzen, Licht zu polarisieren. Mit Reflexionen ist man auch in der Lage, die Polarisationsrichtung von linear polarisiertem Licht zu drehen. Dies kann man anhand von Bild 4.72 leicht einsehen. Hier benutzt man zwei Reflexionen, bei denen das Licht zunächst um $90°$ nach oben, dann um $90°$ nach rechts abgelenkt wurde. Dabei wird die Polarisationsrichtung von linear polarisiertem Licht um $90°$ gedreht. Ganz allgemein gilt: Liegt bei mehrfachen Reflexionen die Strahlführung nicht in einer Ebene, so kann dies zu einer Drehung der Polarisationsebene des Lichtes führen. Tritt bei einer Reflexion eine Phasenverschiebung $\Delta\varphi \neq 0, \pi$ auf, wie es z.B. bei der Totalreflexion (Abschnitt 2.3.2) geschieht, so kann dies ebenfalls zur Veränderung des Polarisationszustandes benutzt werden. Ein Beispiel dazu ist der Fresnelsche Rhombus, bei dem durch zweimalige Totalreflexion aus linear polarisiertem Licht zirkular polarisiertes Licht erzeugt wird.

Polarisation durch Dichroismus. Bei der Behandlung von Dispersion und Absorption in Kap. 2 hatten wir das Modell eines Moleküls (Atoms) verwendet, bei dem ein Elektron elastisch an einem positiv geladenen Atomkern gebunden war. Wir hatten dabei den Spezialfall eines kugelsymmetrischen Problems diskutiert. Ist jedoch das Molekül asymmetrisch, z.B. länglich, zigarrenförmig, so kann beim Anlegen des elektrischen Feldes längs einer Vorzugsrichtung eine sehr viel leichtere Auslenkung des Elektrons erfolgen als bei der dazu senkrechten Richtung. In der einfachsten Beschreibungsweise wollen wir davon ausgehen, dass die Bewegungen senkrecht und parallel zur Molekülvorzugsrichtung unabhängig voneinander geschehen und durch zwei harmonische Oszillatoren der Frequenzen $\omega_\perp$ und $\omega_\parallel$ beschrieben werden können. Sind diese asymmetrischen Moleküle isotrop, d.h. ohne Ausrichtung im beobachteten Medium, verteilt, so beeinflusst die Asymmetrie der Einzelmoleküle nur die Form der Dispersions- und Absorptionskurven, die verbreitert oder zweigipflig erscheinen können. Baut man aber die Moleküle geordnet in einen Festkörper (Kristall) ein, so können die optischen Eigenschaften des Festkörpers, wie in Bild 4.73 angegeben, stark richtungsabhängig werden. Die Abhängigkeit der Dispersion (d.h. des Brechungsindex) von der Ausbreitungsrichtung und Polarisation des Lichtes führt zum Phänomen der Doppelbrechung, das wir im nächsten Abschnitt ausführlich behandeln wer-

Dichroismus – lange Absorber zur selektiven Schwächung einer Polarisationsrichtung

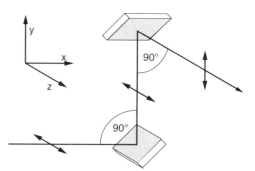

Bild 4.72: *Drehung der Polarisationsrichtung bei Reflexion von Licht*

4.6 Die Polarisation von Licht

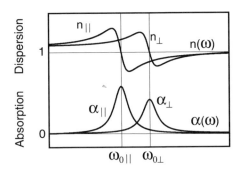

Bild 4.73: *Doppelbrechung und Dichroismus. In anisotropen Substanzen können die molekularen (elektronischen) Resonanzfrequenzen von der Richtung der Elektronenbewegung abhängen (man erhält damit Frequenzen $\omega_{0\parallel}$ und $\omega_{0\perp}$). Je nach Richtung des Feldvektors erhält man damit unterschiedliche Dispersion ($n_\perp$ bzw. $n_\parallel$) und Absorption $\alpha_\perp$ bzw. $\alpha_\parallel$).*

den. Hier interessiert uns vor allem die Absorption der Probe: Je nach Richtung der linearen Polarisation des Lichtes erfolgt eine unterschiedlich starke Absorption. Dieses Phänomen ist unter dem Namen Dichroismus bekannt. Unter idealen Bedingungen kann man in dichroitischen Substanzen Spektralbereiche realisieren, bei denen das Absorptionsvermögen für eine Polarisationsrichtung perfekt ist ($T \approx 0.1\,\%$), während für die dazu senkrechte Polarisationsrichtung nur schwache Absorption mit $T \approx 70\,\%$ auftritt. Natürliche Vertreter dichroitischer Substanzen sind Turmalinkristalle. Sie besitzen aber keine technische Bedeutung. Weit verbreitet sind die künstlich hergestellten dichroitischen Polarisationsfolien (Polaroid-Folien), die in einer Vielzahl von Anwendungen, z.B. bei reflexionsmindernden (Sonnen-)Brillen oder Flüssigkristallanzeigen, verwendet werden. Bei der Herstellung dieser Polaroid-Folien werden lange Moleküle, z.B. Polyvinylalkohol, erwärmt, polymerisiert und dann in eine Richtung gestreckt, um die Moleküle auszurichten. Durch eine Farblösung werden Jodatome in das Polymer eindiffundiert. Die durch die Jodatome zur Verfügung gestellten Leitungselektronen können sich längs der ausgerichteten Polymermoleküle praktisch frei bewegen und führen so zur Absorption von Licht, das parallel zu den Molekülen polarisiert ist. Dazu senkrecht polarisiertes Licht wird praktisch nicht absorbiert.

Für langwelliges Licht, speziell im Infraroten, können Drahtgitter-Polarisatoren eingesetzt werden. Hier wird ein Gitter aus sehr feinen, leitenden Drähten (Gold) aufgespannt. Licht mit einem $\vec{E}$-Feldvektor parallel zur Längsachse der Drähte treibt im Draht Ströme an, die über Widerstandsverluste die Lichtenergie in Wärme umwandeln und so zur Lichtabsorption führen. Die Polarisationskomponente senkrecht zur Drahtachse kann nicht zu einer makroskopischen Elektronenbewegung führen und erleidet nur geringe Verluste. Die polarisationsabhängigen Eigenschaften von nahe benachbarten, parallelen leitenden Streifen machen sich auch bei Reflexionsgittern deutlich bemerkbar, bei denen im Allgemeinen die Gitterstriche durch Aufdampfen von Metallfilmen erzeugt werden. Je nach Polarisationsrichtung des einfallenden Lichtes können

Gitterpolarisatoren

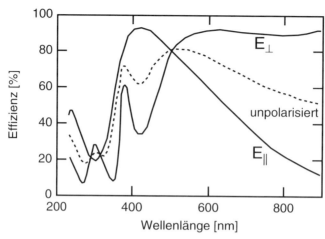

Bild 4.74: *Effizienzkurven eines Reflexionsgitters. Bei dem untersuchten Reflexionsgitter mit 1830 Strichen/mm findet man stark unterschiedliche Effizienzen (Reflexionsvermögen) für Wahl des Feldvektors senkrecht und parallel zur Einfallsebene.*

unterschiedliche Reflektivitäten (Effizienzen) beobachtet werden, die, wie in Bild 4.74 gezeigt, eine starke Wellenlängenabhängigkeit aufweisen können.

4.6.3 Doppelbrechung

Auch der Brechungsindex kann eine Richtungsabhängigkeit haben – Doppelbrechung

Der physikalische Hintergrund der Doppelbrechung ist im vorherigen Abschnitt kurz vorgestellt worden. Grundvoraussetzung war dabei, dass sich das verwendete Medium bzgl. seiner dielektrischen Eigenschaften asymmetrisch verhält. Dies hat zur Folge, dass anstelle der Proportionalität zwischen dielektrischer Verschiebung $\vec{D}$ und elektrischem Feld $\vec{E}$ ein tensorieller Zusammenhang über den Dielektrizitätstensor $\vec{\varepsilon}$ besteht:

$$\vec{D} = \varepsilon_0 \vec{\varepsilon} \vec{E} \quad \text{oder} \quad D_i = \varepsilon_0 \sum_{k=1}^{3} \varepsilon_{ik} E_k \quad \text{für } i = 1,2,3 \quad (4.132)$$

$$\boxed{D_i = \varepsilon_0 \varepsilon_i E_i; \quad E_i = \frac{1}{\varepsilon_0 \varepsilon_i} D_i} \quad (4.133)$$

Hauptachsenform des Dielektrizitätstensors

In Gl. (4.133) wurde der Dielektrizitätstensor auf Hauptachsenform transformiert und das Koordinatensystem diesen Hauptachsen angepasst. Die spezielle Form des Dielektrizitätstensors hängt nun von der Symmetrie des verwendeten Mediums ab. Man kann dabei drei Fälle unterscheiden, je nachdem wie viele Elemente ε_i verschieden sind:

1) *Optisch isotrope Medien* Für optisch isotrope Medien sind alle drei Tensorelemente ε_i gleich, $\varepsilon_i = \varepsilon$, und die optischen Eigenschaften sind rich-

4.6 Die Polarisation von Licht

tungsunabhängig. In diesem Falle gilt die Beziehung von Gl. (2.2). Optisch isotrope Medien sind zum einen Flüssigkeiten und Gläser, die keine strukturelle Ordnung aufweisen (isotrope Medien), zum anderen Kristalle mit kubischer Symmetrie.

2) *Optisch einachsige Kristalle* Sind nur zwei Koeffizienten von ε_i gleich, so beschreibt dies den Fall von optisch einachsigen Kristallen. Man kann hier gemäß der Kristallsymmetrie eine optische Achse (z.B. die z-Richtung) einführen. Mit dem Bezug auf die Kristallachse können wir dann die Elemente ε_i schreiben als $\varepsilon_x = \varepsilon_y = \varepsilon_\perp$ und $\varepsilon_z = \varepsilon_\parallel$. Für Lichtausbreitung längs der optischen Achse tritt keine Polarisationsabhängigkeit der Ausbreitung auf. Jedoch können bei Lichtausbreitung in anderen Richtungen Abweichungen vom Snelliusschen Brechungsgesetz auftreten (daher die Bezeichnung Doppelbrechung). Optisch einachsige Kristalle besitzen eine hexagonale, tetragonale oder rhomboedrische Symmetrie.

3) *Optisch zweiachsige Kristalle* Für Kristallklassen mit geringerer Symmetrie können alle drei Elemente des Dielektrizitätstensors voneinander verschieden sein: $\varepsilon_x \neq \varepsilon_y \neq \varepsilon_z \neq \varepsilon_x$. In diesen Kristallen gibt es zwei optische Achsen, längs derer polarisationsunabhängige Lichtausbreitung stattfinden kann.

Herausforderung für den Optiker – Lichtausbreitung im optisch zweiachsigen Kristall

Lichtausbreitung in doppelbrechenden Medien. Für optisch anisotrope Medien kann die Lichtausbreitung, d.h. der Wellenvektor und die Strahlenrichtung, von der Polarisationsrichtung der Welle abhängen. Die theoretische Behandlung der Brechung von Licht an doppelbrechenden Kristallen ist in einer allgemeinen Form sehr kompliziert und führt häufig zu nicht analytischen Lösungen. Wir wollen uns deshalb hier zunächst nur mit der Lichtausbreitung in den Medien beschäftigen. Die Lichtausbreitung im doppelbrechenden Kristall wird durch die Maxwell-Gleichungen (2.3)–(2.6) und die Beziehung zwischen $\vec{D}$ und $\vec{E}$ (Gl. (4.132) bzw. (4.133)) bestimmt. Für den Ansatz ebener Wellen für das elektrische Feld $\vec{E} = \vec{E}_0 \exp(\mathrm{i}\omega t - \mathrm{i}\vec{k}\vec{x})$ ergeben sich aus den Maxwell-Gleichungen (2.3)–(2.6) für nichtmagnetische Substanzen mit $\mu = 1$ eine Reihe interessanter Beziehungen:

Maxwell-Gleichungen im Medium

$$\vec{\nabla}\vec{D} = 0 \quad \Rightarrow \quad \vec{k}\vec{D} = 0 \quad \text{oder} \quad \vec{D} \perp \vec{k} \tag{4.134}$$

$$\vec{\nabla}\vec{B} = 0 \quad \Rightarrow \quad \vec{k}\vec{B} = 0 \quad \text{oder} \quad \vec{B} \perp \vec{k} \tag{4.135}$$

$$\vec{\nabla} \times \vec{E} = -\frac{\partial \vec{B}}{\partial t} \quad \Rightarrow \quad \vec{k} \times \vec{E} = \omega\vec{B} \quad \text{oder} \quad \vec{B} \perp \vec{E} \tag{4.136}$$

$$\vec{\nabla} \times \vec{B} = \mu_0 \frac{\partial \vec{D}}{\partial t} \quad \Rightarrow \quad \vec{k} \times \vec{B} = -\mu_0\omega\vec{D} \quad \text{oder} \quad \vec{B} \perp \vec{D} \tag{4.137}$$

Kombiniert man nun noch Gl. (4.136) mit Gl. (4.137), so erhält man:

$$\vec{k} \times \vec{k} \times \vec{E} = \frac{-\omega^2}{\varepsilon_0 c^2}\vec{D} \tag{4.138}$$

Für den Energiefluss der Welle, d.h. für den Poynting Vektor $\vec{S}$, gilt weiterhin die Beziehung aus Gl. (2.18):

$$\vec{S} = \frac{1}{\mu_0} \vec{E} \times \vec{B}$$

Wir wollen uns die eben abgeleiteten Beziehungen anhand von Abbildungen etwas veranschaulichen: Bild 4.75 zeigt für den Spezialfall $\varepsilon_y = \varepsilon_x/2 = 1/2$ Richtung und Größe der dielektrischen Verschiebung für unterschiedlich orientierte E-Felder der Stärke E_0. Die Pfeile geben dabei die Vektoren von $\vec{D}$ und $\vec{E}$ an, während Ellipse und Kreis die Länge der in die jeweilige Richtung zeigenden Vektoren angeben. Ist der Vektor des E-Feldes längs der x-Achse gerichtet, so zeigt auch $\vec{D}$ in die gleiche Richtung. Seine Länge ist dabei $|D| = \varepsilon_0 \varepsilon_x E$. Für ein elektrisches Feld, das unter $45°$ zur Achse orientiert ist, berechnet sich $\vec{D}$ zu:

$$\vec{D} = \varepsilon_0 \begin{pmatrix} \varepsilon_x & 0 \\ 0 & \varepsilon_y \end{pmatrix} \begin{pmatrix} E_0/\sqrt{2} \\ E_0/\sqrt{2} \end{pmatrix} = \varepsilon_0 \varepsilon_x \begin{pmatrix} E_0/\sqrt{2} \\ E_0/(2\sqrt{2}) \end{pmatrix}$$

Beziehungen zwischen den bei der Lichtausbreitung beteiligten Vektoren

Für beliebige Winkel $\neq 0°$ und $\neq 90°$ liegt das Ende von $\vec{D}$ auf einer durch die Achsenabschnitte $\varepsilon_0 \varepsilon_x E_0$ und $\varepsilon_0 \varepsilon_y E_0$ gegebenen Ellipse. Die dielektrische Verschiebung liegt also im allgemeinen Fall nicht mehr parallel zu $\vec{E}$. Daraus sieht man, dass in doppelbrechenden Medien die Strahlrichtung des Lichtes der geometrischen Optik, die durch $\vec{S}$ gegeben ist (also senkrecht zu $\vec{E}$ und $\vec{B}$ liegt), nicht mehr parallel zum Wellenvektor $\vec{k}$ gerichtet sein muss ($\vec{k}$ liegt senkrecht zu $\vec{D}$ und $\vec{B}$). Dies ist in Bild 4.76 nochmals verdeutlicht. Dabei wurde angenommen, dass $\vec{k}$ längs der x-Richtung, die dazu senkrechte dielektrische Verschiebung $\vec{D}$ in y-Richtung zeige. Als Folge davon zeigt $\vec{B}$ in z-Richtung. Durch den Dielektrizitätstensor $\vec{\varepsilon}$ wird die Richtung von $\vec{E}$ bestimmt, das auf-

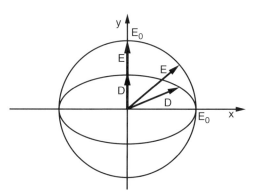

Bild 4.75: Zusammenhang zwischen elektrischem Feld E und dielektrischer Verschiebung D. Im allgemeinen Fall optisch anisotroper Medien liegen $\vec{E}$ und $\vec{D}$ nicht mehr parallel.

4.6 Die Polarisation von Licht

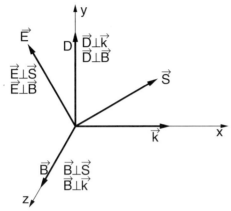

Bild 4.76: *Doppelbrechung. Richtungen, die für die Lichtausbreitung in doppelbrechenden Medien wichtig sind.*

grund von $\vec{E} \perp \vec{B}$, ebenso wie Wellenvektor und Strahlrichtung (wegen $\vec{k} \perp \vec{B}$ und $\vec{S} \perp \vec{B}$) in der x, y-Ebene liegen muss.

Für die Berechnung der Lichtausbreitung in doppelbrechenden Medien ist es sinnvoll, zuerst die Richtung des Wellenvektors $\vec{e}_k = \vec{k}/|k|$ festzulegen. Der Betrag $|k|$ des Wellenvektors bzw. der dazugehörige Brechungsindex $n = kc/\omega$ sei dabei noch unbestimmt. Als Nächstes sollte die Richtung des elektrischen Feldes $\vec{E}$ bestimmt werden. Dazu ersetzt man in Gl. (4.138) $\vec{D}$ gemäß Gl. (4.132) und erhält ein lineares, homogenes Gleichungssystem für das elektrische Feld $\vec{E}$ der Form:

$$\vec{e}_k \times \vec{e}_k \times \vec{E} + \frac{1}{n^2} \overleftrightarrow{\varepsilon} \vec{E} \equiv \overleftrightarrow{G} \vec{E} = 0 \qquad (4.139)$$

Damit dieses Gleichungssystem lösbar wird, muss die Determinante von $\overleftrightarrow{G}$ null werden. Man erhält so eine Gleichung 2. Grades in n^2 und kann damit zwei Werte von $n > 0$ bestimmen, die mit den beiden möglichen Polarisationsrichtungen verknüpft sind. Mit diesen Werten von n kann man aus Gl. (4.139) die Richtung von $\vec{E}$ und später mit Gl. (4.132) die Richtung von $\vec{D}$ bestimmen. Damit ist ein vollständiger Satz der beteiligten Vektoren für die spezielle Wellenvektorrichtung bestimmt.

Lichtausbreitung in optisch einachsigen Kristallen. Mit dieser Vorgehensweise lässt sich direkt die Ausbreitung in optisch einachsigen Kristallen (wir verwenden hier $\varepsilon_x = \varepsilon_y = \varepsilon_\perp$ und $\varepsilon_z = \varepsilon_\parallel$) berechnen. Für einen Wellenvektor in z-Richtung erhält man aus Det $(G) = 0$ nur einen Brechungsindexwert $n = \sqrt{\varepsilon_\perp}$. Die zwei Polarisationen, d.h. die möglichen Richtungen von $\vec{E}$, können willkürlich in der x, y-Ebene gewählt werden. Längs der optischen Achse tritt also keine Doppelbrechung auf. Für einen Wellenvektor in x-Richtung ergeben sich zwei Werte des Brechungsindex: $n_{ao} = \sqrt{\varepsilon_\parallel}$ und $n_o = \sqrt{\varepsilon_\perp}$. Dabei

Keine Doppelbrechung für Licht, das sich längs der optischen Achse ausbreitet

liegen die $\vec{E}$-Vektoren längs der optischen Achse (n_ao) bzw. längs der y-Achse (n_o). Licht kann sich also in x-Richtung nur mit diesen beiden Polarisationsrichtungen im Kristall ausbreiten. Für einen Wellenvektor $\vec{k}$, der einen Winkel θ mit der optischen Achse einschließt, erhält man die beiden Brechungsindizes zu:

$$\boxed{\frac{1}{n_\mathrm{ao}(\theta)^2} = \frac{\cos^2\theta}{\varepsilon_\perp} + \frac{\sin^2\theta}{\varepsilon_\|} \quad \text{und } n_\mathrm{o} = \sqrt{\varepsilon_\perp}} \qquad (4.140)$$

Brechungsindizes in einachsigen Kristallen

Ordentlicher und außerordentlicher Strahl

Im optisch einachsigen Kristall gibt es zwei Polarisationsrichtungen: Man beobachtet den ordentlichen Strahl, bei dem $\vec{E}$ und $\vec{D}$ immer senkrecht zur optischen Achse gerichtet sind. Für diesen Strahl gilt, unabhängig von der Ausbreitungsrichtung, $n_\mathrm{o} = \sqrt{\varepsilon_\perp}$. Er folgt dem Snelliusschen Brechungsgesetz und wird deshalb ordentlicher Strahl genannt. Der außerordentliche Strahl ist in der Ebene, die durch die optische Achse und $\vec{k}$ gebildet wird (genannt Hauptschnitt des Kristalls), polarisiert. Für ihn gilt eine Richtungsabhängigkeit des Brechungsindex bzw. der Phasengeschwindigkeit gemäß Gl. (4.140). Für den außerordentlichen Strahl gilt das Snelliussche Brechungsgesetz *nicht*. Aus der Beziehung (4.140) lassen sich die Brechungsindizes (Phasengeschwindigkeiten) des ordentlichen und außerordentlichen Strahls als Funktion der Ausbreitungsrichtung (entspricht der Richtung des Wellenvektors $\vec{k}$) bestimmen. In der Polardarstellung erhält man als Geschwindigkeitsfläche (Strahlenellipsoid) für den ordentlichen Strahl eine Kugel und für den außerordentlichen Strahl ein Ellipsoid, das in der Hauptachsenform die Achsenabschnitte $v_\mathrm{ao} = \dfrac{c}{\sqrt{\varepsilon_\|}} = \dfrac{c}{n_\mathrm{ao}}$ und $v_\mathrm{o} = \dfrac{c}{\sqrt{\varepsilon_\perp}} = \dfrac{c}{n_\mathrm{o}}$ besitzt (siehe Bild 4.77). Für $v_\mathrm{ao} = \dfrac{c}{n_\mathrm{ao}} > \dfrac{c}{n_\mathrm{o}} = v_\mathrm{o}$ ($n_\mathrm{ao} < n_\mathrm{o}$) bezeichnet man den Kristall negativ einachsig, während man ihn für $n_\mathrm{ao} > n_\mathrm{o}$ als positiv einachsig bezeichnet.

Strahlrichtung i.A. nicht parallel zur Wellenvektorrichtung

Für die Behandlung der Brechung an der Oberfläche eines doppelbrechenden Kristalls müssen zusätzlich zu den Beziehungen (4.132)–(4.138) die Randbedingungen an der Oberfläche des Kristalls für $\vec{E}$ und $\vec{D}$ (Gl. (2.3)) erfüllt werden. Dies führt im allgemeinen Fall zu impliziten Gleichungen, die nicht mehr analytisch lösbar sind. Für einfache Geometrien kann man jedoch die Brechung mit Hilfe des Huygensschen Prinzips bestimmen. Dies sei anhand von Bild 4.78 kurz erläutert. Im Bildteil (a) falle eine ebene Welle senkrecht auf den doppelbrechenden Kristall. Wir zeichnen dann gemäß den Phasenflächen der einfallenden Welle an die Oberfläche Strahlenellipsoide, die die richtungsabhängige Ausbreitung der Elementarwellen angeben. Die Phasenflächen (sie liegen senkrecht zu $\vec{k}$) der beiden Wellen im Kristall werden dann durch die Einhüllende der Elementarwellen gebildet. Für den angenommenen senkrechten Einfall liegen die Phasenflächen und damit die Wellenvektoren für den ordentlichen und den außerordentlichen Strahl parallel. Man sieht jedoch, dass die Phasenflächen des außerordentlichen Strahls seitlich versetzt

4.6 Die Polarisation von Licht

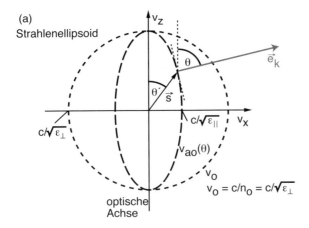

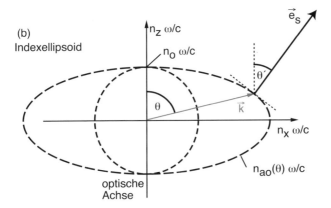

Bild 4.77: *(a) Strahlenellipsoid. Geschwindigkeitsflächen für ordentlichen und außerordentlichen Strahl für einen positiv einachsig doppelbrechenden Kristall. Die Geschwindigkeitsfläche des ordentlichen Strahls ist eine Kugel, die des außerordentlichen Strahls ein Rotationsellipsoid mit Achsenabschnitten $c/\sqrt{\varepsilon_\perp}$ bzw. $c/\sqrt{\varepsilon_\parallel}$. (b) Indexellipsoid. Brechungsindexflächen für einen positiv einachsig doppelbrechenden Kristall. $\vec{e}_k$ und $\vec{e}_s$ bezeichnen die Richtungen von Wellenvektor und Lichtstrahl.*

werden. Dies ist eine Konsequenz der Tatsache, dass die Strahlrichtung des außerordentlichen Strahls durch den Poynting-Vektor $\vec{s}_{ao}$ bestimmt ist. $\vec{s}_{ao}$ zeigt vom Ursprung der Elementarwelle zur Tangente der Elementarwelle mit der Phasenfront. In Bild 4.79 ist dies nochmal vergrößert wiedergegeben. Für eine bestimmte Strahlenrichtung $\vec{s}_{ao}/|s_{ao}|$ ist die Phasenfläche der Welle durch die Tangente an den entsprechenden Punkt des Strahlenellipsoids gegeben, während der Wellenvektor $\vec{k}_{ao}$ wiederum auf dieser Tangente senkrecht steht. Man kann damit den Winkel θ' zwischen optischer Achse und Strahlenrichtung mit

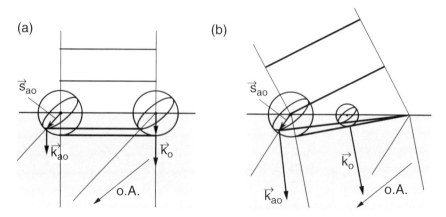

Bild 4.78: *Brechung an einem doppelbrechenden Kristall. Mit Hilfe des Huygensschen Prinzips lässt sich die Brechung an der Oberfläche eines doppelbrechenden Kristalls behandeln. Die Elementarwellen nehmen dabei die Form der Strahlenellipsoide an.*

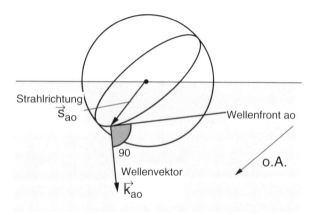

Bild 4.79: *Brechung an einem doppelbrechenden Kristall – Bezug zwischen Strahlrichtung und Wellenvektorrichtung. Die Phasenfläche eines Lichtbündels mit Strahlrichtung $\vec{S}_{ao}$ wird durch die Tangente an das Strahlenellipsoid im Punkt $\vec{S}_{ao}$ gebildet. Der entsprechende Wellenvektor $\vec{k}_{ao}$ steht dann senkrecht auf der Phasenfläche.*

dem Winkel θ (der zwischen optischer Achse und Wellenvektor liegt) verknüpfen:

$$\tan \theta' = \frac{\varepsilon_\perp}{\varepsilon_\parallel} \tan \theta \qquad (4.141)$$

Die am einfachsten zu beobachtende Konsequenz der Doppelbrechung ist das Abweichen des außerordentlichen Strahls vom Snelliusschen Brechungsgesetz. Dadurch treten unerwartete Strahlengänge auf, die zu Doppelbildern

4.6 Die Polarisation von Licht

Bild 4.80: *Doppelbrechung an einem Calcitkristall. Photographie und Schemazeichnung der Lichtausbreitung.*

führen können. Ein Beispiel ist in Bild 4.80a angegeben. Dort wurde eine Schrift durch einen Calcit-Kristall hindurch photographiert. Die Aufspaltung des einfallenden Lichtes gemäß seinem Polarisationszustand und die Ablenkung des außerordentlichen Strahls führen dann zu der Bildverdoppelung (siehe Schema in 4.57b). Die Huygenssche Behandlung der Brechung an einachsigen Kristallen lässt sich auch auf beliebige Einfallswinkel ausdehnen. Ein Beispiel dafür ist in Bild 4.78b skizziert.

Abschließend sollen nochmals die wesentlichen Aspekte der Doppelbrechung an optisch einachsigen Kristallen zusammengefasst werden:

1) Fällt Licht auf einen doppelbrechenden Kristall, so wird es in zwei Strahlen aufgespalten: Die relativen Intensitäten der beiden Strahlen, d.h. vom ordentlichen und außerordentlichen Strahl, sind durch die Polarisationseigenschaften des einfallenden Lichtes und die Orientierung des Kristalls bestimmt.

2) Der ordentliche Strahl folgt dem Snelliusschen Brechungsgesetz; er ist senkrecht zur optischen Achse und damit senkrecht zum Hauptschnitt polarisiert. Seine Strahlrichtung (d.h. sein Poynting Vektor) liegt parallel zum Wellenvektor.

3) Der außerordentliche Strahl folgt nicht dem Snelliusschen Brechungsgesetz. Er ist im Hauptschnitt polarisiert. Strahlvektor und Wellenvektor sind im Allgemeinen nicht parallel zueinander.

Tabelle 4.1 gibt noch Zahlenwerte über die Doppelbrechung in gebräuchlichen optischen Materialien. Kalkspatkristalle (Calcit) werden verwendet, wenn ein großer Unterschied zwischen n_o und n_{ao} benötigt wird. Dies ist z.B. beim Bau von Polarisatoren der Fall (siehe nächsten Abschnitt). Benötigt man dagegen kleine Unterschiede zwischen n_o und n_{ao}, so wird in der Regel kristalliner Quarz verwendet.

Tabelle 4.1: Brechungsindizes für doppelbrechende Kristalle ($\lambda = 589\,nm$)

	n_o	n_ao	Typ der Doppelbrechung
Kalkspat (Calcit)	1.658	1.486	negativ
Quarz	1.544	1.553	positiv

4.6.4 Anwendungen der Doppelbrechung

Doppelbrechung – ein Weg zu praktisch perfekten Polarisatoren

Doppelbrechende Polarisatoren. Die Doppelbrechung ist ein physikalisches Phänomen, das es erlaubt, in idealer Weise Polarisatoren mit hoher Transmission und extremer Unterdrückung zu konstruieren. Dazu lässt sich im Prinzip der in Bild 4.78 und 4.80 angegebene Strahlversatz einsetzen. Es zeigt sich dabei, dass für technische Anwendungen sehr große Kristalllängen erforderlich sind, um eine ausreichende Trennung der Strahlen zu gewährleisten. Deshalb wurden eine Reihe anderer Geometrien entwickelt, bei denen durch geeignete Wahl der Richtung des einfallenden Strahls und der Orientierung des Kristalls handliche Polarisatoren hergestellt werden können. Die wichtigsten Vertreter sind unter den Namen Nicol-Prisma, Wollaston-Prisma, Glan-Thomson-Polarisator und Glan-Foucault-Polarisator bekannt. Wir wollen hier kurz auf den Glan-Foucault-Polarisator eingehen, dessen Wirkungsweise in Bild 4.81 skizziert ist: Licht falle von links annähernd senkrecht auf ein erstes Prisma. Das Prisma besteht aus Kalkspat, dessen optische Achse (o.A.) senkrecht zur Zeichenebene liegt. Der parallel zur Zeichenebene polarisierte, ordentliche Strahl fällt nun auf die Austrittsfläche des Prismas, das so geschnitten wurde, dass für den ordentlichen Strahl mit dem großen Brechungsindex $n_\text{o} = 1.658$ Totalreflexion an der Kalkspat-Luftgrenzfläche auftritt. Für den außerordentlichen Strahl tritt aufgrund des kleineren Brechungsindex keine Totalreflexion auf, und er kann das Prisma mit schwachen Reflexionsverlusten verlassen. Zur Vermeidung einer Strahlablenkung ist anschließend im kleinen Abstand ein zweites, identisches Prisma angebracht. Glan-Foucault-Polarisatoren besitzen eine hohe Diskriminierung. Die Reflexionsverluste an den verschiedenen Oberflächen ergeben eine optimale Transmission von ca. 80 %. Da bei diesem Polarisatortyp als optisches Material nur Kalkspat verwendet wird, besitzen diese Polarisatoren sehr hohe Zerstörschwellen und lassen sich so auch in Hochleistungslasersystemen einsetzen.

> **Übungsfrage:**
> Überlegen Sie sich, ob man auch einen Polarisator bauen könnte, bei dem dieselbe Geometrie wie in Bild 4.81 verwendet wird, die optische Achse (senkrecht zur Richtung des einfallenden Strahls) aber parallel zur Zeichenebene steht. Könnte ein solcher Polarisator Vorteile besitzen?

Doppelbrechung zur Änderung des Polarisationszustandes von Licht. Die Unterschiede in den Brechungsindizes von ordentlichem und außerordentlichem Strahl erlauben es, definierte Phasenunterschiede zwischen senkrecht

4.6 Die Polarisation von Licht

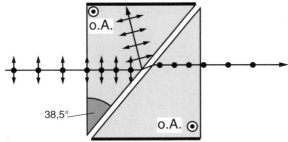

Bild 4.81: *Glan-Foucault-Polarisator. Beim Glan-Foucault-Polarisator beruht die polarisierende Wirkung darauf, dass der ordentliche Strahl Totalreflexion an der schräg stehenden Calcit-Luftgrenzfläche erfährt, während der außerordentliche Strahl mit geringem Reflexionsverlust transmittiert wird.*

zueinander polarisierten Lichtbündeln herzustellen und so den Polarisationszustand von Licht gezielt zu verändern. Man verwendet dazu parallele Platten, bei denen die optische Achse in der Plattenebene liegt (siehe Bild 4.82a). Bei Licht, das senkrecht auf die Platte einfällt, breiten sich ordentlicher und außerordentlicher Strahl parallel in der Platte aus. Jedoch wirken die unterschiedlichen Brechungsindizes n_o und n_ao. Für eine mechanische Plattendicke d bewirkt das Durchlaufen der Platte einen Unterschied des optischen Weges Δl bzw.

Phasenverschiebung in doppelbrechenden Medien zur Änderung des Polarisationszustandes

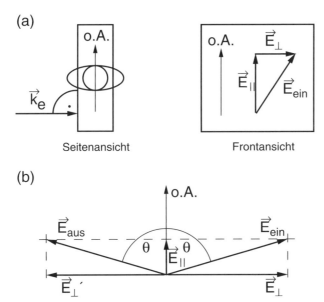

Bild 4.82: *Wirkungsweise einer $\lambda/2$-Platte. (a) Geometrie der Platte. (b) Der elektrische Feldvektor $\vec{E}_\text{ein}$ des Lichtes ist in Komponenten parallel und senkrecht zur optischen Achse aufzuspalten. Beim ausfallenden Feldvektor $\vec{E}_\text{aus}$ wird durch die Phasenverschiebung um π das umgekehrte Vorzeichen der Komponente $E_\perp$ auftreten. Damit erfolgt eine Drehung der Polarisationsebene um 2θ.*

eine Phasenverschiebung $\Delta\varphi$ zwischen ordentlichem und außerordentlichem Strahl:

$$\Delta l = d(n_{\mathrm{o}} - n_{\mathrm{ao}}) \qquad (4.142)$$

$$\Delta\varphi = k_{\mathrm{o}}d - k_{\mathrm{ao}}d = \frac{2\pi d}{\lambda}(n_{\mathrm{o}} - n_{\mathrm{ao}})$$

Zur Bestimmung des Polarisationszustandes des transmittierten Strahles müssen die Anfangspolarisation des Lichtes, die Orientierung der optischen Achse, der Unterschied des optischen Weges Δl der Platte und die Wellenlänge des Lichtes berücksichtigt werden. In der praktischen Anwendung verwendet man $\lambda/2$- und $\lambda/4$- Platten. Dabei sollte man berücksichtigen, dass die Bezeichnung $\lambda/2$- bzw. $\lambda/4$-Platte nichts über die mechanische Dicke der Platte aussagt, sondern nur den Unterschied des optischen Weges Δl bei einer speziellen auf der Platte anzugebenden Wellenlänge bezeichnet.

Wie dick ist eine $\lambda/2$-Platte?

Die Wirkungsweise einer $\lambda/2$-Platte. Bei einer $\lambda/2$-Platte ist die mechanische Dicke so gewählt, dass für eine spezielle Wellenlänge λ_0 eine Phasenverschiebung $\Delta\varphi$ von π oder $(2n+1)\pi$ zwischen ordentlichem und außerordentlichem Strahl eingeführt wird (Gl. (4.142)). Die Wirkung der $\lambda/2$-Platte auf linear polarisiertes Licht der Wellenlänge λ_0 ist wie folgt: Das elektrische Feld $\vec{E}$ des einfallenden Lichtes, das unter einem Winkel θ zur optischen Achse polarisiert ist, ist gemäß Bild 4.82 in Komponenten parallel und senkrecht zur optischen Achse des Kristalls aufzuspalten. Die Phasenverschiebung um $(2n+1)\pi$ können wir nun dadurch berücksichtigen, dass wir für eine Komponente, z.B. für $\vec{E}_\perp$, das Vorzeichen ändern. Damit erhalten wir eine Polarisationsrichtung des auslaufenden E-Feldes, die um den Winkel 2θ gegenüber der Polarisationsrichtung des einlaufenden Feldes gedreht wurde. Das auslaufende Feld ist aber wiederum linear polarisiert. Für einen Winkel $\theta = 45°$ zwischen einfallender Feldrichtung und optischer Achse wird die Polarisationsebene gerade um $90°$ gedreht. Fällt zirkularpolarisiertes Licht der Wellenlänge λ_0 auf die $\lambda/2$-Platte, so wird der Drehsinn des Lichtes verändert, z.B. wird aus linkszirkular polarisiertem Licht rechtszirkular polarisiertes Licht.

Die Wirkung einer $\lambda/4$-Platte. Bei einer $\lambda/4$-Platte ist die mechanische Dicke d gemäß Gl. (4.142) so einzustellen, dass für die gewünschte Wellenlänge λ_0 der Gangunterschied $\Delta l = n\lambda_0 \pm \lambda_0/4$ wird. Das heißt, es wird ein Phasenunterschied $\Delta\varphi$ von $\pi/2$ oder allgemein $(n \pm 1/2)\pi$ zwischen ordentlichem und außerordentlichem Strahl eingeführt. Eine $\lambda/4$-Platte wandelt Licht, das (linear) unter dem Winkel $\theta = 45°$ zur optischen Achse polarisiert ist, in zirkular polarisiertes Licht um. Wird der Winkel von $\theta = 45°$ nicht eingehalten, so erhält man elliptisch polarisiertes Licht. Eingestrahltes, zirkular polarisiertes Licht der Wellenlänge λ_0 wird durch die $\lambda/4$-Platte in linear polarisiertes Licht umgewandelt. Dabei liegt die Polarisationsrichtung unter einem Winkel von $45°$ zur optischen Achse des Kristalls.

4.6 Die Polarisation von Licht

Durch eine geeignete Kombination von $\lambda/4$-Platte und Linearpolarisator lässt sich der Polarisationszustand von beliebig polarisiertem Licht bestimmen. Bezüglich der Details der dabei notwendigen Vorgehensweise sei auf die Spezialliteratur verwiesen.

4.6.5 Induzierte Doppelbrechung

Bei der Diskussion der verschiedenen Typen von Polarisatoren hatten wir erwähnt, dass zur Diskriminierung einer Polarisationsrichtung im Medium eine optische Asymmetrie vorhanden sein muss. Für technische Anwendungen ist es nun bedeutend, dass diese Asymmetrie auch durch äußere Kräfte und Felder erzeugt werden kann und man somit die optischen Eigenschaften eines Mediums extern steuern kann. Von den vielen Möglichkeiten, den Polarisationszustand durch äußere Felder zu steuern, werden wir hier nur die induzierte Doppelbrechung durch mechanische Kräfte (Spannungsdoppelbrechung) und durch elektrische Felder (Kerr-Effekt, Pockels-Effekt) ansprechen.

Externe Steuerung der Polarisation

Der Kerr-Effekt. Wir betrachten ein optisch isotropes Medium, z.B. eine Flüssigkeit, in der Moleküle mit länglicher Form, d.h. mit anisotroper molekularer Polarisierbarkeit $\vec{\alpha}$ vorliegen (siehe Bild 4.83). Ohne äußeres Feld sind die Moleküle nicht ausgerichtet, d.h., es gibt keine makroskopische Vorzugsrichtung und das Medium ist optisch isotrop. Legt man nun ein elektrisches Feld $\vec{E}_K$ an, so induziert es in den einzelnen Molekülen ein Dipolmoment $\vec{\mu} = \varepsilon_0 \vec{\alpha} \vec{E}_K$, dessen Richtung durch die Molekülachse bestimmt ist. Da dieses Dipolmoment im Allgemeinen einen Winkel γ mit dem äußeren Feld einschließt, wirkt nun auf den Dipol, d.h. auf das Molekül, ein Drehmoment $\vec{M} = \vec{\mu} \times \vec{E}_K$, das dazu führt, dass die Moleküle zunehmend parallel zum elektrischen Feld ausgerichtet werden. Die Größe des ausrichtenden Drehmoments hängt dabei quadratisch vom anliegenden Feld E_K und linear von $\sin \gamma$ ab:

Kerr-Effekt: Doppelbrechung, induziert durch die Ausrichtung von Molekülen in einem elektrischen Feld

$$|M| = \varepsilon_0 \alpha E_K^2 \sin \gamma \tag{4.143}$$

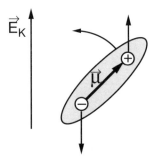

Bild 4.83: Mikroskopischer Hintergrund des Kerr-Effektes. In nicht kugelsymmetrischen (z.B. länglichen) Molekülen kann durch ein elektrisches Feld $\vec{E}_K$ ein Dipolmoment $\vec{\mu}$ induziert werden, das zur Ausrichtung des Moleküls längs der $\vec{E}_K$-Richtung beiträgt. Dadurch wird eine Doppelbrechung – der Kerr-Effekt – im Medium induziert.

Die thermische Bewegung in der Flüssigkeit wirkt einer perfekten Ausrichtung der Moleküle entgegen. Jedoch führt bereits die verbleibende, teilweise Ausrichtung der Moleküle zu einer Doppelbrechung des Mediums. Man erhält eine optische Achse, die parallel zu $\vec{E}_K$ gerichtet ist. Licht, dessen $\vec{E}$-Vektor parallel zum Feld $\vec{E}_K$ zeigt, besitzt einen anderen Brechungsindex $n_\parallel = n_{ao}$ als das Licht, das senkrecht zu $\vec{E}_K$ polarisiert ist. Der entsprechende Brechungsindexunterschied wird gemäß Gl. (4.143) quadratisch vom anliegenden Feld abhängen:

$$\Delta n = n_\parallel - n_\perp = n_{ao} - n_o = K \lambda E_K^2 \qquad (4.144)$$

Dabei berücksichtigt die temperatur- und wellenlängenabhängige Kerr-Konstante K die molekularen Eigenschaften des Mediums. K wird besonders groß, wenn das Molekül eine ausgeprägte Vorzugsrichtung aufweist. Die Kerr-Konstanten einiger Flüssigkeiten sind in Tabelle 4.2 zusammengefasst.

Tabelle 4.2: *Kerrkonstanten K einzelner Flüssigkeiten bei $20°$ C und $\lambda_0 = 589\,nm$*

Substanz	$K\left[\dfrac{m}{Volt^2}\right]$
Benzol	$0.67 \cdot 10^{-14}$
Schwefelkohlenstoff	$3.59 \cdot 10^{-14}$
Wasser	$5.23 \cdot 10^{-14}$
Nitrobenzol	$245 \cdot 10^{-14}$

Ein kurzes Zahlenbeispiel soll die Größe des Brechungsindexunterschiedes demonstrieren. Für Nitrobenzol erhalten wir bei einer Feldstärke von 10^6 V/m (z.B. bei einer Geometrie, in der der Plattenabstand 1 cm, die Spannung 10 000 Volt beträgt) ein Δn von $\Delta n = K\lambda E^2 = 245 \cdot 10^{-14} \cdot 589 \cdot 10^{-9} \cdot 10^{12} = 1.44 \cdot 10^{-6}$. Dieser Brechungsindexunterschied ist sehr klein, er erlaubt aber bei entsprechend großer Schichtdicke d die Polarisation des Lichtes zu drehen. Für einen Gangunterschied von $\lambda/2$ benötigen wir $d = \lambda/2 \cdot 1/\Delta n \approx 20$ cm. Für die praktische Anwendung verwendet man einen Aufbau wie er in Bild 4.84 gezeichnet ist. In einer Flüssigkeitszelle (Kerrzelle) werden zwei Elektroden angebracht, über die eine Spannnung U_k aufgebaut wird. Durch einen Polarisator wird dafür gesorgt, dass nur Licht, das unter $45°$ zur Feldrichtung $\vec{E}_k$ polarisiert ist, auf die Kerrzelle fällt. Durch einen Analysator geeigneter Orientierung verlässt das Licht die Anordnung. Durch Änderung der angelegten Spannung lässt sich dann die Transmission der Kerrzelle steuern. Da die Brechungsindexunterschiede sehr schnell der angelegten Spannung folgen, lassen sich somit optische Modulatoren höchster Geschwindigkeit herstellen. In Flüssigkeiten ist die theoretische Grenze der Modulationsgeschwindigkeit durch die Orientierungsrelaxationszeit der Moleküle bestimmt. Für Schwefelkohlenstoff CS_2 liegt diese Zeit bei $1.8 \cdot 10^{-12}$ s, bei Nitrobenzol bei etwa $30 \cdot 10^{-12}$ s und sollte Modulationsfrequenzen bis zu vielen Gigahertz erlauben. Die für diese hohe Modulationsgeschwindigkeit benötigten schnellen Hochspannungsänderungen lassen sich jedoch elektronisch nicht realisieren. Man kann aber

4.6 Die Polarisation von Licht   243

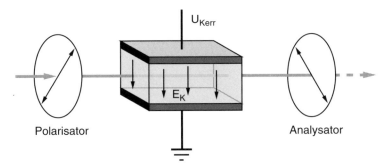

Bild 4.84: *Aufbau eines optischen Modulators mit Hilfe einer Kerrzelle. Mit einer Kerrzelle und zwei gekreuzten Polarisatoren lässt sich ein optischer Modulator aufbauen, bei dem mit Hilfe der Steuerspannung U_{Kerr} die Transmission moduliert werden kann. Wichtig für die Funktion des Modulators ist, dass die Durchlassrichtungen der Polarisatoren nicht senkrecht bzw. parallel zum Feld $\vec{E}_K$ liegen, sondern um ca. $45°$ dazu ausgerichtet sind.*

das modulierende Feld $\vec{E}_k$ in Gl. (4.124) auch durch Licht erzeugen. Mit kurzen Lichtimpulsen hoher Intensität (siehe Gl. (2.19)) kann man die geeignet hohen Werte von $\vec{E}_k$ zur Verfügung stellen und so einen schnellen, lichtgesteuerten, optischen Schalter aufbauen. In diesem Falle spricht man dann von einem optischen Kerr-Effekt. Bild 4.85 zeigt den dazu verwendeten Aufbau: Eine Zelle mit Schwefelkohlenstoff befindet sich zwischen zwei gekreuzten Polarisatoren. Durch einen unter $45°$ zur Durchlassrichtung von P_1 polarisierten Steuerlichtimpuls wird in der Schaltzelle für die Dauer des Lichtimpulses (über den optischen Kerr-Effekt) ein Brechungsindexunterschied induziert, der nur für diese Dauer das Messlicht durch den Aufbau transmittieren lässt. Experimentell sind (mit CS_2 als Kerr-Flüssigkeit) damit Schaltzeiten bis herab zu wenigen Pikosekunden realisiert worden. Für noch kürzere Schaltzeiten geht man zu isotropen Festkörpern (z.B. Quarzglas) über. Dabei nützt man den Effekt, dass eine hohe Lichtfeldstärke die Elektronenhülle von Atomen verzerrt und so zu einem schwachen Kerr-Effekt führt. In einem solchen Aufbau

Optischer Kerr-Effekt – optischer Schalter im Piko- und Femtosekundenbereich

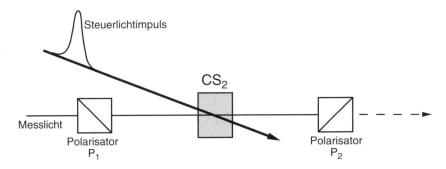

Bild 4.85: *Ultraschneller Lichtmodulator mit Hilfe des optischen Kerr-Effektes.*

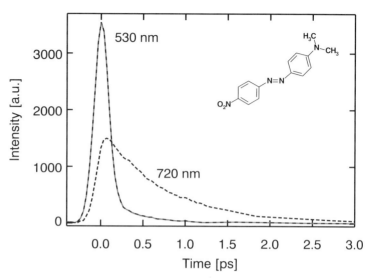

Bild 4.86: *Einsatz eines Kerr-Schalters für die Messung der Fluoreszenz eines Azobenzolmoleküls nach Anregung mit einem kurzen Lichtimpuls bei 400 nm. Im kurzwelligen Bereich beobachtet man einen Abfall der Fluoreszenzemission mit einer Zeitkonstanten von 100 fs, im langwelligen tritt die Fluoreszenz verzögert auf und klingt langsam (Zeitkonstante 800 fs) ab. Der verwendete Kerr-Schalter erlaubt Messungen von Fluoreszenzabklingzeiten von unter 100 fs (Bild: B. Schmidt, S. Laimgruber, P. Gilch, W. Zinth)*

konnten Schaltzeiten von unter 10^{-13} s realisert werden. Ein Beispiel für den Einsatz eines ultraschnellen Kerr-Schalters ist in Bild 4.86 gezeigt.

Magnetfeld-induzierte Polarisationsdrehungen

In Analogie zum Kerr-Effekt, bei dem eine quadratische Abhängigkeit des Brechungsindexunterschiedes von der anliegenden elektrischen Feldstärke auftritt, gibt es auch beim Anlegen eines transversalen, magnetischen Feldes eine induzierte Doppelbrechung. Auch bei diesem „Cotton-Mouton-Effekt" tritt eine quadratische Abhängigkeit der Brechungsindexänderung von der anliegenden Magnetfeldstärke auf. In Kristallen, die keine Punktsymmetrie aufweisen, kann man einen linearen elektrooptischen Effekt, den Pockelseffekt, beobachten. Hier wird durch das elektrische Feld eine Doppelbrechung induziert, die linear von der angelegten Feldstärke abhängig ist. In bestimmten Materialien, z.B. in Kaliumdihydrogenphosphat, sind die den Pockelseffekt bestimmenden Materialkonstanten so groß, dass man damit kompakte Lichtmodulatoren (Länge ≈ 5 cm) aufbauen kann, zu deren Steuerung relativ niedrige Steuerspannungen von unter 100 Volt ausreichen. Für Anwendungen in der Glasfaserdatenübertragung lassen sich Pockelszellen so weit miniaturisieren, dass sie auf einem Chip aus doppelbrechendem Material ($LiNbO_3$) als Wellenleiter integriert werden können. Bei Querdimensionen von wenigen μm kann dann Lichtmodulation bereits bei geringen Steuerspannungen erfolgen. Auch im Pockelseffekt ist die Schaltgeschwindigkeit sehr hoch. Sie ist in der Regel von der Geschwindigkeit der Spannungsversorgung und der Elektrodenanordnung am Kristall bestimmt.

4.6 Die Polarisation von Licht

Flüssigkristallanzeigen, LCD-Display. Flüssigkristalle enthalten sehr langgestreckte Moleküle, deren Anordnung das Verhalten dieser Flüssigkeiten stark beeinflusst. Die Eigenschaften hängen dabei von äußeren Bedingungen wie z. B. der Temperatur ab. Zum einen können die Moleküle als ungeordnete Flüssigkeit mit optisch isotropen Eigenschaften vorliegen, andererseits auch in geordneten (kristallinen) Formen, bei denen Moleküle parallel zueinander liegen und die Flüssigkeit Doppelbrechung zeigt. Von speziellem Interesse sind dabei Moleküle, bei denen die Ausrichtung und damit die Doppelbrechung durch Anlegen einer elektrischen Spannung gesteuert werden kann. Sind die Moleküle in der Flüssigkeit geeignet vorausgerichtet (dies kann durch Strukturieren der Oberfläche der Flüssigkeitszelle durch gerichtetes Polieren erreicht werden), so kann die Doppelbrechung bereits ohne äußere Spannung mit definierter Vorzugsrichtung auftreten. Diese Doppelbrechung kann durch Anlegen einer elektrischen Spannung verändert werden. Die Möglichkeiten der organischen Chemie erlauben es, durch Synthese von Molekülen mit sehr unterschiedlichen Eigenschaften Flüssigkristallmoleküle für die verschiedensten Anwendungsmöglichkeiten herzustellen. In der einfachen schematischen Form einer Flüssigkristallanzeige (LCD: liquid crystal display), die in Abb. 4.87 skizziert ist, liegt die Flüssigkristallschicht zwischen mehreren Glas- oder Kunststoffplatten. Außen sind zwei Folienpolarisatoren angeordnet. Es folgen Platten mit dünnen Elektroden, die für Licht transparent sind. Als Leiter sind hier dünne Schichten aus Indium-Zinn-Dioxyd (ITO) aufgebracht. Diese Elektroden werden so geformt, dass sie das gewünschte Bildelement (z. B. quadratische Pixel, Ziffernsegmente, ...) einzeln elektronisch ansteuern lassen. Direkt in Kontakt mit der Oberfläche der dünnen Flüssigkristallschicht sind die strukturierten Polymerfolien. Durch die Spannung an den Elektroden wird der Unterschied des Brechungsindex für ordentlich und außerordentlich polarisier-

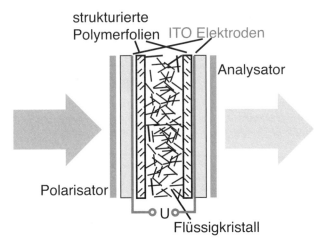

Bild 4.87: *LCD-Display. Anlegen einer Spannung U verändert die Ausrichtung von langgestreckten Molekülen in einem Flüssigkristall und damit die Transmission von Licht durch die gesamte Anordnung.*

tes Licht verändert; so kann die Transmission der Anordnung gesteuert werden. Dabei reichen Steuerspannungen im Bereich von wenigen Volt aus.

Spannungsdoppelbrechung. Liegen die Moleküle als durchsichtige Festkörper vor, so kann eine mechanische Krafteinwirkung auf den Festkörper zu einer Ausrichtung der Moleküle oder zu einer Verzerrung der Elektronenhüllen führen und somit Doppelbrechung induzieren. Diese Doppelbrechung kann dann durch Beobachtung des Gegenstandes zwischen gekreuzten Polarisatoren sichtbar gemacht werden (Bild 4.88). Auf diese Weise lassen sich die Ansatzpunkte von Kräften und der Verlauf von mechanischen Spannungen in einem Körper experimentell bestimmen. Diese Art der Untersuchung ist von Bedeutung bei der Entwicklung von Werkzeugen. Hier wird anhand von transparenten Modellen der Verlauf der mechanischen Spannung für verschiedene Belastungszustände festgestellt. Die Spannungsdoppelbrechung kann jedoch auch zu erheblichen experimentellen Schwierigkeiten führen, wenn in optischen Aufbauten mit polarisiertem Licht gemessen werden soll. Auch in optischen Gläsern wird durch mechanische Spannung Doppelbrechung induziert. Diese mechanischen Spannungen kommen dabei zum einen von einer ungeeigneten Aufstellung und Fassung der Glaskomponenten, sie werden aber auch bereits bei der Glasherstellung (insbesondere beim Abkühlen des Glases) und bei der Bearbeitung (Schneiden und Schleifen) im Glas induziert und können stabil über Jahre hinaus erhalten bleiben. Für hohe experimentelle Anforderungen verwendet man deshalb spezielle Quarzgläser, die in einer genau definierten Abkühlprozedur hergestellt wurden.

Spannungsdoppelbrechung – einfach realisierbare Materialprüfung

 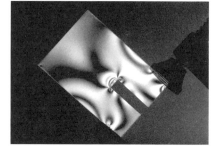

Bild 4.88: *Spannungsdoppelbrechung. Auf einen Probekörper aus Plexiglas wird durch eine Schraubzwinge Kraft ausgeübt. Die beiden Aufnahmen unterscheiden sich durch eine unterschiedliche Orientierung des verwendeten Analysators.*

4.6.6 Optische Aktivität und Faraday-Effekt

Optische Aktivität – zirkulare Doppelbrechung

In den bisher diskutierten Fällen war die polarisationsselektive Wirkung des Mediums auf das Licht mit einer Asymmetrie verknüpft, die eine Vorzugsrichtung des Mediums definierte: Beim Dichroismus oder bei der Doppelbrechung erforderte diese Vorzugsrichtung, dass der Vektor des elektrischen Feldes in linearpolarisierte Komponenten zu zerlegen war, für die unterschiedliche Brechungsindizes existierten. Eine Drehung der Polarisationsebene von linear

4.6 Die Polarisation von Licht

polarisiertem Licht trat dabei nur für ganz bestimmte Kristallgeometrien und Ausbreitungslängen auf. Mit der optischen Aktivität existiert nun ein Effekt, der darauf beruht, dass die Brechungsindizes für links- und rechtszirkular polarisiertes Licht unterschiedlich groß sind (zirkulare Doppelbrechung). Dies führt dazu, dass die Polarisationsrichtung von linear polarisiertem Licht mit zunehmender Schichtdicke des Mediums kontinuierlich gedreht wird. Für ein Medium mit einem Unterschied des Brechungsindex $\Delta n = (n_L - n_R)$ und einer Schichtdicke d berechnet man den Rotationswinkel β der Polarisationsrichtung zu:

$$\boxed{\beta = \frac{\pi d}{\lambda}(n_L - n_R)} \quad \text{Drehung der Polarisationsrichtung bei optischer Aktivität} \quad (4.145)$$

Bei der Ableitung dieser Beziehung zerlegt man zuerst das linear polarisierte Licht in je eine links- und rechtszirkular polarisierte Welle. Mit Hilfe der Additionstheoreme für Sinus und Kosinus, die auf die x- und y-Komponenten des Feldes angewendet werden, erhält man dann Gl. (4.145). Dabei führt ein Winkel $\beta > 0$ zu einer Drehung der Polarisationsrichtung im Uhrzeigersinn (wenn man auf die Quelle zurückblickt). Substanzen mit $\beta > 0$, d.h. $n_L > n_R$, nennt man rechtsdrehend, Substanzen mit $n_L < n_R$ dementsprechend linksdrehend. Bemerkenswert ist, dass die optische Aktivität in makroskopisch isotropen Medien, wie z.B. in Flüssigkeiten, auftreten kann. Als Beispiel seien dazu Zucker oder Milchsäurelösungen angeführt. Eine Grundvoraussetzung für die optische Aktivität ist jedoch, dass die Substanz aus mikroskopischen Einheiten (Molekülen oder Molekülketten) zusammengesetzt ist, die kein Inversionszentrum besitzen. Zum Beispiel können Kohlenstoffverbindungen, bei denen verschiedene Liganden der Kohlenstoffatome vorliegen, optisch aktiv sein. Als extremen Fall wollen wir schraubenförmige Moleküle diskutieren. Eine Substanz, deren Moleküle vornehmlich in einem Schraubensinn, z.B. als Linksschraube, vorliegen, wird zirkulare Doppelbrechung $n_R \neq n_L$ aufweisen. Da der Drehsinn der Schraube unabhängig von ihrer Orientierung im Raum ist, tritt dieser Effekt auch bei räumlich isotroper Verteilung der molekularen Schrauben auf. Eine mikroskopische Erklärung der optischen Aktivität erfordert eine umfangreiche mathematische Ableitung, bei der räumliche Dispersionseffekte zu berücksichtigen sind. Qualitativ kann man sich vorstellen, dass bei einem schraubenförmigen Molekül, das in z-Richtung orientiert sei, die dielektrische Polarisation $\vec{P}$ an der Stelle $z + \Delta z$ anders gerichtet ist als die am Ort z. Das heißt, auch die dielektrische Polarisation nimmt gemäß der Geometrie des Schraubenmoleküls einen schraubenförmigen Verlauf an. Die Absolutgröße der dielektrischen Polarisation und damit der Brechungsindex werden dann davon beeinflusst sein, ob der Schraubensinn des Moleküls mit dem des Lichtes übereinstimmt oder nicht. Mit einem anderen qualitativen Bild lässt sich die Drehung der Polarisationsrichtung direkt verstehen (siehe Bild 4.89). Wir betrachten willkürlich den Fall, dass sich eine in x-Richtung linear polarisierte Welle $E = E_0$ in z-Richtung ausbreite. Schraubenförmige Moleküle seien mit der Schraubenachse parallel zu E ausgerichtet. Unabhän-

Beachte: Der Drehsinn einer Schraube ist unabhängig von der Beobachtungsrichtung

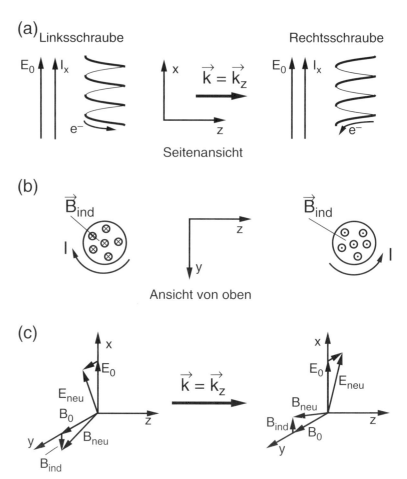

Bild 4.89: *Optische Aktivität. Erklärung der Drehung der Polarisationsebene von linearpolarisiertem Licht durch schraubenförmige Moleküle.*

gig vom Drehsinn der Schraube wird das elektrische Feld einen Strom I_x in x-Richtung induzieren. Da dieser Strom von einem schraubenförmigen Molekül geleitet wird, ist der Strom in x-Richtung mit Stromkomponenten in y- und z-Richtung verknüpft. Entsprechend beobachtet man bei Blickrichtung längs der Schraubenachse (Bild 4.89b) einen Kreisstrom in der y-z-Ebene, dessen Umlaufsinn vom Drehsinn des Schraubenmoleküls abhängt. Diese Kreisströme induzieren Magnetfelder B_{ind}, die je nach Drehsinn der Schraube in bzw. gegen die x-Richtung deuten. Das Magnetfeld wird durch die Wirkung der Moleküle verändert werden. Da B_{ind} klein gegenüber B_0 ist, beobachtet man im Wesentlichen nur eine Drehung der Richtung des Magnetfeldvektors. Die Drehrichtung hängt dabei vom Schraubensinn der Moleküle ab. Über die Beziehung $\vec{B} \perp \vec{E}$ erfolgt eine simultane Drehung der Polarisationsrichtung des elektrischen Feldes (siehe Bild 4.89c).

4.6 Die Polarisation von Licht

Anwendungen der optischen Aktivität liegen in Fällen, in denen mit einfachen Mitteln die mikroskopische Symmetrie von Molekülen einer Lösung bestimmt werden soll. Besitzt die Substanz (Lösung) optische Aktivität, so deutet dies auf eine fehlende Inversionssymmetrie der Moleküle hin. Bei Molekülen, die bei gleicher Stöchiometrie mit unterschiedlicher Händigkeit (Schraubensinn) vorkommen können, lässt sich bei bekannter Gesamtkonzentration das Verhältnis von links- zu rechtsdrehenden Molekülen bestimmen. Umgekehrt kann man bei bekannter Zusammensetzung die Konzentration einer Lösung bestimmen, da der Brechungsindexunterschied $n_L - n_R$ konzentrationsabhängig ist. Diese „Polarimetrie" ist ein gängiges Verfahren zur schnellen Bestimmung der Konzentration von Zuckerlösungen. Man verwendet dabei in Lösungen im Allgemeinen die folgende Beziehung für den Drehwinkel β:

Polarimetrie – Drehung der Polarisationsrichtung zur Konzentrationsbestimmung

$$\beta = \beta_0 d[c]$$

Als Konvention ist β_0 der spezifische Drehwinkel der Substanz für die gelbe Natriumlinie bei $\lambda = 589.3$ nm. β_0 wird bezogen auf eine Schichttiefe von 100 mm. Die Konzentration $[c]$ ist in Einheiten von g/cm^3 anzugeben. Für reine feste Substanzen verwendet man $\beta = \beta_0 d$ und gibt β_0 in Einheiten von Grad/mm an. Tabellen 4.3 und 4.4 geben einige Zahlenwerte für optisch aktive Substanzen.

Neben der zirkularen Doppelbrechung soll der entsprechende absorptive Prozess nicht vergessen werden. Dieser Zirkulardichroismus, d.h. die unterschiedliche Absorption von links- und rechtszirkular polarisiertem Licht, ist ein gängiges Phänomen, das in der Molekülphysik bei Molekülen und Molekülaggregaten mit ausgedehnten Elektronensystemen auftritt.

In Substanzen, die von Natur aus keine optische Aktivität aufweisen, kann die optische Aktivität durch Anlegen eines Magnetfeldes parallel zur Strahlausbreitungsrichtung induziert werden. Bei diesem Effekt, dem Faraday-Effekt,

Faraday-Effekt: vom Magnetfeld induzierte optische Aktivität

Tabelle 4.3: *Spezifisches Drehvermögen β_0 bei 589.3 nm für wässrige Lösungen bezogen auf $[c] = 1$ g/cm^3*

	β_0
Rohrzucker	+66.5 Grad/100 mm
Traubenzucker	+91.90 Grad/100 mm
Fruchtzucker	−91.90 Grad/100 mm

Tabelle 4.4: *Spezifisches Drehvermögen für Festkörper*

	β_0
Quarz parallel zur optischen Achse	21.7 Grad/mm
NaClO$_3$	3.13 Grad/mm

Faraday-Isolator: eine optische Einbahnstraße

ist der Drehwinkel β der Polarisationsebene proportional zur magnetischen Feldstärke B:

$$\beta = vBd \tag{4.146}$$

Dabei ist d die Schichtdicke, B das Magnetfeld in Richtung des Wellenvektors und v die Verdet-Konstante. In Wasser liegt die Verdet-Konstante bei $v = 216$ Grad/(T m).

Nach Gl. (4.146) kehrt sich der Drehwinkel um, wenn man die Ausbreitungsrichtung des Lichtes umkehrt. Dieses Phänomen tritt nicht im Falle der natürlichen optischen Aktivität auf. Hier ist der Drehwinkel unabhängig von der Ausbreitungsrichtung. Diese Richtungsabhängigkeit des Drehwinkels erlaubt es, mit Hilfe des Faraday-Effektes eine optische Diode zu konstruieren. Dies ist in Bild 4.90 skizziert. Licht fällt dabei von links auf einen senkrecht eingestellten Linearpolarisator P_1, bevor es das Faraday-Medium F durchläuft. Durch den Faraday-Effekt werde seine Polarisationsebene um $45°$ (im Uhrzeigersinn bei Blickrichtung zur Quelle) rotiert. Die Lage der Polarisationsebene ist in Bild 4.90b für den Lichteinfall von links angegeben. Der zweite Linearpolarisator sei gerade so eingestellt, dass er das Licht ungeschwächt transmittieren lässt. Fällt nun Licht von rechts auf die Anordnung (Bild 4.90c), so wird es durch P_2 polarisiert, bevor es auf das Faraday-Medium fällt. Da das

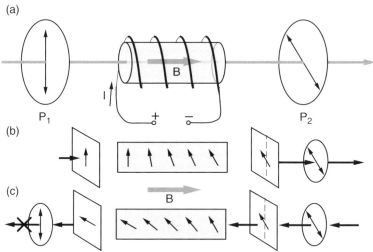

Bild 4.90: *Realisierung einer optischen Diode mit Hilfe des Faraday-Effektes. Durch Kombination von zwei Polarisatoren und einem Faraday-Rotator lässt sich eine optische Diode aufbauen. Die Polarisation von Licht, das von links auf die optische Diode fällt, wird durch den Faraday-Rotator um 45 % im Uhrzeigersinn gedreht und durchläuft ungeschwächt den Polarisator P_2. Demgegenüber wird die Polarisation von Licht, das von rechts einfällt, im Gegenuhrzeigersinn rotiert; dieses Licht wird durch den Polarisator P_1 unterdrückt.*

Licht nun gegen das Magnetfeld das Medium durchläuft, erfährt es eine Drehung gegen den Uhrzeigersinn (Blickrichtung nach rechts) um 45° und trifft waagrecht polarisiert auf den Polarisator P_1, wo es unterdrückt wird. Die vorgestellte Anordnung wirkt also in der Tat wie eine optische Diode, die Licht nur in eine Richtung transmittieren lässt.

4.7 Nichtlineare Optik

Nichtlineare Optik – ein modernes Gebiet mit unerwarteten Anwendungen

In unserer bisherigen Behandlung der Optik hatten wir angenommen, dass ein linearer Zusammenhang zwischen dem elektrischen Feld $\vec{E}$ und der davon im Medium induzierten Polarisation $\vec{P}$ existiert. So hatten wir in unserer Ableitung der Dielektrizitätskonstante im Abschnitt 2.2.1 unter Gleichung (2.41) für $\vec{P}$ folgende Beziehung erhalten: $\vec{P}(t) = \varepsilon_0(\varepsilon(\omega) - 1)\vec{E}$. Dabei war $\varepsilon(\omega)$ eine frequenzabhängige Größe, die nicht von der Feldstärke $\vec{E}$ abhing. Obige Gleichung wollen wir nun unter Einführung der elektrischen Suszeptibilität χ neu schreiben:

$$\vec{P} = \varepsilon_0 \chi \vec{E} \quad \text{mit } \chi = (\varepsilon(\omega) - 1) \tag{4.147}$$

Diese Beziehung ergibt einen linearen Zusammenhang zwischen der Polarisation und dem elektrischen Feld. Erhöhen wir nun die Feldstärke, so steigt die Polarisation an. Bei sehr großen Werten von E müssen wir aber davon ausgehen, dass die Polarisation nicht beliebig weiter anwachsen kann. So können z.B. bei der Orientierung von molekularen Dipolen höchstens alle Dipole längs der Feldlinien ausgerichtet sein, ein weiterer Anstieg dieser Orientierungspolarisation ist dann nicht mehr möglich. Dieser Sättigungsvorgang zeigt uns, dass die Suszeptibilität selbst wiederum eine Funktion der Feldstärke sein muss. Als einfachsten Ansatz verwenden wir nun einen Potenzreihenansatz mit:

Potenzreihenansatz für die Polarisation

$$\boxed{\begin{aligned} P &= \varepsilon_0(\chi_1 E + \chi_2 EE + \chi_3 EEE + \ldots) \\ &= P_{\text{lin}} + \varepsilon_0(\chi_2 EE + \chi_3 EEE + \ldots) \\ &= P_{\text{lin}} + P_{\text{NL}} \end{aligned}} \tag{4.148}$$

Feldabhängigkeit der Polarisation

Im Allgemeinen sind dabei die höheren Terme $\chi_2, \chi_3, \ldots$ so klein, dass ihr Beitrag erst bei sehr hohen Feldstärken wichtig wird. Diese hohen Feldstärken werden im Experiment normalerweise nur mit leistungsfähigen Lasern erreicht. Bei einer korrekten Behandlung des Vektorcharakters von $\vec{P}$ und $\vec{E}$ müssen die Suszeptibilitäten χ_i als Tensoren der Ordnung $(i + 1)$ geschrieben werden. Für die qualitative Behandlung in diesem Kapitel wollen wir dies aber nicht explizit ausführen. Die Auswirkung der Nichtlinearitäten kann man vereinfacht diskutieren, wenn man den Ansatz ebener Wellen

$E = 1/2 E_0 \exp(\mathrm{i}\omega t) + \text{c.c.}^2$ bei der Berechnung der Polarisation verwendet:

$$P = \varepsilon_0 \chi_1 E_0 \cos(\omega t) + 1/2\, \varepsilon_0 \chi_2 E_0^2 [1 + \cos(2\omega t)]$$
$$+ 1/4\, \varepsilon_0 \chi_3 E_0^3 [3\cos(\omega t) + \cos(3\omega t)] + \cdots$$

Man sieht daraus, dass die Nichtlinearitäten dazu führen, dass die Polarisation mit verschiedenen Frequenzen schwingen kann: χ_2 verursacht zunächst einen zeitlich konstanten Anteil der Polarisation. Dies entspricht einer optischen Gleichrichtung des Feldes. Außerdem bewirkt χ_2 einen Term, der mit der doppelten Frequenz 2ω schwingt. χ_3 ergibt unter anderem eine mit der dreifachen Frequenz schwingende Polarisation. Die explizite Behandlung der Abstrahlung von Licht aus einem nichtlinearen Medium erfordert den Einsatz der Maxwell-Gleichungen. Dazu setzt man nun $\vec{D} = \vec{P} + \varepsilon_0 \vec{E}$ in die Maxwellsche Wellengleichung (2.7) ein und erhält für den eindimensionalen Fall:

$$\boxed{\frac{\partial^2 \vec{E}}{\partial z^2} - (\chi_1 + 1)\varepsilon_0 \mu_0 \frac{\partial^2 \vec{E}}{\partial t^2} = \mu_0 \frac{\partial^2 \vec{P}_{\mathrm{NL}}}{\partial t^2}} \qquad (4.149)$$

Nichtlineare Wellengleichung

Dabei ersetzt $(\chi_1 + 1) = n_0^2$ das Quadrat des Brechungsindex n_0 bei kleinen Lichtintensitäten. In der Wellengleichung tritt nun auf der rechten Seite ein zusätzlicher Term auf, der zu Effekten führen kann, die in der normalen linearen Optik nicht auftreten.

4.7.1 Mit der nichtlinearen Suszeptibilität zweiter Ordnung verknüpfte Phänomene*

Die Wirkung der nichtlinearen Polarisation P_{NL} in der Wellengleichung (4.149) kann man am besten einsehen, wenn man ein Medium verwendet, bei dem nur die niedrigste Ordnung der Nichtlinearität, also die Größe χ_2, zu berücksichtigen ist: Ist die Feldstärke E noch klein, so können wir P_{NL} zunächst vernachlässigen und erhalten eine ungestörte Ausbreitung des Lichtfeldes $E = 1/2 E_0 \exp(\mathrm{i}\omega t - \mathrm{i}kz) + \text{c.c.}$ gemäß seiner Dispersionsrelation mit dem Brechungsindex $n_0 = \sqrt{\chi_1 + 1}$. Erhöht man nun die Feldstärke, so wird auch der Term $\mu_0 \partial^2 \vec{P}_{\mathrm{NL}}/\partial t^2$ zu berücksichtigen sein. Nehmen wir an, dass die Einhüllende des Feldes E_0 nur langsam veränderlich ist, so ergibt sich:

$$\mu_0 \frac{\partial^2 \vec{P}_{\mathrm{NL}}}{\partial t^2} = \varepsilon_0 \mu_0 \chi_2 \omega^2 E_0^2 [\exp(\mathrm{i}2\omega t - \mathrm{i}2kz) + \text{c.c.}] \qquad (4.150)$$

Frequenzverdopplung – Erzeugung der zweiten Harmonischen

Somit steht auf der rechten Seite von Gleichung (4.149) ein Term, der mit der Frequenz 2ω oszilliert. Dieser Term ist für die Erzeugung von Licht bei der doppelten Frequenz (Oberwellenerzeugung) verantwortlich. Im Photonenbild

---

[2] c.c. bezeichnet hier wieder das Komplex Konjugierte des vorstehenden Ausdrucks

4.7 Nichtlineare Optik

wird also aus zwei Photonen der Frequenz ω ein Photon der Frequenz 2ω erzeugt. Strahlt man in das nichtlineare Medium mehr als ein elektrisches Feld ein, z.B. zwei Felder bei den Frequenzen ω_1 und ω_2, so führt die Nichtlinearität des Mediums nicht nur zur Erzeugung der zweiten Harmonischen $2\omega_1$ und $2\omega_2$, sondern auch zur Bildung von Feldern bei der Summenfrequenz $\omega_1 + \omega_2$ und der Differenzfrequenz $|\omega_1 - \omega_2|$. Welche dieser neuen Komponenten in den nichtlinearen Medien im jeweiligen Spezialfall mit hoher Effizienz entsteht, hängt von den Phasenanpassungsbedingungen ab. Dies ist wie folgt zu verstehen: Die einfallende Welle bei der Frequenz ω läuft mit ihrer Phasengeschwindigkeit $v_{\text{ph}}(\omega) = c/n(\omega)$ durch das Medium und erzeugt überall Licht bei der zweiten Harmonischen 2ω. Das Licht bei der zweiten Harmonischen besitzt nun eine andere Phasengeschwindigkeit $v_{\text{ph}}(2\omega) = c/n(2\omega)$. Licht bei 2ω, das am Anfang des Mediums erzeugt wurde, wird zunächst konstruktiv mit dem weiter innen im Kristall erzeugten Licht interferieren und so die Gesamtintensität bei 2ω steigern. Nach einer bestimmten Wegstrecke l_c wird jedoch die Lichterzeugung gerade gegenphasig erfolgen und die Intensität der zweiten Harmonischen abbauen. Als Funktion des durchlaufenen Weges z im Medium variiert die Lichtintensität wie folgt:

$$I_{2\omega}(z) \propto \frac{\sin^2[2\pi(n(\omega) - n(2\omega))z/\lambda_0]}{[n(\omega) - n(2\omega)]^2} \quad (4.151)$$

Phasenanpassung – einfach realisierbar in doppelbrechenden Medien

Will man nun intensives Licht bei der Frequenz 2ω erzeugen, so muss man im Medium erreichen, dass die Lichterzeugung mit Phasenanpassung läuft, d.h. dass gilt $n(\omega) = n(2\omega)$. Dies lässt sich aufgrund der normalen Dispersion in transparenten Medien jedoch nicht direkt erzielen. Man benutzt deshalb doppelbrechende Medien und wählt – je nach Art der Doppelbrechung – die Polarisation der Grundwelle außerordentlich und die der zweiten Harmonischen ordentlich oder umgekehrt. Durch Drehen des Kristalls (Einstellen der optischen Achse relativ zum Wellenvektor des Lichtes) lässt sich nun die Phasenanpassungsbedingung realisieren. Unter optimalen Bedingungen kann man bei intensiven Lichtimpulsen eine Umwandlung in die zweite Harmonische mit Ausbeute von nahezu 100 % erreichen. Bild 4.91 zeigt dabei die Intensität des

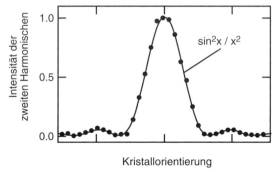

Bild 4.91: *Einfluss der Phasenanpassung auf die Intensität der zweiten Harmonischen in einem Frequenzverdopplungsprozess.*

Optisch parametrischer Effekt: Frequenzwandlung zur Herstellung von abstimmbarem Licht

Lichtes der zweiten Harmonischen beim Verdrehen des Kristalls. Man sieht das ausgeprägte Maximum beim Phasenanpassungswinkel und das $\sin^2 x/x^2$-Verhalten für nicht perfekte Phasenanpassung gemäß Gleichung (4.151).

Breiten sich mehrere Felder im Kristall aus (siehe obige Diskussion), so lassen sich durch geeignetes Einstellen des Phasenanpassungswinkels die verschiedenen Prozesse wie Harmonischenerzeugung, Summenfrequenzerzeugung oder Differenzfrequenzerzeugung selektieren. Beispiele für verschiedene Möglichkeiten, χ_2-Prozesse zur Erzeugung von Licht bei neuen Frequenzen einzusetzen, sind in Bild 4.92 angegeben. Während bei den oben behandelten Prozessen aus zwei Photonen durch Summen- bzw. Differenzfrequenzerzeugung ein drittes erzeugt wurde, kann auch der umgekehrte Vorgang beobachtet werden: Im optisch parametrischen Prozess zerfällt ein Pumpphoton (Frequenz ω_p) in zwei Photonen, ein so genanntes Signal- und ein Idler-Photon, wobei für die Frequenzen gilt: $\omega_S + \omega_I = \omega_P$. Der optisch parametrische Prozess wird in der Praxis dann eingesetzt, wenn aus intensiven Lichtimpulsen abstimmbares Licht erzeugt werden soll. Auch hierbei ist die Phasenanpassbedingung von besonderer Bedeutung: So lässt sich beim optisch parametrischen Prozess allein durch Wahl der Phasenanpassung, d.h. der Kristallorientierung die Frequenz von Signal und Idler variieren. In Bild 4.93 ist dies für eine Pumpwellenlänge von 1.06 mm und dem Kristall AgGaS$_2$ (Silberthiagolat) für Pikosekunden-Lichtimpulse durchgeführt worden. Man erhielt dabei eine weite Abstimmbarkeit im gesamten mittleren infraroten Spektralbereich. Der optisch parametrische Prozess gibt hier eine ideale Lichtquelle für die zeitaufgelöste Spektroskopie von Schwingungsmo-

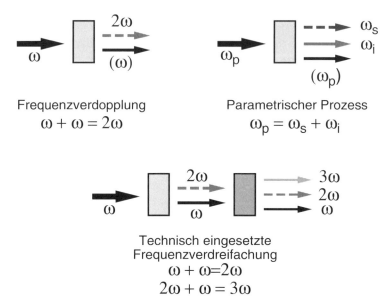

Bild 4.92: *Frequenzkonversionsmethoden mit Hilfe der nichtlinearen Suszeptibilität zweiter Ordnung χ_2.*

4.7 Nichtlineare Optik

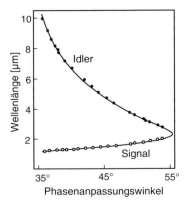

Bild 4.93: *Phasenanpassung in einem optisch parametrischen Prozess. Durch Variation des Phasenanpassungswinkels lassen sich die Wellenlängen von „Signal" und „Idler" in einem weiten Bereich variieren. Verwendete Parameter: Pumpwellenlänge 1.06 µm, nichtlinearer Kristall: Silberthiogalat.*

den in Molekülen und von Phononen in Halbleitern mit einer Zeitauflösung von besser als 10^{-13} s.

Bisher hatten wir stillschweigend vorausgesetzt, dass die nichtlineare Suszeptibilität χ_2 nicht verschwindet. Dies gilt jedoch nur in Kristallen ohne Inversionszentren – dies sind Kristalle, die im Allgemeinen auch Piezoeffekt zeigen. Hierbei hängt die Größe von χ_2 stark vom verwendeten Kristallmedium und der gewählten Ausbreitungsrichtung ab. Technisch gebräuchliche Medien mit großen χ_2-Werten sind:

In Kristallen mit Inversionszentrum verschwindet χ_2

    Kaliumdihydrogenphosphat (KDP)
    Ammoniumdihydrogenphosphat (ADP)
    Lithiumniobat (LiNbO$_3$)
    Lithiumjodat (LiIO$_3$)
    β-Bariumborat (BBO)
    Silberthiogalat (AgGaS$_2$)

In allen Medien, die ein Symmetrie- oder Inversionszentrum enthalten, werden nichtlineare Suszeptibilitäten mit gerader Ordnung, so auch χ_2, zu null.

4.7.2 Mit der nichtlinearen Suszeptibilität dritter Ordnung verknüpfte Phänomene*

In isotropen Medien oder in Kristallen mit Symmetriezentren ist die nichtlineare Suszeptibilität dritter Ordnung χ_3 als niedrigste Nichtlinearität zu berücksichtigen. Berechnet man für ein eingestrahltes Feld $E = \frac{1}{2}E_0 \exp(\mathrm{i}\omega t -$

ikz) + c.c. die entsprechende nichtlineare Polarisation, so erhält man:

$$\frac{\partial^2 \vec{P}_{\mathrm{NL}}}{\partial t^2} = \frac{1}{8}\varepsilon_0 \chi_3 \omega^2 E_0^3$$
$$\cdot [9\exp(\mathrm{i}\,3\omega t - \mathrm{i}\,3kz) + 3\exp(\mathrm{i}\,\omega t - \mathrm{i}kz) + \text{c.c.}] \quad (4.152)$$

Der erste Term der rechten Seite von Gleichung (4.152) oszilliert mit 3ω, beschreibt also die Erzeugung der dritten Harmonischen. Hierbei ist wie im Falle der Frequenzverdopplung Phasenanpassung notwendig, um diesen Effekt effizient zu gestalten. Will man jedoch in der Praxis für den Einsatz als Lichtquelle die dritte Harmonische mit hoher Ausbeute herstellen, so verwendet man in der Regel zwei χ_2-Prozesse (siehe Bild 4.92): In einem ersten phasenangepassten Prozess wird die zweite Harmonische der Grundwelle ω erzeugt. Diese zweite Harmonische wird dann in einem zweiten phasenangepassten Kristall mit der verbliebenen Grundwelle gemischt, und so wird Licht bei der Frequenz 3ω durch Summenfrequenzerzeugung hergestellt. In der Praxis erreicht man so optimale Ausbeuten von mehr als 30 %.

Der zweite Term auf der rechten Seite von Gleichung (4.152) beschreibt eine Oszillation mit der Frequenz der einfallenden Welle. Man kann diesen Term formal so aufspalten, dass er zum Brechungsindex auf der linken Seite von Gleichung (4.149) zugeschlagen werden kann.

$$-k^2 + n_0^2\omega^2/c^2 = -3\omega^2\chi_3 E_0^2/(4c^2) \quad (4.153)$$

Berücksichtigt man dabei, dass die Lichtintensität I proportional zu E_0^2 ist, so erhält man eine Dispersionsrelation mit einer Phasengeschwindigkeit $v_{\mathrm{ph}} = \omega/k$, die von der Intensität I abhängig wird. Das Vorzeichen von χ_3 ist dabei für nichtabsorbierende Medien im Allgemeinen so, dass die Phasengeschwindigkeit mit wachsender Intensität abnimmt. Man kann anstelle der Phasengeschwindigkeit auch den Brechungsindex n des Mediums behandeln, der gemäß Gleichung (4.153) intensitätsabhängig wird. Für kleine Brechungsindexänderungen kann man vereinfacht schreiben:

Nichtlinearer Brechungsindex

$$n = n_0 + n_2 I \quad (4.154)$$

Dabei liegt n_2 für Dielektrika im Bereich von 10^{-14} bis 10^{-16} cm^2/W. In Kerrflüssigkeiten ist n_2 besonders groß. Dies lässt sich sofort verstehen, wenn man sich vor Augen hält, dass der Kerreffekt ebenfalls ein χ_3-Prozess ist. (Die Änderung des Brechungsindex beim Kerreffekt ist proportional zu E^2, siehe Gleichung (4.144)).

Über den intensitätsabhängigen Brechungsindex kann das Licht selbst seine Eigenschaften verändern. Wir wollen im Folgenden zwei Phänomene, die Selbstfokussierung und die Selbstphasenmodulation, besprechen.

4.7 Nichtlineare Optik

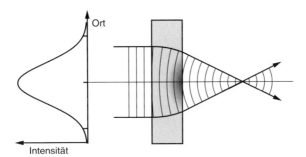

Bild 4.94: *Bei Selbstfokussierung von Licht führt die hohe Lichtintensität im Zentrum des Lichtbündels zu einer Erhöhung des Brechungsindex. Dadurch wird das Lichtbündel fokussiert.*

Selbstfokussierung. Wir betrachten zunächst ein begrenztes Lichtbündel, wie es z.B. aus einem Laser emittiert wird. Das Bündel breite sich in z-Richtung aus und ist in der xy-Ebene beschränkt. Häufig, z.B. in einem Laser, der auf der niedrigsten transversalen Mode, der TEM$_{00}$-Mode, arbeitet, beobachtet man im Bündel ein Gaußförmiges Intensitätsprofil (siehe hierzu Abschnitt 4.5.4). Im Zentrum findet man eine hohe Intensität I_0, die dann zu den Flanken hin abnimmt. Läuft dieses Lichtbündel in einem Medium, so wird der zentrale Teil aufgrund der Nichtlinearität einen größeren Brechungsindex erfahren als die Flanken. Damit ist im Zentrum auch der optische Weg nach Durchlaufen einer Materialdicke L um $n_2 I_0 L$ größer als am Rand. Dadurch werden die Phasenflächen gekrümmt und das Lichtbündel wird fokussiert (siehe Bild 4.94). Liegt der Fokus dabei noch im Medium, so werden die Lichtintensitäten bei der Fokussierung oft so hoch, dass weitere, höhere Nichtlinearitäten bis zur Zerstörung des Mediums auftreten können. Selbstfokussierung tritt bei allen Hochleistungslasersystemen auf, bei denen hohe Lichtintensitäten *und* lange Wege in optischen Komponenten notwendig sind. Dabei lässt sich die zerstörerische Wirkung der Selbstfokussierung nur durch überlegtes Design unter Verwendung von großen Strahlquerschnitten vermeiden. Beginnende Selbstfokussierung kann auch als erwünschter optischer Schaltmechanismus eingesetzt werden: Dies wird beim so genannten „Kerr-Lense-Modelocking" (KLM) in Lasern für die Erzeugung von Lichtimpulsen im Bereich von 10 fs (10^{-14} s) eingesetzt. Dabei wird die Selbstfokussierung in planparallelen optischen Komponenten (z.B. im Verstärkungsmedium) ausgenützt. Aufgrund der hohen Intensität der Lichtimpulse wirkt das Medium als Linse. Das intensive Maximum des Lichtimpulses erfährt durch die Selbstfokussierung eine stärkere Fokussierung als die Impulsflanken (die eine geringere Intensität besitzen). Durch eine geeignete Anordnung von selbstfokussierenden Medien und abschneidenden Blenden lässt sich so ein selektiver Verlust für die Impulsflanken aufbauen, der zu einer Verkürzung der Lichtimpulse führt.

Selbstfokussierung – häufig ein katastrophaler Vorgang

Selbstphasenmodulation. In der Ultrakurzzeitspektroskopie verwendet man kurze Lichtimpulse, die gleichzeitig hohe Spitzenintensitäten aufweisen. In

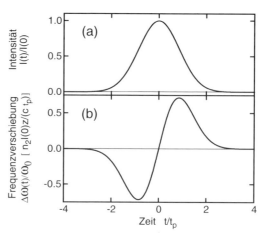

Bild 4.95: *Selbstphasenmodulation von Lichtimpulsen. Der Zeitverlauf der Intensität (a) führt über den nichtlinearen Brechungsindex $n = n_0 + n_2 I(t)$ zu einer Zeitabhängigkeit der Frequenz (b).*

diesem Fall wirkt die Nichtlinearität des Brechungsindex über die Wellenzahl $k = 2\pi n/\lambda$ direkt auf die Phase der Lichtimpulse: In Bild 4.95a ist der Intensitätsverlauf eines Gaußförmigen Lichtimpulses skizziert. Dieser Impuls habe nun an der Stelle z im Medium den Feldverlauf $E(t,z) = E_0(t) \cos(-\Phi(t,z))$. Dabei ist die Phase Φ gegeben durch:

$$\Phi(t,z) = -\omega_0 t + kz = -\omega_0 t + 2\pi n_0 z/\lambda_0 + 2\pi n_2 I(t) z/\lambda_0 \quad (4.155)$$

Berechnet man nun die Momentanfrequenz $\omega(t)$ des Feldes, so erhält man:

$$\omega(t) = -\partial \Phi(t,z)/\partial t = \omega_0 - 2\pi n_2 z/\lambda_0 \, \partial I(t)/\partial t \quad (4.156)$$

Dieser Frequenzverlauf ist in Bild 4.95b dargestellt. Am Anfang des Lichtimpulses fällt die Frequenz ab, das Licht wird rotverschoben. Im Bereich des Maximums nimmt dann die Frequenz zu und fällt am Ende des Lichtimpulses wieder auf den Wert ω_0 ab. Über die Selbstphasenmodulation wird also das Spektrum des Lichtimpulses verbreitert. In der praktischen Anwendung kann man die Selbstphasenmodulation verwenden, um aus einem kurzen Lichtimpuls bei einer Frequenz ω_0 kurze Lichtimpulse in einem breiten Spektralbereich zu erzeugen. Breite Spektren erhält man gemäß Gl. (4.155) für hohe Spitzenintensität (viele GW/cm^2) und kurze Dauer des eingesetzten Lichtimpulses. In der Praxis lassen sich so bei Verwendung von sichtbaren (z.B. roten) Lichtimpulsen mit einer Energie von wenigen Mikrojoule und Impulsdauern von ca. 100 fs, die auf ein dünnes Dielektrikum fokussiert werden, ultrakurze Lichtimpulse im gesamten sichtbaren und nahen infraroten Spektralbereich erzeugen.

5 Quantenphänomene: Licht als Welle und Teilchen

In der bisherigen Behandlung der Optik hatten wir viele Beobachtungen mit den einfachen Werkzeugen der Strahlenoptik beschrieben. Die Maxwellsche Theorie der elektromagnetischen Wellen war dann nötig um Interferenzen, Beugung und Polarisation zu beschreiben. Darüber hinaus konnte sie ein qualitatives Bild für die Dispersion und die Absorption des Lichtes liefern. Für die Erklärung weiterer Phänomene, die mit der Erzeugung und Absorption von Licht verbunden sind, reicht, wie wir unten sehen werden, dieser theoretische Ansatz nicht mehr aus. Im gleichen Zusammenhang hatten gegen Ende des 19. Jahrhunderts verschiedene Wissenschaftler intensiv versucht, mit Hilfe der Klassischen Physik unverstandene Vorgänge zu erklären. Dabei wurden Widersprüche offensichtlich, die zu einem vollständig neuen Gebiet der Physik, der Quantenmechanik, und zu einem Umbruch des physikalischen Weltbildes führten. Der erste Schritt erfolgte im Jahr 1900 mit der Erklärung der Lichtemission thermischer Strahler durch Max Planck. Im Jahr 1905 schloss sich daran die Erklärung des Photoeffektes durch A. Einstein an. Erst Mitte der 20er Jahre wurde dann eine systematische Behandlung der Quantenphänomene erreicht. Im Folgenden soll hier zunächst der Photoeffekt behandelt werden, mit dessen Hilfe wir in die Photonennatur des Lichtes einführen.

5.1 Der Photoeffekt

Zu Beginn betrachten wir ein einfaches, sehr qualitatives Experiment (siehe Bild 5.1): Eine isoliert aufgestellte Metallelektrode (z.B. Zink) wird zunächst

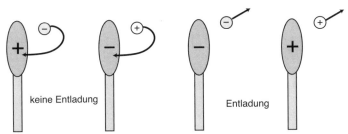

Bild 5.1: *Entladungsverhalten von beleuchteten Metallplatten: Entladung kann wegen der Coulombwechselwirkung nur stattfinden, wenn Elektrode und ausgelöste Ladungsträger beide positiv (bzw. negativ) geladen sind.*

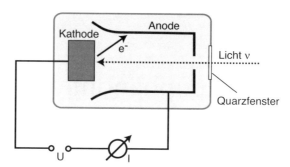

Bild 5.2: *Aufbau einer Photozelle*

Photoeffekt: Licht schlägt Elektronen aus Metall heraus

negativ aufgeladen. Man beobachtet, dass sich die Elektrode bei der Bestrahlung mit UV-Licht innerhalb kurzer Zeit entlädt. Wird sie hingegen positiv aufgeladen, so ist kein lichtinduzierter Entladungsvorgang zu beobachten. Wie man den verschiedenen Möglichkeiten, die in Bild 5.1 aufgezeigt sind, entnehmen kann, werden bei diesem so genannten Photoeffekt negativ geladene Teilchen, d.h. Elektronen, durch Licht aus einer Metalloberfläche ausgelöst.

Entdeckt wurde dieser Effekt 1887 von H. Hertz und im Jahr darauf von seinem Schüler W. L. F. Hallwachs erstmals qualitativ untersucht. Weitere wichtige Entdeckungen machte P. E. A. Lenard um die Jahrhundertwende. Die endgültige Erklärung wurde jedoch erst 1905 von A. Einstein mit der Formulierung der „Lichtquantenhypothese" gegeben. Einstein fasste dabei mehrere, bis dahin nicht hinreichend verstandene Phänomene in einer einheitlichen Theorie zusammen und ebnete somit den Weg zur Entwicklung der Quantenmechanik. Zur quantitativen Untersuchung des Photoeffekts verwendet man eine so genannte Photozelle. Mit einer Photozelle kann man die Zahl der ausgelösten Ladungen, sowie deren Energie, bestimmen. Eine Photozelle ist folgendermaßen aufgebaut (siehe Bild 5.2):

Vakuum-Photozelle

In einem evakuierten Glaskolben mit einem für UV-Licht durchlässigen Fenster aus Quarzglas befindet sich eine Kathode aus Metall (z.B. Kalium, Natrium, Cäsium), die von monochromatischem Licht beleuchtet wird. Zwischen Anode und Kathode kann eine äußere Spannung U angelegt werden. Gemessen wird der zwischen Anode und Kathode fließende Strom I als Funktion der angelegten Spannung U.

Der prinzipielle Verlauf des Stromes I als Funktion der Spannung U ist in Bild 5.3 skizziert. Zunächst wird eine stark negative Spannung (d.h. die Photokathode ist positiv, die Anode negativ geladen)[1] an die Photozelle angelegt. Man beobachtet hierbei keinen Stromfluss. Es werden keine Ladungen freigesetzt, die bis zur Anode gelangen könnten. Bei Verringerung des Betrags der anliegenden Spannung stellt man fest, dass ab einer gewissen Schwelle U_0 ein Strom zu fließen beginnt. Ein Strom fließt auch bei äußerer Spannung $U = 0$ und steigt bei positiven Spannungswerten bis zu einem festen Wert I_{max} an.

---

[1] Mit Photokathode bezeichnen wir, unabhängig von der aktuell anliegenden Spannung, die Elektronen emittierende, beleuchtete Metallplatte, mit Anode die andere Elektrode.

5.1 Der Photoeffekt

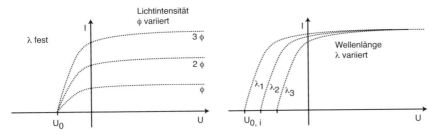

Bild 5.3: *Photoeffekt: schematischer Verlauf des Stromes I als Funktion der Spannung U. Links: Lichtintensität variiert, rechts: Wellenlänge verändert sich.*

Eine Erhöhung der Intensität des einfallenden Lichtes lässt die Schwelle U_0 konstant, erhöht aber den sich einstellenden Strom I_{max}; wird die Kathode nicht beleuchtet, so fließt auch kein Strom. Als Nächstes verändert man die Wellenlänge λ oder Frequenz ν des einfallenden Lichtes. Man beobachtet, dass es zu jeder Frequenz ν eine charakteristische Schwelle $U_0(\nu)$ gibt und $|U_0(\nu)|$ linear mit der Frequenz ν ansteigt. In den Bildern 5.4 und 5.5 ist dies anhand von Messungen von R. A. Millikan (Physical Review 7, 355 (1916)) gezeigt. Man sieht in Bild 5.4 deutlich das Schwellverhalten. Trägt man die Schwellenspannung U_0 über die Frequenz des Lichtes auf (Bild 5.5), so zeigt sich ein linearer Zusammenhang. Die Steigung hängt dabei nicht vom verwendeten Metall ab, wie man aus Bild 5.6, in dem verschiedene Metalle untersucht wuden, sieht. Für eine Wellenlänge, bei der kein Stromfluss festzustellen ist, kann auch eine Erhöhung der Lichtintensität keinen Stromfluss hervorrufen (Lenardsche Beobachtung von 1902). Der Sättigungsstrom I_{max} zeigt keine systematische Abhängigkeit von der Frequenz ν.

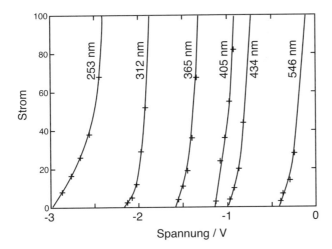

Bild 5.4: *Detailansicht von Messergebnissen zum Photoeffekt an Natrium in der Nähe der Schwellenspannung (Nach R. A. Millikan, Physical Review 7, 355 (1916)).*

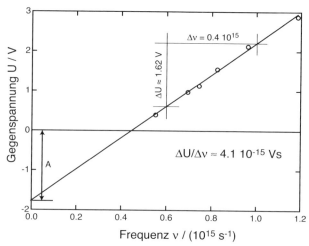

Bild 5.5: *Eine Auftragung der Schwellenspannung U_0 aus Bild 5.4 als Funktion der Lichtfrequenz ergibt einen linearen Zusammenhang. Die Steigung ist proportional zum Planckschen Wirkungsquantum h.*

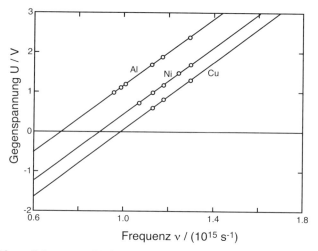

Bild 5.6: *Photoeffekt an verschiedenen Metallen.*

Zusammengefasst ergeben sich folgende Beobachtungen:
1. U_0 ist unabhängig von der Lichtintensität
2. I_{max} steigt mit der Lichtintensität
3. $|U_0|$ steigt linear mit der Frequenz ν

Photoelektronen besitzen Maximalenergie

Die experimentellen Befunde lassen sich folgendermaßen beschreiben: Durch das einfallende Licht werden Elektronen aus der Kathode ausgelöst. Diese haben eine gewisse kinetische Energie E_{kin}, die zum Überwinden der Potentialdifferenz zwischen Kathode und Anode eingesetzt werden kann (siehe

5.1 Der Photoeffekt

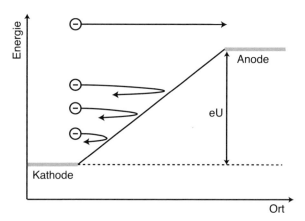

Bild 5.7: *Anlaufen der Elektronen gegen die Kathoden-Anoden-Spannung. Nur wenn die Gegenspannung klein genug ist oder wenn die kinetische Energie des Elektrons groß genug ist, kann ein Elektron die Anode erreichen. Nur dann wird Stromfluss beobachtet.*

Bild 5.7). Bei stark negativer äußerer Spannung reicht die maximale kinetische Energie der Elektronen nicht dazu aus, die Anode zu erreichen. Erst ab der Gegenspannung $U_0(\nu)$ ist dies möglich. Für die maximale kinetische Energie der Elektronen gilt also:

$$E_{\text{kin,max}}(\nu) = -eU_0(\nu) \tag{5.1}$$

Da $U_0(\nu)$ von der Frequenz des Lichtes abhängt, hängt also auch $E_{\text{kin,max}}$ von der Frequenz ν ab. Der Zusammenhang zwischen $E_{\text{kin,max}}$ und ν ist in Bild 5.5 dargestellt und lässt sich durch fogende Geradengleichung beschreiben:

$$\boxed{E_{\text{kin,max}}(\nu) = h\nu - A} \quad \textbf{Einsteingleichung} \tag{5.2}$$

A ist eine materialabhängige Konstante und wird auch als Austrittsarbeit bezeichnet. Die Steigung h ist eine universelle Naturkonstante, die schon aus der Erklärung des schwarzen Strahlers (siehe unten in 5.2.4) bekannt war.

$$h = 4.1357 \cdot 10^{-15} \text{eVs} = 6.626 \cdot 10^{-34} \text{Js}$$

Plancksches Wirkungsquantum

Den Prozess der Freisetzung von Elektronen aus einem Metall kann man leicht mit dem gängigen Potentialtopfmodell erklären. Wir wissen aus bekannten Effekten der Elektrizitätslehre (Kontaktspannung, Glühemission), dass Ladungsträger nur dann aus einem Metall ausgelöst werden können, wenn die Austrittsarbeit überwunden wird. Die Elektronen liegen im Metall offensichtlich in einem Potentialtopf, der bis zu einem Abstand A, der Austrittsarbeit, unter dem Vakuumniveau aufgefüllt ist. Aus dem Potentialtopf (d.h. aus dem

Potentialtopfmodell für Metalle

Licht ist Strom von Energiepaketen

Metall) können die Elektronen nur dann freigesetzt werden, wenn durch Anregung (thermische oder optische) genügend Energie aufgewendet wird.

Wir haben gesehen, dass die schnellsten Elektronen die Energie $h\nu - A$ besitzen. Das heißt, dass sie aus dem Lichtfeld die Energie $h\nu$ aufgenommen haben. Der Energieübertrag vom Licht auf die Elektronen erfolgt also quantisiert in „Energiepaketen" der Größe $h\nu$. Auf die Elektronen an der Metalloberfläche wirkt das Licht somit wie ein Hagel von „Energiepaketen" der Größe $h\nu$. Das ist insofern erstaunlich, als die Energie im elektromagnetischen Feld bisher als kontinuierlich angenommen wurde (siehe Bemerkungen im nächsten Abschnitt).

Ist die Energie $h\nu$ größer als die Austrittsarbeit A der Metallelektrode, so können die Elektronen das Leitungsband des Metalls verlassen und ins Kontinuum (d.h. ins Vakuum der Photozelle) gelangen. Die übrige Energie kann in kinetische Energie umgewandelt und von den Elektronen zum Erreichen der Anode verwendet werden. Dieser Vorgang ist im Energieschema in Bild 5.8 dargestellt.

Die Intensität entspricht der Energie pro Zeit und Fläche, eine höhere Intensität also einer höheren Energie pro Zeit und Fläche. Dies ist kein Widerspruch zur Lenardbeobachtung wenn man davon ausgeht, dass die Intensität proportional zur Anzahl der „Energiepakete" ist. Bildlich entspricht eine höhere Intensität also einem dichteren Hagel von „Energiepaketen" derselben Größe $h\nu$ (nicht etwa einem Hagel mit größeren „Energiepaketen"). Obwohl somit im Mittel mehr Energie pro Fläche zur Verfügung steht, können die Elektronen trotzdem nur die Energie $h\nu$ aus dem Licht aufnehmen.

Die „Energiepakete" des Lichts werden im Allgemeinen als „Photonen" (Lichtteilchen) bezeichnet. Phänomene wie der Photoeffekt lassen sich also erklären, wenn wir davon ausgehen, dass Licht einem Photonenstrom entspricht. Eine Erklärung im Wellenbild des Lichtes versagt, wie man an dem folgenden Gedankenexperiment sehen kann:

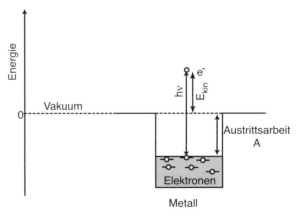

Bild 5.8: *Potentialtopfmodell eines Metalls.*

5.1 Der Photoeffekt

Versuch einer klassischen Erklärung. Die beleuchteten Elektronen spüren das elektrische Feld des Lichtes und werden von diesem beschleunigt. Auf Grund der Energieerhaltung erhält ein Elektron im Metall dann die folgende Energie:

$$E_{\text{kin}} = \frac{\text{absorbierte Intensität} \cdot \text{Zeit}}{\text{Zahl der Elektronen/Fläche}} \tag{5.3}$$

Das elektrische Feld der Welle regt das Elektron zu Schwingungen an. Diese Elektronenbewegung wird aber nach der mittleren Stoßzeit τ_s gedämpft, da das Elektron im Metall beim Stoß, z.B. mit einem Atomrumpf, Energie abgibt. Zur Energieaufnahme steht dem Elektron also nur die sehr kurze Zeit $\tau_s \approx 3 \cdot 10^{-14}$s (mittlere Zeit zwischen zwei Stößen, siehe Elektrizitätslehre) zur Verfügung. Für die absorbierte Intensität nehmen wir 1000W/m² an. Dies entspricht in etwa der Lichtleistung des Sonnenlichts. Eine Näherung für die Zahl der Eletonen/Fläche erhalten wir durch folgende Überlegungen:

Photoeffekt: keine klassische Erklärung möglich

$$\begin{aligned}
&\text{Anzahl der Elektronen/Fläche} \\
&= \text{Dichte des Metalls} \cdot \text{Molmasse}^{-1} \cdot N_A \\
&\quad \cdot \text{Anzahl der Valenzelektronen} \cdot \text{Eindringtiefe} \\
&= 851 \frac{\text{kg}}{\text{m}^3} \cdot (0.0391)^{-1} \frac{\text{mol}}{\text{kg}} \cdot 6.02 \cdot 10^{23} \frac{1}{\text{mol}} \cdot 1.13 \cdot 10^{-8} \text{m} \\
&= 1.48 \cdot 10^{20} \frac{1}{\text{m}^2} \tag{5.4}
\end{aligned}$$

Hierbei wurde die Elektronendichte für eine Kaliumelektrode berechnet. Für die Eindringtiefe wird der in Kapitel 2.2.5 berechnete Wert von 11.3 nm verwendet. Für E_{kin} ergibt sich dann:

$$E_{\text{kin}} = 1.27 \cdot 10^{-12} \text{eV} \tag{5.5}$$

Bild (5.5) ist zu entnehmen, dass die beim Photoeffekt gemessenen Energien im Bereich von einigen eV liegen. Der hier erhaltene Wert der klassischen Rechnung ist viel kleiner. Eine Erklärung des Photoeffekts nur durch das elektrische Feld des Lichtes ist also nicht möglich.

5.1.1 Eigenschaften von Photonen

In der bisherigen Behandlung haben wir gesehen, dass Licht als ein Strom von Photonen, die sich mit der Lichtgeschwindigkeit ausbreiten, beschrieben werden sollte. Diese Photonen werden wir hier etwas genauer behandeln.

Energie eines Photons. Aus der Einsteinbeziehung konnten wir schließen, dass die Energie W_{ph} des Photons proportional zur Lichtfrequenz und dem

Planckschen Wirkungsquantum ist:

$$\boxed{W_{\text{ph}} = h\nu = hc/\lambda = \hbar\omega \quad \text{mit } \hbar = \frac{h}{2\pi}} \quad (5.6)$$
Energie eines Photons

hν: Energie eines Photons

Dabei haben wir die häufig in der Physik verwendete Größe $\hbar$ eingeführt. Verwenden wir typische Wellenlängen von sichtbarem Licht, z.B. im roten bei 600 nm, so errechnen wir eine Photonenenergie von $W_{\text{ph}} = 3.3 \times 10^{-18}$ J = 2.07 eV. Für kurzwelliges Licht steigt die Photonenenergie proportional zu $1/\lambda$ an. Im Röntgenbereich bei $\lambda = 0.1$ nm findet man eine Photonenenergie von 12407 eV.

Betrachten wir den Strom von Photonen (Photonenflussdichte N) eines Lichtbündels mit der Intensität I, so ergibt sich der folgende Zusammenhang:

$$I = N \cdot h\nu; \qquad N = \frac{\text{Zahl der Photonen}}{\text{Fläche} \cdot \text{Zeiteinheit}} \quad (5.7)$$

Bei einer Lichtintensität von 1000 W/cm² (direktes Sonnenlicht, mittlere Wellenlänge 550 nm) brechnet man die Photonenflussdichte zu $N = 2.77 \times 10^{21}$ Photonen/(m² · s).

Impuls eines Photons. Bei der Behandlung von Licht als elektromagnetischer Welle hatten wir gesehen, dass Licht einen Druck, den Strahlungsdruck, ausüben kann (siehe Gl. 2.22). Dieser Strahlungsdruck P_s ist direkt mit einer Impulsübertragung verknüpft, die proportional zur Lichtintensität ist: $P_s = I/c$. Demnach besitzen auch Photonen einen Impuls p_{ph}, der sich direkt aus Gl. (5.7) berechnen lässt:

h/λ: Impuls eines Photons

$$P_s = \frac{I}{c} = \frac{N \cdot h\nu}{c} = N \cdot p_{\text{ph}} \quad \text{oder} \quad (5.8)$$

$$\boxed{p_{\text{ph}} = \frac{h\nu}{c} = \frac{h}{\lambda} = \hbar k} \quad \textbf{Impuls eines Photons} \quad (5.9)$$

Durch Kombination von Gl. (5.9) und (5.6) sehen wir, dass bei Photonen ein linearer Zusammenhang zwischen Energie und Impuls besteht:

$$p_{\text{ph}} = \frac{h\nu}{c} = \frac{W_{\text{ph}}}{c}$$
$$p_{\text{ph}} \cdot c = W_{\text{ph}} \quad (5.10)$$

Vergleichen wir die relativistische Beziehung zwischen Energie W und Impuls p eines Teilchens mit der gerade erhaltenen Beziehung (Gl. (5.10)) für das

5.1 Der Photoeffekt

Photon, so stellen wir fest, dass diese Beziehungen nur dann gleichzeitig erfüllt werden können, wenn das Photon eine verschwindende Ruhemasse $m_{\text{ph},0} = 0$ besitzt:

$$W^2 = (m_0 c^2)^2 + p^2 c^2 \quad \Rightarrow \quad W_{\text{ph}}^2 = p_{\text{ph}}^2 c^2 \tag{5.11}$$

Dies ist nicht weiter verwunderlich, da die spezielle Relativitätstheorie eine Ausbreitung mit Lichtgeschwindigkeit nur für verschwindende Ruhemasse erlaubt.

Photonen besitzen verschwindende Ruhemasse

Übungsfrage:
Betrachten Sie die Dispersionsrelation elektromagnetischer Wellen aus Gl. (2.11) und vergleichen Sie diese mit der Relation zwischen Energie und Impuls eines Photons.

Als Nächstes soll noch festgestellt werden, dass Photonen einen Eigendrehimpuls (Spin) $\vec{S}_{\text{ph}}$ besitzen, der unabhängig von der Frequenz bzw. der Wellenlänge ist:

$\hbar$: Spin eines Photons

$$\boxed{|\vec{S}_{\text{ph}}| = \hbar \quad \textbf{Drehimpuls eines Photons}} \tag{5.12}$$

Hatten wir bisher ausführlich nur ein Experiment zur Energie des Photons (den Photoeffekt) vorgestellt, so lässt sich auch der Impuls und der Drehimpuls von Photonen direkt messen und dabei die oben abgeleiteten Beziehungen bestätigen. Für die Bestimmung des Impulses kann man hierzu den elastischen Stoß zwischen Photonen und Elektronen, den Compton-Effekt, heranziehen. Dieser wird im Allgemeinen im Rahmen der Atom- oder Kernphysik detailliert behandelt. In den beiden Tabellen (5.1) und (5.2) wurden nochmals die wesentlichen Eigenschaften von Licht als elektromagnetischer Welle und von Photonen zusammengestellt.

Tabelle 5.1: Eigenschaften von Licht: Teilcheneigenschaften

Ruhemasse m_0	$m_0 = 0$
Masse	$m_{\text{ph}} = W_{\text{ph}}/c^2 = h\nu/c^2$
Geschwindigkeit	$v = c$ bzw. $v = c/n$
Energie	$W_{\text{ph}} = h\nu$
Impuls	$p_{\text{ph}} = W_{\text{ph}}/c = h\nu/c = h/\lambda$
Drehimpuls	$S_{\text{ph}} = \hbar$

Tabelle 5.2: Eigenschaften von Licht: Welleneigenschaften

Frequenz	ν bzw. ω
Wellenlänge	$\lambda = 2\pi/k = c/\nu$
Phasengeschwindigkeit	$v_{\text{ph}} = c/n = \omega/k$
Gruppengeschwindigkeit	$v_{\text{gr}} = d\omega/dk$
Feldstärken	$\vec{E}, \vec{B}$
Intensität	$I = \varepsilon_0 n c <\mid E^2 \mid>$
Strahlungsdruck	$P_{\text{s}} = I/c$
Drehimpuls (zirkular polarisiertes Licht)	$L = W/\omega$

5.1.2 Licht ist Welle und Teilchenstrom

Welle-Teilchen-Dualismus

Am Beispiel des Photoeffekts sieht man ganz deutlich, dass es Phänomene gibt, die sich nur dadurch erklären lassen, dass Licht aus Photonen besteht. Ein anderes Phänomen wie z.B. die Beugung kann aber nur durch Lichtwellen erklärt werden. Man spricht in diesem Zusammenhang oft vom Welle-Teilchen-Dualismus. Dieser besagt, dass sich Licht manchmal wie eine Welle und manchmal wie ein Teilchen verhält. Durch diese beiden Modelle lassen sich sämtliche uns bekannten Phänomene des Lichtes beschreiben, wir müssen nur wissen, welches der beiden Modelle wir jeweils anwenden müssen.

Bevor wir diese offensichtlich widersprüchlichen Eigenschaften des Lichtes weiter diskutieren soll hier zunächst das aus dem täglichen Leben bekannte Verhalten von klassischen Wellen und klassischen Teilchen zusammengefasst werden:

Klassische Welleneigenschaften:

- Amplitude und Intensität $\propto$ Amplitude^2
- Energiefluss, aber kein Materialfluss
- Wellenlänge λ und Frequenz ν
- Interferenzfähigkeit (destruktive und konstruktive Interferenz)
- Beugung
- Unschärfebeziehungen

Klassische Teilcheneigenschaften:

- Genau definierter Ort und Impuls
- Ort und Impuls gleichzeitig genau messbar

- Teilchen sind unterscheidbar
- Teilchen interferieren nicht, keine Auslöschung identischer Teilchen
- Messung der Teilcheneigenschaften beeinflusst diese nicht.

Betrachten wir nun die bisher diskutierten Eigenschaften von Licht, so sehen wir überdeutlich, dass Licht weder als klassische Welle noch als Strom klassischer Teilchen verstanden werden kann. Wir können den Eigenschaften von Licht nur dann gerecht werden, wenn wir beide Bereiche verbinden und postulieren, dass Licht sowohl Teilchen als auch Welleneigenschaften besitzt, die im Rahmen der Quantenphysik kombiniert werden. Wir werden hier jedoch nicht versuchen die Grundlagen der Quantenphysik einzuführen, sondern wollen nur eine pragmatische Vorgehensweise vorstellen, mit der man das Verhalten von Lichtwellen/Photonen sinnvoll behandeln kann:

Bei der Ausbreitung kann man das Wellenbild einsetzen. Hier benimmt sich Licht unter allen Bedingungen wie eine Welle mit den bekannten Wellenphänomenen wie Beugung und Interferenz. Erst beim Nachweis von Licht muss man auf das Photonenbild zurückgreifen: Man kann nämlich nicht direkt die oszillierende Feldstärke der Lichtwelle detektieren, sondern nur die energetische Wirkung des Lichtes, d.h. die Energie der absorbierten Photonen. Die Zahl der gemessenen Photonen hängt dabei von der Feldstärke/Intensität an der Beobachtungsfläche ab. Die Feldstärke bestimmt über die Lichtintensität die Wahrscheinlichkeit für das Auffinden eines Photons. Man kann aber keine Aussage darüber machen, wann und wo genau ein Photon auftrifft, sondern kann nur angeben, mit welcher Wahrscheinlichkeit auf einer Fläche ein Photon absorbiert wird. Die elektrische Feldstärke ist dabei als eine Art Wahrscheinlichkeitsamplitude anzusehen, deren Betragsquadrat die Aufenthaltswahrscheinlichkeit (die proportional zur Intensität wird) beschreibt. Dieses Vorgehen soll nun anhand eines Doppelspalt-Experiments beschrieben werden:

Lichtausbreitung: Wellenbild

Lichtabsorption: Teilchenbild

Wahrscheinlichkeitsinterpretation

5.1.3 Doppelspalt als Instrument zur Unterscheidung von Welle und Teilchen

Von einer weit entfernten Punktlichtquelle falle Licht auf den Doppelspalt (sehr enge Spalte) und erzeuge gemäß dem Wellenbild in der Beobachtungsebene ein Kosinus^2-förmiges Interferenzmuster, (siehe gestrichelte Kurve in Bild 5.9) wie wir es von den Beziehungen der klassischen Elektrodynamik aus Kapitel 4 erwarten. Zum besseren Verständnis der Unterschiede zwischen Wellen, Teilchen und Photonen soll nun das Doppelspaltexperiment verfeinert werden. Dazu wird eine Einrichtung eingebaut, mit der einzelne Spalte so abgedeckt werden können, dass durch sie keine Wellen/Teilchen mehr durchtreten können.

Wellen und Teilchen am Doppelspalt

Klassische Welle. Im Fall einer Welle ergibt sich folgendes Ergebnis: Ist nur ein Spalt geöffnet, so beobachtet man das Beugungsbild eines Spaltes. Da die

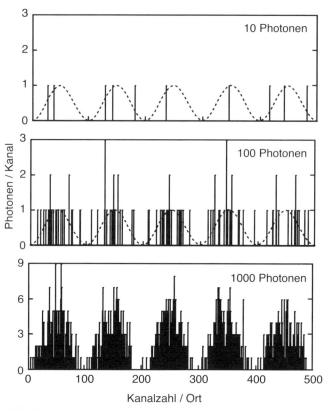

Bild 5.9: *Doppelspalt-Experiment im Photonenbild. Oben: werden nur wenige Photonen nachgewiesen, so kann man die Beugungsfigur (gestrichelte Kurve) kaum erkennen. Erst wenn viele Photonen nachgewiesen werden (unten), tritt das Beugungsbild klar hervor.*

Spalte sehr schmal sein sollen, ist das Beugungsbild des Spaltes sehr breit und unmoduliert. Ist nur der zweite Spalt geöffnet, ergibt sich das unmodulierte Beugungsbild des zweiten Spalts. Auch wenn man abwechselnd die Spalte öffnet findet man nicht die markante Kosinus^2-förmige Interferenzerscheinung des Doppelspalts. Nur wenn beide Spalte gleichzeitig geöffnet sind, tritt die Modulation wieder auf. Für die Interferenz müssen die Feldanteile aus beiden Spaltöffnungen simultan auf die Beobachtungsebene auftreffen um hier das Interferenzbild zu erzeugen.

Klassische Teilchen. Durchläuft ein klassisches Teilchen den einen geöffneten Spalt, so wird es eventuell an dessen Umrandung gestreut und abgelenkt. Beobachtet man viele Ereignisse, so wird sich eine breite, glatte Verteilung hinter dem Spalt ergeben. Ist nur der zweite Spalt geöffnet, ergibt sich im Wesentlichen das gleiche Ergebnis. Alternatives Öffnen der Spalte führt zum gleichen Ergebnis. Auch die gleichzeitige Öffnung beider Spalte erhöht zwar

5.1 Der Photoeffekt

die Zahl der nachgewiesenen Teilchen, führt jedoch nicht zu einem modulierten Interferenzbild. Für Teilchen gibt es keine Interferenz: Destruktive Interferenz, der Fall dass sich zwei Teichen auslöschen, existiert nicht!

Photonen. Beobachtet man mit einem empfindlichen Detektor, z.B. über den Photoeffekt mit einem Photomultiplier wie er im nächsten Kapitel angesprochen wird, die auftreffenden Photonen so erhält man das folgende Ergebnis: Werden nur wenige Photonen nachgewiesen (Bild 5.9 oben, hier wurde das Verhalten simuliert, das Experiment zeigt aber exakt das gleiche Verhalten), so kann man nicht eindeutig die erwartete Interferenzfigur beobachten. Die Photonen erscheinen gleichmäßig über die gesamte Beobachtungsebene verteilt aufzutreffen. Erst bei sehr vielen nachgewiesenen Photonen kann man die erwartete Interferenzfigur identifizieren (unten). Verschließt man einen der (sehr schmalen) Spalte, so findet man eine gleichmäßige Verteilung der nachgewiesenen Photonen. Auch für eine große Anzahl von Photonen tritt kein Interferenzbild auf. Dieses Verhalten ändert sich nicht, auch wenn die Spalte alternierend geöffnet werden. Es reicht sogar schon aus, dass man misst, welchen Weg ein Photon genommen hat, um das Interferenzbild zu zerstören. Interferenzen treten nur auf, wenn sich die ungestörten Wahrscheinlichkeitsamplituden, die von beiden Spalten herrühren, überlagern können. Photonen sind also „Teilchen", denen die Wahrscheinlichkeitsamplitude Wellencharakter vermittelt.

Licht besitzt Wellen- und Teilcheneigenschaften

Das hier geschilderte Verhalten ist nicht nur für Photonen charakteristisch, man kann es ganz allgemein bei Beobachtungen auf kleinen Längenskalen finden. Auch bei typischen Teilchen, wie z.B. Elektronen, Protonen, ganzen Atomen und selbst Makromolekülen kann man das Wellenverhalten beobachten. Die Bedingung dafür ist, dass die räumlichen Dimensionen der Beobachtungseinrichtung (z.B. der Spaltabstand) im Bereich der de Broglie-Wellenlänge der Teilchen liegen. Die de Broglie-Wellenlänge ist durch den Impuls der Teilchen p_T gegeben:

Materiewellen

$$\boxed{\lambda_{dB} = h/p_T \quad \text{de Broglie-Wellenlänge}} \quad (5.13)$$

Übungsfrage:
Berechnen sie die de Broglie-Wellenlänge für ein Elektron und ein Proton mit einer kinetischen Energie von 1 eV. Welche Kinetische Energie darf ein Benzol-Molekül C_6H_6 besitzen, damit seine Wellenlänge größer wird als sein Durchmesser von 0.3 nm? Wie groß ist die de Broglie-Wellenlänge eines Fußgängers mit $v = 1 m/s$ und $m = 75 kg$?

5.1.4 Photoeffekt in der Anwendung: Nachweis von Licht*

In den vorausgehenden Abschnitten haben wir anhand des Photoeffekts die Quantennatur des Lichtes aufgezeigt. Wir haben gesehen, dass einzelne Photonen mit genügend hoher Frequenz in der Lage sind, Elektronen aus einem Metall freizusetzen, die dann experimentell beobachtet wurden. Die Zahl der freigesetzten Elektronen ist dabei direkt proportional zur absorbierten Leistung des Lichtes. Der Photoeffekt ist somit nicht nur ein interessantes physikalisches Phänomen, er kann auch messtechnisch zum Nachweis von Licht eingesetzt werden. Neben dem Photoeffekt gibt es noch weitere Quantenphänomene, bei denen einzelne Photonen zu einem nachweisbaren Messsignal führen. Bei photochemischen Reaktionen werden molekulare Veränderungen induziert. In der Photographie kann ein einzelnes Photon ein AgBr Molekül reduzieren und die Schwärzung eines ganzen AgBr Kristalls auslösen. Beim Sehprozess bewirkt die Absorption eines Photons die Photoisomerisation des Farbstoffmoleküls Retinal, die dann über eine biochemische Verstärkungskette zum Auslösen eines Sehreizes führen kann.

Nachweis von Licht

Man bezeichnet den Lichtnachweis über einzelne Lichtquanten (Photonen) als Quantendetektion, die darauf basierenden Instrumente als Quantendetektoren, während man Lichtdetektoren, die das Licht über die dadurch hervorgerufene Temperaturerhöhung nachweisen, thermische Detektoren nennt. Im Folgenden werden wir verschiedene Photo-Detektortypen vorstellen.

Quantendetektoren – thermische Detektoren

Innerer und äußerer Photoeffekt. Bei der Absorption von Licht in einem Metall wird, wie wir oben gesehen haben, die Photonenenergie auf ein einzelnes Elektron, das dann eine entsprechende kinetische Energie erhält, übertragen. Ist diese Energie größer als die Austrittsarbeit des Metalls, so kann das Elektron das Metall verlassen. Wir sprechen hier von einem äußeren Photoeffekt. In der Regel werden die Elektronen einen Teil Ihrer kinetischen Energie durch Stöße mit anderen Elektronen oder Atomen des Metalls abgeben, sodass nicht alle Absorptionsvorgänge zur Freisetzung eines Elektrons führen. Die relative Ausbeute an Photoelektonen wird als Quantenausbeute η des Detektors bezeichnet.

Quantenausbeute

$$\eta = \frac{\text{Zahl der erzeugten Photoelektronen}}{\text{Zahl der absorbierten Photonen}} \quad (5.14)$$

Die Quantenausbeute hängt empfindlich von der Eigenschaft des Metalls (Austrittsarbeit, Absorptionskoeffizient, Präparation, Temperatur und Form) und der Wellenlänge (Frequenz) des Lichtes ab.

Einen Vorgang, der dem Photoeffekt verwandt ist, beobachtet man an Halbleitern. Hier führt die Absorption eines Lichtquants zunächst zur elektronischen Anregung: Ein Elektron wird in das Leitungsband angehoben, im Valenzband verbleibt ein positiv geladenes Loch (siehe Bild 5.10). Beide Ladungsträger können zum Stromfluss beitragen und so nachgewiesen werden. Man spricht

5.1 Der Photoeffekt

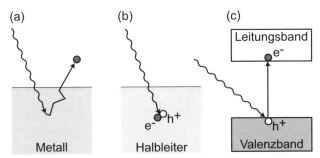

Bild 5.10: *Zu den Unterschieden von äußerem und innerem Photoeffekt. Aus Metallen kann nur Licht mit genügend hoher Photonenenergie Elektronen freisetzen. Bei Halbleitern ist eine Photonenenergie ausreichend, die zur Erzeugung eines Elektron-Loch-Paares führt.*

hier von einem inneren Photoeffekt. Der innere Photoeffekt wird für zwei Typen von Photodetektoren genutzt: Bei Photoleitern wird die Änderung der Leitfähigkeit (im Allgemeinen eines homogenen Halbleiters) nachgewiesen, bei Photodioden verwendet man die Photospannung oder den Photostrom, der durch das Elektron-Lochpaar an einer Grenzschicht zwischen p- und n-leitendem Material erzeugt wird.

Innerer Photoeffekt

Quantennachweis mit dem äußeren Photoeffekt. Die beim äußeren Photoeffekt freigesetzten Elektronen können für verschiedene Lichtmessmethoden eingesetzt werden. Man unterscheidet zwischen Photozellen, Photomultipliern und Mikrokanalplatten. All diesen Detektortypen gemeinsam ist eine Photokathode, eine im Allgemeinen dünne Metallschicht, aus der die Photoelektronen ausgelöst werden. Man verwendet hier Metalle mit kleiner Austrittsarbeit (im Allgemeinen Alkalimetalle) oder Kombinationen von Metallen und Halbleitern. Häufig ist dabei auch Cäsium enthalten, das eine sehr niedrige Austrittsarbeit besitzt. Dabei bestimmt die Photokathode die spektrale Empfindlichkeit des Photodetektors. Während im ultravioletten und sichtbaren Spektralbereich Kathodenmaterialien mit hohen Quantenausbeuten im 10% (< 30%) -Bereich existieren, nimmt die Quantenausbeute ins nahe Infrarote extrem stark ab. Oberhalb von $\lambda = 1\mu$m kann der äußere Photoeffekt zur Quantendetektion praktisch nicht mehr eingesetzt werden. Das spektrale Verhalten für vier gebräuchliche Photokathodenmaterialien ist im Bild 5.11 zusammengestellt.

Das zweite gemeinsame Kriterium der Photodetektoren durch äußeren Photoeffekt ist die Notwendigkeit, die Photokathode im Hochvakuum zu halten (in einem evakuiertem Glasbehälter), da ansonsten die freigesetzten Elektronen nicht effizient nachgewiesen werden können und die empfindliche Photokathode sofort zerstört würde.

Die Vakuumphotozelle. Bei einer Vakuumphotozelle werden die aus der Photokathode freigesetzten Elektronen durch eine Absaugspannung zur Anode gezogen und der Photostrom in einem äußeren Messkreis nachgewiesen. Durch das Anlegen der hohen Spannung zwischen Kathode und Anode, durch

Photozelle: schnelle, aber unempfindliche Lichtdetektion

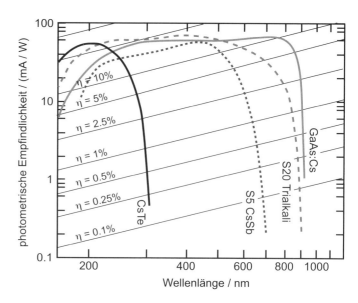

Bild 5.11: *Spektrale Empfindlichkeiten verschiedener Photokathodenmaterialien.*

Optimierung der Geometrie von Anode und Kathode, lassen sich dabei schnelle Photodetektoren (Grenzfrequenz $\approx$ 10 GHz) realisieren (siehe Bild 5.12). Vakuumphotozellen zeigen einen Photostrom, der direkt durch die Rate der freigesetzten Elektronen dn_{El}/dt bestimmt ist und somit proportional zur absorbierten Lichtleistung P_L und Quantenausbeute η ist.

$$I_{\text{Photo}} = e \cdot \frac{dn_{El}}{dt} = e \cdot \eta \cdot \frac{P_L}{h\nu} \tag{5.15}$$

Zahlenbeispiel: Beim Beleuchten einer Vakuumphotozelle mit der vollen Leistung eines Laserpointers ($P_L \approx 0.5\text{mW}, \lambda = 632.8\text{nm}$) und einer typischen Quantenausbeute von 1 % erhält man einen Photostrom im Bereich von $2.5\mu A$.

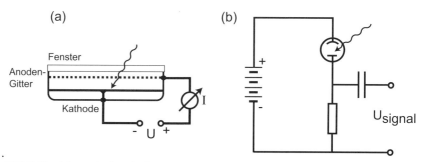

Bild 5.12: *Schematischer Aufbau einer Vakuumphotozelle (a) und das Beispiel einer Beschaltung für die Beobachtung von gepulstem Licht (b).*

5.1 Der Photoeffekt

Der Photomultiplier. Für den Nachweis extrem geringer Strahlungsintensitäten ist es sinnvoll, intrinsische Verstärkungsmechanismen im Photodetektor anzuwenden. Weit verbreitet ist die Ausnutzung der Sekundärelektronenemission: Prallt ein Elektron mit hoher kinetischer Energie ($\approx 10^2$ eV) auf ein Metall, so werden dabei mehrere so genannte Sekundärelektronen freigesetzt. Beschleunigt man diese Elektronen in einer nachgeschalteten Potentialdifferenz, so lassen sich an einer weiteren Metallplatte wiederum Sekundärelektronen erzeugen und damit die Elektronenzahl vervielfachen (siehe Bild 5.13). Kombiniert man in einer Vakuumröhre eine Photokathode mit einer Serie von Metallplatten (Dynoden), die auf geeigneten Potentialen liegen, so wird von einem einzelnen Photoelektron aus der Photokathode am Ende der Verstärkungsstrecke eine Elektronenlawine mit mehr als 10^6 Elektronen erzeugt, die damit so viele Ladungen enthält, dass diese von einer äußeren Elektronikschaltung einfach nachgewiesen werden können. Diese Kombination aus der Photokathode und nachverstärkenden Dynoden bezeichnet man als Photomultiplier. Im Deutschen wird auch der etwas veraltete Name Sekundärelektronenvervielfacher, SEV, verwendet. Ein schematischer Aufbau eines Photomultipliers ist in Bild 5.13 gezeigt.

Photomultiplier: Nachweis einzelner Photonen

Im Allgemeinen wird bei einem Photomultiplier die Photokathode auf eine negative Spannung (typischerweise zwischen -500 V und -2000 V) gebracht. Zwischen den einzelnen Dynoden legt man Beschleunigungsspannungen von ca. 50–100 V an. Die Dynode (Anode), an der das Signal abgegriffen wird, wird mit einem Widerstand auf Masse gelegt. Für die Spannungsversorgung der einzelnen Dynoden wird normalerweise eine Widerstandskette eingesetzt (siehe Bild 5.14). Photomultiplier können im Photonenzählmodus (man verwendet eine Detektion, die so schnell ($\approx$ 1ns) ist, dass die von einzelnen Photonen erzeugten Elektronenpeaks getrennt nachgewiesen werden oder im Strommodus (man misst integrierend die gesamte fließende Ladung) betrieben werden. Im Zählmodus können an ausgesuchten, gekühlten Photomultipliern Untergrundzählraten von unter 10 Photonen pro Sekunde realisiert werden. Damit lassen sich extrem schwache Lichtströme von wenigen 10 Photonen pro Sekunde noch nachweisen.

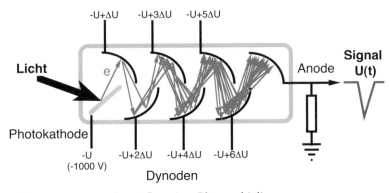

Bild 5.13: Schematischer Aufbau eines Photomultipliers.

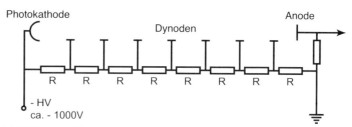

Bild 5.14: *Widerstandskette zur Spannungsversorgung von Photokathode und Dynoden.*

Mikrokanalplatten: Einzelphotonennachweis räumlich aufgelöst

Mikrokanalplatten. Während ein Photomultiplier mit seiner einzelnen Photokathode keine Bildinformation liefert, kann mit Hilfe von Mikrokanalplatten eine bildhafte Information auch bei geringen Photonenflüssen erhalten werden. Eine Mikrokanalplatte besteht aus einer Vielzahl dünner Glaskapillaren (Innendurchmesser circa $20 \mu m$), die seitlich miteinander verschmolzen sind und deren Kanäle mit einem halbleitenden Material innen beschichtet sind (siehe Bild 5.15). Wird längs eines Kanals eine Spannung angelegt, so können Elektronen, die in den Kanal fallen, beschleunigt werden. Treffen sie dann auf die Kanalwand, so schlagen sie dort Sekundärelektronen heraus, die wiederum beschleunigt werden und zu weiteren Sekundärelektronen führen. Mit dieser kontinuierlichen Dynode lassen sich Verstärkungen bis ca. 10^6 erreichen.

Bringt man eine Mikrokanalplatte hinter einer Photokathode an, so werden die hier freigesetzten Photoelektronen in den Mikrokanälen vervielfacht. Auf

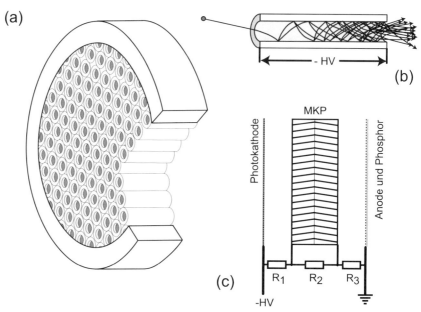

Bild 5.15: *Aufbau einer Mikrokanalplatte (a). Funktionsweise der Verstärkung in einem Mikrokanal (b) und Beschaltung (c).*

5.1 Der Photoeffekt

der Austrittseite der Mikrokanalplatte findet man eine Elektronenlawine, die ein Abbild der Helligkeitsverteilung auf der Photokathode ist. Bringt man dort einen lichtemittierenden Phosphor (wie an einem Oszillographenschirm) an, so lässt sich mit diesem Aufbau ein Bildverstärker (Restlichtverstärker) verwirklichen.

Quantennachweis mit dem inneren Photoeffekt: Halbleitersensoren.
Beim inneren Photoeffekt wird durch Photonenabsorption in einem Halbleiter ein Ladungsträger in das Leitungsband angeregt und kann dort gemäß seiner Beweglichkeit μ zum Stromfluss beitragen. Da der Ladungsträger beim inneren Photoeffekt den Festkörper nicht verlässt (es muss keine Austrittsarbeit W_A aufgebracht werden), kann diese Anregung bereits bei wesentlich kleineren Photonenenergien erfolgen als in einem Metall. Wir unterscheiden hier zwischen:

1. Anregung vom Valenz- in das Leitungsband, wobei die Energielücke E_g des Halbleiters überwunden werden muss. Werte von E_g und die damit verbundenen Abschneidewellenlängen sind in Tabelle 5.3 zusammengestellt. Bei der Lichtabsorption entsteht ein Elektron-Loch-Paar. Jedoch tragen zur Leitfähigkeit σ (abhängig vom jeweiligen Halbleitermaterial) meist nur die Elektronen bei, da deren Beweglichkeit μ_{El} oft höher ist als die der Löcher μ_{Loch}, $\mu_{El} \gg \mu_{Loch}$.

$$\sigma = e(n_{El}\mu_{El} + n_{Loch}\mu_{Loch}) \tag{5.16}$$

n_{El} und n_{Loch} sind die Dichten der Leitungselektronen bzw. der Löcher. Einmal erzeugte Ladungen tragen dabei so lange zur Leitfähigkeit bei, bis sie rekombiniert sind oder über die Kontakte den Halbleiter verlassen haben. Die damit verbundene typische Zeitkonstante bezeichnen wir als τ_{rek}.

Tabelle 5.3: Bandlücken und Absorptionskanten verschiedener Halbleitermaterialien

	E_g/eV	$\lambda_{Kante}/\mu m$
CdS	2.42	0.51
CdSe	1.70	0.73
CdTe	1.56	0.79
GaAs	1.42	0.88
Si	1.12	1.10
Ge	0.66	1.88
PbS	0.41	3.02
InSb (300K)	0.17	7.29
InSb (0K)	0.23	5.40

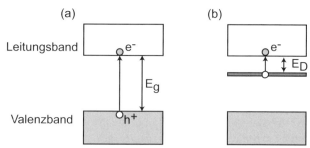

Bild 5.16: *Während Licht mit großen Wellenlängen und damit kleiner Photonenenergie ($h\nu < E_\mathrm{g}$) in einem undotierten Halbleiter keine Ladungsträger erzeugt, kann eine Dotierung auch bei großen Wellenlängen zur Erzeugung von Ladungsträgern führen und damit den Nachweis des Lichtes erlauben.*

Dotierte Halbleiter: Nachweis von Licht auch bei langen Wellenlängen

2. Ist der Halbleiter dotiert, können auch durch Übergänge aus den Dotierniveaus Ladungsträger erzeugt werden (siehe Bild 5.16). Da Dotierungen bis nahe an die Leitungsbandkanten möglich sind ($E_\mathrm{D} \ll E_\mathrm{g}$), gibt es Halbleiterdetektoren bis weit ins ferne Infrarot. Zu beachten ist dabei jedoch, dass Ladungsträger auch thermisch erzeugt werden können.

$$n_\mathrm{El} \propto \exp\left(-\frac{E_\mathrm{D}}{k_\mathrm{B}T}\right) \tag{5.17}$$

Zur Detektion von Licht bei großen Wellenlängen oder niedrigen Quantenenergien müssen deshalb die Detektoren gekühlt werden.

Photoleitungsdetektoren. Bei Photoleitern als Lichtdetektoren verwendet man dünne Schichten aus intrinsischen oder dotierten Halbleitermaterialien, wobei die Schichtdicke an die Eindringtiefe des zu detektierenden Lichtes angepasst sein sollte. Als Messgröße zählt die lichtinduzierte Änderung der Leitfähigkeit σ, die über eine Strommessung nachgewiesen wird. Zum Stromfluss tragen neben den schon vorhandenen (thermischen) Ladungsträgern die lichterzeugten Ladungsträger bei:

Photowiderstand

$$\sigma = \sigma_\mathrm{therm} + \sigma_\mathrm{photon} \approx \sigma_\mathrm{therm} + e\, n_\mathrm{El,photon}\, \mu_\mathrm{El} \tag{5.18}$$

Da ein einmal erzeugter Ladungsträger über seine Lebensdauer τ_rek zum Stromfluss beiträgt, folgt die gesamte Ladungsträgerdichte und damit die Leitfähigkeit nicht instantan der eingestrahlten Lichtintensität, sondern integriert während der Zeit τ_rek über die Intensität auf. So ergibt sich ein höheres Signal auf Kosten der Detektorgeschwindigkeit (Bandbreite). Eine typische Schaltung für den Nachweis von Lichtimpulsen ist in Bild 5.17 angegeben. Als Messsignal wird der Spannungsabfall an dem Lastwiderstand R_last gemessen.

5.1 Der Photoeffekt

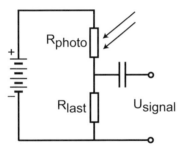

Bild 5.17: *Schaltbeispiel für einen Photoleiter (gepulste Einstrahlung). Durch den Kondensator kann der Dauerstrichuntergrund eliminiert werden. Nur der gepulste Photostrom führt zu einer gepulsten Spannung, die den Kondensator passiert und z.B. mit einem Oszilloskop nachgewiesen werden kann.*

Halbleiter-Photodioden. Bei Photodioden wird für die Lichtdetektion eine pn-Grenzschicht verwendet. Ladungsträgerpaare, durch Licht in der Grenzschicht erzeugt, werden durch das elektrische Feld der Raumladungszone (siehe Bücher über Festkörperphysik oder Elektrodynamik) getrennt und tragen so zum Stromfluss bei (siehe Bild 5.18). Der Einsatz einer Photodiode kann anhand der Strom-Spannungskennlinie eines unbeleuchteten pn-Übergangs (Diode) vorgestellt werden:

$$I_{\mathrm{pn}} = I_{\mathrm{th}} \left(\exp\left(eU/k_{\mathrm{B}}T\right) - 1\right) \tag{5.19}$$

Ein unbeleuchteter pn-Übergang zeigt bei Sperrpolung (die p-leitende Schicht ist mit dem negativen, die n-leitende mit dem positiven Pol der Spannungsquelle verbunden) bei nicht zu negativen Spannungen U einen konstant schwachen Rekombinationsstrom I_{th}. Beim Übergang in den Durchlassbereich beobachtet man ein exponentielles Anwachsen des Stromes I (siehe Bild 5.19). Beleuchtet man den pn-Übergang, so ist der lichtinduzierte (negative) Stromfluss I_{photo} zu

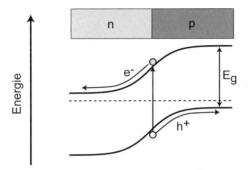

Bild 5.18: *Ladungstrennung in der Grenzschicht eines pn-Übergangs.*

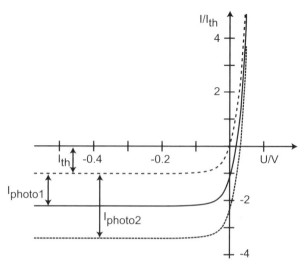

Bild 5.19: *Strom-Spannungs-Kennlinie eines pn-Übergangs. Bei Beleuchtung (durchgezogene Kurven) addiert sich der Photostrom. Diese Änderung erlaubt die Messung des absorbierten Lichtes in verschiedenen Schaltungen, bei $U \ll 0$ (Sperrbetrieb), $U = 0$ (Kurzschlussbetrieb) und $I = 0$ (photovoltaisch).*

addieren und man erhält eine neue Beziehung:

$$I = I_\mathrm{pn} + I_\mathrm{photo} = I_\mathrm{th}\left(\exp\left(eU/k_\mathrm{B}T\right) - 1\right) + I_\mathrm{photo} \quad (5.20)$$

$$I_\mathrm{photo} = e \cdot \eta \frac{P_\mathrm{L}}{h\nu} \quad (5.21)$$

Der Photostrom I_photo ist proportional zum Produkt aus in der Grenzschicht absorbierter optischer Leistung P_L und der Quantenausbeute η. Je nach Beschaltung der Photodiode erhält man damit unterschiedliches Verhalten:

Im **Sperrspannungsbetrieb** ($U \ll 0$) wird der Stromfluss durch den Photostrom bestimmt:

$$I = -I_\mathrm{th} + I_\mathrm{photo} \quad (5.22)$$

Im **Kurzschlussbetrieb**, $U = 0$, fließt nur der Photostrom I_photo. Man hat in diesen beiden Betriebsformen eine lineare Abhängigkeit des Photostroms von der eingestrahlten Lichtintensität.

Im **Photovoltaischen Betrieb** wird die Photodiode an einem offenen Stromkreis betrieben ($I \approx 0$, der Widerstand des äußeren Stromkreises $R_\mathrm{außen}$ ist sehr groß). Hier beobachtet man eine Spannung U_PV, die logarithmisch mit der Beleuchtungsintensität zusammenhängt:

$$I = I_\mathrm{th}\left(\exp\left(eU_\mathrm{PV}/k_\mathrm{B}T\right) - 1\right) + I_\mathrm{photo} = 0 \quad (5.23)$$

Photovoltaischer Betrieb: Detektor mit eingebautem Logarithmierer

5.1 Der Photoeffekt

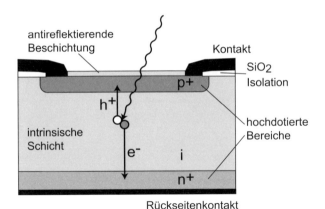

Bild 5.20: *Aufbau einer pin-Photodiode.*

$$U_{\text{PV}} = \frac{k_B T}{e} \ln\left(\frac{-I_{\text{photo}}}{I_{\text{th}}} + 1\right) \approx \frac{k_B T}{e} \ln\left(\frac{-I_{\text{photo}}}{I_{\text{th}}}\right)$$
$$\propto \ln(P_L) \quad \text{für } |I_{\text{photo}}| \gg |I_{\text{th}}| \quad (5.24)$$

Ein typischer Aufbau einer pin-Photodiode ist in Bild 5.20 dargestellt. Bei einer pin-Photodiode wird durch spezielle Wahl der Dotierung (Einfügen einer intrinsischen i-Schicht zwischen stark dotierten n^+- und p^+-Schichten) eine große Breite der Grenzschicht erreicht. Damit kann einfallendes, langwelliges Licht (auch wenn es im Halbleiter nur schwach absorbiert wird) effizient nachgewiesen werden.

Halbleiterphotodioden gehören heute zu den am meisten verwendeten optischen Detektoren. Ihr Einsatzbereich reicht von der Dauerstrichdetektion bis zu höchsten Geschwindigkeiten (große Bandbreiten) beim Einsatz in der optischen Kommunikation, wo Anstiegszeiten von unter 10 ps benötigt werden können. Spezialanwendungen sind flächenhafte Detektoren zur Bildaufnahme, z.B. in den CCD-Chips der Digitalkameras. Wenn es darum geht, geringste Lichtintensitäten nachzuweisen, werden Lawinenphotodioden (APD = Avalanche Photodiode) verwendet, bei denen intrinsische Ladungsverstärkung über den Avalanche-Effekt ausgenützt wird.

Bei den verschiedenen Halbleiterphotodioden müssen die Ladungsträger in der pn-Grenzschicht erzeugt werden. Damit keine Lichtintensität durch Absorption in höheren Halbleiterschichten verloren geht, sollte die Grenzschicht möglichst nahe an der Oberfläche gelegen sein. Für eine optimale Ausnutzung des einfallenden Lichtes muss die Dicke der Grenzschicht an den Absorptionskoeffizienten des Halbleitermaterials für den zu beobachtenden Wellenlängenbereich angepasst sein. Die Oberflächen selber werden mit Antireflexschichten versehen, damit die Reflexionsverluste an den Halbleitern, die normalerweise sehr große Brechungsindizes ($n > 2$) aufweisen, minimiert werden. Zwei Beispiele für den Spektralverlauf der Quantenausbeute von Si-Photodetektoren sind in Bild 5.21 dargestellt.

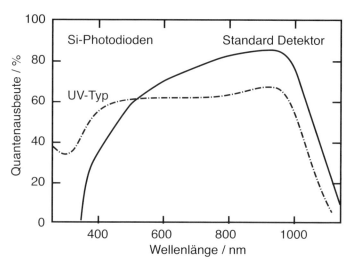

Bild 5.21: *Typische Quantenausbeute von Si-Photodetektoren. Beim UV-Typ ist die Quantenausbeute im sichtbaren und nahen infraroten Spektralbereich reduziert, beim Standardtyp bewirken Halbleiter-Schichtstruktur und Fenstermaterialien den starken Abfall der Empfindlichkeit im Ultravioletten.*

Thermische Detektoren: Lichtnachweis über ein breites Spektrum

Thermische Lichtsensoren. Bei thermischen Lichtsensoren wird die Wärmewirkung des Lichtes für den Nachweis verwendet. Hierzu kombiniert man eine schwarze, d.h. spektral sehr breitbandig absorbierte Detektorfläche mit einem möglichst sensitiven Temperaturfühler. Die verschiedenen thermischen Detektoren unterscheiden sich im Wesentlichen durch die Art der Temperaturmessung: Bei der **Thermosäule** ist der Absorber in engem thermischen Kontakt mit einem Thermoelement. Da jedoch ein einzelnes Thermoelement nur extrem kleine Spannungen liefert, werden viele (circa 100) Thermoelemente hintereinander geschaltet, wobei die lichtinduzierte Temperaturerhöhung gegen die Umgebungstemperatur gemessen wird. Beim **Bolometer** verwendet man Thermowiderstände mit möglichst hohem Temperaturkoeffizienten. In der **Golay-Zelle** wird der durch die Temperaturerhöhung bedingte Druckanstieg in einem kleinen, abgeschlossenen Gasbehälter gemessen, in dem der Lichtabsorber eingebaut ist. **Pyroelektrische Detektoren** verwenden als Sensoren spezielle Kristalle (z.B. $LiTaO_2$, Triglyzinsulfat), bei denen die elektrische Polarisation stark temperaturabhängig ist. Beleuchtet man einen (schwarz beschichteten) Kristall, so wird durch die Temperaturerhöhung eine Oberflächenladung erzeugt, die über aufgedampfte Metallelektroden abgeführt werden kann. Das Signal ist proportional zur Temperaturänderung. Für die Messung kurzer Lichtimpulse werden dünne Schichten aus pyroelektrischem Material mit Dicken im Bereich von μm eingesetzt. Aufgrund ihres Messprinzips weisen thermische Detektoren eine Reihe gemeinsamer Eigenschaften auf:

- die lichtabsorbierende Schicht sollte möglichst perfekt schwarz sein und eine möglichst kleine Wärmekapazität aufweisen.

- Ausgefeilte Kompensationsmethoden müssen angewendet werden, damit die in der Regel sehr kleinen Temperaturerhöhungen mit sinnvoller Dynamik nachgewiesen werden können.

5.2 Strahlungsgesetze und Lichtquellen

In den vorherigen Abschnitten wurde die Quanten-Natur des Lichts eingeführt. Mit konzeptionell einfachen Experimenten konnten die physikalischen Grundprinzipien der Wechselwirkung von Licht und Materie bei der Lichtabsorption aufgeklärt und das Photonenbild des Lichtes aufgestellt werden. In diesem Abschnitt wollen wir die Prozesse ansprechen, die bei der Erzeugung von Licht auftreten. Dazu werden zunächst die physikalischen Kenngrößen von Licht als Strahlung eingeführt und verschiedene Strahlungsgesetze vorgestellt. Im Anschluss an das Plancksche Strahlungsgesetz werden dann verschiedene Lichtquellen bis hin zum Laser behandelt.

5.2.1 Strahlungsphysikalische Größen

Unter Strahlungsleistung oder Strahlungsfluss Φ_e versteht man die gesamte pro Zeiteinheit transportierte Energie. Je nach Fragestellung kann es sich dabei um die abgestrahlte, die übertragene oder die absorbierte Leistung handeln. Der Zusammenhang zwischen Strahlungsleistung Φ_e und den Feldern des Lichtes ($\vec{E}$ und $\vec{B}$) wird über den Poynting-Vektor hergestellt (siehe Gl. (2.18) und (2.19)). Entsprechend kann man über Gl. (5.7) einen Zusammenhang zwischen dem Fluss der Photonen Φ_ν (Frequenz des Lichtes ν) und der Strahlungsleistung Φ_e herstellen:

$$\boxed{\Phi_e = h\nu\, \Phi_\nu \,[\mathrm{W}]} \quad \textbf{Strahlungsfluss, Strahlungsleistung} \quad (5.25)$$

Bezieht man den Strahlungsfluss auf eine (senkrecht zur Lichtausbreitung stehende) Querschnittsfläche, so erhält man die Intensität I_e, d.h. die Strahlungsenergie pro Zeit- und Flächeneinheit in W/m². Für den Zusammenhang mit dem elektrischen Feld erhält man für isotrope Medien aus Gl. (2.19):

$$I_e = \langle |\vec{S}| \rangle = \varepsilon_0 n c \langle |\vec{E}|^2 \rangle \quad (5.26)$$

Für eine linear polarisierte ebene Welle der Amplitude E_0 ergibt sich:

$$I_e = \frac{1}{2}\varepsilon_0 n c |E_0|^2 \quad (5.27)$$

Die Intensität ist direkt mit der Photonenflussdichte I_ν verknüpft:

$$I_e = h\nu \cdot I_\nu \quad (5.28)$$

Ausstrahlung von Licht. Für den praktischen Einsatz einer Lichtquelle ist nicht nur die gesamte Abstrahlung der Lichtquelle von Interesse, sondern auch die Abstrahlungsrichtung und die spektrale Zusammensetzung des abgestrahlten Lichtes. Die verschiedenen im täglichen Leben oder in Experimenten eingesetzten Lichtquellen zeigen hier höchst unterschiedliche Eigenschaften. Während eine Glühlampe in praktisch alle Richtungen gleichmäßig Licht abstrahlt, ist dies bei einem Autoscheinwerfer als Lichtquelle durch die verwendete abbildende Optik nicht mehr der Fall. Auch andere strahlende Systeme, z.B. Computerbildschirme, zeigen spezielle Richtungsabhängigkeiten der Emission. Ein Extremfall wird bei einem Laser erreicht, bei dem die Abstrahlung mit sehr kleiner Divergenz erfolgt. Eine typische Anordnung zur Bestimmung der interessierenden Strahlungsgrößen ist im Bild 5.22 angegeben. Hier betrachten wir eine kleine strahlende Fläche dA_s und, im Abstand R, einen Detektor der Fläche dF_{Det} (dF_{Det} sei ebenfalls sehr klein), die senkrecht zur Strahlrichtung steht. Der Detektor erfasse einen Raumwinkel $d\Omega$, der als dF_{Det}/R^2 definiert ist und in Einheiten von Steradiant (sr) angegeben wird. Mit diesem Aufbau kann die Strahlstärke $dJ_e(\vartheta)$ gemessen werden, die die charakterisierende Größe für die Lichtquelle darstellt. Die Strahlstärke entspricht der Strahlungsleistung $d\Phi_e$, die in eine bestimmte Richtung ϑ in ein Raumwinkelelement $d\Omega$ emittiert wird:

$$J_e(\vartheta) = \frac{d\Phi_e(\vartheta)}{d\Omega} \quad \left[\frac{W}{sr}\right] \quad \textbf{Strahlstärke} \qquad (5.29)$$

Lambertscher Strahler

In Bild 5.23 ist die Strahlstärke für zwei Beispiele in einem Polardiagramm dargestellt. Für einen Lambertschen Strahler (siehe durchgezogene Kurve) hängt die Strahlstärke nur vom Winkel ϑ zwischen der Normalen der strahlenden Fläche und der Strahlrichtung ab. Die Strahlstärke ist hier $J_e(\vartheta) \propto \cos\vartheta$. Das heißt, die Strahlstärke verhält sich wie die Projektion der Flächennormalen auf die Strahlrichtung. Egal unter welchem Winkel ϑ man die strahlende

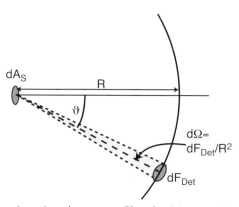

Bild 5.22: *Schema einer Anordnung zur Charakterisierung einer Strahlungsquelle der Fläche dA_s. Der Detektor mit der Fläche dF_{Det}, der unter einem Winkel ϑ zur Senkrechten auf dA_s steht, erfasst den Raumwinkel $d\Omega$.*

5.2 Strahlungsgesetze und Lichtquellen

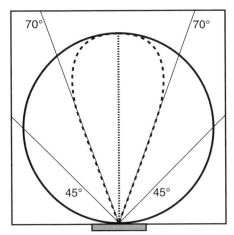

Bild 5.23: *Polardiagramm der Lichtemission eines Lambertschen Stahlers (durchgezogene Kurve) und einer Halogen-Reflektorlampe (getrichelt).*

Fläche betrachtet, sie erscheint immer gleich hell. Besitzt ein Lambertscher Strahler Kugelform, so ist seine Emission identisch zu der einer leuchtenden Scheibe. Auch die schräg stehenden Teile der Kugel erzeugen aufgrund der $\cos\vartheta$-Abhängigkeit die gleiche Strahlstärke wie die zentralen. Die Sonne ist nur näherungsweise ein Lambertscher Strahler, wie man aus der Photographie der Sonne in Bild 5.24 ersehen kann. In dem eingeblendeten Helligkeitsprofil sieht man deutlich die Abnahme der Helligkeit zum Rand der Sonne hin. Beleuchtete weiße Papierflächen verhalten sich näherungsweise wie Lambertsche Strahler. Diese Flächen erscheinen, wenn man sie unter verschiedenen Winkeln betrachtet, gleich hell. Als weiteres Beispiel einer Strahlungscharakeristik ist in Bild 5.23 die Emissionscharakteristik eines Halogen-Spots eingezeichnet. Die Charakteristik eines Justierlasers läge innerhalb der Strichstärke der gepunkteten Linie.

Für eine quantitative Behandlung der Abstrahlung ist es sinnvoll, eine ebene strahlende Fläche zu verwenden oder aus einem komplex geformten Strahler ein ebenes Flächenelement dA_S zu betrachten. Als spezifische Ausstrahlung M_e bezeichnet man den auf die Fläche dA_S des Strahler bezogenen Strahlungsfluss:

$$M_e = \frac{d\Phi_e}{dA_S} \quad \left[\frac{W}{m^2}\right] \quad \text{spezifische Ausstrahlung} \qquad (5.30)$$

Entsprechend kann man auch hier die Richtungsabhängigkeit mit berücksichtigen und erhält die Strahldichte:

$$L_e = \frac{dJ_e}{dA_{S\perp}} = \frac{d\Phi_e}{d\Omega\, dA_{S\perp}} \quad \left[\frac{W}{sr\cdot m^2}\right] \quad \textbf{Strahldichte} \qquad (5.31)$$

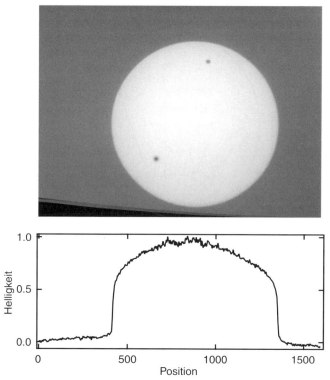

Bild 5.24: *Die Sonne als nicht-Lambertscher Strahler: In der Aufnahme der Sonne, die während des Venus-Durchgangs im Jahr 2004 entstand, sieht man die Abnahme der Helligkeit in der Nähe des Sonnenrandes. Bestimmt man die Helligkeit über eine Bildverarbeitungssoftware, so erhält man den Verlauf im unteren Bildteil, der die Helligkeitsabnahme deutlich zeigt.*

Bei dieser Definition wird die sichtbare leuchtende Fläche $dA_{S\perp} = dA_S \cdot \cos\vartheta$ als Bezugsgröße verwendet. Aus der Definition des Lambertschen Strahlers sehen wir, dass für ihn die Strahldichte L_e nicht vom Winkel ϑ abhängt.

Welche Größen misst ein Detektor?

Auf den Lichtempfänger bezogene Größen. Betrachten wir nun die auf den Empfänger auftreffende Lichtmenge. Ohne Berücksichtigung der speziellen Eigenschaften der Quelle zählen zwei Größen: Die Bestrahlungsstärke E_e, d.h. die auf den Detektor einfallende Lichtintensität:

$$E_e = \frac{d\Phi_e}{dF_{\text{Det}}} \quad \left[\frac{\text{W}}{\text{m}^2}\right] \quad \textbf{Bestrahlungsstärke} \quad (5.32)$$

Daneben interessiert die gesamte Bestrahlung H_e, d.h. die über die Zeit integrierte Bestrahlungsstärke E_e.

$$H_e = \int E_e(t) dt \quad \left[\frac{\text{J}}{\text{m}^2}\right] \quad \textbf{Bestrahlung} \quad (5.33)$$

5.2 Strahlungsgesetze und Lichtquellen

Die Bestrahlung H_e ist für die akkumulierte Strahlungswirkung verantwortlich. Sie zählt für die photochemische Wirkung des Lichtes (z.B. beim Sonnenbrand) die Schwärzung einer Photoplatte oder für das akkumulierte Signal auf einem CCD-Detektor. Sind für spezielle Anwendungen zusätzlich die spektralen Eigenschaften des Lichtes von Bedeutung (z.B. die ultravioletten Anteile beim Erzeugen des Sonnenbrandes), so sind die bisher behandelten photometrischen Größen in Abhängigkeit der Lichtwellenlänge bzw. der Lichtfrequenz zu bestimmen. Die endliche Spaltbreite ($d\lambda$ bzw $d\nu$) der spektroskopischen Geräte ist dabei entsprechend zu berücksichtigen:

$$\Phi_{e\lambda}(\lambda) = \frac{d\Phi_e(\lambda)}{d\lambda} \quad \text{oder} \quad \Phi_{e\nu}(\nu) = \frac{d\Phi_e(\nu)}{d\nu} \tag{5.34}$$

Man erhält die Messgrößen, z.B. Φ_e, durch die entsprechende Integration der wellenlängen- oder frequenzabhängigen Größen über den beobachteten Spektralbereich:

$$\Phi_e = \int_{\lambda_1}^{\lambda_2} \Phi_{e\lambda}(\lambda)d\lambda \quad \text{oder} \quad \Phi_e = \int_{\nu_1}^{\nu_2} \Phi_{e\nu}(\nu)d\nu \tag{5.35}$$

Beim Umrechnen zwischen wellenlängen- bzw. frequenzbasierenden Größen sollte man den Zusammenhang zwischen λ und ν bzw. zwischen $d\lambda$ und $d\nu$ berücksichtigen (siehe Gl. (5.66)). Wenn die Lichtintensität einer Quelle mit definiertem Spektralverlauf von einem Detektor nachgewiesen wird, z.B. über den Photostrom i_{ph} eines Halbleiterdetektors, so muss die spektrale Empfindlichkeit des Detektors $S(\lambda)$ beachtet werden.

$$i_{ph} = dF_{Det} \cdot \int_0^\infty I_{e\lambda}(\lambda) \cdot S(\lambda) \, d\lambda \tag{5.36}$$

Beispiele für die spektrale Empfindlichkeit von Photokathoden und Halbleiterdetektoren sind in den Bildern 5.11 und 5.21 angegeben. In Tabelle 5.4 sind

Tabelle 5.4: Zusammenfassung von physikalischen Strahlungsgrößen und lichttechnischen Größen

Physikalische Strahlungsgrößen	Lichttechnische Größen
Strahlungsfluss Φ_e [W]	Lichtstrom Φ_V [lm]
Strahlstärke J_e $\left[\frac{W}{sr}\right]$	Lichtstärke J_V $\left[\frac{lm}{sr}\right]$ = [cd]
spezifische Ausstrahlung M_e $\left[\frac{W}{m^2}\right]$	spezifische Lichtausstrahlung M_V $\left[\frac{lm}{m^2}\right]$
Strahldichte L_e $\left[\frac{W}{sr \cdot m^2}\right]$	Leuchtdichte L_V $\left[\frac{cd}{m^2}\right]$
Bestrahlungsstärke E_e $\left[\frac{W}{m^2}\right]$	Beleuchtungsstärke E_V [lx] = $\left[\frac{lm}{m^2}\right]$

Auge als Detektor: spezielle spektrale Eigenschaften

die verschiedenen physikalischen Strahlungsgrößen zusammengefasst und den unten besprochenen lichttechnischen Größen gegenübergestellt.

5.2.2 Lichttechnische Größen*

Für die täglich Anwendung ist die Helligkeit, die man mit dem Auge wahrnimmt, oft die bestimmende Größe. Als Detektor dient hier das menschliche Auge mit seiner speziellen spektralen Nachweisempfindlichkeit $V(\lambda)$. Hier wurde das Sehverhalten von vielen Menschen getestet und daraus die Empfindlichkeitskurve bestimmt. Beachten Sie, dass der spektrale Verlauf sich zwischen hell und dunkel adaptiertem Auge unterscheidet. Beim dunkel adaptierten Auge liegt das Maximum des Spektralverlaufs im blau-grünen Spektralbereich bei 510 nm, die Nachweisempfindlichkeit ist hier wesentlich höher als beim hell adaptierten Auge. Der Verlauf der Nachweisempfindlichkeit für das hell adaptierte Auge ist in Bild 5.25 angegeben. Das Maximum liegt hier bei 555 nm.

Die gebräuchlichsten lichttechnischen Einheiten sind: Candela (cd) für die Lichtstärke J_V, Lumen (lm) für den Lichtstrom Φ_V und Lux (lx) für die Beleuchtungsstärke E_V. Der Index V gibt den Bezug auf die visuellen, die lichttechnischen Größen an, während der Index e die photophysikalischen Größen bezeichnet.

Der Zusammenhang zwischen der Lichtstärke J_V und der entsprechenden physikalischen Strahlungsgröße, der Strahlstärke J_e wird über die Definition von Candela hergestellt. Für eine gerichtete monochromatische Lichtquelle bei $\lambda = 550$ nm gilt:

$$1 \text{ cd} = \frac{1}{683} \cdot \frac{\text{W}}{\text{sr}} \qquad (5.37)$$

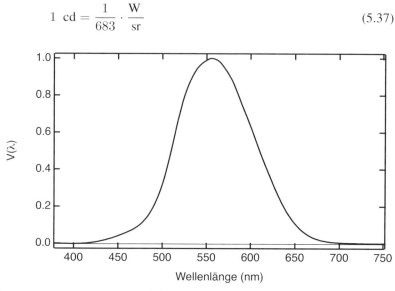

Bild 5.25: *Empfindlichkeitskurve $V(\lambda)$ des hell adaptierten Auges.*

5.2 Strahlungsgesetze und Lichtquellen

Die Größe $K_m = 683 \,\text{cd}/(\text{W}/\text{sr})$ wird als photometrisches Strahlungsäquivalent bezeichnet. K_m erlaubt die Umrechnung zwischen lichttechnischen und photophysikalischen Größen. Für monochromatisches Licht der Wellenlänge λ gilt für den Lichtstrom Φ_V folgende Umrechnung:

$$\Phi_V = K_m \cdot V(\lambda) \cdot \Phi_e \qquad (5.38)$$

Der Lichtstrom Φ_V besitzt die Einheit Lumen. Mit der Definition von Candela ergibt sich der Zusammenhang: $1 \,\text{cd} = 1 \,\text{lm/sr}$. Bei spektral breitbandigem Licht bewirkt der Strahlungsfluss $\Phi_{e\lambda}(\lambda)$ einen Helligkeitseindruck, der durch den Lichtstrom Φ_V bestimmt ist, der sich folgendermaßen berechnet:

$$\Phi_V = K_m \int V(\lambda) \cdot \Phi_{e\lambda}(\lambda) \, d\lambda \qquad (5.39)$$

Entsprechende Umwandlungen führen zu den anderen lichttechnischen Größen. Die hier verwendeten Definitionen sind in Tabelle 5.4 angegeben. Für lichttechnische Anwendungen beschreibt der Lichtstrom Φ_V die Qualität einer Lichtquelle in Lumen (lm). Für eine spezielle Beleuchtungssituation zählt die Beleuchtungsstärke E_V, die in Lux (lx) anzugeben ist. Parameter für typische Lichtquellen und Beleuchtungssituationen sind in Tabelle 5.5 und 5.6 angegeben.

Candela, Lumen und Lux

Tabelle 5.5: Typische Lichtströme

Lichtquelle	Lichtstrom
Glühlampe, 60 W	730 lm
Glühlampe, 100 W	1380 lm
Halogenglühlampe, 50 W	950 lm
Energiesparlampe, 15 W	900 lm
Leuchtstoffröhre, 36 W	3450 lm
Natrium Niederdrucklampe, 55 W	8000 lm

Tabelle 5.6: Typische Beleuchtungssituationen

Situation	Beleuchtungsstärke
Mittagssonne	100 000 lx
Bedeckter Himmel (Tageslicht)	ca. 10 000 lx
Arbeitsplatz (feine Handarbeit)	1000 - 2000 lx
Büroarbeitsplatz	500 lx
Wohnzimmer	150 lx
Straßenbeleuchtung	ca. 10 lx
Vollmond	0.25 lx
Sternklare Nacht	0.001 lx

An einem Rechenbeispiel soll kurz die Anwendung der verschiedenen Lichttechnischen Größen gezeigt werden: Eine Leuchtdiode leuchte mit einer Lichtstärke J_V von 10 cd nur innerhalb eines Kegels mit Abstrahlwinkel $\psi = 20°(d\Omega = 0.12\text{ sr})$. Der Lichtstrom Φ_V beträgt dann: $\Phi_V = J_V \cdot d\Omega = 1.2$ lm. Die Leuchtdiode mit $d\Omega = 0.12$ sr leuchtet im Abstand $R = 1$m eine Fläche F von $F = d\Omega \cdot R^2 = 0.12$ m^2 aus. Die Beleuchtungsstärke E_V beträgt hier $E_V = \Phi_V/F = 10$ lx,

5.2.3 Das Kirchhoffsche Strahlungsgesetz

In diesem Abschnitt werden wir die Begriffe Absorptions- und Emissionsvermögen eines Körpers ansprechen und mit dem Kirchhoffschen Strahlungsgesetz einen wichtigen Zusammenhang zwischen Absorptionsvermögen und Emissionsvermögen herstellen. Betrachten wir zunächst einen beliebigen Körper, der sich in einem Strahlungsfeld befindet, so ist sein Absorptionsvermögen A folgendermaßen definiert:

$$A = \frac{\text{absorbierte Strahlungsleistung}}{\text{einfallende Strahlungsleistung}} \tag{5.40}$$

Wechselspiel von Absorption und Emission

Dabei sollte man beachten, dass das Absorptionsvermögen von den optischen Eigenschaften des Körpers, insbesondere seiner Oberfläche abhängt. Jedoch tragen zum Absorptionsvermögen nicht nur der Absorptionskoeffizient, sondern auch das Reflexionsvermögen, die Oberflächenstruktur und die Form des Körpers bei. Trotz der einfachen Form können aus obiger Definition interessante Schlüsse gezogen und wichtige Definitionen abgeleitet werden. Der maximal mögliche Wert für das Absorptionsvermögen ist $A = 1$. In diesem Fall wird das gesamte, auf den Körper einfallende Licht absorbiert, kein Licht wird reflektiert. Dies gilt über den gesamten Spektralbereich. Einen Körper mit $A = 1$ nennt man schwarz. Beobachtet man einen festen Wert $A < 1$ für das gesamte Spektrum, so nennt man den Körper grau. Wird von dem Körper keinerlei Strahlung absorbiert, bezeichnet man ihn als weiß.

Betrachtet man das von einem Körper ausgehende Strahlungsfeld, so enthält es zwei Anteile: zum einen wird vom Körper aufgrund seiner Eigenschaften, wie z.B. seiner Temperatur Strahlung emittiert. Der zweite Anteil entspricht dem von dem Körper nicht absorbierten, aber reflektierten Anteil der auf ihn einfallenden Strahlung (siehe Bild 5.26).

Wir betrachten nun ein abgeschlossenes System aus zwei Körpern K_1 und K_2 bei den Temperaturen T_1 bzw. T_2. Die Körper strahlen jeweils die Leistung Φ_1 und Φ_2 ab und besitzen das Absorptionsvermögen A_1 bzw. A_2. Die Abgeschlossenheit kann z.B. dadurch hergestellt werden, dass sich die Körper gemeinsam in einer perfekt reflektierenden und wärmeisolierenden Hülle befinden. Wenn sich zwischen den Körpern ein thermisches Gleichgewicht eingestellt hat, dann muss gleich viel Leistung $\Delta\Phi_{12}$ vom Körper K_1 zum Körper K_2 fließen wie in der umgekehrten Richtung, $\Delta\Phi_{21}$. Daraus ergibt sich ein

5.2 Strahlungsgesetze und Lichtquellen

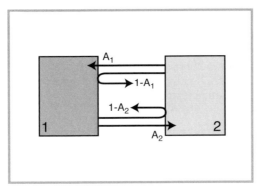

Bild 5.26: *Austausch von Strahlungsenergie zwischen zwei Körpern in einer perfekt reflektierenden Umgebung.*

wichtiger Zusammenhang zwischen abgestrahlter Leistung und Absorptionsvermögen:

$$\Delta \Phi_{12} = \Phi_1 + (1 - A_1) \cdot \Phi_2 = \Phi_2 + (1 - A_2) \cdot \Phi_1 = \Delta \Phi_{21} \quad (5.41)$$

$$\frac{\Phi_1}{A_1} = \frac{\Phi_2}{A_2} \quad (5.42)$$

Schwarzer Körper: optimale Absorption und Emission

Man sieht aus dieser Beziehung, dass das Verhältnis von abgestrahlter Leistung zum Absorptionsvermögen eines Körpers eine Konstante ist. Optimale Abstrahlung findet man für maximales Absorptionsvermögen, also für schwarze Körper. Handelt es sich bei dem Körper K_2 um einen schwarzen Körper, $A_2 = 1$, so kann man direkt sehen, dass die Emission von K_1, Φ_1, der eines schwarzen Strahlers multipliziert mit A_1 entspricht. Man kann die Beziehung (5.42) auch auf die Betrachtung bei einzelnen Wellenlängen erweitern. Es zeigt sich dabei, dass die Emission in spektralen Bereichen mit hoher Absorption hoch, in denen mit niedriger Absorption gering ist. Berücksichtigt man dieses Verhalten, so lassen sich z.B. effiziente Sonnenkollektoren bauen, die bei den Wellenlängen der Sonneneinstrahlung (d.h. im Sichtbaren und im nahen IR) sehr gut absorbieren, jedoch bei den Wellenlängen ihrer thermischen Emission im mittleren IR geringes Emissionsvermögen zeigen.

Wie erhält man einen ideal schwarzen Körper?

Abschließend soll hier noch die technische Realisierung eines schwarzen Körpers angesprochen werden. Der ideal schwarze Körper sollte Licht unabhängig von der Wellenlänge perfekt absorbieren. Betrachtet man dazu seine Oberfläche, so wissen wir von der Behandlung der Fresnelschen Gleichungen, in Kap. 2.3.2, dass ein Brechungsindexsprung an der Oberfläche $\Delta n \neq 0$ immer einen gewissen Reflexionsgrad $R \neq 0$ nach sich zieht. Für Materialien mit großem Absorptionskoeffizienten wächst R zusätzlich stark an (metallischer Glanz). Materialien mit hohem Absorptionskoeffizienten oder/und großem Brechungsindexsprung können nicht ideal schwarz sein. Wichtig für ein hohes Absorptionsvermögen ist vielmehr die Oberflächenstruktur und ein nicht zu großer, dafür aber wellenlängenunabhängiger Absorptionskoeffizient. Wie im nächsten Abschnitt gezeigt wird, kann ein großer Hohlraum mit kleiner Öffnung praktisch perfekt Licht „verschlucken". Mit diesem Wissen kann man verstehen, dass rauhe und auf der mikroskopischen Längenskala stark strukturierte Oberflächen ein hohes Absorptionsvermögen aufweisen können. Als lichtschluckende Materialien werden deshalb oft schwarze Stoffe, (auch Samt) oder aufgerauhte schwarze Kartons verwendet.

5.2.4 Das Emissionsverhalten eines schwarzen Strahlers

Vom schwarzen Strahler zur Quantenmechanik

Ab Mitte des 19. Jahrhunderts, zu einer Zeit als die ersten elektrischen Lichtquellen entwickelt wurden, begann man nach einer theoretischen Erklärung für die Entstehung des Lichts zu suchen. Zu dieser Zeit waren die meisten Erkenntnisse der Atomphysik sowie die Quantenmechanik noch gänzlich unbekannt. Die gefundenen Gesetzmäßigkeiten stützten sich deshalb meist auf die Thermodynamik.

Erhitzt man einen Körper, so beobachtet man, dass er bei hoher Temperatur zunächst rot zu glühen beginnt, später, bei noch höherer Temperatur, weiß leuchtet. Ein Körper endlicher Temperatur sendet immer eine gewisse Strahlung aus. Dieser Effekt wird in Pyrometern zur Messung hoher Temperaturen benützt. Bei Zimmertemperatur liegt die Wellenlänge der Strahlung jedoch weit im Infraroten, so dass wir sie mit bloßem Auge nicht beobachten können.

Betrachten wir nun einen fest verschlossenen, nach außen isolierten Kasten. Aufgrund ihrer Temperatur strahlen die Wände Energie in den Hohlraum im Inneren des Kastens. Da der Kasten nach außen isoliert ist, müssen sich die Wände im thermischen Gleichgewicht mit dem Hohlraum befinden. Das bedeutet, dass sie die Energie, die sie durch Abstrahlung verlieren, durch Absorption aus dem Strahlungsfeld wieder zurückgewinnen. Dies muss völlig unabhängig von der Frequenz der vorhandenen Strahlung geschehen.

Hohlraumstrahler

Bohren wir nun ein sehr kleines Loch in den Kasten und beleuchten dieses Loch von außen, so wird das einfallende Licht an den Wänden des Kastens reflektiert, gestreut und letztendlich vollständig absorbiert. Bei einem großen Kasten und sehr kleinem Loch wird die einfallende Strahlung perfekt „geschluckt". Dies ist unabhängig von der Wellenlänge der einfallenden Strahlung. An einem einfachen Modell kann man sich leicht davon überzeugen: Bauen Sie aus schwarzem Karton einen Würfel und schneiden ein kleines Loch hinein, so erscheint dieses Loch (bei Raumtemperatur) wesentlich schwärzer als der umgebende schwarze Karton. Selbst wenn Sie im Inneren des Würfels die Wände weiß anstreichen, erscheint das Loch, solange es nur genügend klein ist immer perfekt schwarz. Einen solchen Körper, der unabhängig von der Frequenz (oder Wellenlänge) ein idealer Absorber ist, nennt man schwarz (siehe letztes Kapitel). Unser Kasten ist also physikalisch betrachtet nichts anderes als das Modell eines idealen schwarzen Körpers.

5.2 Strahlungsgesetze und Lichtquellen

In der bisherigen Diskussion hatten wir nur die Absorptionseigenschaften des schwarzen Körpers behandelt. Wir müssen jedoch auch seine Fähigkeit Licht abzustrahlen berücksichtigen. Dazu betrachten wir nun den oben angesprochenen, ideal thermisch isolierten Hohlraum mit Loch. Man stellt fest, dass an der Stelle des Loches das Gleichgewicht zwischen Strahlungsfeld und Kastenwand gestört ist. Da über die Fläche des Loches die Wand fehlt, wird hier keine Energie von der Wand ans Strahlungsfeld abgegeben, jedoch verlässt die auf dieses Loch einfallende Strahlungsenergie durch das Loch den Kasten. Als Folge davon würde sich dieser abkühlen. Koppeln wir zwei Hohlräume unterschiedlicher Temperatur über ein Loch, so wird so lange Strahlungsenergie ausgetauscht, bis beide Hohlräume auf gleicher Temperatur sind. Wir wollen im Folgenden die Eigenschaften des Hohlraums, der aufgrund seiner lichtabsorbierenden Wirkung als schwarzer Körper, aufgrund seiner Abstrahlung als schwarzer Strahler (wir werden auch den Begriff Hohlraumstrahler verwenden) bezeichnet wird, im Detail behandeln.

Um das Strahlungsfeld im Inneren des Kastens quantitativ untersuchen zu können, messen wir die durch das Loch austretende Strahlung mittels eines Detektors (siehe Bild 5.27). Dazu definiert man die im Inneren des Hohlraums herrschende Energiedichte $u(\nu, T)\mathrm{d}\nu$ und die aus dem Loch austretende Strahldichte $L(\nu, T)\mathrm{d}\nu$:

$$u(\nu, T)\mathrm{d}\nu = \frac{\text{Strahlungsenergie im Frequenzbereich } (\nu, \nu + \mathrm{d}\nu)}{\text{Volumen des Hohlraums}} \quad (5.43)$$

$$L(\nu, T)\mathrm{d}\nu = \frac{\text{Strahlungsleistung im Frequenzbereich } (\nu, \nu + \mathrm{d}\nu)}{\text{Raumwinkel} \cdot \text{sichtbare Fläche des Strahlers}} \quad (5.44)$$

Der Detektor (siehe Bild 5.27) registriert im Experiment folgende Strahlungsleistung:

$$\Phi_\mathrm{e}(\nu, T)\mathrm{d}\nu = u(\nu, T)\mathrm{d}\nu \cdot c \cdot \frac{\Delta\Omega}{4\pi} \cdot A \cdot \cos\vartheta \quad (5.45)$$

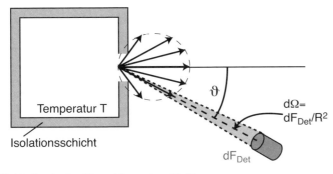

Bild 5.27: *Nachweis der Abstrahlung eines Hohlraums.*

Hier ist A die Fläche des Lochs und $\Delta\Omega$ der vom Detektor abgedeckte Raumwinkel. Der Raumwinkel $\Delta\Omega$ ist definiert als S/r^2, wobei S das Oberflächenstück ist, das der Raumwinkel aus einer Kugel mit Radius r ausschneidet. Seine Einheit ist der Steradiant (sr). Für theoretische Betrachtungen ist es einfacher die Strahlungsleistung gemäß Gl. (5.45) auf die sichtbare Fläche ($A \cdot \cos\vartheta$) und den Raumwinkel zu beziehen. Für die so erhaltene Strahldichte (siehe Gl. (5.31)) gilt dann:

$$L(\nu,T)\mathrm{d}\nu = \frac{c}{4\pi} u(\nu,T)\mathrm{d}\nu \tag{5.46}$$

Die Strahldichte $L(\nu,T)\mathrm{d}\nu$ entspricht also der von der Einheitsfläche ($A = 1\,\mathrm{m}^2$) in den Raumwinkel $\Delta\Omega = 1$ sr pro Zeit in Richtung der Flächennormalen abgestrahlten Energie. Wir wollen nun die gesamte Abstrahlung in den Halbraum vor der Öffnung berechnen. Dazu betrachten wir noch einmal Gleichung (5.45). Befindet sich der Detektor nicht senkrecht vor der Öffnung, sondern im Winkel ϑ zur Flächennormalen, so sieht er statt der Fläche A nur noch die Fläche $A\cos\vartheta$; A soll hier die Einheitsfläche (1 m^2) sein. Außerdem müssen wir den Raumwinkel $\Delta\Omega$ gleich dem differentiellen Raumwinkelelement $\sin\vartheta\,\mathrm{d}\vartheta\,\mathrm{d}\varphi$ setzen und über die gesamte Fläche einer Halbkugel vor dem Loch integrieren. Die gesamte Abstrahlung pro abstrahlender Fläche wird damit:

$$L_{\mathrm{ges}}(\nu,T)\mathrm{d}\nu = \frac{c}{4\pi} u(\nu,T)\mathrm{d}\nu \int_0^{\pi/2} \cos\vartheta \sin\vartheta\,\mathrm{d}\vartheta \int_0^{2\pi} \mathrm{d}\varphi$$

$$= \frac{c}{4} u(\nu,T)\mathrm{d}\nu \tag{5.47}$$

Mit Hilfe dieser Beziehungen kann man nun die spektrale Energiedichte $u(\nu,T)d\nu$ aus der gemessenen gesamten Abstrahlung $L_{\mathrm{ges}}(\nu,T)$ experimentell bestimmen. Die spektrale Energiedichte ist in Bild 5.28a in Abhängigkeit von der Frequenz und in Bild 5.28b in Abhängigkeit von der Wellenlänge dargestellt.

5.2.5 Strahlungsgesetze

Bei dem Versuch, den Verlauf der spektralen Energiedichte zu ergründen, wurden bis zum Jahr 1900 mehrere Gesetze formuliert. Unklar war zunächst nicht nur eine theoretische Interpretation der Messkurven, sondern auch deren genauer algebraischer Verlauf. Mit Hilfe der dabei erhaltenen empirischen Strahlungsgesetze konnte man wichtige Eigenschaften der Abstrahlung eines schwarzen Körpers vorhersagen.

Welche Leistung emittiert ein Strahler?

Stefan-Boltzmann-Gesetz. Das von J. Stefan empirisch gefundene und später von L. Boltzmann theoretisch abgeleitete Gesetz zeigt für den schwarzen Kör-

5.2 Strahlungsgesetze und Lichtquellen

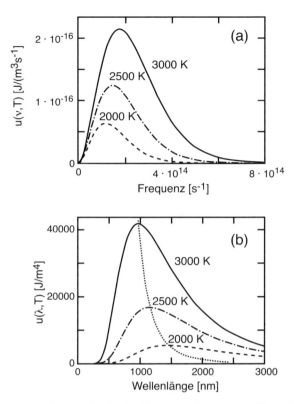

Bild 5.28: *Energiedichte des strahlenden Hohlraums (schwarzer Strahler) als Funktion der Frequenz ($u(\nu, T)$, oben) bzw. der Wellenlänge ($u(\lambda, T)$, unten).*

per den Zusammenhang zwischen der spektral integrierten Strahlungsleistung $\mathcal{L}$ (bezogen auf die Fläche des Strahlers) und der Temperatur T.

$$\boxed{\mathcal{L} = \int_0^\infty L_{\text{ges}}(\nu, T)\, d\nu = \sigma \cdot T^4} \quad \text{\textbf{Stefan-Boltzmann-Gesetz}} \quad (5.48)$$

mit der Stefan-Boltzmann-Konstante $\sigma = 5.67051 \cdot 10^{-8}\,\text{W}\,\text{m}^{-2}\text{K}^{-4}$.

Mit Hilfe des Stefan-Boltzmann-Gesetzes lässt sich der Energieverlust eines Körpers durch Abstrahlung berechnen. Als Beispiel dazu können Sie sich aus der Solarkonstante (Strahlungsintensität von der Sonne auf der Erdumlaufbahn von 1370 W/m^2) dem Radius der Erdbahn ($1.5 \cdot 10^8$ km) und dem Sonnenradius (700000 km) die Oberflächentemperatur der Sonne berechnen.

Wiensches Verschiebungsgesetz. Der Physiker W. Wien formulierte 1893 ein Gesetz, welches die Lage der Maxima in Bild 5.28b beschreibt. Die folgende

Wo liegt das Emissionsmaximum?

Formel gibt an, bei welcher Wellenlänge λ_{max} das Maximum der Emission $u(\lambda, T)d\lambda$ für die Strahlertemperatur T zu erwarten ist.

$$\boxed{\lambda_{max} \cdot T = 0.29 \text{cm K}} \quad \textbf{Wiensches Verschiebungsgesetz} \quad (5.49)$$

Dieses Gesetz erklärt quantitativ die Farbänderungen, die man bei der Abstrahlung eines glühenden Körpers beobachten kann.

Wiensches Strahlungsgesetz. Außerdem gab W. Wien an, dass die Energiedichte $u(\nu, T)d\nu$ die folgende Form aufweisen sollte:

$$u(\nu, T)d\nu = \nu^3 f\left(\frac{\nu}{T}\right) d\nu \quad (5.50)$$

Wien fand jedoch keine Funktion f, die für alle Frequenzen die Beobachtungen korrekt wiedergab. Die folgende Formel, die dieselbe Struktur besitzt wie Gl. (5.50), beschreibt zwar die experimentellen Ergebnisse für große Frequenzen, versagt aber bei kleinen Frequenzen, d.h. im Infraroten. Wählt man in dieser Beziehung die Konstanten gemäß der heutigen Nomenklatur, so erhält das Wiensche Strahlungsgesetz die folgende Form.

$$\boxed{u(\nu, T)d\nu = \frac{8\pi h \nu^3}{c^3} \exp\left(-\frac{h\nu}{kT}\right) d\nu} \quad (5.51)$$

$$\textbf{Wiensches Strahlungsgesetz}$$

Versuch einer klassischen Beschreibung

Rayleigh-Jeans-Gesetz. Eine Beziehung, die bei kleinen Frequenzen gültig ist, wurde Anfang des Jahres 1900 von J.W. Rayleigh und J.H. Jeans mit Hilfe der klassischen Elektrodynamik hergeleitet. Diese Formel führt jedoch für große Frequenzen zu starken Abweichungen von den experimentellen Ergebnissen. Man spricht auch von der Ultraviolett-Katastrophe.

$$\boxed{u(\nu, T)d\nu = \frac{8\pi \nu^2}{c^3} kT \, d\nu} \quad \textbf{Rayleigh-Jeans-Gesetz} \quad (5.52)$$

5.2.6 Die Plancksche Strahlungsformel

Max Planck 1900: Beginn der Quantenphysik

Erst Max Planck fand Ende des Jahres 1900 eine plausible theoretische Erklärung für das Verhalten eines schwarzen Strahlers. Er nahm dabei an, dass sich das Strahlungsfeld im Gleichgewicht mit einer großen Zahl von harmonischen Oszillatoren (die die Atome der Wände repräsentieren sollten) befindet. Er betrachtete dann Entropie und Energie des gesamten Systems. Unter der klassischen Annahme, dass diese Oszillatoren jede beliebige Energie anneh-

5.2 Strahlungsgesetze und Lichtquellen

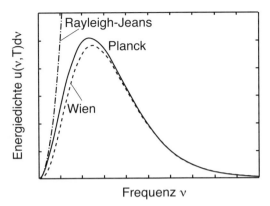

Bild 5.29: *Vergleich der Strahlungsgesetze. Während das Wiensche Strahlungsgesetz bei hohen Frequenzen den realen Verlauf des Hohlraumstrahlers (Plancksches Strahlungsgesetz) korrekt wiedergibt, kann es das Niederfrequenzverhalten nicht korrekt beschreiben. Hier ist der Gültigkeitsbereich des klassischen Rayleigh-Jeans-Gesetzes.*

men können, gelangte er jedoch wieder zum Wienschen Strahlungsgesetz, das ja nur im Falle großer Frequenzen gilt. (Zur Erinnerung: die Energie eines klassischen harmonischen Oszillators ist proportional zum Quadrat der Maximalauslenkung; sie kann also alle möglichen Werte annehmen.) Max Planck suchte danach systematisch nach der Schwachstelle seiner Theorie. Erst die Annahme, dass die Oszillatorenergien nur diskrete Werte annehmen können und somit nicht kontinuierlich verteilt sind, brachte ihn nach längeren Berechnungen auf die richtige Lösung. Er konnte mit seiner Formel nun nicht nur die Hohlraumstrahlung erklären, sondern begründete mit der Entdeckung der Quantelung der Oszillatorenergie auch ein völlig neues Gebiet der Physik, die Quantenmechanik. Die Energiequanten, mit denen der Energieaustausch zwischen Strahler und Strahlungsfeld erfolgt, haben die Größe $h\nu$, wobei h das Plancksche Wirkungsquantum ist.

Die Herleitung von Max Planck erfordert detaillierte Kenntnisse der statistischen Physik und soll deshalb hier nicht dargestellt werden. Eine einfachere Herleitung der Planckschen Strahlungsformel wurde später (im Jahr 1917) von Albert Einstein gegeben. Mit dieser Herleitung legte Einstein auch die Grundlagen für die Entwicklung des Lasers, der aber erst ca. 40 Jahre später realisiert wurde.

Einsteinsche Ableitung des Planckschen Strahlungsgesetzes

Einstein verwendete wieder die Grundidee quantisierter Energiezustände in den Wänden. Er betrachtete eine Anzahl N von Systemen mit jeweils zwei Energieniveaus ε_1 und ε_2, mit dem Energieabstand $\varepsilon_2 - \varepsilon_1 = h\nu$. Diese Zweiniveausysteme können als einfachste Modelle für Atome betrachtet werden. Es lässt sich zeigen, dass eine große Anzahl von unabhängigen Zweiniveausystemen dieselben statistischen Eigenschaften aufweisen, denen auch Plancks Herleitung zugrunde lag. Zwischen den zwei Energieniveaus eines Systems sind folgende Übergänge möglich (siehe Bild 5.30):

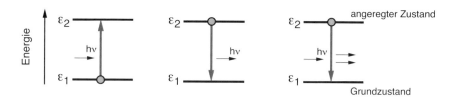

Bild 5.30: *Elementarprozesse bei der Wechselwirkung zwischen Licht und einem Atom (Zweiniveausystem).*

Absorption. Durch die Aufnahme der Energie $h\nu$ aus dem Strahlungsfeld geht ein System vom Grundzustand (ε_1) in den angeregten Zustand (ε_2) über. Die Übergangsrate ist hier proportional zur Besetzung des Grundzustandes N_1 und zum Strahlungsfeld $u(\nu,t)d\nu$.

$$\left.\frac{dN_1}{dt}\right|_{\text{Absorption}} = -B_{12}u(\nu,T)N_1 \tag{5.53}$$

Spontane Emission. Das System geht spontan von dem energetisch höheren Zustand (ε_2) in den niedrigeren Zustand (ε_1) über. Dabei wird ein Photon der Energie $h\nu$ emittiert. In diesem Fall wird die Übergangsrate lediglich durch die Besetzung des angeregten Zustandes N_2 bestimmt.

$$\left.\frac{dN_2}{dt}\right|_{\text{spont. Emission}} = -A_{21}N_2 \tag{5.54}$$

Stimulierte Emission: negative Absorption

Stimulierte Emission. Durch Wechselwirkung mit dem äußeren Strahlungsfeld fällt das System vom angeregten Zustand (ε_2) in den Grundzustand (ε_1) zurück. Dabei wird wieder ein Photon der Energie $h\nu$ abgestrahlt. Die Übergangsrate wird hier in Analogie zum Absorptionsprozess proportional zur Besetzung des angeregten Zustandes N_2 und dem Strahlungsfeld $u(\nu,t)d\nu$ sein.

$$\left.\frac{dN_2}{dt}\right|_{\text{stim. Emission}} = -B_{21}u(\nu,T)N_2 \tag{5.55}$$

Wir betrachten nun eine große Anzahl N solcher Systeme. N_1 Systeme befinden sich im Grundzustand, N_2 im angeregten Zustand, $N = N_1 + N_2$. Die Proportionalitätskonstanten sind B_{12} für die Absorption, A_{21} für die spontane Emission und B_{21} für die stimulierte Emission. A_{21}, B_{12} und B_{21} nennt man *Einsteinkoeffizienten* Einsteinkoeffizienten.

5.2 Strahlungsgesetze und Lichtquellen

Für die Änderungen der Besetzungszahlen N_1 und N_2 durch die drei Wechselwirkungsprozesse ergeben sich die folgenden Gleichungen:

$$\frac{dN_1}{dt} = \left.\frac{dN_1}{dt}\right|_{\text{Absorption}} + \left.\frac{dN_1}{dt}\right|_{\text{spont. Emission}} + \left.\frac{dN_1}{dt}\right|_{\text{stim. Emission}} \quad (5.56)$$

$$\frac{dN_1}{dt} = -B_{12}u(\nu,T)N_1 + A_{21}N_2 + B_{21}u(\nu,T)N_2 \quad (5.57)$$

Dabei wurde verwendet, dass die Zahl der Systeme $N = N_1 + N_2$ konstant ist und dass somit gilt:

$$\frac{dN_1}{dt} = -\frac{dN_2}{dt} \quad (5.58)$$

Im thermischen Gleichgewicht ändert sich die Besetzung nicht:

$$\frac{dN_1}{dt} = 0 \quad (5.59)$$
$$-B_{12}u(\nu,T)N_1 + [A_{21} + B_{21}u(\nu,T)]N_2 = 0 \quad (5.60)$$

Für die Besetzungszahlen von Zweiniveausystemen (wobei die beiden Zustände nicht entartet sein sollen, also jeweils einfach zählen) leitet man in der statistischen Physik folgende Beziehung ab:

$$\frac{N_2}{N_1} = \exp\left(-\frac{h\nu}{kT}\right) \quad \textbf{Boltzmannverteilung} \quad (5.61)$$

Damit ergibt sich die wichtige Beziehung:

$$\left(B_{12}\exp\left(\frac{h\nu}{kT}\right) - B_{21}\right)u(\nu,T) = A_{21} \quad (5.62)$$

Es ist nun bekannt, dass die Energiedichte $u(\nu,T)$ für große Temperaturen $T \to \infty$ ebenfalls gegen ∞ geht. Da A_{21} aber endlich ist, muss gelten: $B_{12} = B_{21}$. Außerdem sollte für kleine Frequenzen $h\nu \ll kT$ das Rayleigh-Jeans-Gesetz (Gl. (5.52)) erfüllt werden. Vergleicht man im Grenzfall kleiner Frequenzen die Beziehung Gl. (5.62) mit Gl. (5.52), so kann man die beiden Koeffizienten A_{21} und B_{12} berechnen.

Zusammenhang zwischen Einsteinkoeffizienten

$$u(\nu,T) = \frac{A_{21}}{B_{12}(\exp\left(\frac{h\nu}{kT}\right) - 1)}$$

$$\approx \frac{A_{21}}{B_{12}(1 + \frac{h\nu}{kT} + \cdots - 1)} = \frac{8\pi\nu^2}{c^3} kT \qquad (5.63)$$

$$\Rightarrow \frac{A_{21}}{B_{12}} = \frac{8\pi h\nu^3}{c^3} \qquad (5.64)$$

Somit erhält man als allgemeine Beziehung für Energieverteilung des Hohlraumstrahlers folgende Formel:

$$\boxed{u(\nu,T)\mathrm{d}\nu = \frac{8\pi h}{c^3} \frac{\nu^3}{\exp\left(\frac{h\nu}{kT}\right) - 1} \mathrm{d}\nu} \qquad (5.65)$$

Plancksches Strahlungsgesetz

Übergang von Frequenzen zu Wellenlängen

Will man die Strahlungsemission auf der Wellenlängenskala berechnen, so muss man $\mathrm{d}\nu$ durch $\mathrm{d}\lambda$ ersetzen und es ergibt sich:

$$|\mathrm{d}\nu| = \frac{c}{\lambda^2} |\mathrm{d}\lambda| \qquad (5.66)$$

$$u(\nu,T)\mathrm{d}\nu = u(\nu,T) \frac{\mathrm{d}\nu}{\mathrm{d}\lambda} \mathrm{d}\lambda = u(\lambda,T) \mathrm{d}\lambda$$

$$\boxed{u(\lambda,T)\mathrm{d}\lambda = \frac{8\pi hc}{\lambda^5} \frac{1}{\exp\left(\frac{hc}{\lambda kT}\right) - 1} \mathrm{d}\lambda} \qquad (5.67)$$

Plancksches Strahlungsgesetz

5.2.7 Lichtquellen für Beleuchtungszwecke*

Lichterzeugung über beschleunigte Ladungen. Von den Grundlagen der Elektrodynamik her wissen wir, dass man elektromagnetische Wellen durch die Beschleunigung von Ladungen erzeugen kann. Während der Einsatz makroskopischer Beschleunigungsstrukturen (Antennen) eine gebräuchliche Methode in Bereich der Radiofrequenzen ist, erfordert die Erzeugung hochfrequenter elektromagnetischer Wellen einen wesentlich höheren Aufwand. Für spezielle Anwendungen können Elektronenbeschleuniger Synchrotronstrahlen erzeugen, die maßgeschneidertes Licht auch im Ultravioletten oder im Röntgenbereich liefern. Eine Behandlung der Synchrotronstrahlung wird hier nicht vorgestellt, sie erfolgt normalerweise in Elektrodynamik- oder Atomphysikvorlesungen.

Strahlung heißer Festkörper. Heizt man einen Festkörper auf hohe Temperaturen, so erhält man Lichtemission, die im Wesentlichen den Gesetzmäßigkeiten eines schwarzen Strahlers folgt und somit ein sehr breites Spektrum besitzt. Als materialabhängiger Korrekturfaktor kann dabei eine Wellen-

Thermische Strahler

längenabhängigkeit des Emissionsvermögens eingeführt werden. Bei dem am häufigsten eingesetzten Material Wolfram sind diese Korrekturfaktoren nur schwach wellenlängenabhängig. Im täglichen Gebrauch verwenden wir Glühlampen, in denen dünne Glühdrähte aus Wolfram (Schmelztemperatur 3650 K) elektrisch geheizt werden. Das Emissionsspektrum liegt nahe dem eines schwarzen Strahlers, die entsprechende Temperatur hängt vom Betriebsmodus der Lampe ab. Kommerzielle Glühlampen werden bei Strahlungstemperaturen im Bereich 2500 K − 3000 K betrieben, Halogenlampen (bei denen durch den Zusatz von Jod oder Brom in der Lampe die Zerstörung des Wolframdrahtes durch Abdampfen durch einen Regenerationsschritt verlangsamt wird) werden bei 3000 K − 3400 K betrieben. Typische Lichtausbeuten von Glühlampen liegen bei < 25 lm/W, Halogenlampen erreichen Werte von ca. 40 lm/W.

Für Eichzwecke werden spezielle Wolframbandlampen eingesetzt. Das allgemeine Problem beim Einsatz von Glühlampen ist das Verdampfen des Glühdrahtes, das zu Lichtabsorption an der Glaswand und zur Zerstörung des Glühdrahtes führt. Hier werden verschiedene Maßnahmen ergriffen um hohe Drahttemperaturen (und damit gute Lichtausbeuten im Sichtbaren) mit sinnvollen Lampenlebensdauern zu kombinieren. Man verwendet Wolfram als eines der Metalle mit höchsten Schmelzpunkten und niedrigem Dampfdruck, nutzt Lampenfüllungen mit speziellen Gasen unter hohem Druck oder bringt Halogenatome zum Recycling des Wolframs ein.

Für den Einsatz im infraroten Spektralbereich werden Glühlichtquellen bei niedrigeren Temperaturen im Bereich von 1000 K − 2000 K eingesetzt. Man unterscheidet hier zwischen einem Globar (Siliziumkarbid-Stab, $T \approx 1500$ K) und einem Nernst-Stift (Zirkoniumoxid mit Zusätzen, $T \approx 1900$ K).

Lumineszenz-Lichtquellen. Elektrische Entladungen in atomaren Gasen führen zur Anregung oder Ionisation der Atome des Gases. Aus angeregten Zuständen kann dann ein Übergang in tiefer liegende Zustände unter Lichtemission (spontane Emission, Lumineszenz) erfolgen. Wird die Gasentladung bei niedrigem Druck und kleinen Stromdichten betrieben, so erhält man Lichtemission mit schmalbandigen Linien, die für die Atome in der Gasentladung charakteristisch sind. Man kann zum einen aus dem Emissionsspektrum den Atomtyp bestimmen (Spektralanalyse) oder zum anderen die bekannten Linienpositionen zum Eichen von Spektrometern einsetzen.

Bei höheren Drücken werden die Emissionslinien stark verbreitert, so dass im Extremfall kontinuierliche Spektren erzeugt werden können. Technisch angewendet werden Metalldampflampen, oder Quecksilber- und Xenon-Höchstdrucklampen, die intensives Licht im gesamten Sichtbaren und im nahen UV erzeugen. Emissionsspektren von verschiedenen Gasentladungslampen sind in Bild 5.31 gezeigt. Maximale Leistungen (elektrisch) von im Labor eingesetzten Lampen liegen im Bereich von 1000 W. Dabei werden typische Lichtausbeuten im Bereich von 50 lm/W erreicht. Bei den Höchstdrucklampen ist der leuchtende Bereich extrem stark eingeschränkt (Durchmesser von wenigen mm), so dass mit externer Optik eine gute Bündelung der Lichtemission

Bogenlampen: extrem helle, klassische Lichtquellen

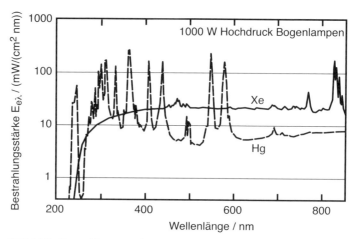

Bild 5.31: *Bestrahlungsstärke von Xenon (Xe) und Quecksilber (Hg); Hochdrucklampen im Abstand von 50 cm von der Lampe.*

erreicht werden kann. Dies kann man im Bild 5.32 erkennen, in dem verschiedene Hochleistungslampen gezeigt sind. Bei der 75 W Xe-Kurzbogenlampe (mitte) besitzt der Leuchtfleck eine Ausdehnung von ca. 1 mm. Bei der Laser-Pumplampe (Leistung ca. 4000 W, oben) erfolgt die Beleuchung durch einen ca. 10 cm langen Lichtbogen. Die Metalldampf Projektorlampe (400 W, unten) besitzt einen Elektrodenabstand von ca. 1 cm.

Leuchstofflampen

Eine spezielle Klasse von Lumineszenzlichtquellen stellen Leuchtstofflampen (-röhren) dar. Bei ihnen wird ein atomares Gas (i.A. Quecksilber) elektrisch

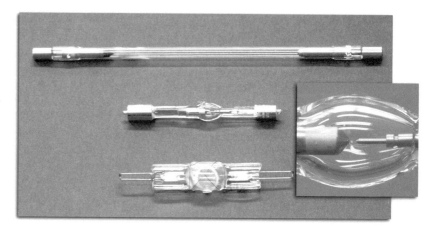

Bild 5.32: *Verschiedene Entladungslampen: Pumplampe mit einer Leistung von ca. 4000 W für einen Dauerstrich Festkörperlaser (oben), Hochdruck Xe-Kurzbogenlampe mit Leistung 75 W (mitte) und Halogen-Metalldampf-Lampe (400 W) für einen Tageslichtprojektor (unten).*

angeregt. Das dabei entstehende ultraviolette Licht wird von einer speziellen Festkörperbeschichtung (Leuchtstoff) an der inneren Glaswand der Lampe absorbiert und erzeugt hier Lumineszenz im Sichtbaren. Das heißt, der ultraviolette Anteil der Quecksilberemission wird durch den Leuchtstoff ins Sichtbare konvertiert. Leuchtstofflampen weisen hohe Lichtausbeuten im Bereich von 70 lm/W auf. Bei modernen weißen Leuchdioden konvertiert man die blaue Emission einer Leuchtdiode (LED) ebenfalls mit einem Festkörper-Leuchtstoff (z.B. organische Verbindungen mit Eu-Ionen) in breitbandiges weißes Licht.

5.2.8 Der Laser

Eine herausragende Lichtquelle ist der Laser. Sein Anwendungsspektrum reicht vom alltäglichen Gebrauch, z.B. im CD-Player, bis hin zur Röntgenlichterzeugung. Der Laser gilt als die wichtigste Laborlichtquelle. In diesem Abschnitt sollen die Grundlagen des Lasers vorgestellt werden. Der Ausdruck LASER ist eine Abkürzung des englischen Ausdrucks *Light Amplification by Stimulated Emission of Radiation*. In einem Laser wird die stimulierte Emission ausgenutzt, um eine Lichtquelle höchster Brillanz zu realisieren. In unserer kurzen Behandlung wollen wir hier ein halbklassisches Modell einsetzen: Das Lasermedium wird als quantisiertes System mit Energieniveaus behandelt, das Licht als elektromagnetische Welle, von der wir im Wesentlichen nur die Energiedichte betrachten.

Laser: Licht nach Maß

Der Aufbau eines Lasers ist schematisch im Bild 5.33 skizziert. Ein Laser als „Licht-Oszillator" benötigt für seine Funktion wie jeder Oszillator zwei wesentliche Elemente: eine Rückkopplung (a) und einen Verstärker (b).

(a) *Der rückkoppelnde Laserresonator:*

Ein Laserresonator wird im einfachsten Fall aus zwei Spiegeln gebildet, die genau justiert sein müssen, damit das Licht exakt reflektiert wird

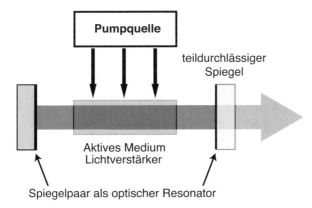

Bild 5.33: *Prinzipieller Aufbau eines Lasers.*

Laser: Licht-Resonator und Verstärker

und sich stehende Lichtwellen im Resonator ausbilden können. Die Geometrie dieses Resonators (Krümmungsradien und Position der Spiegel) bestimmt als Hohlraum zum einen die Feldverteilung (d.h. die Moden) des Strahlungsfeldes. Zum anderen wirkt der Resonator als Fabry-Perot-Interferometer und legt die Frequenz des abgestrahlten Lichts fest. Der Resonator bewirkt auch, dass nur Licht, das sich längs der Resonatorachse ausbreitet, von den Spiegeln wieder in sich zurückgeworfen wird und deshalb lange im Resonator verbleibt. Häufig nimmt dieses Lichtfeld die Form eines Gaußschen Bündels an (siehe Kap. 4.5.4). Man spricht dann von einer TEM$_{00}$-Mode. Die Verweilzeit t_0 des Lichtes im Resonator wird nur durch Verluste (z.B. aufgrund der Transmission der Spiegel oder der Beugung an Begrenzungen) begrenzt. Licht, das sich unter einem Winkel zur Achse ausbreitet, verlässt jedoch sehr schnell den Resonator.

(b) *Das lichtverstärkende Lasermedium:*

Das Lasermedium besitzt die Energieniveaus ε_1 und ε_2, die durch Wechselwirkung mit dem Strahlungsfeld (Energie der Photonen $h\nu = \varepsilon_2 - \varepsilon_1$) ineinander übergehen können. Wir nehmen an, dass $\varepsilon_2 > \varepsilon_1$ ist. Durch eine Pumpquelle wird dabei die Besetzung der Energieniveaus so eingestellt, dass Licht verstärkt wird. Dies kann nur dann erreicht werden, wenn das obere Niveau (ε_2) stärker besetzt ist als das untere, $N_2 > N_1$ (Besetzungsinversion).

Besetzungsinversion

Wir werden hier anstelle der Energiedichte des Strahlungsfeldes auch die Begriffe Photonen und Photonendichte verwenden. Genau genommen ersetzen wir die Energiedichte des Strahlungsfeldes $u(\nu, T)\mathrm{d}\nu$ durch die Photonendichte n in der Resonatormode der Beite $\delta\nu$ bei der Frequenz ν. Es gilt dabei $n = u(\nu, T)\delta\nu/(h\nu)$. Da ein Laser im Allgemeinen eine intensive Lichtquelle ist, wird die Photonendichte sehr groß sein: $n \gg 1$. In diesem Fall muss die diskrete Natur der Photonen nicht berücksichtigt werden, und das halbklassische Bild ist gerechtfertigt.

Die zeitliche Änderung der Photonendichte im Laser wird durch verschiedene Prozesse in Lasermedium und Laserresonator bestimmt. Da Übergänge zwischen den Energiezuständen im Lasermedium unter Lichtemission ablaufen, sind Änderungen der Besetzung direkt mit Änderungen der Photonendichte verknüpft. Aus den Gl. (5.53) – (5.55) im vorhergehenden Abschnitt können wir dann die Änderungen der Photonendichte $\mathrm{d}n/\mathrm{d}t = \dot{n}$ bestimmen:

1) Die **spontane Emission** hängt von der Besetzung N_2 des angeregten Zustands ε_2 ab:

$$\dot{n}_{\mathrm{spont}} \propto A_{21} N_2.$$

Spontane Emission: Anfangsbedingung für Lasertätigkeit

Da die spontane Emission in alle Raumrichtungen erfolgt, führt sie nur zu einer kleinen Änderung der Photonenzahl n in der Resonatormode. Die spontane Emission bildet jedoch häufig die Anfangsbedingung für den eigentlichen Verstärkungsprozess. Andererseits begrenzt die spontane

5.2 Strahlungsgesetze und Lichtquellen

Emission letztendlich die Lebensdauer des angeregten Laserniveaus: $\tau = 1/A_{21}$. Je kürzer τ und damit je größer A_{21} ist, desto schwieriger wird es, eine für die Lichtverstärkung nötige hohe Besetzung N_2 aufrecht zu erhalten.

2) **Stimulierte Emission:** Die Zahl der Photonen im Strahlungsfeld wächst infolge der induzierten Emission, und diese ist nach Einstein proportional zur Zahl N_2 der Atome im angeregten Zustand der Energie ε_2 und zur schon vorhandenen Photonendichte n selbst:

$$\dot n \propto B_{12} N_2 n.$$

3) Durch **Absorption** verringert sich die Photonenzahl um einen Betrag, der proportional zur Zahl N_1 der Atome im energetisch tieferen Zustand ε_2 und zur Zahl n der Photonen ist:

$$\dot n \propto -B_{12} N_1 n.$$

4) Schließlich gibt es **Resonatorverluste**, da Licht aus dem Laserresonator entweichen kann. Sie sind proportional zur Photonendichte n und umgekehrt proportional zur Verweilzeit t_0 der Photonen im Medium:

$$\dot n = -n/t_0 \tag{5.68}$$

Die Gesamtbilanz dieser Vorgänge ergibt nun eine Ratengleichung für die zeitliche Änderung der Photonendichte:

Zeitliche Änderung der Photonendichte

$$\begin{aligned}\frac{dn}{dt} &= \frac{h\nu}{\delta\nu} B_{12} N_2 n - \frac{h\nu}{\delta\nu} B_{12} N_1 n - \frac{n}{t_0} \\ &= \frac{h\nu}{\delta\nu} B_{12} (N_2 - N_1) n - \frac{n}{t_0}\end{aligned} \tag{5.69}$$

Für zeitlich konstante Werte von N_2 und N_1 erhält man eine exponentielle Änderung der Photonendichte:

$$n(t) = n(0) \exp\left[\left(\frac{h\nu}{\delta\nu} B_{12}(N_2 - N_1) - \frac{1}{t_0}\right) t\right] \tag{5.70}$$

Bei der Ableitung wurde – wie oben erwähnt – der Beitrag der spontanen Emission nicht berücksichtigt. Er liefert im Allgemeinen die Anfangsbedingung $n(0)$ und trägt zum Rauschen bei. Aus Gl. (5.70) sehen wir, dass die Besetzung der Energieniveaus die zeitliche Änderung der Photonendichte und damit der Lichtintensität bestimmt: Ist das Lasermedium im thermischen Gleichgewicht, so gilt immer $N_2 < N_1$ und die Photonenzahl nimmt mit der Zeit ab. Nur wenn $N_2 > N_1$ gilt, kann die Photonenzahl anwachsen ($dn/dt > 0$) und somit Licht verstärkt werden. Dieser Fall einer Besetzungsinversion – der energetisch höher liegende Zustand ist stärker besetzt als der energetisch niedrigere, $N_2 > N_1$ – kann nur durch einen Pumpvorgang, d.h. durch eine Energiezufuhr von außen, realisiert werden. Dabei hängt die benötigte Pumpintensität kritisch davon

Voraussetzung für Lichtverstärkung: $N_2 > N_1$

Bei einem reinen Zwei-Niveau-System kann keine Besetzungsinversion erreicht werden

ab, wie die Energieniveaus angeordnet sind: In einem reinen Zwei-Niveau-System (Bild 5.34a) kann durch optische Anregung keine Besetzungsinversion erreicht werden. Bei einem Zwei-Niveau-System ist nur die direkte Anregung von N_1 nach N_2 durch Lichtabsoprtion des Pumplichtes möglich.

$$\frac{dN_2}{dt} = -\frac{dN_1}{dt} = \frac{h\nu}{\delta\nu}B_{12}N_1 n_{pump} \tag{5.71}$$

Gleichzeitig wirkt die stimulierte Emission, die N_2 reduziert:

$$\frac{dN_2}{dt} = -\frac{h\nu}{\delta\nu}B_{12}N_2 n_{pump} \tag{5.72}$$

Beide Vorgänge zusammen ergeben die folgende Nettoänderung der Besetzung von N_2:

$$\frac{dN_2}{dt} = \frac{h\nu}{\delta\nu}B_{12}(N_1 - N_2) n_{pump} \tag{5.73}$$

Aus dieser Beziehung sieht man, dass unabhängig von der Pumpphotonendichte die Besetzung N_2 nur dann erhöht werden kann, wenn $(N_1 - N_2) > 0$ gilt, also für $N_1 > N_2$. Startet man aus dem Gleichgewicht bei $N_2 < N_1$ den Pumpvorgang, so wird man N_2 durch Lichtabsorption so lange erhöhen, bis bei $N_2 \approx N_1$ die Nettoabsorption von Licht verschwindet und somit über $\Delta N = 0$ hinaus keine weitere Erhöhung von $\Delta N = N_2 - N_1$ mehr möglich ist. In einem Drei-Niveau-System (Bild 5.34b) wird der Pumpvorgang über ein höher liegendes Pumpniveau ε_P gewährleistet, das seine Besetzung schnell an das obere Laserniveau ε_2 transferieren soll. Ein Drei-Niveau-System erfordert einen intensiven Pumpvorgang, da hier der Grundzustand als unteres Laserniveau mindestens zur Hälfte entvölkert sein muss. Der Rubinlaser, der erste technisch realisierte Laser, besitzt genähert ein Drei-Niveau-Schema (siehe Bild 5.35a). Erheblich geringere Anforderungen an die Pumpquellen werden von

Zweiniveausystem: keine Besetzungsinversion durch Lichtabsorption

Drei- und Vierniveausysteme für Lasertätigkeit

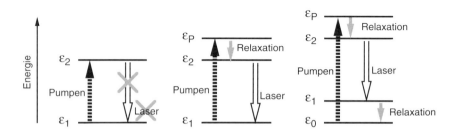

(a) Zwei-Niveau-System   (b) Drei-Niveau-System   (c) Vier-Niveau-System

Bild 5.34: Verschiedene Energieniveau-Schemata zur Erklärung des Pumpvorgangs in einem Laser.

5.2 Strahlungsgesetze und Lichtquellen

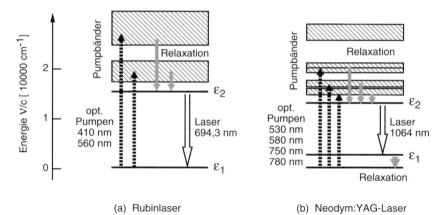

Bild 5.35: Energieniveaus für verschiedene Lasertypen: (a) der Rubinlaser als Drei-Niveau-Laser und (b) der Neodym:YAG-Laser.

Vier-Niveau-Laser-Materialien gestellt. Hier liegt das untere Laserniveau ε_1 so weit oberhalb des Grundzustandes ε_0, dass die thermische Besetzung dieses Niveaus vernachlässigt werden kann (Bild 5.34c). Eine schnelle Entvölkerung von ε_1 erlaubt es dann, selbst mit einer kleinen Besetzung des oberen Laserniveaus ε_2 Besetzungsinversion und damit Lasertätigkeit zu realisieren. Praktisch alle heute verwendeten Lasersysteme arbeiten als Vier-Niveau-Laser. Als Beispiele sind in Bild 5.35 die Niveauschemata des Rubinlasers (Cr^{3+}-Ionen in einem Saphir(Al_2O_3)-Wirtskristall) und des Nd:YAG-Lasers (Nd^{3+}-Ionen in einem Yttrium-Aluminium-Granat($Y_3Al_5O_{12}$)-Kristall) skizziert.

Rubinlaser und Nd:YAG-Laser

Berücksichtigt man die Verluste im Laserresonator, so sieht man, dass Lasertätigkeit erst dann auftritt, wenn die Laserschwelle überschritten ist. Dies ist dann der Fall, wenn über einen kompletten Umlauf eine Netto-Verstärkung vorliegt, d.h., wenn die Verstärkung im Lasermedium alle Verluste überwiegt. Die dazu nötige Besetzungsinversion lässt sich aus (5.69) und (5.70) für eine Emissionsbreite $\delta\nu$ des Lasers berechnen:

Wann „lasert" das Medium?

$$\boxed{N_2 - N_1 > \frac{\delta\nu}{t_0 B_{21} h\nu} = \frac{8\pi\nu^2 \delta\nu}{c^3 t_0 A_{21}} = \frac{8\pi\nu^2 \delta\nu\tau}{c^3 t_0}} \quad (5.74)$$

Laserbedingung

Diese Gleichung zeigt, nach welchen Kriterien Laserparameter ausgewählt werden müssen, damit einfach Lasertätigkeit erreicht wird: z.B. sollten sowohl die Resonatorverluste als auch die Laserbandbreite $\delta\nu$ klein sein. Es zeigt sich aber auch, dass bei hohen Frequenzen sehr große Besetzungsinversionen benötigt werden, um überhaupt Lasertätigkeit realisieren zu können. Die Ursache dafür liegt in der starken Zunahme der spontanen Emission verglichen zur stimulierten Emission bei hohen Frequenzen ($A_{21} \propto \nu^3 B_{12}$). Deshalb wird es im ultravioletten Spektralbereich immer schwieriger Laser zu betreiben. Röntgenlaser sind nur unter größtem Aufwand und dann nur im gepulsten Betrieb zu realisieren.

Anwendungen des Lasers

Laser haben als maßgeschneiderte intensive Lichtquellen vielfältige Anwendungen in der Grundlagenforschung und in der angewandten Forschung gefunden. Sie werden technisch bei der Datenübertragung, der Datenspeicherung, dem Druck und der Materialbearbeitung in großem Umfang eingesetzt. Inzwischen ist der Laser auch in der Medizin nicht mehr wegzudenken. Die mit Lasern zur Verfügung stehenden Lichtqualitäten wurden im Laufe der technischen Entwicklung kontinuierlich verbessert. In Tabelle 5.7 wird ein kurzer Überblick über die heute verfügbaren Parameter gegeben. Dabei ist zu beachten, dass diese Laserparameter nicht simultan realisierbar sind. (Überlegen Sie sich, ob es immer nur rein technische Gründe gibt, oder ob auch Grundprinzipien der Physik dagegen sprechen).

Tabelle 5.7: Typische Laserparameter

kürzeste Wellenlänge	$\lambda_{\min} = 3.6\,\text{nm}$
Maximale Leistung (Dauerstrich, kommerziell)	$P_{\max} = 30\,000\,\text{W}$
Spitzenintensität	$I_{\max} = 1 \cdot 10^{26}\,\text{W/m}^2$
Höchste Pulsenergie (bei einer Dauer von $\approx 3\,\text{ns}$, $\lambda = 1.06\,\mu\text{m}$)	$W_{\max} = 120\,000\,\text{J}$
Minimale Frequenzbreite ($\delta\nu$) und relative Breite ($\delta\nu/\nu$)	
Farbstofflaser:	$\delta\nu = 0.5\,\text{Hz}$ $\quad$ $\delta\nu/\nu \approx 10^{-15}$
HeNe- und Festkörperlaser:	$\delta\nu = 10^{-3}\,\text{Hz}$
Kürzeste Impulsdauer	$t_{\text{P}} = 4.5\,\text{fs} = 4.5 \cdot 10^{-15}\,\text{s}$

In Bild 5.36 sind verschiedene Laser gezeigt: Beim HeNe-Laser (Leistung ca. 10 mW, oben) ist ein langes Entladungsrohr zwischen zwei perfekt justierten Spiegeln eingebaut. Im rechten Bildteil ist der Auskoppelspiegel mit seiner Justierhalterung gezeigt. In der Entladung nehmen die Helium-Atome die elektrische Energie auf und erreichen dadurch angeregte elektronische Zustände. Von dort erfolgt Energieübertrag auf resonante Zustände im Neon, von denen aus die Lasertätigkeit startet. Da verschiedene Übergänge möglich sind, kann man im HeNe-Laser, abhängig von den verwendeten Resonatorspiegeln, bei verschiedenen Wellenlängen im grünen, gelben, roten und infraroten Spektralbereich Lasertätigkeit beobachten. Am bekanntesten ist dabei die rote Linie bei 632.8 nm. Im unteren Bildteil ist ein Nd-YAG-Laser für gepulsten Betrieb (Lichtimpulsdauer ca. 5 ns, Energie pro Puls ca. 100 mJ) gezeigt. Während die beiden bisher gezeigten Laser Resonatorlängen von ca. 1 m besitzen, ist der in der Mitte abgebildete Halbleiterlaser inklusive Gehäuse und Einkopplung in eine Glasfaser bei einer Leistung von über 200 mW nur ca. 20 mm lang.

Abschließend soll noch eine kurze Bemerkung zum Verständnis der Lichtverstärkung im Photonenbild gemacht werden. In der bisher präsentierten

5.2 Strahlungsgesetze und Lichtquellen

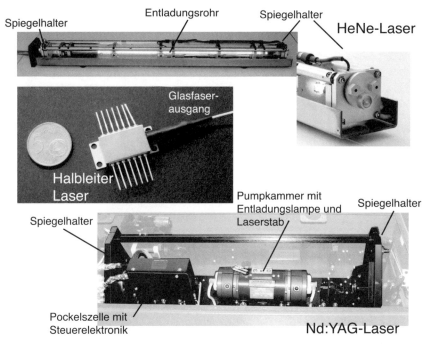

Bild 5.36: *Abbildungen von HeNe-Laser (oben), Nd-YAG-Laser (unten) und Halbleiterlaser (mitte). Während HeNe- und Nd-YAG-Laser Resonatorlängen von ca. 1 m besitzen, ist der in der Mitte abgebildete Halbleiterlaser inklusive Gehäuse und Einkopplung in eine Glasfaser, bei einer Leistung von über 200 mW, nur ca. 20 mm lang*

Behandlung des Lasers hatten wir die Lichtverstärkung in einem Lasermedium im Wellenbild als Veränderung der Energiedichte (Photonendichte) in einer Lasermode behandelt und dabei keine offensichtlichen Verständnisschwierigkeiten erhalten. Wenn man jedoch das reine Photonenbild verwendet, wäre es schwierig zu verstehen, warum das stimuliert ausgesandte Photon genau in die gleiche Richtung fliegt wie das stimulierende Photon. Dazu nur eine kurze Bemerkung: Zur Behandlung der Verstärkung im Photonenbild kann nicht mehr das halbklassische Bild verwendet werden. In der quantenmechanischen Behandlung jedoch ist die Wahrscheinlichkeit für Emission, d.h. für die Erhöhung der Photonenzahl bei der Wechselwirkung mit dem atomaren System, proportional zur Zahl n der Photonen (genauer zu $n+1$) in der Resonatormode. Daher wird bevorzugt die Photonenzahl in einer bereits besetzten Mode erhöht, während andere, gar nicht oder schwach besetzten Moden ($n' \ll n$) kaum Zuwachs in der Photonenzahl erhalten.

Lichtverstärkung im Photonenbild

A Anhang: Fouriertransformation

Bei der Fouriertransformation handelt es sich um ein sehr nützliches mathematisches Werkzeug mit großer Bedeutung für die Physik. Der Formalismus mag am Anfang etwas kompliziert wirken, aber mit Hilfe einiger Tricks und einer Formelsammlung sind in der Physik auftretende Probleme oft einfach lösbar. Wir beschränken uns dabei auf Funktionen, die an typische physikalische Probleme angepasst sind. Dies sind Funktionen, die die Dirichletschen Bedingungen (siehe A.3) erfüllen und, soweit sie nicht periodisch sind, im Unendlichen so schnell abfallen, dass ihr Betrag integrabel ist.

A.1 Fourierreihen

Aus der Mathematik ist bekannt, dass sich jede (komplexwertige) periodische Funktion mit der Periode $T = 2\pi/\omega_0$ als Summe darstellen lässt:

$$\boxed{f(t) = \sum_{n=-\infty}^{\infty} F_n e^{i n \omega_0 t}} \qquad (A.1)$$

ω_0 ist die Kreisfrequenz der periodischen Funktion $f(t)$. Der Beweis für Beziehung (A.1) findet sich in Standardwerken der Analysis. Über die Eulersche Relation $e^{i\omega t} = \cos(\omega t) + i\sin(\omega t)$ besagt Gl. (A.1), dass jede periodische Funktion als Summe von Sinus- und Kosinusfunktionen bei den Frequenzen $n\omega_0$ geschrieben werden kann. Mathematisch bedeutet dies nichts anderes als der Vollzug eines Basiswechsels in den reziproken Raum: Zum Beispiel kann man eine Funktion entweder im Zeitraum oder im Frequenzraum beschreiben. Man kann von einer speziellen periodischen Funktion, z.B. $f(t) = A\cos(\omega_0 t)$, den Zeitverlauf $f(t)$, d.h. den Funktionswert, zu jedem Zeitpunkt angeben. In dieser Art der Darstellung steckt die komplette physikalische Information. Man kann aber auch folgendermaßen vorgehen: Wenn wir wissen, dass es sich um eine periodische Funktion mit der Periode $T = 2\pi/\omega_0$ handelt, so reichen im Frequenzraum die beiden Angaben für die Amplitudenwerte, $F_{-1} = A/2$ und $F_1 = A/2$, aus, um diese Funktion $f(t)$ vollständig zu beschreiben.

Eulersche Relation

Wie erhält man nun im allgemeinen Fall die Koeffizienten F_n, wenn die Funktion $f(t)$ bekannt ist? Hierzu multiplizieren wir in Gleichung (A.1) beide

Seiten mit $e^{-\mathrm{i}m\omega_0 t}$ und integrieren über eine komplette Periode.

$$\int_{-T/2}^{T/2} f(t) \cdot e^{-\mathrm{i}m\omega_0 t}\,\mathrm{d}t = \int_{-T/2}^{T/2} \sum_{n=-\infty}^{\infty} F_n e^{\mathrm{i}n\omega_0 t} e^{-\mathrm{i}m\omega_0 t}\,\mathrm{d}t$$

$$= \sum_{n=-\infty}^{\infty} F_n \int_{-T/2}^{T/2} e^{\mathrm{i}n\omega_0 t} e^{-\mathrm{i}m\omega_0 t} \quad (A.2)$$

Um das Integral auf der rechten Seite berechnen zu können, unterscheidet man zwei Fälle:

1. Fall $n = m$:

$$F_n \int_{-T/2}^{T/2} e^{\mathrm{i}n\omega_0 t} e^{-\mathrm{i}m\omega_0 t}\,\mathrm{d}t = F_m \int_{-T/2}^{T/2} e^0\,\mathrm{d}t = F_m \cdot T \quad (A.3)$$

2. Fall $n \neq m$:

$$\int_{-T/2}^{T/2} e^{\mathrm{i}n\omega_0 t} e^{-\mathrm{i}m\omega_0 t}\,\mathrm{d}t =$$

$$= \int_{-T/2}^{T/2} e^{\mathrm{i}(n-m)\omega_0 t}\,\mathrm{d}t = \frac{1}{\mathrm{i}(n-m)\omega_0} \cdot e^{\mathrm{i}(n-m)\omega_0 t}\Big|_{-T/2}^{T/2} =$$

$$= \frac{1}{\mathrm{i}(n-m)\omega_0}\left(e^{\mathrm{i}(n-m)\frac{2\pi}{T}\frac{T}{2}} - e^{-\mathrm{i}(n-m)\frac{2\pi}{T}\frac{T}{2}}\right) = 0 \quad (A.4)$$

Somit bleibt von der Summe in Gl. (A.2) nur der Term erhalten, für den $n = m$ gilt.

$$\int_{-T/2}^{T/2} f(t) \cdot e^{-\mathrm{i}m\omega_0 t}\,\mathrm{d}t = F_m \cdot T$$

$$\boxed{\Longrightarrow F_m = \frac{1}{T} \int_{-T/2}^{T/2} f(t) \cdot e^{-\mathrm{i}m\omega_0 t}\,\mathrm{d}t} \quad (A.5)$$

Damit haben wir gezeigt, wie der Fourierkoeffizient F_m berechnet werden kann. Wenn also von einer periodischen Funktion der Zeitverlauf $f(t)$ bekannt ist, so können die Fourierkoeffizienten F_n berechnet werden und umgekehrt.

A.1 Fourierreihen

Beispiel 1: Fourierreihe für eine periodische Rechteckfunktion. Wir betrachten eine Rechteckfunktion der Amplitude a und Breite b, die symmetrisch um den Nullpunkt liegt:

$$f(t) = \begin{cases} 0 & \text{für } -\frac{T}{2} \leq t < -\frac{b}{2} \\ a & \text{für } -\frac{b}{2} \leq t \leq \frac{b}{2} \\ 0 & \text{für } \frac{b}{2} < t \leq \frac{T}{2} \end{cases} \tag{A.6}$$

Für F_0 findet man nach Gl. (A.5): $F_0 = \dfrac{a \cdot b}{T}$. Die Fourierkoeffizienten F_n für $n \neq 0$ berechnen sich wie folgt:

$$F_n = \frac{1}{T} \int_{-T/2}^{T/2} f(t) \cdot e^{-i n \omega_0 t} \, dt =$$

$$= \frac{1}{T} \int_{-b/2}^{b/2} a \cdot e^{-i n \omega_0 t} \, dt =$$

$$= \frac{1}{T} a \frac{1}{-i n \omega_0} e^{-i n \omega_0 t} \Big|_{-b/2}^{b/2} =$$

$$= \frac{1}{T} \frac{2a}{n \omega_0} \frac{1}{(-2i)} \left(e^{-i n \omega_0 b/2} - e^{i n \omega_0 b/2} \right)$$

$$= \frac{1}{T} \frac{2a}{n \omega_0} \sin\left(n \omega_0 \frac{b}{2}\right) = \frac{a}{n \pi} \sin\left(n \omega_0 \frac{b}{2}\right) \tag{A.7}$$

Für die Fourierkoeffizienten F_n erhält man für den Spezialfall $b = T/2$:

$$F_0 = \frac{a}{2}; \; F_{\pm 2} = 0; \quad F_{\pm 4} = 0; \quad \ldots; \; F_{\pm 2n} = 0$$

$$F_{\pm 1} = \frac{a}{\pi}; \; F_{\pm 3} = -\frac{a}{3\pi}; \; F_{\pm 5} = \frac{a}{5\pi}; \; \ldots; \; F_{\pm(2n+1)} = \frac{a}{(2n+1)\pi}$$

$$\implies f(t) = \frac{a}{2} + \frac{2a}{\pi} \cos(\omega_0 t) - \frac{2a}{3\pi} \cos(3\omega_0 t) \tag{A.8}$$
$$+ \frac{2a}{5\pi} \cos(5\omega_0 t) \pm \cdots$$

Bild A.1 verdeutlicht an einem Beispiel, wie eine Funktion durch die verschiedenen Fourierkomponenten angepasst werden kann. Man sieht dies aus dem Vergleich der Rechteckfunktion (für $a = 1$, dicke Linie) mit den zugehörigen

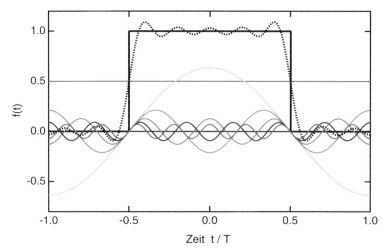

Bild A.1: *Rechteckfunktion. Bereits die Summe (gestrichelt) weniger (hier die sechs niedrigsten) Fourierkomponenten ergibt eine sinnvolle Übereinstimmung mit der angepassten Rechteckfunktion.*

sechs niedrigsten Fourierkomponenten und deren Summe (gestrichelt). An den Sprungstellen der Rechteckfunktion zeigt sich deutlich, wie die verschiedenen Fourierkomponenten zusammenwirken, um den Zeitverlauf möglichst gut anzupassen. Mit anwachsender Zahl von Komponenten wird die Übereinstimmung zunehmend besser; der Anstieg an den Sprungstellen wird steiler, der Verlauf in den konstanten Bereichen immer flacher.

Die Fourierkoeffizienten F_n für die Rechteckfunktion sind in Bild A.2a als Funktion der Frequenz ω aufgetragen. Bei der Entwicklung nach Gl. (A.1) treten Fourierkoeffizienten nur bei den durch den Index n charakterisierten diskreten Frequenzen $\omega = \omega_n = n \cdot \omega_0$ (Punkte) auf.

Beispiel 2: Übergang zu nichtperiodischen Funktionen. Wir betrachten in diesem Beispiel weiterhin die Rechteckfunktion der Breite b, verändern aber die Periode T, d.h. den Abstand zwischen zwei Rechteckimpulsen. In den Bildern A.2b und c wurden die Fourierkoeffizienten für den Fall angegeben, dass die Periode verdoppelt (b) bzw. vervierfacht (c) wurde. Die Fourierkoeffizienten treten jetzt auch bei zusätzlichen Frequenzen auf. Die Werte für die Fourierkoeffizienten bei den schon zuvor berücksichtigten Frequenzen ändern sich aber nicht. Die Verlängerung der Periode T führt über die Beziehung $\omega_0 = 2\pi/T$ zu immer enger liegenden Fourierkoeffizienten. Wenn die Periode weiter verlängert wird, werden im Grenzfall $T \to \infty$ die Abstände infinitesimal klein. Die Fourierreihe geht in eine kontinuierliche Funktion über.

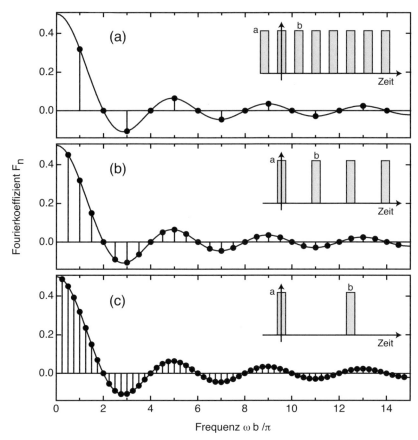

Bild A.2: *Fourierkoeffizienten für eine periodische Rechteckfunktion. (a) Die Breite des Rechteckes b ist gleich der halben Periodendauer. In (b) und (c) wurde die Periode (bei festgehaltener Rechtecksbreite b jeweils verdoppelt. Die Fourierkoeffizienten liegen immer auf der Funktion $F(\omega)$, die nur durch die Form eines einzelnen Rechteckimpulses gegeben ist.*

A.2 Fourierintegrale: Transformationen nichtperiodischer Funktionen

Beispiel 2 legt die Vermutung nahe, dass ein Formalismus wie in Gl. (A.1) und (A.5) auch für spezielle nichtperiodische Funktionen $f(t)$ existiert. Die Funktionen $f(t)$ müssen dazu für große Werte von $|t|$ so schnell abfallen, dass dort die Funktionswerte $f(t)$ nicht mehr berücksichtigt werden müssen. Wir können dann eine Zeit T_0 einführen, die als Schranke wirkt, oberhalb der (d.h. für $|t| > T_0$) $f(t)$ vernachlässigt werden kann. Eine solche Funktion ist in Bild A.3 unten angedeutet. Um Gl. (A.1) und (A.5) anwenden zu können, stellen wir uns eine periodische Funktion vor, die durch die zeitliche

Wiederholung einer Einzelfunktion entsteht (siehe Bild A.3 oben) und lassen dann die Periodendauer T gegen unendlich gehen. Sobald T groß genug ist, $T/2 > T_0$, wird das Integral in Gl. (A.5) nicht mehr von T abhängen. Die Fourierkoeffiezienten F_n werden nur durch $\omega = n \cdot \omega_0$ und $1/T$ bestimmt. Man kann deshalb eine Funktion $F(\omega)$ einführen, deren Funktionswerte bei $\omega = n \cdot \omega_0$ die Fourierkoeffizienten F_n bestimmen.

$$F(\omega) = \int_{-T/2}^{T/2} f(t) e^{-i\omega t} \, dt \qquad (A.9)$$

$$F_n = \frac{1}{T} F(\omega_n) = \frac{1}{T} F(n \cdot \omega_0)$$

Da $f(t)$ für große Zeiten $|t| > T_0$ verschwindend klein ist, wird auch $F(\omega)$ unabhängig von T. Setzt man nun dies in Gl. (A.1) ein, so ergibt sich:

$$\begin{aligned} f(t) &= \sum_{n=-\infty}^{\infty} F_n \cdot e^{i n \omega_0 t} \\ &= \sum_{n=-\infty}^{\infty} \frac{1}{T} F(n\omega_0) \cdot e^{i n \omega_0 t} \end{aligned} \qquad (A.10)$$

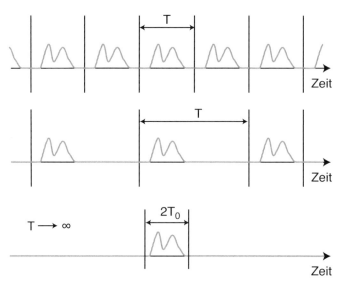

Bild A.3: *Fouriertransformation: Zum Übergang von einer periodischen zu einer nichtperiodischen Funktion.*

A.2 Fourierintegrale: Transformationen nichtperiodischer Funktionen

Berücksichtigen wir noch, dass $1/T$ direkt proportional zum Frequenzabstand $d\omega = \omega_0$ zwischen zwei Fourierkoeffizienten ist, kann man für Gl. (A.10) eine neue Interpretation finden: Wie im Bild (A.4) dargestellt, ist $f(t)$ (bis auf einen Faktor $1/2\pi$) gleich der Fläche unter der Treppenfunktion.

$$f(t) = \sum_{n=-\infty}^{\infty} \frac{1}{T} F(n\omega_0) \cdot e^{i n\omega_0 t}$$

$$= \sum_{n=-\infty}^{\infty} \frac{d\omega}{2\pi} \cdot F(n\omega_0) \cdot e^{i n\omega_0 t} \qquad (A.11)$$

Lassen wir nun T gegen unendlich gehen, so wird $\dfrac{1}{T} = \dfrac{d\omega}{2\pi}$ infinitesimal klein. Die Summe in Gleichung (A.11) geht dann nach der Riemannschen Integraltheorie über in das Integral:

$$\int F(\omega) e^{i\omega t} \frac{d\omega}{2\pi} \qquad (A.12)$$

Insgesamt ergibt sich damit:

$$\boxed{\begin{aligned} f(t) &= \int_{-\infty}^{\infty} F(\omega) e^{i\omega t} \frac{d\omega}{2\pi} \qquad (A.13) \\ F(\omega) &= \int_{-\infty}^{\infty} f(t) e^{-i\omega t} \, dt \qquad (A.14) \end{aligned}}$$

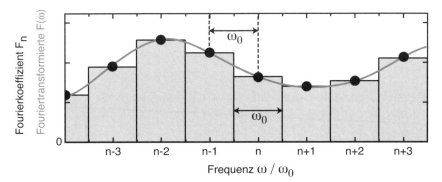

Bild A.4: *Übergang von einer Fourierreihe zum Fourierintegral: Für eine Periodendauer $T \to \infty$ geht die Summe auf der rechten Seite von Gl. (A.11), die gleich der Fläche unter der Treppenfunktion ist, in das Integral von Gl. (A.12) über (Fläche unter der durchgezogenen Kurve).*

$F(\omega)$ erhält man durch Fouriertransformation der Funktion $f(t)$ anhand von Gl. (A.14). Man bezeichnet $F(\omega)$ auch als Fouriertransformierte. $f(t)$ erhält man hingegen durch Fourierrücktransformation (bzw. inverse Fouriertransformation) aus $F(\omega)$ (Gl. (A.13)). Mit diesen beiden Gleichungen wird direkt der Übergang zwischen dem Zeit- und dem Frequenzraum hergestellt.

A.3 Eigenschaften der Fouriertransformation

Existenz der Fouriertransformierten. In der Mathematik werden die folgenden Bedingungen für die Existenz der Fouriertransformierten angegeben:
Dirichletsche Bedingungen: Der Definitionsbereich der Funktion $f(t)$ lässt sich in endlich viele Intervalle zerlegen, in denen die Funktion stetig und monoton ist. Links und rechts einer Unstetigkeitsstelle sei $f(t)$ definiert.
Integrabilität: Das Integral $\int |f(t)|\,dt$ konvergiert.

Gemäß diesen Bedingungen sind die folgenden Funktionen **nicht** fouriertransformierbar: beliebige periodische Funktionen (für diese kann man auf Fourierreihen zurückgreifen), Potenzfunktionen, Polynome und Exponentialfunktionen.

Spektrale Interpretation der Fouriertransformation. Die physikalische Interpretation der Transformation kann dadurch verdeutlicht werden, dass man die Funktion im Zeitraum $f(t)$ gemäß Gl. (A.11) oder (A.13) als Summe (Integral) harmonischer Schwingungen mit Amplitude $F(\omega)$ bei der Frequenz ω auffasst. $F(\omega)$ nennt man das Frequenzspektrum der Funktion $f(t)$, $|F(\omega)|$ das Amplitudenspektrum. In der Optik wird als das Spektrum (Intensitätsspektrum) die im Spektrometer gemessene Größe $I(\omega) \propto |E(\omega)|^2$ verwendet, während der zeitliche Intensitätsverlauf $I(t)$ durch $I(t) \propto |E(t)|^2$ gegeben ist. Beachten Sie dabei, dass nur $E(\omega)$ und $E(t)$ über Fouriertransformation miteinander verknüpft sind. Für die eben erwähnten Intensitäten $I(t)$ und $I(\omega)$ gilt dies aber nicht. Überlegen Sie sich, wie die Fouriertransformierte der Intensität $I(t)$ mit $E(\omega)$ zusammenhängt.

Welche Größe misst man mit einem Gitterspektrometer? Wir betrachten hier den folgenden vereinfachten Gitterspektrometeraufbau: Eine ebene Lichtwelle $E(t) = \int A(\omega) e^{-\mathrm{i}\omega t}\,d\omega$ falle senkrecht auf ein Gitter (mit Strichabstand a). Das vom Gitter gebeugte Licht wird nun unter einem Beugungswinkel θ beobachtet, d.h., man misst die unter dem Winkel θ gebeugte Lichtintensität. Bei der Behandlung des Beugungsgitters wurde gezeigt, dass die von benachbarten Gitterstrichen unter dem Winkel θ gebeugten Feldkomponenten eine feste Phasenverschiebung $\Delta\phi(\theta)$ besitzen (siehe Bild A.5):
$\Delta\phi(\theta) = 2\pi\dfrac{\Delta L}{\lambda} = 2\pi\dfrac{a}{\lambda}\sin(\theta) = ka\sin(\theta) = \dfrac{\omega a}{c}\sin(\theta)$. Damit berechnet

A.3 Eigenschaften der Fouriertransformation

sich die von einem Gitter mit N Spalten gebeugte Intensität wie folgt (siehe Gl. (4.33)):

$$I(\theta) \propto \left| \sum_{m=0}^{N-1} \int A(\omega) e^{-\mathrm{i}\omega t} e^{-\mathrm{i} m \Delta\phi(\theta)} \,\mathrm{d}\omega \right|^2$$

$$= \left| \int A(\omega) e^{-\mathrm{i}\omega t} \sum_{m=0}^{N-1} e^{-\mathrm{i} m \Delta\phi(\theta)} \,\mathrm{d}\omega \right|^2$$

$$= \left| \int A(\omega) e^{-\mathrm{i}\omega t} \frac{\sin(N \frac{\omega a}{2c} \sin(\theta))}{\sin(\frac{\omega a}{2c} \sin(\theta))} \,\mathrm{d}\omega \right|^2 \qquad \text{(A.15)}$$

Der Bruch in Gl. (A.15) entspricht dem Beugungsbild des Gitters, wie es für $N = 6$ in Bild 4.24 gezeichnet wurde. Für sehr große Strichzahlen wachsen die einzelnen Hauptmaxima (Nullstellen des Nenners) des Feldverlaufs $\propto N$ an, während die Breite der Hauptmaxima $\propto 1/N$ abnehmen. Für $N \to \infty$ kann man diesen Term als Summe von δ-Funktionen darstellen:

$$I(\theta) \propto \left| \int A(\omega) e^{-\mathrm{i}\omega t} \sum_{m=-\infty}^{\infty} \delta(\omega - m\Omega(\theta)) \,\mathrm{d}\omega \right|^2 \qquad \text{(A.16)}$$

$$\text{mit } \Omega(\theta) = \frac{2\pi c}{a \sin(\theta)}$$

Für einfallendes Licht, das nur innerhalb eines freien Spektralbereichs des Gitters spektrale Komponenten besitzt (z.B. bei $m = 1$), bleibt aus der Summe

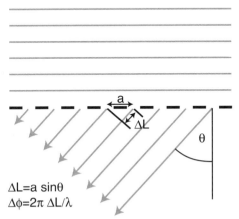

Bild A.5: *Beugung von Licht an einem Gitter. Die unter einem Winkel θ gemessene Lichtintensität ist proportional zu $|E(\omega)|^2$.*

auf der rechten Seite von Gl. (A.16) nur ein Term übrig.

$$I(\theta) \propto \left| \int A(\omega) e^{-i\omega t} \delta(\omega - \Omega(\theta)) d\omega \right|^2$$
$$= |A(\Omega(\theta)) e^{-i\Omega(\theta)t}|^2 = |A(\Omega(\theta))|^2 \qquad (A.17)$$

Damit sieht man, dass die unter dem Winkel θ gebeugte Intensität proportional zum Betragsquadrat der Amplitude des elektrischen Feldes bei der Frequenz $\Omega(\theta)$ ist. Die oben angegebene Beziehung $I(\omega) \propto |E(\omega)|^2$ ist somit bestätigt.

A.4 Rechenregeln für Fouriertransformationen

Im Folgenden sollen allgemeine Eigenschaften der Fouriertransformationen behandelt werden, die für die praktische Anwendung wichtig sind. Diese Rechenregeln, die auch in den gängigen mathematischen Formelsammlungen angegeben sind, lassen sich i.A. mit Hilfe der bekannten Eigenschaften der Integralrechnung ableiten. Wir verwenden hier die beiden Funktionen $f(t)$ und $g(t)$, die beide fouriertransfomierbar seien. Für ihre Fouriertransformierten setzen wir die Bezeichnungen $F(\omega)$ und $G(\omega)$. Für die Operation der Fouriertransformation setzen wir die Abkürzung $FT(f(t))$ ein: $F(\omega) = FT(f(t))$.

Ähnlichkeitssatz

$$FT(f(t/\alpha)) = |\alpha| F(\alpha\omega) \qquad (A.18)$$

Verschiebungssatz

$$FT(f(t - t_0)) = e^{-i\omega t_0} F(\omega) \qquad (A.19)$$
$$FT(e^{i\omega_0 t} f(t)) = F(\omega - \omega_0) \qquad (A.20)$$

Differentiationsregeln

$$FT(t^n f(t)) = i^n \frac{d^n F(\omega)}{d\omega^n} \qquad (A.21)$$
$$FT\left(\frac{d^n f(t)}{dt^n}\right) = (i\omega)^n FT(f(t)) \qquad (A.22)$$

Voraussetzung für die Anwendung dieser Regel ist, dass die entsprechenden Ableitungen existieren und fouriertransformierbar sind. Diese Regeln sind häufig beim Lösen von Differentialgleichungen hilfreich.

Parsevalsche Formel

$$\int_{-\infty}^{\infty} |f(t)|^2 \mathrm{d}t = \int_{-\infty}^{\infty} |F(\omega)|^2 \mathrm{d}\omega \tag{A.23}$$

Faltungsregel

$$FT(f(t) \otimes g(t)) = FT(f(t)) \cdot FT(g(t)) \tag{A.24}$$

Dabei bezeichnet $\otimes$ die Faltung zwischen den davor und danach stehenden Funktionen. Die Faltung ist definiert als:

$$f(t) \otimes g(t) = \int_{-\infty}^{\infty} f(\tau) \cdot g(t - \tau) \, \mathrm{d}\tau \tag{A.25}$$

Beispiele zur Anwendung der Faltungsregel finden sich im Abschnitt über Beugung (Doppelspalt) und bei der Fourieroptik.

A.5 Eigenschaften der Deltafunktion

Im Zusammenhang mit verschiedenen Anwendungen der Fouriertransformation und bei der Lösung von Differentialgleichungen trifft man immer wieder auf die Diracsche δ-Funktion $\delta(x)$. Unter einer δ-Funktion versteht man eine so genannte Impulsfunktion, die bei $x = 0$ unendlich groß wird, für $x \neq 0$ aber zu null wird. Die Eigenschaften der δ-Funktion sind:

$$\int_{x-a}^{x+a} f(t)\delta(t - x) \, \mathrm{d}t = f(x) \quad \text{für } f \text{ stetig in } x \text{ und } a > 0 \tag{A.26}$$

$$\int_{-\infty}^{\infty} f(t)\delta(t - x) \, \mathrm{d}t = f(x) \tag{A.27}$$

$$\delta(ax) = \frac{1}{a}\delta(x) \quad \text{mit } a > 0 \tag{A.28}$$

$$\delta(g(x)) = \sum_{i=1}^{n} \frac{1}{g'(x_i)} \delta(x - x_i) \quad \text{mit } g(x_i) = 0 \tag{A.29}$$

und $g'(x_i) \neq 0$

n-te Ableitung der Delta-Funktion:

$$\int\limits_{x-a}^{x+a} f(t)\delta^{(n)}(t-x)\,\mathrm{d}t = (-1)^n \cdot f^{(n)}(x) \tag{A.30}$$

Für die δ-Funktion kann man verschiedene Näherungsfunktionen $f(t,\epsilon)$ angeben. All diesen Funktionen ist gemein, dass sie im Grenzfall $\epsilon \to 0$ gegen die δ-Funktion gehen. Die Breite ist $\propto \epsilon$, die Höhe $\propto 1/\epsilon$. Diese Funktionen $f(t,\epsilon)$ sind gerade, das Integral über die Zeit ist 1.

Beispiele sind der Rechteckimpuls, die Glockenfunktion und die Lorentz-Funktion:

Rechteckimpuls.

$$f(t,\epsilon) = \begin{cases} 0 & \text{für } |t| \geq \dfrac{\epsilon}{2} \\ \dfrac{1}{\epsilon} & \text{für } |t| < \dfrac{\epsilon}{2} \end{cases} \tag{A.31}$$

Gaußfunktion.

$$f(t,\epsilon) = \frac{1}{\epsilon\sqrt{2\pi}} \exp\left(-\frac{t^2}{2\epsilon^2}\right) \tag{A.32}$$

Lorentzfunktion.

$$f(t,\epsilon) = \frac{\epsilon/\pi}{t^2 + \epsilon^2} \tag{A.33}$$

Vertiefende Literatur

1) E. Hecht: Optik, Oldenbourg Wissenschaftsverlag München, 2005

2) L. Bergmann, C. Schäfer: Lehrbuch der Experimentalphysik, Band III Optik, Verlag Walter de Gruyter Berlin, 2004

3) Max Born: Optik, Ein Lehrbuch der elektromagnetischen Lichttheorie, Springer-Verlag Berlin, 2005

4) A. Sommerfeld: Vorlesungen über theoretische Physik, Band 4 Optik, Verlag Harri Deutsch, 1983

5) L.D. Landau, E.M. Lifschitz: Lehrbuch der theoretischen Physik, Band 8 Elektrodynamik der Kontinua, Verlag Harri Deutsch, 1990 (in Zusammenhang mit der Doppelbrechung)

Sachverzeichnis

Abbesche Abbildungstheorie, 203
Abbesche Theorie der Bildentstehung und Fourieroptik, 203, 207
Abbildung, 85, 101
Abbildung durch brechende Kugelflächen, 90, 91
Abbildung durch Sammellinsen, 95
Abbildungen im Matrizenformalismus, 101
Abbildungseigenschaften dünner Linsen, 95
Abbildungsgleichung für dünne Linsen, 92, 93
Abbildungsgleichung für einen Kugelspiegel, 88
Abbildungstheorie, 204
Abendrot, 66
Ablenkwinkel, 74, 149
Ablenkwinkel an einem Prisma, 77
Absorption, 22, 64, 298, 305
Absorption von Metallen, 27
Absorptionsquerschnitt, 23
Ähnlichkeitssatz, 320
Airy Funktion, 192
Akkommodation, 122
Akkommodationsfähigkeit, 122
aktive Optik, 131
Akzeptanzwinkel, 45
Alexandersches Dunkelband, 79
Alterssehen, 122
Analysator, 225
anomale Dispersion, 26
Antireflexionsschichten, 185
Anwendungen des Lasers, 308
Astigmatismus, 89, 110

astronomisches Fernrohr, 126, 127
Äther, 179
außerordentlicher Strahl, 234
Aufdampfverfahren, 185
Auflösungsvermögen, 129, 164, 197, 199–201, 211
Auflösungsvermögen abbildender optischer Geräte, 201
Auflösungsvermögen eines Fabry-Perot-Interferometers, 195, 198
Auflösungsvermögen eines Fernrohrs, 201
Auflösungsvermögen eines Gitterspektralapparates, 163, 198
Auflösungsvermögen eines Mikroskop nach Helmholtz, 202
Auflösungsvermögen eines Mikroskops, 202, 203, 207
Auflösungsvermögen eines Mikroskops nach Abbe, 205
Auflösungsvermögen eines Prismenspektrographs, 199
Auflösungsvermögen von Spektralapparaten, 197, 200
Auflösungsvermögen, Wirkung auf Wellenpaket, 199
Auge, 121
Augenbrennweite, 122
Ausbreitung von Licht, 8
Ausfalls(Reflexions)winkel, 32
äußerer Photoeffekt, 273
Ausstrahlung, 284

Austrittsarbeit, 263
Austrittspupille, 112, 113, 128

Babinetsches Prinzip, 147
Bandbreitenprodukt, 15
Beamer, 116
Bedingung für räumliche
    Kohärenz, 174
Besetzungsinversion, 304, 307
Bestrahlung, 287
Bestrahlungsstärke, 286
Beugung am Doppelspalt, 154,
    157
Beugung am Gitter, 161
Beugung am Strichgitter, 160
Beugung an der Pupille, 154
Beugung an einem Spalt, 148
Beugung an einer Kreisblende,
    154
Beugung an einer Rechteckblende,
    152, 154
Beugungseffizienzen, 166
Beugungsgitter, 159
Beugungswinkel, 162
Bildbearbeitung, 207
Bildfeldwölbung, 111
Bildgröße, 118
Bildleiter, 47
Bildleitung, 62
bildseitige Brennweite, 91
Blende, 119
Blendenebene, 144
Blendenzahl, 112, 120
Bolometer, 282
Boltzmannverteilung, 299
Bragg-Beziehung, 170
Bragg-Reflexion, 169
Brechung an einem
    doppelbrechenden
    Kristall, 236
Brechung von Licht,
    Huygenssches Prinzip,
    137
Brechungsgesetz, 75, 234
Brechungsgesetz für kleine
    Winkel, 90
Brechungsindex, 7, 21

Brechungsindex für verschiedene
    optische Gläser, 26
Brechungsindex, nichtlinearer,
    256
Brechungsindex,
    Präzisionsbestimmung,
    78
Brechungsindizes in einachsigen
    Kristallen, 234
Brechungsmatrix, 98
Brennweite, 88, 90
Brewster-Winkel, 38–41, 227
Brewsterfenster, 40
Brillouin-Streuung, 68
Bündelachse, 213
Bündelradius, 212, 214, 216
Bündeltaille, 216, 217

Calcit, 237
Candela, 289
Cassegrain, 129
Chromatische Aberration, 106
Ciliar-Muskeln, 122
Compton-Streuung, 68
$\cos^2 \theta$-Gesetz, 39
Cotton-Mouton-Effekt, 244

Dämpfung, 23
Datenübertragung, 18
de Broglie-Wellenlänge, 271
Debye-Scherrer Verfahren, 169
Deltafunktion, 321
Diaprojektor, 115
Dichroismus, 229
dichroitische Polarisationsfolien,
    229
Dicke Linsen, 96
dielektrische Verschiebung, 5
dielektrische Wellenleiter, 56
Dielektrizitätskonstante, 19, 28
Dielektrizitätstensor, 230
Differentiationsregeln, 320
Differenzfrequenz, 253
Differenzfrequenzerzeugung, 254
Dioptrie, 103
Dipolmoment, 19
Dirichletsche Bedingungen, 318

Sachverzeichnis

Dispersion, 19, 26
Dispersion der Gruppengeschwindigkeit, 18
Dispersion von dichten Medien, 25
Dispersionsrelation, 8
Divergenz, 217
DLP: digital light processing, 117
Doppelbrechende Polarisatoren, 238
Doppelbrechung, 2, 228–230, 233, 237
Doppelschichten, 185
Doppelspalt, 154, 269
Dopplerverbreiterung, 195
Drahtgitter-Polarisatoren, 229
Drehimpuls eines Photons, 267
Drehkristallverfahren, 169
Drehsinn des Feldvektors, 223
Drehung der Polarisationsebene, 228
Drehung der Polarisationsrichtung bei optischer Aktivität, 247
Drei-Niveau-Laser, 307
Drei-Niveau-System, 306
dünne Linse, 92
dünne Schichten, Matrizenmethode, 186
dünne Schichten, Herstellung, 185

ebene Welle, 7
Effizienzkurven (Gitter), 230
Eindringtiefe, 28
Einfallsebene, 32
Einfallswinkel, 30, 32
Einkristall, 170
Eintrittspupille, 111, 112, 127
Eintrittspupille des Projektionsobjektivs, 115
Einzelmoden-Wellenleiter, 59
Einzelmodenbetrieb, 60
elektromagnetische Wellen an Grenzflächen, 29

Elementarwellen, 136, 137
Elliptisch polarisiertes Licht, 224, 225
elliptischer Polarisator, 225
Emissionstheorie, 2
Energiepakete, 264
Energiestromdichte, 10
Entfernungseinstellung, 118
entspanntes Auge, 122
Erzeugung der dritten Harmonischen, 256
Erzeugung der zweiten Harmonischen, 253
Etalons, 190
evaneszente Wellen, 42
Extinktionskoeffizient, 23
Extremum des optischen Weges, 72

Fabry-Perot-Interferometer, 190
Fabry-Perot-Interferometer als Spektrometer, 194
Fabry-Perot-Ringe, 190
Fabry-Perot: Auflösungsvermögen, 195
Fabry-Perot: Lage der Transmissionsmaxima, 192
Fabry-Perot: Reflektierte Intensität, 192
Fabry-Perot: Transmission, 192
Faltungsregel, 321
Faltungstheorem, 158, 168
Faraday-Effekt, 246, 249, 250
Faraday-Rotator, 250
Farbe von Gegenständen, 65
Fata Morgana, 76
Fermatsches Prinzip, 70, 71
Fermatsches Prinzip und das Brechungsgesetz, 74
Fernrohr, 126, 201
Fernrohr, Auflösungsvermögen, 201
Fernrohrtypen, 129
Finesse, 194, 195, 198
Fixfokus-Objektive, 120

Flächenhelligkeit, 128
Flächenvergrößerung, 128
Flüssigkristalle, 245
Fourierebene, 204
Fourierintegral, 13, 315
Fourierkoeffizient, 312
Fourieroptik, 203
Fourierrücktransformation, 318
Fourierraum, 178
Fourierreihe, 13
Fouriertransformation, 13, 146, 155, 311
Fouriertransformation, Rechenregeln, 320
Fouriertransformations-spektroskopie, 177
Fouriertransformierte des Objektes, 204
Fovea, 123
Fraunhofersche Beugung, 145, 146
freier Spektralbereich, 194
Frequenzabhängigkeit des Brechungsindex, 22
Frequenzraum, 311
Frequenzverdopplung, 252
Fresnel, 2, 137
Fresnel-Huygenssches Prinzip, 137
Fresnel-Rhombus, 41, 228
Fresnelbeugung an einer Halbebene, 139, 140
Fresnelbeugung an Kreisblenden, 140
Fresnellinsen, 112
Fresnelsche Formeln, 33, 37
Fresnelsche Zonenplatte, 141
Fresnelscher Doppelspiegel, 175, 176
Fresnelsches Biprisma, 175, 176
Fresnelzonen, 138, 139

Galileisches Fernrohr, 127
Gaußsche Abbildungsgleichung, 96
Gaußsche Bündel, 211, 215
Gaußsche Bündel, Abbildung, 219

Gaußsche Linsenformel, 93
Gaußsche Optik, 86
geführte Moden, 52
gefilterte Fouriertransformierte, 204
Gegenstandspunkt, 87
gegenstandsseitige Brennweite, 91
Gegenstandsweite, 88
gelber Fleck, 123
geometrische Konstruktion der Abbildung, 93, 94
geometrische Optik, 69, 135
geradlinige Lichtausbreitung, 72
Geschwindigkeitsfläche, 234, 235
Gesichtsfeld, 111, 112
Gesichtsfeldwinkel, 111, 118, 123
Gitter: Auflösungsvermögen eines realen Gitterspektrometers, 165
Gitter: Breite eines Hauptmaximums, 163
Gitter: Lage der Hauptmaxima, 161
Gitter: Lage der Nebenmaxima, 163
Gitter: Nullstellen der Beugungsintensität, 162
Gittergleichung, 161
Gittergleichung für Littrow-Anordnung, 165
Gitterkonstante, 159
Gitterspektrometer, 164
Glühlampen, 301
Glühlampenlicht, 66
Glan-Foucault-Polarisator, 238, 239
Glan-Thompson-Polarisator, 238
Glasfasern, 18, 23
Glasfaserproduktion, 62
Glaskörper, 121
Globar, 301
Golay-Zelle, 282
Gouy-Phase, 215
Grenzen der geometrischen Optik, 135
Grenzfläche, 30, 40

Grenzschicht, 279
Gruppengeschwindigkeit, 17

Haidinger Ringe, 181, 190
Halbebene, 139
Halbleiter-Photodiode, 279
Halogenlampen, 301
Harmonischenerzeugung, 254
harmonischer Oszillator, 20
Hauptachsenform des Dielektrizitätstensors, 230
Hauptebenen, 96, 103
Hauptmaxima, 161
Hauptpunkte, 96, 103
Helmholtz, 203
HeNe-Laser, 308
Herstellung von Glasfasern, 60
Himmelblau, 66
Hochdrucklampen, 302
hochreflektierende Spiegel, 185
Hohlleiter, 54, 55
Hohlraumstrahler, 292, 293
Hohlspiegel, 88
Hologramm, 209, 210
Hologramm: Aufzeichnung, 208
Holographie, 208
Holographie, Ausleseprozess, 209
Hornhaut, 121
Huygenssches Prinzip, 136, 137, 234, 236

ideale Auflösung, 166
Idler-Photon, 254
Immersionsflüssigkeit, 126, 127, 203
induzierte Doppelbrechung, 241
inelastische Streuung, 68
Inhomogenitäten der Atmosphäre, 130
innerer Photoeffekt, Halbleitersensoren, 277
Integrabilität, 318
Intensitätsüberhöhungen, 141
Interferenz, 2, 171
Interferenzen dünner Schichten, 180

Interferenzen durch Aufspalten der Wellenamplitude, 176
Interferenzen durch Aufspalten der Wellenfront, 175
Interferenzen gleicher Dicke, 183, 184
Interferenzen gleicher Neigung, 181, 190
Interferenzfarben von Seifenblasen oder Ölfilmen, 182
Interferenzfilter, 196
Interferenzprinzip, 2
Interferometeranordnungen, 175
Inversionszentrum, 247
Iris, 122
Isolatoren mit sehr hoher Absorption, 66
isotrope Medien, 231

Kalkspat, 237
Kamera, 118
Kammerwasser, 121
Keck Teleskop, 131
Keilplatte, 78
Keplersches Fernrohr, 126
Kerr-Effekt, 241
Kerr-Konstante, 242
Kerr-Lense-Modelocking, 257
Kirchhoffsches Strahlungsgesetz, 290
klassische Lichtquelle, 172
Klassische Teilcheneigenschaften, 268
Klassische Welleneigenschaften, 268
Kleinbildkamera, 118
Kohärenz von Lichtquellen, 171
Kohärenzlänge, 173, 209
Kohärenzzeit, 171, 172
Koma-Fehler, 110
komplexer Brechungsindex, 22
komplexer Krümmungsradius, 215
Kondensor, 116
Konfokalbereich, 217

Konfokalparameter, 214
konkave Linsen, 91
konkaver Spiegel, 89
konventionelle Sehweite, 122
konvexe Linse, 91
Korndurchmesser, 119
Kramers-Kronig-
   Dispersionsrelation,
   25
kreisförmige Begrenzungen, 153
Kreisstrom, 248
Kreuzgitter, 166, 167
Kreuzgitter: Lage der
   Hauptmaxima, 167
Kristall-Linse, 121
Kristallstruktur, 169
krummer Pfad, 77
Krümmungsradius der
   Wellenfront, 217
Kugelspiegel, 87
Kugelwelle, 144
Kurzschlussbetrieb, 280
Kurzsichtigkeit, 122

Lage der Hauptebenen, 105
$\lambda/2$-Platte, 239, 240
$\lambda/4$-Platte, 240
$\lambda/4$-Schicht, 184
Lambertscher Strahler, 284
Längenstandard, 177
Laser, 3, 303
Laser-Gyroskope, 180
Laser-Strahlen, 211
Laserbedingung, 307
Lasermedium, 304
Laserparameter, 307, 308
Laserresonator, 222, 303
Laue-Verfahren, 169
LCD-Display, 117, 245
Leitfähigkeit, 27
Lesebrille, 123
Leuchtdiode (LED), 303
Licht: Teilcheneigenschaften, 267
Licht: Welleneigenschaften, 268
Lichtausbreitung in
   doppelbrechenden
   Medien, 231, 233

Lichtbündel, 211
Lichtempfindlichkeit des Auges,
   123
Lichtgeschwindigkeit, 2, 6
Lichtintensität, 10
Lichtleiter, 46
Lichtleitfasern, 60
Lichtsensoren, thermische, 282
Lichtstärke, 129
Lichtstärke des Mikroskops, 126
Lichtstrahl, 33, 69
Lichtverstärkung, 305
Lichtverstärkung im
   Photonenbild, 308
Linear polarisiertes Licht, 222
lineare Optik, 5
linearer elektrooptischer Effekt,
   244
Linearpolarisator, 225
linksdrehend, 247
linkszirkular polarisiert, 224
Linse: Transformationsmatrix, 100
Linsenschleiferformel, 93
Linsensysteme, 96
Littrow-Anordnung, 165
longitudinale (axiale)
   Vergrößerung, 95
Luftkeil, Interferenz am, 182
Lumen, 289
Lumineszenz-Lichtquellen, 301
Lupe, 124
Lux, 288

Mach-Zehnder-Interferometer,
   179
Magnetfeld, 6
magnetische Feldstärke, 6
magnetische Induktion, 6
Malussches Gesetz, 226
Mantel, 45
Matrizen-Verfahren, 97
Maxima bei Beugung am Spalt,
   150
Maxwellgleichungen, 2, 5, 71, 231
mehrdimensionale Gitter, 166
Meniskusspiegel, 131
Metallelektrode, 264

Sachverzeichnis

metallischer Glanz, 66
Michelson-Interferometer, 176, 177
Michelson-Moreley-Experiment, 178
Michelsonsches Sterninterferometer, 175
Mie-Streuung, 67
Mikrokanalplatten, 276
Mikroskop, 125
Minima bei Beugung am Spalt, 150
Moden, 50, 304
Modendispersion, 59
Mono-Mode-Wellenleiter, 59
Monochromatische Aberrationen, 108
Mount Palomar, 130
Multimodefasern, 62

Nacht-Ferngläser, 129
natürliches Licht, 225
Nd:YAG-Laser, 307
negativ einachsig, 234
negative Linsen, 91
negative Vergrößerung, 95
Nernst-Stift, 301
Netzebenen, 169
Netzhaut, 121
Newtonsche Ringe, 183, 184
nichtlineare Optik, 251
nichtlineare optische Spektroskopie, 195
nichtlineare Suszeptibilität dritter Ordnung, 255
nichtlineare Suszeptibilität zweiter Ordnung, 252
Nichtlineare Wellengleichung, 252
nichtlinearer Brechungsindex, 256
Nichtlinearitäten, 252
Nicol-Prisma, 238
normale Dispersion, 26
numerische Apertur, 46, 202

Oberflächenqualität, 184
Oberflächenwelle, 43
Oberwellenerzeugung, 252
Objektiv, 118, 125
Objektraum, 85
Objektwelle, 209
Okular, 125
Optik, adaptive, 133
optisch anisotrope Medien, 5, 232
optisch dünner, 33
optisch dichter, 32, 33
optisch einachsige Kristalle, 231, 233
optisch isotrope Medien, 5, 10, 230
optisch parametrischer Prozess, 254
optisch zweiachsige Kristalle, 231
optische Achse, 87, 242
optische Aktivität, 246, 248, 249
optische Dichte, 23
optische Diode, 250
optische Geräte, 115
optische Gleichrichtung, 252
optische Modulatoren, 242
optische Systeme, 92
optischer Kerr-Effekt, 243
optischer Modulator, 243
optischer Weg, 71
ordentlicher Strahl, 234
Orientierungsbeitrag zum Brechungsindex, 20
Orientierungsrelaxationszeit, 242

Parabolspiegel, 89
paraxiale Optik, 86
paraxiale Strahlen, 97, 147
Phasenanpassungsbedingung, 253
Phasenflächen, 234
Phasengeschwindigkeit, 16
Phasenverschiebung, 34, 41
Photodiode, 279
Photoeffekt, 259

Photographie, 207
photographische Kamera, 117
Photoleiter, 279
Photoleitungsdetektoren, 278
photometrisches
    Strahlungsäquivalent,
    289
Photomultiplier, 275
Photon, Energie, 265
Photon, Impuls, 266
Photonen, 264, 271
Photonendichte, 304
Photonenflussdichte, 266
Photovoltaischer Betrieb, 280
Photozelle, 260
pin-Photodiode, 281
Plancksche Strahlungsformel, 296
Plancksches Strahlungsgesetz, 300
Plancksches Wirkungsquantum,
    263
Planität, 184
Plankonvexlinse, 93
Plasmafrequenz, 28, 64
Pockels-Effekt, 241, 244
Polarimetrie, 249
Polarisation, 2, 10
Polarisation durch Reflexion, 227
Polarisation von Licht, 222
Polarisationsrichtungen, 233
Polarisator, 225, 227
Polaroid-Folien, 229
positiv einachsig, 234
positive Linse, 91
Potentialtopf, 263
Poynting-Vektor, 10, 33, 70
Präform, 61
Primär-Spiegel, 129
primäre Wellenfront, 136
Prinzip der kürzesten Zeit, 72
Prinzip des kürzesten Weges, 2
Prisma, 77, 198
Prisma, symmetrische
    Durchstrahlung, 78, 198
Prismenfernglas, 127
Prismenspektrograph:
    Auflösungsvermögen,
    199

Prismenspektrometer, 78
Projektionsapparat, 115, 116
Pumpquelle, 304
Pyroelektrische Detektoren, 282

Qualitätskontrolle optischer
    Oberflächen, 184
Quanten, 3
Quantenausbeute, 272
Quarz, 237

Rückwirkung des gebeugten
    Lichtes, 142
Radioastronomie, 175
Radiofrequenzbereich, 1
Raman-Streuung, 68
Randwertproblem der Beugung,
    142
Raumfrequenzen, 146
Raumgitter, 168
räumliche Filterung des Bildes,
    207
räumliche Kohärenz, 174
räumliches Auflösungsvermögen,
    119
Rayleigh-Jeans-Gesetz, 296
Rayleigh-Kriterium, 163, 197–199
Rayleigh-Streuung, 67, 133
Rayleighlänge, 214
Realteil des Brechungsindex, 21
rechtsdrehend, 247
rechtszirkular polarisiert, 223, 247
reelle Abbildung, 86, 87
reelles Bild, 87
Referenzwelle, 209
reflektierte Intensität, 34
reflektierte Welle, 30
Reflektivität verschiedener
    Metallschichten, 64
Reflexion an einer überkrümmten
    Ellipse, 72
Reflexions- und Brechungsgesetz,
    31
Reflexionsgesetz, 32, 33, 40, 72
Reflexionsgitter, 164, 165, 229,
    230
Reflexionskoeffizient, 34

Reflexionsvermögen absorbierender Medien, 64
Reflexminderung, 184
Regenbogen, 79
relative Dielektrizitätskonstante, 5
Relativitätstheorie, 17, 178
Resonanz-Fluoreszenz, 133
Resonanzstreuung, 67
Resonatorverluste, 305
Retina, 121
Reziprokes Gitter, 168, 169
Richtungskosinus, 145, 147, 149
Ringlaser, 180
Ringsystem, 193
Röntgenbereich, 1
Röntgenlaser, 308
Röntgenlicht, 168
Röntgenspektrometer, 170
Rotationsbewegungen, 180
Rotationsellipsoid, 89
Rotationswinkel, 247
Rubinlaser, 306

Sagnac-Interferometer, 179
Sammellinsen, 91
Schärfentiefe, 120
Scheitelpunkt, 87
Scheitelwinkel, 77
Schichtsystem, 188
Schichtwellenleiter, 49
Schlieren, 76
schmalbandige Laser, 173
schraubenförmiges Molekül, 247
schwarzer Körper, 290, 291
schwarzer Strahler, 292
Schwefelkohlenstoff, 242
Schwerflintglas, 185
segmentierte Spiegel, 131
Sehnenhaut, 121
Sehvorgang, 65, 121
Sehwinkel, 123
Seifenblase, 180
Sekundärspiegel, 129
Selbstfokussierung, 257
selbstleuchtende Körper (Farbe), 65

Selbstphasenmodulation, 257
Sellmeier-Beziehung, 26
sichtbares Licht, 1
Signalgeschwindigkeit, 17
skalares „Licht"-Feld, 142
Snelliussches Brechungsgesetz, 2, 32
Sonnenlicht, 66
Spannungsdoppelbrechung, 241, 246
spektrale Analyse von Licht, 162
spektrale Auflösung, 163
spektrale Komponenten, 78
Spektrallampen, 172
Spektrallinien, 27
Spektrum elektromagnetischer Wellen, 1
Sperrspannungsbetrieb, 280
spezifische Ausstrahlung, 285
sphärische Aberration, 108, 109
Spiegel großer Öffnung, 89
Spiegelteleskope, 129
spontane Emission, 298, 304
Stefan-Boltzmann-Gesetz, 294
stimulierte Emission, 298, 305
Stoßfrequenz, 28
Strahlablenkung an einem Prisma, 77
Strahldichte, 286
Strahlen, 69
Strahlenablenkung an einem Prisma, 77
Strahlenausbreitung, 100
Strahlenellipsoid, 234, 235
Strahlenmatrix, 98
Strahlenoptik, 69
Strahlrichtung, 70, 232
Strahlstärke, 284
Strahlung heißer Festkörper, 300
Strahlungsdruck, 12
Strahlungsfluss, 283
Strahlungsflussdichte, 10
Strahlungsgesetze, 294
Strahlungsgrößen, Zusammenfassung, 287
Strahlungsleistung, 283
Streuung, 66

Struktur von Kristallen, 168
Stufenlinsen, 114
Summenfrequenz, 253
Summenfrequenzerzeugung, 254
Superpositionsprinzip, 12

TDM (Time-Division-
	Multiplexing),
	63
TE-Welle, 51
Teleobjektive, 118, 119
Teleskopspiegel, Herstellung, 131
terrestrisches Fernrohr, 127, 128
Testglasplatte, 184
theoretisches
	Auflösungsvermögen,
	163
thermische Lichtquellen, 172
Thermosäule, 282
Thomson-Streuung, 67
Time-Division-Multiplexing, 63
Totalreflexion, 41
Totalreflexionswinkel, 40, 78
Transformationsmatrix M, 221
Transformationsmatrix für eine
	Linse, 100
Translation, 99
Translationsmatrix, 99
Transmission, 23
Transmission eines
	Schichtsystems, 186
Transmissionsgitter, 166
Transmissionsgrad, 37
transmittierte Welle, 30
transversale Vergrößerung, 94
transversale Wellen, 10
Transversalität der
	elektromagnetischen
	Wellen, 222
Tunneleffekt für Licht, 44

umkehrbar, 72
Undulationstheorie, 2
unpolarisiertes Licht, 225
Unschärfe, 119
Unschärfebeziehung, 15

Vakuumphotozelle, 273
Vektorielle Formulierung des
	Reflexionsgesetzes, 73
Vergrößerung, 118, 123
Vergrößerung der Lupe, 124
Vergrößerung eines Fernrohrs,
	127
Vergrößerung eines Mikroskops,
	125
Vergütung von Oberflächen, 184
Verschiebungssatz, 320
Verschluss, 119
Very large telescope, 132
Verzeichnung, 111
Videoprojektor, 116, 117
Vielfachinterferenzen, 189
Vier-Niveau-Laser, 307
virtuelle Abbildung, 86, 87, 95
virtuelles Bild, 87
Vorzeichenkonvention, 91, 165

Würfelecke, 42, 74
Wahrnehmungsprozess, 65
Wavelength-Division-
	Multiplexing, 63
WDM (Wavelength-Division-
	Multiplexing), 63
weißes Licht, 66
Weitsichtigkeit, 122
Weitwinkelobjektiv, 115, 118
Welle-Teilchen-Dualismus, 268
Welleneigenschaften des Lichtes,
	135
Wellenfront des Lichtes, 137
Wellengleichung, 5
Wellenlänge, 8
Wellenlänge im Medium, 8
Wellenlängenauflösung, 165
Wellenleiterkomponenten, 59
Wellenleitermoden, 49
Wellennatur des Lichtes, 136
Wellenpakete, 12
Wellentheorie, 154
Wellenvektor, 7
Wellenzahl, 8
Wiensches Strahlungsgesetz, 296

Wiensches Verschiebungsgesetz, 295
Winkelabhängigkeit des Reflexionsgrades, 38
Winkelabhängigkeit des Reflexionsvermögens für ein absorbierendes Medium, 65
Winkelspiegel, 74
Wolframbandlampen, 301
Wollaston-Prisma, 238

Youngscher Doppelspalt, 176
Youngsches Interferometer, 174, 175

Zäpfchen, 123
Zeitraum, 311
zentriertes optisches System, 96
Zerstreuungslinsen, 91
Zirkular polarisiertes Licht, 223
Zirkulardichroismus, 249
zirkulare Doppelbrechung, 247
Zirkularpolarisator, 225
Zonenlinse, 141
Zonenplatte, 141
Zoom-Objektiv, 118
Zwei-Niveau-System, 306
Zweifachinterferenzen, 180
Zylinderlinse, 111